中等职业学校教学用书（计算机应用专业）

Word 2003、Excel 2003、PowerPoint 2003 实用教程

（第2版）

许昭霞　主　编
白　冰　副主编
张文红　主　审

電子工業出版社
Publishing House of Electronics Industry
北京 · BEIJING

内 容 简 介

本书是全国职业学校计算机技术专业的系列教材之一，是根据当前职业学校计算机课程的需要和常用软件的应用现状编写的，其内容建立在学生已经学习和掌握了 Windows 的基本使用方法，并具备一定汉字录入水平的基础上。全书共 13 章，从使用 Office 2003 中文版的必备知识入手，详细介绍了 Word、Excel 和 PowerPoint 的基本使用和深入应用。

为了适用于教学，书中列举了必要的实例，部分知识点后面的实用技巧可帮助学生提高实际操作能力。本书还配有上机指导用书《Word 2003、Excel 2003、PowerPoint 2003 上机指南与练习》。本书内容丰富翔实，语言浅显易懂，注重实用性和可操作性。

本书除可供职业学校计算机技术专业选做教材外，还可作为公共课教材，或一般计算机操作人员的参考和自学用书。

本书配有电子教学参考资料包（包括教学指南、电子教案及习题答案），详见前言。

图书在版编目（CIP）数据

Word 2003、Excel 2003、PowerPoint 2003 实用教程 / 许昭霞主编．—2 版．—北京：电子工业出版社，2016.8

ISBN 978-7-121-29808-0

Ⅰ．①W… Ⅱ．①许… Ⅲ．①文字处理系统—职业教育—教材②表处理软件—职业教育—教材③图形软件—职业教育—教材 Ⅳ．①TP391

中国版本图书馆 CIP 数据核字（2016）第 203210 号

策划编辑：关雅莉
责任编辑：柴　灿　　文字编辑：张　广
印　　刷：三河市良远印务有限公司
装　　订：三河市良远印务有限公司
出版发行：电子工业出版社
　　　　　北京市海淀区万寿路 173 信箱　邮编　100036
开　　本：787×1 092　1/16　印张：19.5　字数：499.2 千字
版　　次：2011 年 1 月第 1 版
　　　　　2016 年 8 月第 2 版
印　　次：2017 年 6 月第 3 次印刷
定　　价：39.00 元

凡所购买电子工业出版社图书有缺损问题，请向购买书店调换。若书店售缺，请与本社发行部联系，联系及邮购电话：（010）88254888，88258888。

质量投诉请发邮件至 zlts@phei.com.cn，盗版侵权举报请发邮件至 dbqq@phei.com.cn。

本书咨询联系方式：（010）88254617，Luomn@phei.com.cn。

前言

Office 2003 中文版仍然是目前国内应用最广的办公自动化软件。Word、Excel 和 PowerPoint 是 Office 软件包中使用率最高的 3 个组件，适用于制作各种文档、电子表格和演示文稿，可以完成大部分工作中的文字处理工作。针对职业教育应培养实用人才和熟练操作人员的目标，特编写本教材，以求对提高学生业务素质有所帮助。

本书针对已出版的《Word 2003、Excel 2003、PowerPoint 2003 实用教程》进行了修订，本书延续上一版的编写思路。在修订的过程中，对原书中的错误进行了修订，力求精益求精。全书共 13 章。第 1 章简单介绍 Office 2003 中文版的组成；第 2～6 章详细介绍 Word 2003 中文版的常用功能和使用技巧；第 7 章进一步介绍 Word 2003 的高级应用技巧，包括处理长文档、邮件合并等功能；第 8～11 章由浅入深地介绍 Excel 2003 中文版的功能和特点；第 12 章具体介绍 PowerPoint 2003 的实用功能；第 13 章简单介绍 Word 2003、Excel 2003、PowerPoint 2003 之间的综合应用。为了方便读者学习和使用，本书在每一章后都有相应的习题供教师和学生选用，并配套出版了《Word 2003、Excel 2003、PowerPoint 2003 上机指导与练习》一书，供上机实习使用。

由于本书主要面向中等职业学校广大学生，所以在内容编排上注重避繁就简、突出可操作性；在说明方法上尽量做到简单明了、通俗易懂，并侧重于实践应用和社会需要。为了适用于教学，书中列举了必要的实例，并在每章配置一定数量的思考题，以利于学生对知识的掌握和巩固。另外，部分知识点后面的实用技巧可帮助学生提高实际操作速度。

本教材的教学参考时数为 72 学时，每学期按 18 周计算，每周 4 学时。

参加本书编写工作的有白冰、傅海峰、马丽红、左爱敏、聂凤丹、马浩锟、刘媛媛、兰丽娜、王鑫、张东菊、史文、王伟、张虎、朱艺娟、张丽媛、李敏、张新宇、王东宏、并由许昭霞进行全书的统编。

由于编者经验不足、水平有限，加之脱稿仓促，书中错误和不妥之处在所难免，恳切希望广大教师和读者批评指正。

为了方便教师教学，本书还配有教学指南、电子教案及习题答案（电子版），请有此需要的教师登录华信教育资源网（www.hxedu.com.cn）免费注册后再进行下载，有问题时请在网站留言板留言或与电子工业出版社联系（E-mail:hxedu@phei.com.cn）。

编者

目录

第1章 Office 2003 简介 …… 1
1.1 Office 2003 的组成 …… 1
1.1.1 Office 2003 的基本组件 …… 1
1.1.2 Office 2003 组件的启动 …… 2
1.1.3 Office 2003 组件的退出 …… 3
1.2 使用联机帮助 …… 4
1.2.1 使用屏幕提示认识屏幕元素的名称、功能 …… 4
1.2.2 使用 Office 助手 …… 4
1.2.3 从“帮助”菜单获取帮助 …… 6
1.2.4 从 Office 更新站点获得帮助 …… 6
习题1 …… 6
第2章 Word 2003 基础知识 …… 8
2.1 Word 2003 中文版工作界面 …… 8
2.1.1 Word 2003 窗口结构 …… 8
2.1.2 对话框 …… 13
2.1.3 快捷菜单 …… 15
2.1.4 任务窗格 …… 15
2.2 新建文档 …… 15
2.2.1 建立新的空白文档 …… 16
2.2.2 使用模板建立新文档 …… 16
2.2.3 使用向导建立新文档 …… 17
2.3 输入文档内容 …… 19
2.3.1 即点即输 …… 19
2.3.2 输入英文 …… 20
2.3.3 输入中文 …… 20
2.3.4 插入符号 …… 21
2.3.5 输入时自动拼写和语法检查 …… 23
2.3.6 输入时自动更正错误 …… 23
2.3.7 使用自动图文集 …… 25
2.4 保存文档和自动保存功能 …… 26
2.4.1 保存文档 …… 26
2.4.2 自动保存功能 …… 30
2.5 打开、查找和关闭文档 …… 31
2.5.1 打开文档 …… 31
2.5.2 查找文档 …… 33
2.5.3 关闭文档 …… 34
2.6 设定窗口显示方式 …… 34
习题2 …… 39
第3章 编辑功能 …… 41
3.1 移动插入点 …… 41
3.1.1 使用鼠标移动插入点 …… 41
3.1.2 使用键盘移动插入点 …… 41
3.1.3 定位到书签 …… 42
3.1.4 插入超级链接 …… 43
3.1.5 返回上次的编辑位置 …… 43
3.2 选定文本 …… 43
3.2.1 用鼠标选定文本 …… 44
3.2.2 用键盘选定文本 …… 45
3.3 移动、复制、删除和改写文本 …… 45
3.3.1 Office 剪贴板 …… 45
3.3.2 移动文本 …… 45
3.3.3 复制文本 …… 46
3.3.4 删除文本 …… 47
3.3.5 改写文本 …… 47
3.3.6 重复、撤销和恢复文本 …… 47
3.4 查找与替换文本 …… 47
3.4.1 查找文本 …… 47
3.4.2 替换文本 …… 50
习题3 …… 52
第4章 排版与打印 …… 54
4.1 设置字符格式 …… 54
4.1.1 设置字体格式 …… 54
4.1.2 缩放字符 …… 56
4.1.3 设置字符之间的距离 …… 56
4.1.4 设置文字的动态效果 …… 58
4.1.5 设置字符边框和底纹 …… 58
4.1.6 设置首字下沉 …… 59
4.1.7 设置字符的其他格式 …… 60
4.1.8 格式刷的应用 …… 63
4.1.9 删除字符格式 …… 63
4.2 设置段落格式 …… 63
4.2.1 设置段落缩进 …… 63
4.2.2 设置段落对齐方式 …… 65
4.2.3 设置段间距和行间距 …… 66
4.2.4 换行与分页 …… 67
4.2.5 设置段落版式 …… 68

4.2.6 设置制表位……69
4.2.7 给段落添加边框和底纹……70
4.2.8 编号与项目符号……71
4.2.9 复制段落格式……75
4.2.10 查看段落格式……75
4.3 设置页面格式……76
4.3.1 利用“页面设置”对话框设置页面格式……76
4.3.2 插入页码、分页符、分节符……79
4.3.3 创建页眉和页脚……81
4.3.4 分栏排版……85
4.4 样式……87
4.4.1 应用样式……87
4.4.2 创建样式……88
4.4.3 更改样式属性……89
4.5 模板……90
4.5.1 Normal 模板……90
4.5.2 创建模板……90
4.5.3 应用模板……91
4.5.4 修改模板……92
4.5.5 使用模板管理样式……92
4.6 打印文档……93
4.6.1 安装打印机……93
4.6.2 打印前预览文档……93
4.6.3 打印文档……95
4.6.4 暂停和取消打印……98
习题 4……99
第 5 章 图形对象……104
5.1 图形的绘制与编辑……104
5.1.1 “绘图”工具栏……104
5.1.2 绘制图形……105
5.1.3 选定图形……107
5.1.4 组合图形……107
5.1.5 修改图形……107
5.1.6 修饰图形……109
5.2 图片与图片处理……110
5.2.1 插入剪贴画……111
5.2.2 插入图片文件……111
5.2.3 设置图片格式……112
5.2.4 图文混排……115
5.3 文本框……117
5.3.1 插入文本框……118
5.3.2 选定文本框……118
5.3.3 取消文本框的边框和填充色……118
5.3.4 设置文本框的版式……118
5.3.5 设置文本框中文字的位置……119
5.4 输入公式……119
5.4.1 启动公式编辑器……119
5.4.2 创建公式……120
5.5 艺术字……121
5.5.1 “艺术字”工具栏……121
5.5.2 插入艺术字……122
5.6 绘制组织结构图……122
习题 5……124
第 6 章 表格处理……130
6.1 创建表格……130
6.1.1 创建规则表格……130
6.1.2 创建不规则表格……131
6.1.3 文字和表格间的相互转换……132
6.2 编辑表格……133
6.2.1 在表格中移动光标……133
6.2.2 输入文本……134
6.2.3 在表格中插入图形和其他表格……134
6.2.4 选定表格内容……134
6.2.5 移动、复制表格中的内容……135
6.3 调整表格……135
6.3.1 插入行或列……135
6.3.2 删除行、列或整个表格……136
6.3.3 插入单元格……136
6.3.4 删除单元格……136
6.3.5 调整表格的行高……136
6.3.6 调整表格的列宽……137
6.3.7 调整单元格的宽度……138
6.3.8 合并单元格……138
6.3.9 拆分单元格……138
6.3.10 拆分表格……139
6.4 格式化表格……139
6.4.1 自动套用表格格式……139
6.4.2 给表格中的文字设置格式……140
6.4.3 设置单元格中文本的垂直对齐方式……141
6.4.4 改变单元格中文字的方向……141
6.4.5 设置表格对齐方式……141
6.4.6 设置表格的边框和底纹……141
6.4.7 设置斜线表头……142
6.4.8 改变表格的位置……143
6.4.9 文字环绕表格……144
6.4.10 重复表格标题……144
6.5 表格中的排序与计算……144
6.5.1 在表格进行排序……144
6.5.2 在表格中进行计算……145
习题 6……146
第 7 章 Word 2003 高级应用……149
7.1 管理长文档……149
7.1.1 大纲工具栏……149
7.1.2 在大纲视图下创建新文档的

大纲……150
7.1.3 处理文档大纲……151
7.1.4 创建新的主控文档……151
7.1.5 操作子文档……152
7.2 邮件合并……154
7.2.1 邮件合并……155
7.2.2 邮件合并工具栏……157
7.3 宏……157
7.3.1 录制宏……157
7.3.2 运行宏……159
7.3.3 宏的安全性……159
7.4 高级编排技巧……160
7.4.1 脚注和尾注……160
7.4.2 题注……161
7.4.3 交叉引用……163
7.4.4 制作目录……163
7.5 Word 2003 的网络功能……165
7.5.1 "Web"工具栏……165
7.5.2 创建网页……165
7.5.3 编辑网页……166
习题 7……168
Word 练习题……168
第 8 章 Excel 2003 基础知识……170
8.1 Excel 2003 简介……170
8.1.1 功能介绍……170
8.1.2 Excel 2003 中文版的工作界面……170
8.1.3 工作簿和工作表……171
8.2 单元格……172
8.2.1 单元格的基本概念……172
8.2.2 单元格的选定……172
8.2.3 命名单元格……173
8.3 在单元格中输入数据……174
8.3.1 常用输入法……174
8.3.2 提高输入效率……176
8.3.3 提高输入有效性……178
8.4 编辑单元格……179
8.4.1 编辑单元格中的数据……179
8.4.2 移动和复制单元格……179
8.4.3 清除、插入和删除单元格……179
8.4.4 查找与替换……180
8.4.5 给单元格加批注……181
8.5 单元格的基本操作……183
8.5.1 设置单元格格式……183
8.5.2 设置条件格式……185
8.5.3 设置单元格的保护……187
8.5.4 使用样式设置单元格格式……188
8.6 工作表的基本操作……189
8.6.1 设定默认工作表数目……189
8.6.2 激活工作表……189
8.6.3 插入和删除工作表……190
8.6.4 重命名工作表……190
8.6.5 移动和复制工作表……190
8.6.6 设置工作表的显示方式……191
8.6.7 隐藏和取消隐藏工作表……191
8.7 工作簿的基本操作……192
8.7.1 新建工作簿……192
8.7.2 保存工作簿……193
8.7.3 打印工作簿……194
8.7.4 保护工作簿……196
8.8 管理工作簿窗口……197
8.8.1 同时显示多张工作表……197
8.8.2 同时显示工作表的不同部分……198
8.8.3 在滚动时保持行、列标志可见……199
习题 8……199
第 9 章 管理数据清单……202
9.1 创建与编辑数据清单……202
9.1.1 输入字段名……202
9.1.2 使用记录单在数据清单中添加或编辑数据……202
9.2 筛选数据……204
9.2.1 自动筛选……204
9.2.2 高级筛选……207
9.3 数据排序……208
9.3.1 默认排序顺序……208
9.3.2 按一列排序……208
9.3.3 按多列排序……209
9.3.4 自定义排序……210
9.4 分类汇总……211
9.4.1 创建简单的分类汇总……211
9.4.2 分级显示数据……212
9.4.3 清除分类汇总……213
9.4.4 创建多级分类汇总……213
9.5 使用数据透视表……214
9.5.1 数据透视表简介……214
9.5.2 创建简单的数据透视表……215
习题 9……218
第 10 章 完成复杂计算……220
10.1 创建与编辑公式……220
10.1.1 创建公式……220
10.1.2 输入公式……222
10.1.3 编辑公式……223
10.1.4 公式返回的错误值和产生原因……223
10.2 单元格的引用……224

10.2.1 相对引用 ······224
10.2.2 绝对引用 ······224
10.2.3 混合引用 ······224
10.2.4 引用其他工作表中的单元格 ······224
10.2.5 引用其他工作簿中的单元格 ······225
10.3 函数 ······225
10.3.1 Excel 内置函数 ······225
10.3.2 常用函数 ······225
10.3.3 编辑函数 ······230
10.4 使用数组 ······230
10.4.1 数组公式的创建和输入 ······231
10.4.2 使用数组常量 ······231
10.4.3 编辑数组公式 ······232
10.5 审核公式 ······232
10.5.1 基本概念 ······232
10.5.2 “审核”工具栏 ······232
10.5.3 追踪引用单元格 ······233
10.5.4 追踪从属单元格 ······233
习题 10 ······234
第 11 章 图表与图形对象 ······237
11.1 创建图表 ······237
11.1.1 图表类型 ······237
11.1.2 创建图表 ······241
11.2 编辑图表 ······245
11.2.1 调整图表的位置和大小 ······245
11.2.2 更改图表类型 ······245
11.2.3 更改数据系列的产生方式 ······246
11.2.4 添加或删除数据系列 ······246
11.2.5 向图表中添加文本 ······248
11.2.6 设置图表区和绘图区的格式 ······248
11.3 数据分析 ······249
11.3.1 使用趋势线 ······249
11.3.2 使用趋势线进行预测 ······252
11.3.3 使用误差线 ······253
习题 11 ······254
Word、Excel 练习题 ······256
第 12 章 PowerPoint 2003 基础知识 ······258
12.1 PowerPoint 2003 简介 ······258
12.1.1 PowerPoint 2003 的工作界面 ······258
12.1.2 三种视图窗口 ······259
12.2 创建演示文稿 ······261
12.2.1 使用向导创建专业演示文稿 ······261
12.2.2 插入和编辑文本 ······263
12.2.3 添加、删除幻灯片 ······264
12.2.4 应用设计模板 ······265
12.2.5 绘制图形 ······265
12.3 设置演示文稿的格式 ······268
12.3.1 母版 ······268
12.3.2 设计模板 ······271
12.3.3 设置 PowerPoint 的配色方案 ······274
12.4 放映与打包幻灯片 ······276
12.4.1 设置动画效果 ······276
12.4.2 设置幻灯片的切换效果 ······278
12.4.3 设置放映方式 ······279
12.4.4 幻灯片的放映 ······280
12.5 添加多媒体对象 ······282
12.5.1 添加声音和音乐 ······282
12.5.2 添加影片 ······283
12.5.3 录制删除和隐藏旁白 ······284
12.5.4 打包幻灯片 ······285
习题 12 ······286
第 13 章 综合应用 ······289
13.1 在 Word 中使用 Excel ······289
13.1.1 利用原有的 Excel 工作表或图表创建链接对象 ······290
13.1.2 利用原有的 Excel 工作表或图表创建嵌入对象 ······291
13.1.3 新建嵌入的 Excel 工作表或图表 ······292
13.2 在 Excel 工作表中插入 Word 文档 ······293
13.2.1 在 Excel 中新建 Word 文档 ······293
13.2.2 在 Excel 中直接插入已存在的 Word 文档 ······293
13.2.3 将 Excel 数据表复制为图片 ······294
13.3 PowerPoint 与其他 Office 组件的联合使用 ······294
13.3.1 Word 文档和演示文稿大纲相互转换 ······295
13.3.2 在演示文稿中嵌入 Word 文档 ······295
13.3.3 将 Excel 图表导入幻灯片中 ······296
习题 13 ······298
Word、Excel、PowerPoint 练习题 ······298
附录 A Word 2003 中的常用快捷键 ······301

第1章 Office 2003 简介

学习目标

- ◆ 了解 Office 2003 的组成及各组件的功能
- ◆ 熟练掌握 Office 2003 组件的启动与退出
- ◆ 熟练掌握 Office 助手的使用方法
- ◆ 了解 Office 的在线帮助

Office 2003 是 Microsoft 公司推出的一套办公自动化集成软件，除原有的用于文字处理的 Word 2003、用于表格处理的 Excel 2003、用于幻灯片制作的 PowerPoint 2003、用于邮件收发的 Outlook 2003、用于数据库管理的 Access 2003 之外，还有几款常用软件：用于排版制作的 Publisher 2003、用于网页制作的 FrontPage 2003、用于信息收集的 InfoPath 2003、有记事本功能的 OneNote 2003 和用于项目管理的 Project 2003 等。

1.1 Office 2003 的组成

1.1.1 Office 2003 的基本组件

1. Word 2003

Word 2003 是一款功能强大的字处理软件，适合办公人员和专业排版人员使用。它除了具有中英文文字录入、编辑、排版和灵活的图文混排功能外，还可以绘制各种各样的商业表格，也可以在文档中加入声音、制作电子文档和电子杂志。其友好的人机交互界面和完善的帮助系统，为学习和使用 Word 2003 提供了极大的方便。Word 2003 较以前版本有了许多改进和增强，如：增强了翻译功能，不仅可以英汉互译，还支持对日文、朝鲜语、俄语、法语等十多种语言的翻译，尤其是可进行上述语言的全文翻译；还可以直接使用内嵌的搜索引擎在 Internet 中搜索资料；Word 的文件保护功能从 Word 97 到 XP 一直没有多大变化，而在 2003 中却有了实质性的改变，除继承老版本的修订保护、批注保护等功能外，还新增了文本格式保护功能；为了方便阅读，Word 2003 中新增了阅读视图，该视图隐藏了不必要的工具栏，在放大了字号，缩短了行的长度后对文档重新分页，使页面恰好适合屏幕，更符合读者阅读习惯。

2. Excel 2003

Excel 2003 是用于创建和维护电子表格的软件，用它可以制作各种统计报表和统计图。

它除了能够完成各种复杂的数据统计运算外，还可以进行数据分析和预测，并且具有强大的制作图表的功能和打印功能等。在功能上，Excel 2003 着重在协同工作方面进行了改进，提供了列表功能，解决了此前很多和列表功能有关的问题。

3．PowerPoint 2003

PowerPoint 2003 是用于制作和演示幻灯片的软件。利用 PowerPoint 可以轻松地将用户的想法变成极具专业风范和富有感染力的演示文稿，可通过计算机屏幕或者投影机播放，主要用于设计制作广告宣传、产品演示等。此外，还可以在互联网上召开远程视频会议，或在 Web 上给观众展示演示文稿。

4．Access 2003

Access 2003 是 Office 2003 中用于数据库管理的应用软件，可以将数据保存在数据库中，实现信息跟踪，轻松创建有意义的报告，更安全地使用 Web 共享信息。此外，它还可以承担小型动态网站后台数据库的功能。

5．Outlook 2003

Outlook 2003 是 Office 2003 中创建、查看和管理个人信息的中心。用户可以用它来收/发 Internet 上的电子邮件、安排工作日程、存储个人通信地址簿和 WWW 地址、保存日记、创建便笺，还可用它来组织商务会议、安排工作进程等。

6．FrontPage 2003

FrontPage 2003 是用于创建、编辑和发布网页的应用程序。FrontPage 2003 不但可以在 WWW（万维网）上发布用户的网页，还提供了很多实用的模板。对于初学者来说，通过使用模板，可以非常容易地创建自己的网页。

本教材只介绍 Office 2003 中最常用的三个组件 Word 2003、Excel 2003 与 PowerPoint 2003。

1.1.2 Office 2003 组件的启动

Office 2003 是一个应用程序集合，它所包含的各组件的启动方式基本相同，这里以 Word 2003 的启动为例介绍启动方法。

1．利用“开始”菜单启动

（1）单击 Windows 任务栏中的“开始”按钮，弹出“开始”菜单。

（2）单击“程序”命令，弹出“程序”子菜单。

（3）单击“程序”子菜单中的“Microsoft Office”命令，在其子菜单中选择“Microsoft Office Word 2003”，即可启动 Word 2003。

2．利用已有文档启动

在“我的电脑”中双击一个 Word 2003 文档的文件名，系统会自动启动 Word，并将该文档装入系统内。如果要打开的文档最近刚使用过，可以单击“开始”按钮，在“开始”菜单中选择“文档”命令，显示“文档”的子菜单，再单击想要打开的文档即可。

3．利用快捷方式启动

双击桌面上的 Word 快捷方式图标，即可启动 Word 2003。

在桌面上创建 Word 2003 快捷方式的具体操作步骤如下：

（1）在 Windows 桌面上的空白区域单击鼠标右键，弹出快捷菜单。

（2）单击快捷菜单中的“新建”命令，打开“新建”子菜单。

（3）单击“新建”子菜单中的“快捷方式”命令，打开“创建快捷方式”对话框，如图 1.1 所示。

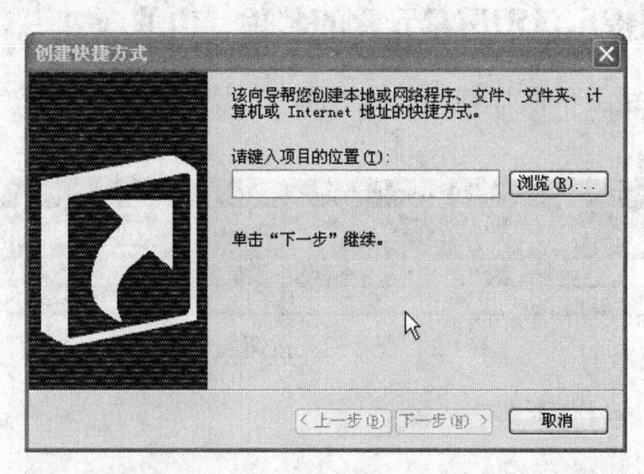

图 1.1　“创建快捷方式”对话框

（4）单击“浏览”按钮，打开“浏览”对话框，找出 Office 2003 应用程序所在的文件夹，进一步选择 Office 子文件夹，再选择文件名为 winword.exe 的文件。

（5）单击“打开”按钮，将其路径添加到“创建快捷方式”对话框的“命令行”文本框中。

（6）单击“下一步”按钮，在出现的“选择程序的标题”对话框中输入快捷方式的名称，然后单击“完成”按钮。

还可以直接用“开始”菜单创建 Word 2003 快捷方式：

（1）单击 Windows 任务栏中的“开始”按钮，弹出“开始”菜单。

（2）单击“程序”命令，弹出“程序”子菜单。

（3）单击“程序”子菜单中的“Microsoft Office”命令，按住 Ctrl 键将“Microsoft Office Word 2003”拖动到桌面上，就可直接创建 Word 2003 的快捷方式。

1.1.3　Office 2003 组件的退出

当完成了某项工作，或者需要为其他应用程序释放内存时，应退出当前使用的 Office 组件。以 Word 2003 为例，退出 Word 2003 有以下几种方法：

- 单击“文件”菜单中的“退出”命令。
- 按“Alt+F4”组合键。
- 双击 Word 程序窗口左上角的 Word 图标。
- 单击 Word 程序窗口右上角的“关闭”按钮。

以上是 4 种常用的退出方法。如果对任何一个文档进行了修改，关闭时，Word 会自动打开一个信息框询问是否保存文档。单击“是”按钮，保存对文档进行的修改；单击“否”

按钮，则放弃此次对文档进行的修改。

1.2 使用联机帮助

Office 2003 提供了强大的联机帮助功能，能够帮助用户解决在使用中遇到的各种问题。因此使用联机帮助有助于加快学习和工作的速度，大大提高工作效率。获取联机帮助的常用方法有以下几种。

1.2.1 使用屏幕提示认识屏幕元素的名称、功能

把鼠标移到工具按钮上稍候片刻，鼠标下面会出现一个显示该按钮名称的小文字框，如图 1.2 所示。

图 1.2 查看工具按钮的名称

1.2.2 使用 Office 助手

使用 Office 助手是在 Office 程序中获取帮助的最好方法，因为 Office 助手是一些活泼可爱的小精灵，而且具有跟踪功能，就好像身边有一位 Office 专家，随时可以提供与当前操作有关的帮助信息。用鼠标拖动，可改变 Office 助手在屏幕上的位置。

1. 显示 Office 助手

单击“帮助”菜单中的“显示 Office 助手”命令，屏幕上将显示 Office 助手，在小助手图标上单击将显示问题搜索提示框，如图 1.3 所示。只要将问题，如“打印文档”输入文本框，然后按“搜索”按钮，就会弹出“搜索结果”窗口，并显示与内容相关的 20 个帮助主题，如图 1.4 所示，单击相应的主题就会在帮助窗口中显示相应的操作步骤。

图 1.3 Office 助手的问题搜索提示框

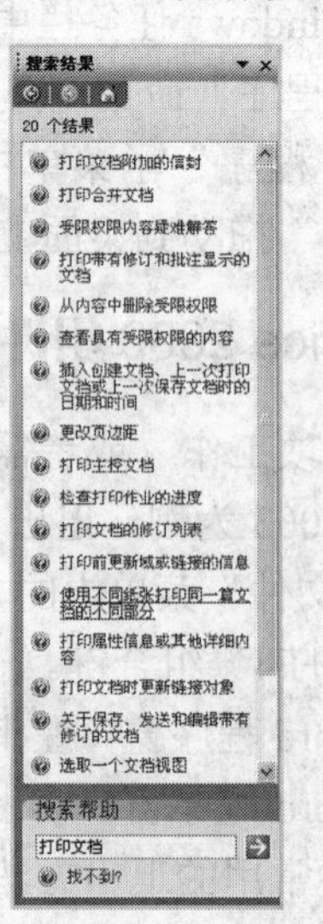

图 1.4 “搜索结果”窗口

2．设置 Office 助手的属性

在 Office 助手图标上单击鼠标右键，在弹出的快捷菜单中单击“选项”命令，打开“Office 助手”对话框，如图 1.5 所示。在“选项”选项卡中，根据需要设置 Office 助手的属性。

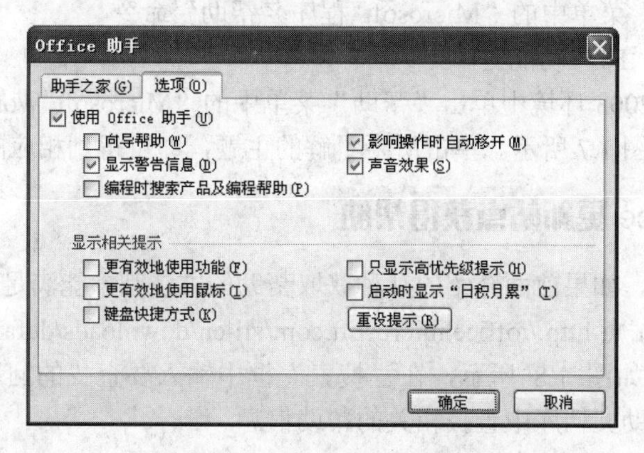

图 1.5　“Office 助手”对话框

- “向导帮助”：在执行一些操作时，Office 助手将提供向导帮助。
- “显示警告信息”：在执行一些操作时，Office 助手会给出警告信息。
- “显示相关提示”：Office 助手还可以提供有关如何更有效地使用各种功能和快捷键的提示。当黄色灯泡出现在 Office 助手旁边时，可以获得提示。也可以使 Office 助手在每次启动 Office 时都显示提示。
- “启动时显示‘日积月累’”：在每次启动 Word 2003 时，程序将显示一条使用 Word 2003 的技巧。

3．选择 Office 助手

Office 助手还具有动画效果，可以选择自己喜欢的助手，使学习充满趣味性。

（1）打开“Office 助手”对话框。

（2）单击“助手之家”标签，打开“助手之家”选项卡，如图 1.6 所示。

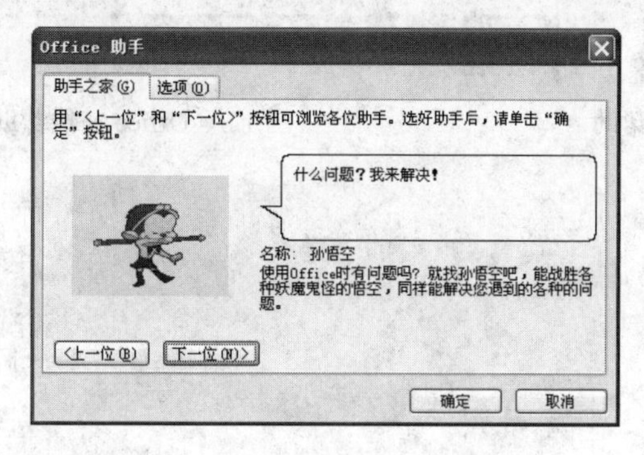

图 1.6　“助手之家”选项卡

（3）单击“上一位”或“下一位”按钮可以浏览助手。

（4）选择后单击“确定”按钮选中。

1.2.3 从“帮助”菜单获取帮助

除了通过 Office 助手查找帮助信息外，还可以直接启动帮助窗口，获取相应的帮助信息。

- 单击“常用”工具栏右端的问号按钮。
- 单击“帮助”菜单中的“Microsoft 程序名帮助”命令。
- 按键盘上的“F1”功能键。

例如，在 Word 2003 环境中单击“帮助”菜单中的“Microsoft Word 帮助”命令，则打开帮助主题窗口，如图 1.7 所示。单击所要了解的主题，即可得到相应的帮助信息。

1.2.4 从 Office 更新站点获得帮助

在学习或工作中，如果前面介绍的几种获取帮助的方法都不能满足需要，还可以直接登录到 Microsoft Web 站点 http://office.microsoft.com/zh-cn/downloads/default.aspx，访问技术资源并下载免费资料。如图 1.8 所示，在“搜索”框中输入要查找的问题，单击“搜索”按钮，就可以在整个帮助文档库中查找相关的帮助信息。

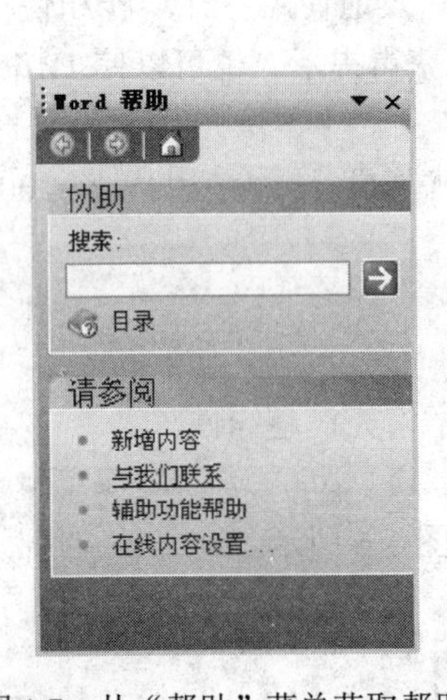

图 1.7 从“帮助”菜单获取帮助

图 1.8 Office 在线帮助网站

习题 1

一、选择题

1. Office 2003 组件的启动方式有（ ）。

A. 利用“开始”菜单启动　　B. 利用已有文档启动

C. 利用快捷方式启动　　D. 利用“运行”按钮启动

2．Office 2003 组件的退出方式有（　　）。

A. 单击“文件”菜单中的“退出”命令　　B. 按“Alt+F4”组合键

C. 双击 Word 窗口左上角的 Word 图标　　D. 单击 Word 程序窗口右上角的“关闭”按钮

3．在 Office 2003 中获取帮助的方法是（　　）。

A. 单击“常用”工具栏右端的问号按钮

B. 单击“帮助”菜单中的“Microsoft 程序名帮助”命令

C. 按键盘上的“F1”功能键

二、上机练习

1．在桌面创建 Word 2003 的快捷方式。

2．登录到 Microsoft Web 站点，搜索“Word 2003 新增功能”。

第 2 章　Word 2003 基础知识

学习目标

- ◆ 熟悉 Word 2003 的工作界面
- ◆ 熟练掌握在 Word 2003 中创建新文档的各种方法
- ◆ 能正确保存文档
- ◆ 掌握输入文档内容的实用技巧
- ◆ 了解各种视图的特点

中文 Word 2003 是 Microsoft 推出的 Office 2003 中最常用的一个组件，适于制作各种文档，如信函、传真、公文、报纸、书刊和简历等。

2.1　Word 2003 中文版工作界面

2.1.1　Word 2003 窗口结构

Word 2003 中文版启动后，其窗口结构如图 2.1 所示。窗口分为标题栏、菜单栏、常用工具栏、格式工具栏、标尺、编辑区、滚动条、状态栏等几个区域。

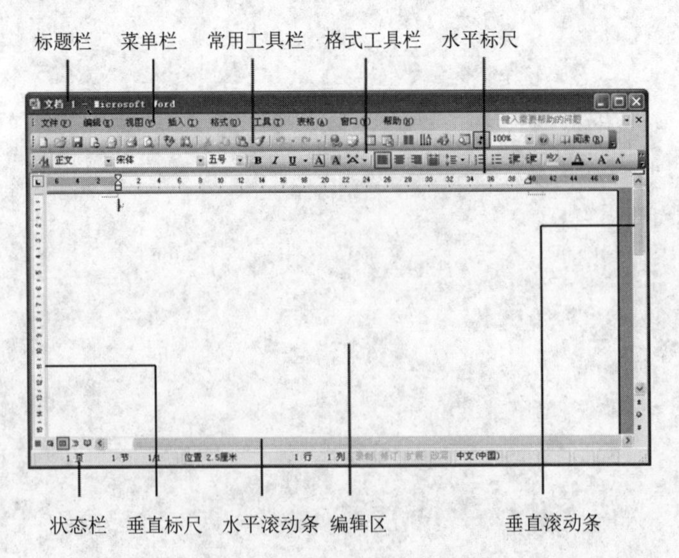

图 2.1　Word 2003 窗口结构

1．标题栏

标题栏显示所编辑的文档名和程序的名称，如“文档 1-Microsoft Word”。单击标题栏最左端的控制菜单按钮，可打开 Word 控制菜单，菜单中的命令用于改变 Word 窗口的大小、位置及关闭 Word 等。标题栏右端的前两个按钮用于调节 Word 窗口的大小，第三个按钮为“关闭”按钮，单击该按钮可关闭 Word 窗口。

2．菜单栏

菜单栏可提供各种命令供选择。这些命令按功能可分为 9 个菜单项，每个菜单项都包含一组菜单命令。菜单命令按执行过程的不同分为以下几类。

- 普通菜单命令

该命令在菜单上没有特殊标记，单击此类命令将直接执行相应的功能，如图 2.2 所示“文件”下拉菜单中的“关闭”命令。

- 对话框命令

该命令的标记是命令名称之后带有省略号，单击此类命令会打开一个对话框，如图 2.2 所示的“打开”、“打印”等命令。

- 工具栏按钮命令

该命令的标记是命令名称前有一个图标，表示在工具栏上有这条命令的快捷方式按钮或可将此命令的按钮加入工具栏，如图 2.2 中的“新建”、“打开”等命令。

- 子菜单命令

该命令的标记是命令名称之后有一个向右的小箭头，单击此类命令会打开一个下级子菜单，如图 2.3 所示的“视图”菜单中的“工具栏”命令。

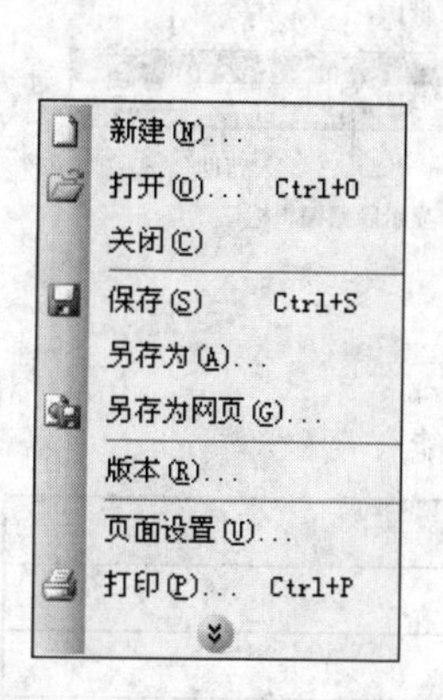

图 2.2　“文件”下拉菜单

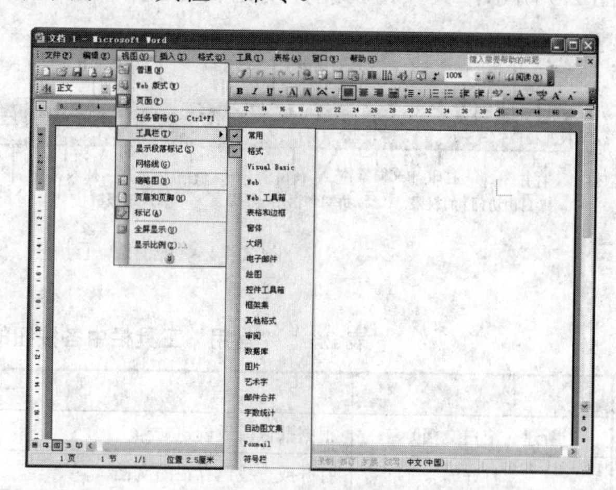

图 2.3　“视图”菜单

- 开关命令

该命令的标记是命令执行后，命令名称左侧加上选择标记或左侧的图标呈凹陷状态。如图 2.3“视图”下拉菜单中的“普通”、“页面”等命令。

要执行菜单中的某个命令，可以使用鼠标，也可以使用键盘。

1）使用鼠标执行菜单命令

（1）单击菜单栏中的菜单项，例如，单击“文件”，打开如图 2.2 所示的“文件”下拉菜单。如果误选了菜单，可以在菜单之外单击鼠标左键或者按键盘上的“Esc”键。

（2）在下拉菜单中，单击需要的命令。

由于 Word 2003 的自动记录功能会记录用户的操作习惯，只在菜单中显示最近常用的命令，而不常用的命令将自动隐藏。如果要显示全部的菜单命令，只要单击菜单底部的双向箭头按钮即可。

2）使用键盘执行菜单命令

（1）按下“Alt”键激活菜单栏后，输入菜单名后带下画线的字母。例如，按“Alt+F”组合键可以打开“文件”下拉菜单。

（2）出现下拉菜单后，直接输入所选命令之后带下画线的字母。例如，当出现“文件”下拉菜单后，直接输入字母“N”来执行“新建”命令。

3）使用快捷键选择菜单命令

当浏览 Word 的菜单命令时，会注意到如“Ctrl+N”、“Ctrl+O”之类的组合键名显示在命令的右侧，这些组合键也称为快捷键。可以直接按这些快捷键来执行相应的命令。例如，按“Ctrl+N”组合键会打开“新建”对话框，相当于选择“文件”菜单中的“新建”命令。

在学习中熟记并使用快捷键是提高工作效率的实用技巧之一，Word 2003 中的常用快捷键可参阅附录 A。

3. 工具栏

工具栏提供 Office 程序的一些常用操作。用鼠标左键单击工具栏中的按钮即可执行相应的命令。大多数工具按钮就是菜单命令的快捷方式，如“保存”按钮。Word 提供了众多的工具栏，在默认情况下，屏幕上仅能看到“常用”工具栏和“格式”工具栏，分别如图 2.4 和图 2.5 所示，其按钮功能分别见表 2.1 和表 2.2。

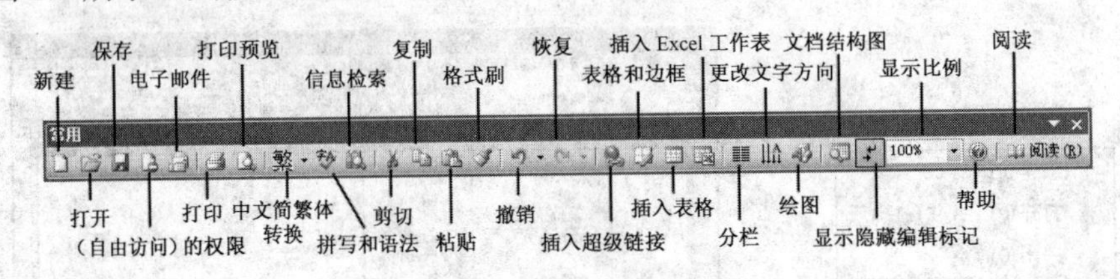

图 2.4 “常用”工具栏

表 2.1 “常用”工具栏中各按钮的功能

名 称	功 能
新建（空白文档）	根据默认模板创建文档
打开	打开或查找已存在的文档
保存	以当前的文件名、文件位置保存活动文档
（自由访问）的权限	用 IRM 信息管理权限来保护 Office 文档的安全性
电子邮件	直接将文件作为电子邮件发送
打印	按当前打印设置打印活动文档
打印预览	进入打印预览视图显示打印的效果
中文简繁体转换	中文简繁字体转换开关
拼写和语法	检查活动文档中的英文拼写和语法

续表

名　称	功　能
信息检索	在不必离开 Office 程序的情况下快速参考联机信息和本地机上的信息
剪切	将选定的内容剪切下来并存放到剪贴板中
复制	将选定的内容复制到剪贴板中
粘贴	在插入点位置插入剪贴板中的内容
格式刷	将选定格式复制至指定的区域
撤销	取消最后一次操作
恢复	恢复已用撤销命令撤销的操作
插入超级链接	插入或编辑指定的超级链接
表格和边框	显示或隐藏“表格和边框”工具栏
插入表格	在插入点位置插入表格
插入 Excel 工作表	在插入点位置插入一个 Excel 工作表
分栏	快速设置分栏格式
更改文字方向	沿水平方向或沿垂直方向排列文本框、单元格中选定的文字
绘图	显示或隐藏“绘图”工具栏
文档结构图	显示或隐藏文档结构图
显示/隐藏编辑标记	显示或隐藏所有非打印字符
显示比例	改变文档视图的显示比例
帮助	提供帮助主题和提示，以便协助用户完成任务
阅读	启动“阅读版式”视图

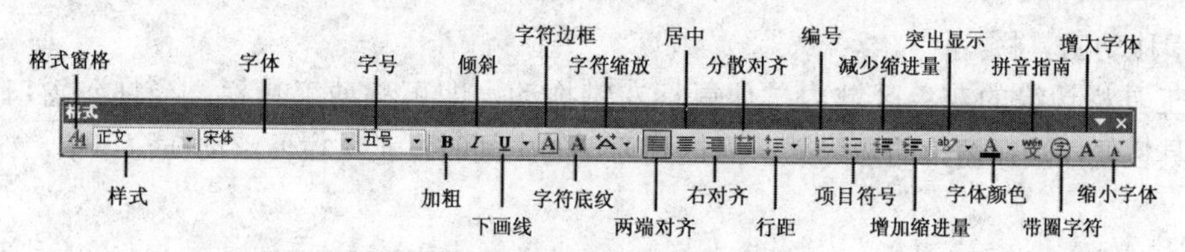

图 2.5　“格式”工具栏

表 2.2　“格式”工具栏中各按钮的功能

名　称	功　能
格式窗格	用以设置所选择文字的格式
样式	可快速为选定文字设置格式
字体	改变选定文字的字体
字号	改变选定文字的字号
加粗	以切换方式使选定文字加粗
倾斜	以切换方式使选定文字倾斜
下画线	以切换方式为选定文字添加多种类型的下画线
字符边框	以切换方式为选定文字添加边框
字符底纹	以切换方式为选定文字添加底纹
字符缩放	设置扁体字或长体字（在水平方向缩放）
两端对齐	使选定的段落按照左右缩排对齐
居中	使选定的段落居于文档的中间

续表

名　称	功　能
右对齐	使选定的段落按照右缩排对齐
分散对齐	使选定的段落均匀分布对齐
行距	用以选择行距的比例
编号	创建编号列表
项目符号	创建项目符号列表
减少缩进量	使选定的段落缩进到前一个制表位
增加缩进量	使选定的段落缩进到下一个制表位
突出显示	可以将选中的文字上色突出显示
字体颜色	给选定文字设置不同的颜色
拼音指南	将选中的文字上方加上拼音标注
带圈字符	将选中的文字加上圈号
增大字体	将选中的文字字体增大
缩小字体	将选中的文字字体缩小

- 显示或隐藏工具栏

（1）单击“视图”菜单中的“工具栏”命令，打开其子菜单，如图 2.3 所示，已显示的工具栏前有“ √ ”标记。

（2）单击所要显示或隐藏的工具栏名称，例如，单击“常用”选项，可隐藏“常用”工具栏。

- 移动工具栏

在工具栏边缘的灰色区域内按住鼠标左键拖动，即可移动工具栏。当拖到窗口的边缘时，工具栏便停泊在窗口的边缘处；当拖到窗口的中间时，工具栏便浮动在窗口中，如图 2.6 所示。

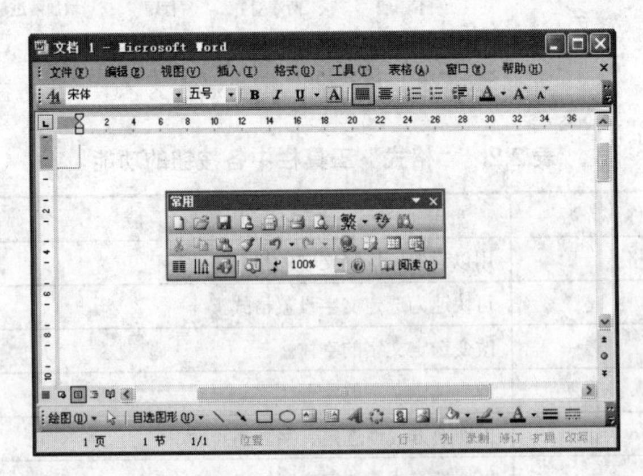

图 2.6　移动工具栏示例

4．标尺

标尺包括水平标尺和垂直标尺。水平标尺用于设置段落缩进、调整页边距、修改栏宽，以及设置制表位等。单击“视图”菜单中的标尺命令，即可切换标尺的显示和隐藏状态。

5．编辑区

在编辑区中可以输入、编辑、排版文本，还可以插入图片、创建表格等。

6．滚动条

滚动条包括垂直滚动条和水平滚动条，用于查看文档的显示位置。拖动滚动条中的滚动块或者单击滚动箭头，可以查看文档的不同位置。如果屏幕中没有显示滚动条，可单击“工具”菜单中的“选项”命令，打开“选项”对话框，在“视图”选项卡的“显示”选项组中选择“水平滚动条”和“垂直滚动条”复选框。

在水平滚动条的左侧有 5 个视图方式切换按钮：“普通视图”、“Web 版式视图”、“页面视图”、“大纲视图”和“阅读版式”，用于改变文档的视图方式。

7．状态栏

状态栏显示有关命令、工具栏按钮、正在进行的操作或插入点光标所在位置等信息。状态栏中显示的信息从左向右依次为：页号，节号，页号/总页数，插入点所在行距离分页符的距离，行号，列号，4 个按钮——“录制”、“修订”、“扩展”和“改写”（它们分别表示一种 Word 工作方式，双击这些按钮可以进入或退出这种方式，在打开 Word 时它们都呈灰色，进入某种方式后，相应按钮显示黑字），语言（提示当前文字所使用的语言，如中文等）、拼写检查。

2.1.2 对话框

单击菜单中的对话框命令后，将打开一个相应的对话框。对话框是人机交流的窗口，可以在其中按自己的想法设定相关信息，然后由 Office 程序根据设置执行相应功能。

对话框通常由选项卡、域和按钮组成，如图 2.7 所示，选项卡由共同完成某种特定功能的域组成。在对话框中单击选项卡对应的标签，就可打开该选项卡。例如，单击“选项”对话框的“视图”标签，将打开“视图”选项卡，即选中“视图”选项卡。域用来进行单项设置，按钮用来响应用户的操作。功能较单一的对话框通常只有域和按钮两部分，如图 2.8 所示。

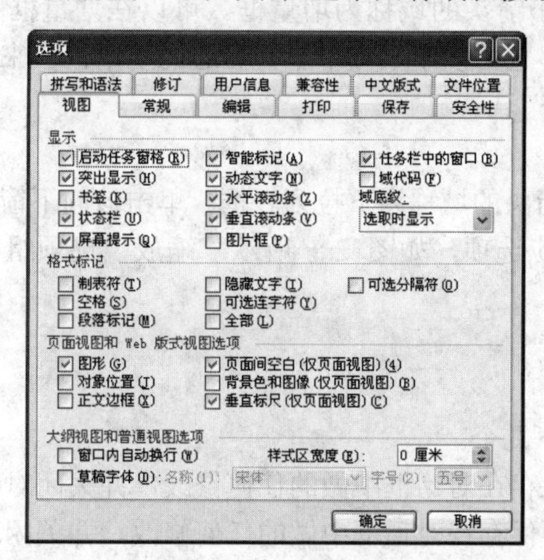

图 2.7 “选项”对话框

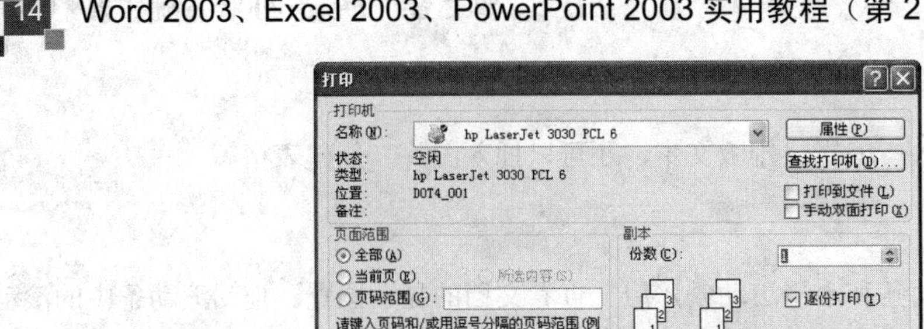

图 2.8 “打印”对话框

1．域的种类

域根据功能的不同，分为以下几种。

- 文本框

文本框中可输入表达特定信息的文本，如图 2.8 所示“页面范围”选项组中“页码范围”单选项右侧的方框。

- 复选框

左端带有小方框的选项称为复选框，用鼠标左键单击左端小方框可选中或撤销选中该复选框。在一组复选框中，可以同时选中多个或一个不选，如图 2.7 所示“显示”选项组中的“启动任务窗格”、“突出显示”、“状态栏”等可多个被同时选中。

- 单选按钮

左端有一个小圆圈的域称为单选按钮，用鼠标左键单击可选中或撤销选中该单选按钮。同一组单选按钮中只能选中一个，既不能多选也不能不选，如图 2.8 所示“页面范围”选项组中的“全部”、“当前页”等域。

- 增量框

框中右侧有上下两个小箭头的域称为增量框。可以在增量框中输入数值或按键盘中的上、下方向键来调整数值，也可以用鼠标单击其右边的上下箭头来微调数值，如图 2.8 所示“副本”选项组中的“份数”域。

- 下拉列表框

框中右侧有一个向下箭头的域称为下拉列表框。单击该向下箭头可打开一个下拉列表，用鼠标左键单击可选择相应选项，如图 2.8 所示“缩放”选项组中的“每页的版数”域和“按纸张大小缩放”域。

2．常用的按钮

常用的按钮主要有以下几个。

- “确定”按钮：保存在对话框中做的任何修改，并关闭对话框。
- “取消”按钮：不保存在对话框中做的任何修改，并关闭对话框。
- “默认”按钮：用于取消用户的设定，恢复 Office 2003 程序的默认设置。
- “应用”按钮：在不退出对话框的前提下，使设置立即生效。

3. 对话框的操作

在对话框中可用鼠标直接单击某选项进行设置，也可通过键盘设置，如图 2.8 中，有的选项后面带有一个加下画线的字母，就表示该字母可以和“Alt”键组合起来使用，如单选按钮“全部（A）”，只需按“Alt+A”组合键，便可选中该域。按“Tab”键可以向下或按“Shift+Tab”组合键向上选择对话框中的选项，按空格键执行。

2.1.3 快捷菜单

快捷菜单是 Office 为了方便操作而采用的一种智能交互技术。在工作时如果 Office 程序可对该区域中的对象进行操作，则单击鼠标右键或按“Shift+F10”组合键，会弹出一个快捷菜单，此菜单中列出了可能对此对象进行的最常用的操作。例如，在文本段落中激活的快捷菜单如图 2.9 所示，用鼠标单击命令或用“↑”、“↓”光标键选择，然后用 Enter 键选定则可执行快捷菜单中的命令。在快捷菜单之外单击鼠标左键或按 Esc 键可关闭快捷菜单。

在实际工作中，快捷菜单有非常高的使用频率，对于提高工作效率意义重大。

2.1.4 任务窗格

任务窗格是一个可在其中创建新文件、查看剪贴板内容、搜索信息、插入剪贴画及执行其他任务的区域。按“Ctrl+F1”组合键或单击“视图”菜单中的“任务窗格”命令都将在窗口的右侧弹出任务窗格，如图 2.10 所示。任务窗格包括“开始工作”、“搜索结果”、“剪贴画”、“信息检索”等多个窗格。单击任务窗格标题栏右侧的下拉按钮，在弹出的下拉列表中可以进行任务窗格的切换。

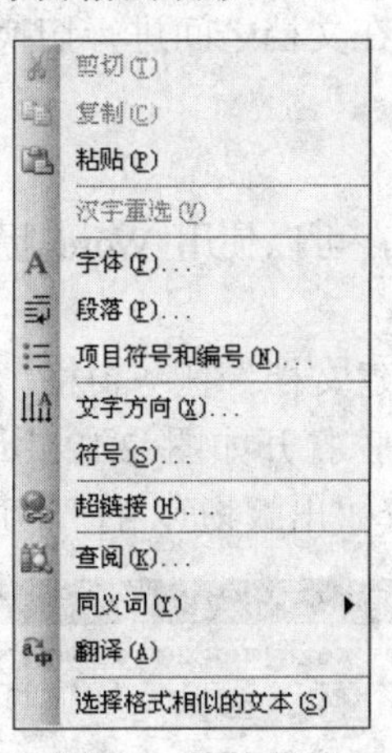

图 2.9　快捷菜单

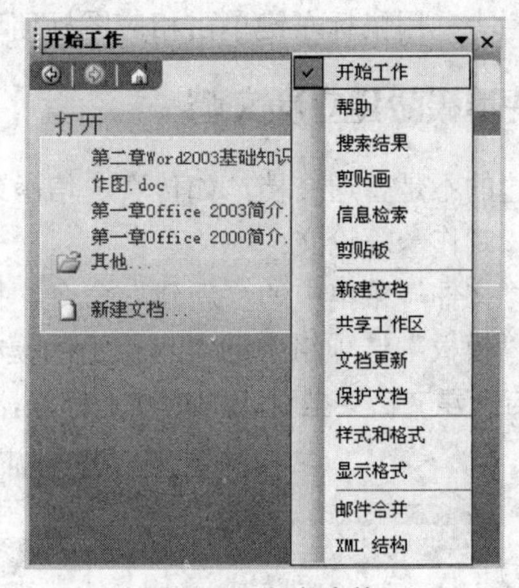

图 2.10　任务窗格

如果要关闭任务窗格，可以再次按“Ctrl+F1”组合键或者单击“视图”菜单中的“任务窗格”命令，还可以直接单击任务窗格标题栏右侧的“关闭”按钮。

2.2 新建文档

启动 Word 后，Word 将自动产生一个新的文档，名称为“文档 1”。除了启动 Word 时可新建文档以外，还可以用工具按钮或菜单命令来建立新的文档。

在 Word 2003 中创建的新文档可以基于以下三种不同的模板类型。

- 标准文档（Normal 模板）：它包含了标准文档的默认设置。
- Word 2003 自带的模板或用户建立的自定义模板：其中包含了某些特定文档所需的预定义的正文、格式、样式、宏和自定义功能。
- Word 2003 自带的向导：它由一系列对话框组成，只需根据提示输入或者选择所需的选项，即可创建出专业的文档。

模板是一种特殊的文档，主要为生成类似的最终文档提供样板，这样在创建文档时不必都从头开始。在 Word 中，每一个文档都是在模板的基础上建立的，Word 默认使用的模板是 Normal 模板。在 Word 2003 中可以用三种方式建立新的文档。

2.2.1 建立新的空白文档

1. 用工具按钮建立新的空白文档

直接单击“常用”工具栏中的“新建空白文档”按钮，即可基于 Normal 模板建立新的空白文档。

2. 用菜单命令创建空白文档

（1）单击“文件”菜单中的“新建”命令，打开如图 2.11 所示的“新建文档”任务窗格。

（2）在“新建”选项组中，选择“空白文档”选项。

Word 2003 在建立的第一个空白文档标题栏中显示“文档 1”，以后建立的新文档的序号递增，即“文档 2”、“文档 3”等。在 Word 2003 中打开的文档都将出现在屏幕下方的 Windows 任务栏上，用鼠标左键单击相应图标便可方便地在文档之间进行切换。

2.2.2 使用模板建立新文档

如果要创建的不是普通文档，如传真、信函或简历等，可以使用 Word 提供的模板来建立文档。例如，制作一篇论文：

（1）单击“文件”菜单中的“新建”命令，打开“新建文档”任务窗格。

（2）单击“模板”选项组中的“本机上的模板”选项，打开如图 2.12 所示的“模板”对话框，选择与新建文档类型对应的选项卡标签，这里选择“出版物”，打开相应的选项卡。

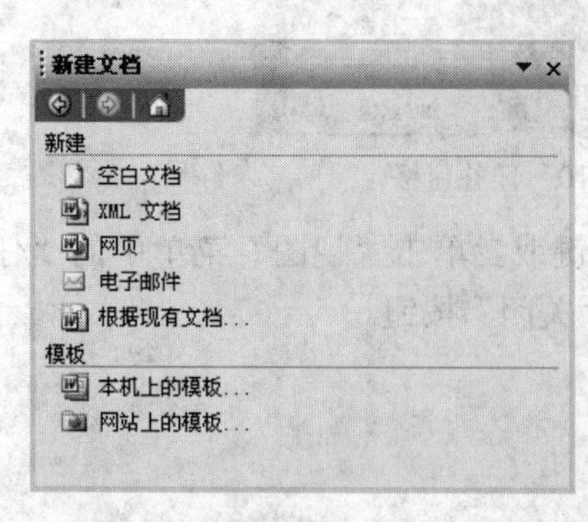

图 2.11 “新建文档”任务窗格

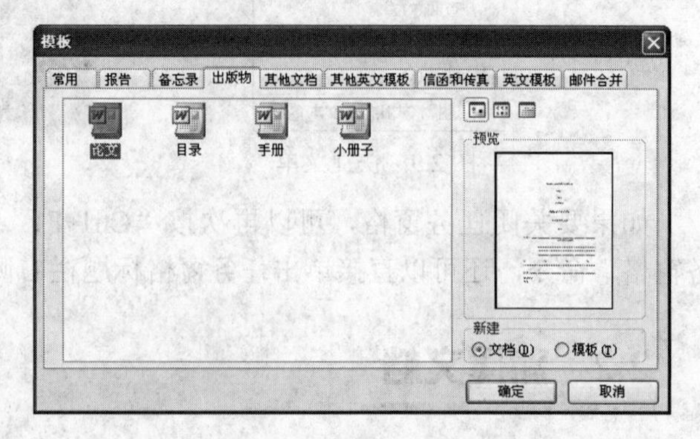

图 2.12 “模板”对话框

（3）单击列表框中相应的模板图标“论文”，在右边的“预览”区中将显示该论文的大

体框架。

（4）单击“确定”按钮，即可快速创建一份论文框架，如图 2.13 所示。单击占位符的位置，就可以输入相应的文本。例如，单击“在此处键入论文题目”占位符将其选定，即可输入论文的具体名称，将相关的内容输入完毕后，一份论文文档的雏型就创建成功了。

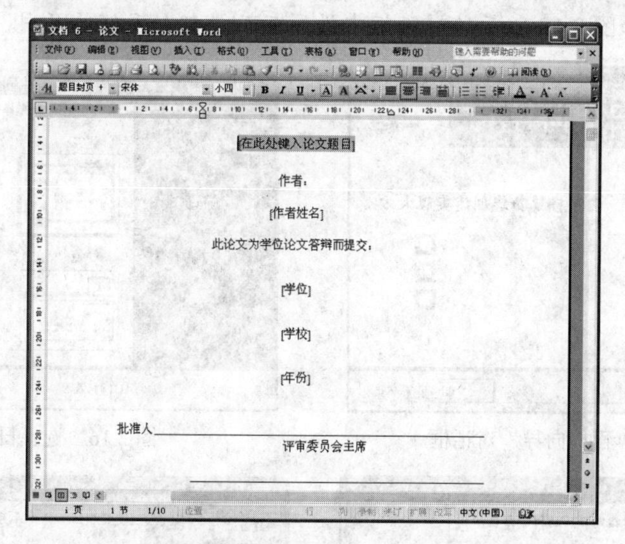

图 2.13 “论文”模板

2.2.3 使用向导建立新文档

向导由一系列对话框组成，只需根据对话框的提示输入或者选择所需的选项，即可迅速建立一个美观大方的文档。

【实例】使用稿纸向导创建简洁的日历。

（1）单击“文件”菜单中的“新建”命令，打开“新建文档”任务窗格。

（2）单击“模板”选项组中的“本机上的模板”选项，打开“模板”对话框，在如图 2.14 所示的“其他文档”选项卡中选择创建新文档所用的“日历向导”，单击“确定”按钮，打开如图 2.15 所示的“日历向导”对话框。

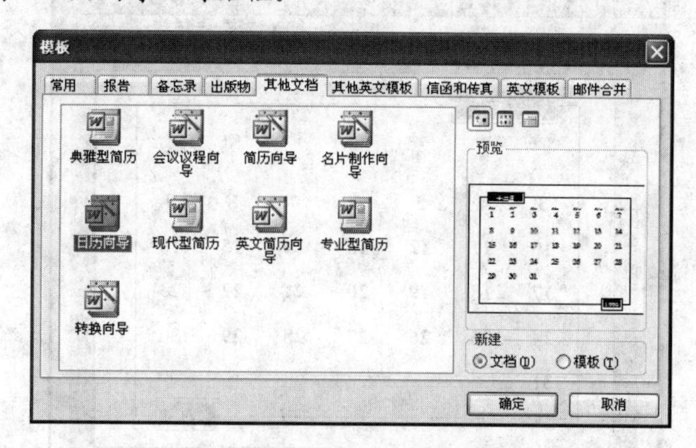

图 2.14 “其他文档”选项卡

（3）在“日历向导”对话框的左侧列出了创建日历文档所需的步骤，可以单击左侧的文字，直接跳到相关的步骤，也可以使用对话框下方提供的按钮来完成相关的操作。单击“取消”按钮，将取消此次创建文档的操作；单击“下一步”按钮，将进入该向导的下一个对话框来选择日历的样式，如图 2.16 所示。这里单击“上一步”按钮，可以返回该向导的上一个对话框重新设置相应的选项。选择“标准”样式，在如图 2.17 所示的对话框中选择“横向”打印方式，在如图 2.18 所示的对话框中设置日历的起始和终止年月。

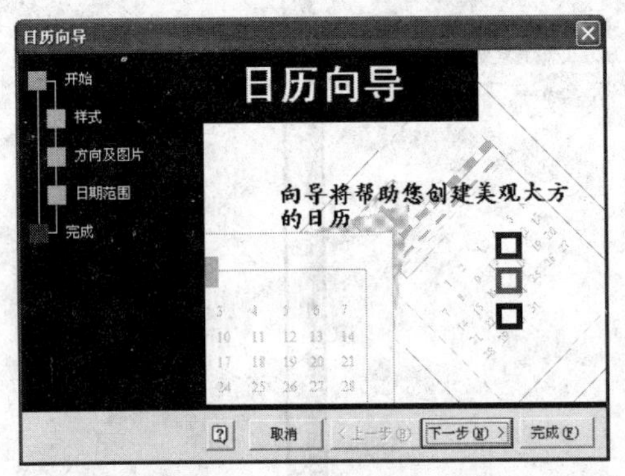

图 2.15 “日历向导”对话框

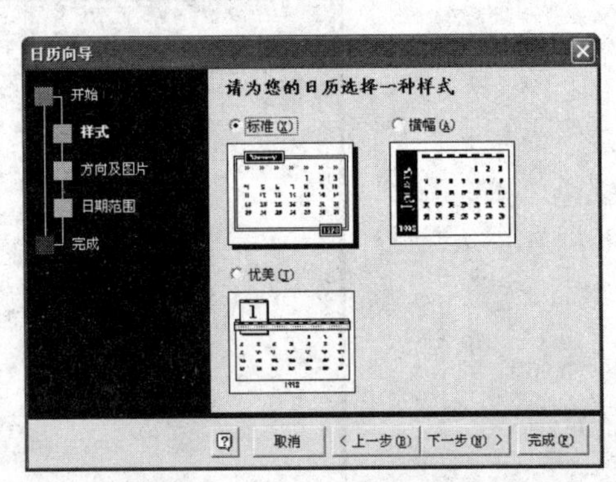

图 2.16 选择日历的样式

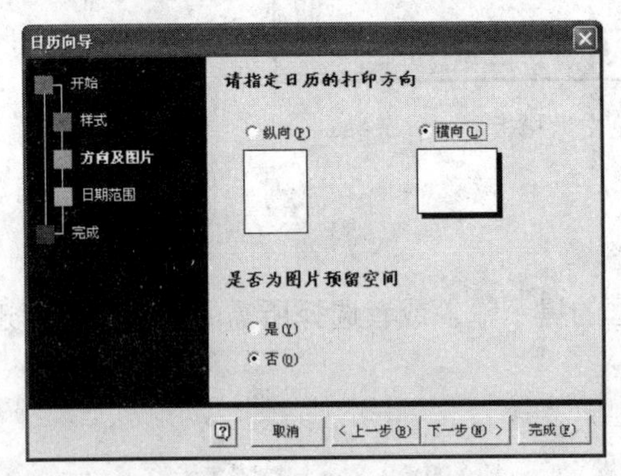

图 2.17 选择日历的打印方向

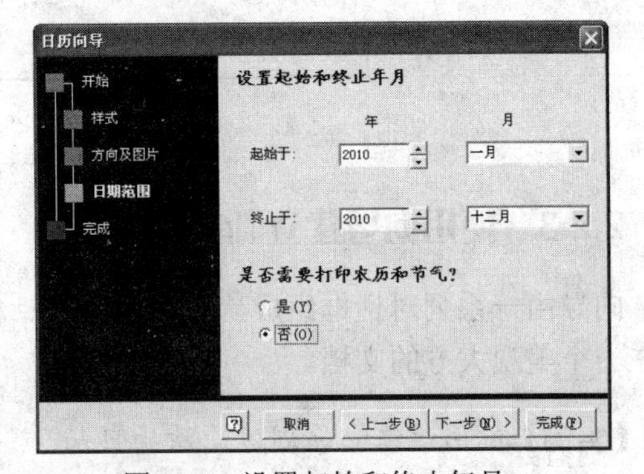

图 2.18 设置起始和终止年月

（4）单击“完成”按钮后，简洁的日历制作完成，效果如图 2.19 所示。

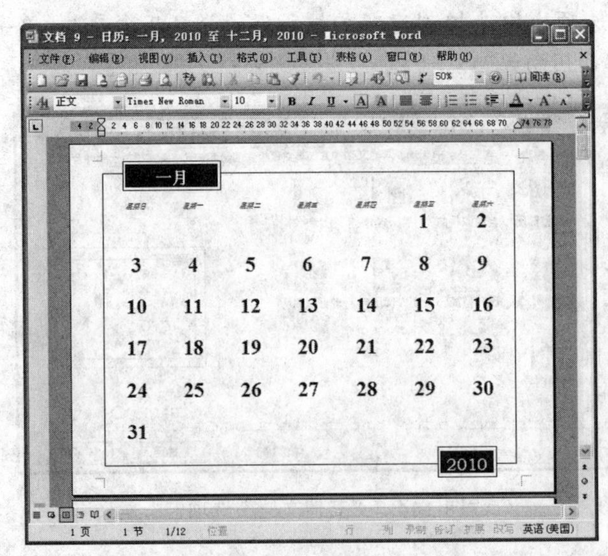

图 2.19 日历

2.3　输入文档内容

在 Word 中，文档内容包括英文、中文、符号、表格和图形等。本节介绍如何在文档中输入英文、中文、符号，以及在输入过程中怎样使用自动拼写检查、自动更正和自动图文集功能，而有关插入表格和图形的内容将在以后的章节中介绍。

在输入文本时，屏幕上不断闪烁的竖直线称为“插入点光标”，以后简称插入点，它所在的位置就是当前要输入的文本将出现的位置。当输入文本时，插入点会随之向右移动。当所输文本排满一行后，插入点会自动移到下行行首。因此，在文本输入过程中，应注意以下几点：

（1）要开始一个新段落时才按回车键，在各行结尾处不按此键。

（2）对齐文本时不要使用插入空格的方法来对齐，应在输入结束后使用制表符、缩进等功能对齐文本。

每次按回车键后，段尾都将出现一个“↵”符号，即硬回车符，也可称为段落标记。段落标记会保留上一个段落的格式设定（如对齐方式等）。如果要在段落中开始新行，应按“Shift+Enter”组合键，这样可以在一个段落中强行插入分行符，可以用来输入地址或列表。

2.3.1　即点即输

在 Word 中，可以从屏幕的左上角开始输入文本。也可以在需要输入文本的位置双击鼠标左键，启用“即点即输”功能，直接将插入点光标移到该位置，就可以开始插入文本、图形、表格或其他内容。

要使用“即点即输”功能，应单击“工具”菜单中的“选项”命令，打开“选项”对话框，单击其中的“编辑”标签，打开“编辑”选项卡，如图 2.20 所示，选中“启用‘即点即输’”复选框。完成以上设置后，再将 I 形鼠标指针移到要插入文本、图形或表格的空白区域，此时，鼠标指针边缘将显示即将输入文本的对齐方式，双击鼠标左键，就可以在当前位置输入文本、插入图形或表格等内容。

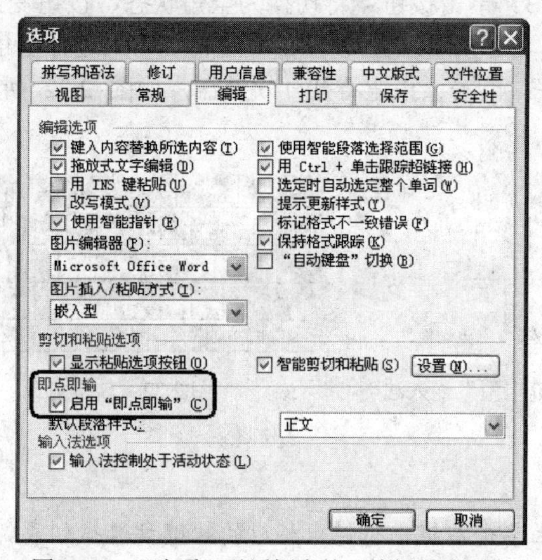

图 2.20　“选项”对话框中的“编辑”选项卡

注意

在普通视图下，无法使用即点即输功能；在多栏的版面、项目符号或编号列表、浮动对象及有文字环绕的图形附近，也无法使用即点即输功能。

2.3.2 输入英文

在输入英文中主要应注意怎样使用连字符或不间断空格等控制段落中的分行。

- 普通连字符“-”：用于两个单词之间的连接。如果带普通连字符的单词位于行尾，Word 将在连字符处将该单词断开。
- 可选连字符“Ctrl+–”：当单词位于行尾时，可选连字符的意义同普通连字符。但当因添加或删除文字而使整个单词移至行中间时，可选连字符将消失。
- 不间断连字符“Ctrl+Shift+–”：可将用连字符连接的单词在分行位置上不被断开，例如，负数中的负号就应使用该连字符，这样在分行时，Word 会将整个单词移到下一行中，而不将其分开。不间断连字符总是可见的，而且可以打印出来。
- 不间断空格“Ctrl+Shift+空格键”：如果不希望在两个单词之间分行，应使用不间断空格。例如，数值与其度量值之间就不应分行。

2.3.3 输入中文

使用键盘操作切换到中文输入状态的操作步骤如下：

（1）用“Ctrl+空格”组合键切换中、英文输入状态。

（2）用“Ctrl+Shift”组合键切换所需中文输入法。

这里以“五笔字型”输入法为例进行介绍，如图 2.21 所示。

- 标点符号的输入：中文标点状态；西文标点状态。
- “全角/半角切换”：“全角”指一个字符占用两个标准英文字符的位置，汉字是全角字符；“半角”指一个字符占用一个标准英文字符的位置，数字及英文字母有全角、半角的区别。例如，全角数字：４５，半角数字：45；全角英文字母：ＡＢ，半角英文字母：AB。单击按钮将切换为全角状态，按钮变为形状，再次单击切换回半角状态；也可以用组合键“Shift+空格键”来进行全角、半角的设置转换。
- “软键盘”开关：单击该按钮将打开软键盘，如图 2.22 所示为软键盘，再次单击将关闭软键盘。

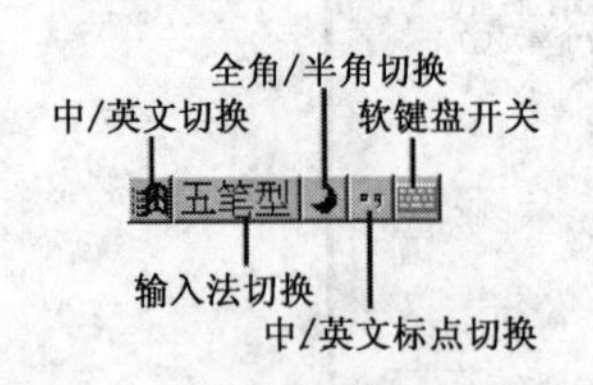

图 2.21 “五笔字型”输入法

图 2.22 软键盘

实用技巧

在“软键盘”按钮上单击右键，将弹出相应的软键盘选择列表，如图 2.23 所示，单击列表中的选项可以打开相应的软键盘，如“拼音”的软键盘如图 2.24 所示。

✔ P C 键盘	标点符号
希腊字母	数字序号
俄文字母	数学符号
注音符号	单位符号
拼　音	制表符
日文平假名	特殊符号
日文片假名	

图 2.23　“软键盘”列表

图 2.24　“拼音”软键盘

2.3.4　插入符号

在输入文本的同时，经常要插入一些键盘上没有的特殊符号，如希腊字符、数字符号、图形符号及全角字符等，这就需要使用 Word 提供的插入符号和特殊字符功能来实现。

【实例】在文档中插入符号“§”。

（1）将插入点移到要插入符号的位置。

（2）单击“插入”菜单中的“符号”命令，或单击鼠标右键，打开输入文本时的快捷菜单，单击其中的“符号”命令，打开“符号”对话框，如图 2.25 所示。“符号”对话框中有“字体”和“子集”两个下拉列表框。选择不同的字体和子集，在中部列表框中将显示符合范围要求的字符。

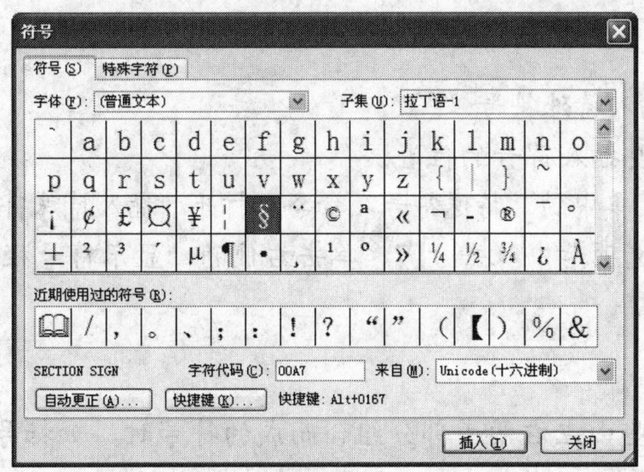

图 2.25　“符号”对话框

（3）用鼠标单击选中列表框中所需的符号。

（4）双击要插入的符号或单击“插入”按钮，即可在插入点插入该符号。

（5）插入符号后，“取消”按钮变为“关闭”按钮。单击“关闭”按钮，关闭对话框。

在 Word 中，“符号”对话框的下方有一个“自动更正”按钮。单击该按钮，可以打开“自动更正”对话框，以便将选择的符号添加到自动更正列表中。例如，输入（C）可被自动更正为版权符号©，输入->更正为→等。利用此项功能可快速插入特殊符号。

另外，如果要插入的符号在“符号”选项卡中无法找到，Word 还提供了特殊字符，如长破折号、版权符号和注册商标符号等。

【实例】在文档中插入特殊字符——版权符号©。

（1）将插入点移到要插入版权符号©的位置。

（2）单击“符号”对话框中的“特殊字符”标签，打开“特殊字符”选项卡，如图 2.26 所示。

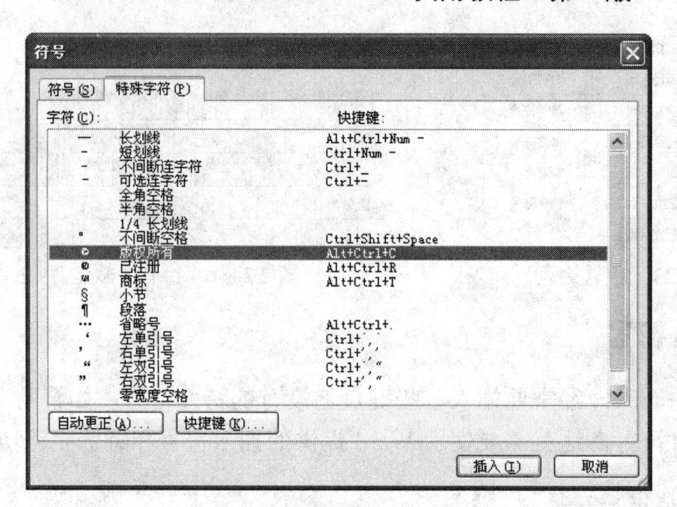

图 2.26 “特殊字符”选项卡

（3）从列表框中选择要使用的特殊字符——“版权符”，单击“插入”按钮，即可将版权符插入文档中。

（4）单击“关闭”按钮关闭对话框。

对于一些常用的符号，如单位符号、标点符号、拼音和一些特殊符号，Word 还提供了特殊符号的功能。

【实例】在文档中插入特殊符号“【】”。

（1）将光标定位到要插入符号的位置。

（2）单击“插入”菜单中的“特殊符号”命令，打开“插入特殊符号”对话框，如图 2.27 所示。在“标点符号”选项卡中双击“【”，单击右侧的“显示符号栏”按扭，可以在对话框底部显示一个符号工具栏。

注意

用上述方法插入一些由左右两半部分组合而成的符号时，如括号（【】）、书名号（《》）和双引号（“”）等，只要插入其中一个，则另一个也随之插入。

实用技巧

使用“符号栏”功能，对部分常用符号可直接选取。单击“视图”菜单中的“工具栏”命令，在打开的子菜单中选择“符号栏”选项，即可打开如图 2.28 所示的“符号栏”工具栏。

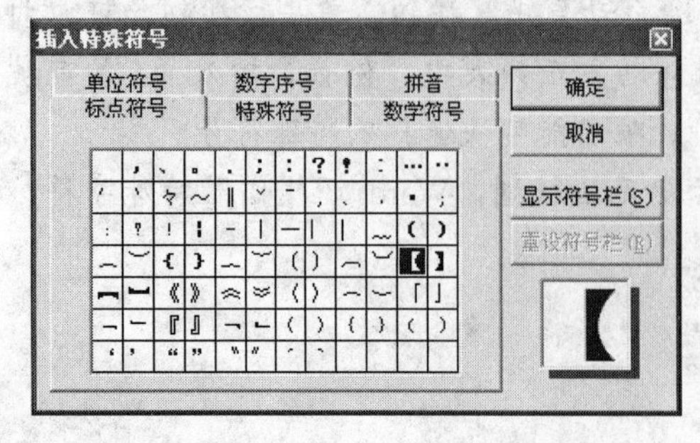

图 2.27 “插入特殊符号”对话框

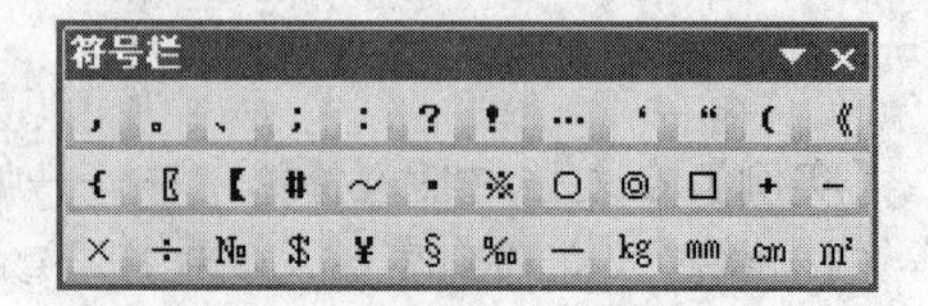

图 2.28 “符号栏”工具栏

2.3.5 输入时自动拼写和语法检查

当输入文本时，很难保证输入文本的拼写、语法完全正确，难免会将一些单词拼写错误，或是将一些成语弄错。Word 中的拼写和语法检查功能在输入过程中能自动指出输入的错误，并提出修改意见。

1. 设置自动拼写检查

（1）单击“工具”菜单中的“选项”命令，打开“选项”对话框，选中“拼写和语法”选项卡，如图 2.29 所示。

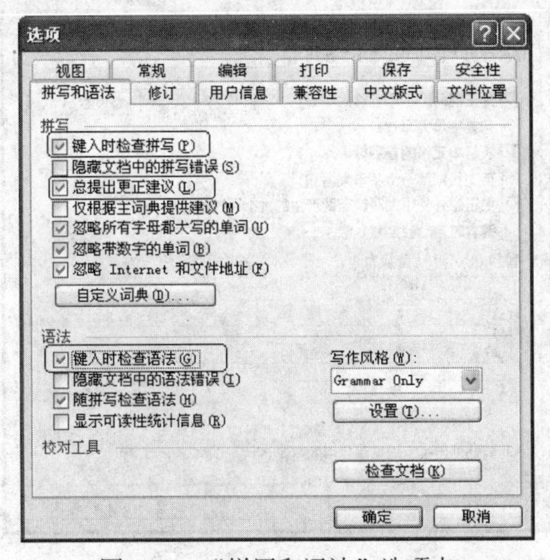

图 2.29 “拼写和语法”选项卡

（2）选中“键入时检查拼写”、“总提出更正建议”和“键入时检查语法”复选框。

（3）单击“确定”按钮。

进行以上设置后，Word 就具有了自动进行拼写和语法检查的功能。当文档中输入了错误的或者不可识别的单词时，Word 会在该单词下用红色波浪线进行标记；如果出现了语法错误，则在出现错误的部分用绿色波浪线进行标记。

如果在输入文本时未设定自动拼写和语法检查功能，可以在完成文档输入后，单击“拼写和语法”常用工具按钮或按下功能键 F7 键，再进行拼写和语法检查。

2. 对检查出来的错误进行更正

在标有红色波浪线的单词上单击鼠标右键，在弹出的快捷菜单中单击“自动更正”命令，将打开其子菜单，其中显示的是 Word 提供的正确单词，单击它即可更正单词拼写错误。有时 Word 会提供多个建议的单词，对于这种情况，需要先选择再用被选中的单词去更正拼写错误。

对于带有绿色波浪线的语法错误，可以查看它的错误信息。单击快捷菜单中的“关于此句型”命令，将自动显示 Office 助手提示此错误是属于哪一类错误。

2.3.6 输入时自动更正错误

Word 的自动更正功能使文本的输入更为准确、快捷。例如，在文档中输入“wriet”按空格键后，Word 会自动将其更正为“write”；在文档中输入“鞠躬尽萃”后自动更正为“鞠躬尽瘁”，并且一点儿也不影响正常的输入工作。在 Word 2003 中，自动更正功能除了可以更正一些常见的输入错误、拼写错误和语法错误外，还可以用于自动插入文字、图形和符号等。

1. 设置自动更正功能

（1）单击“工具”菜单中的“自动更正选项”命令，打开“自动更正”对话框的“自动更正”选项卡，如图 2.30 所示。

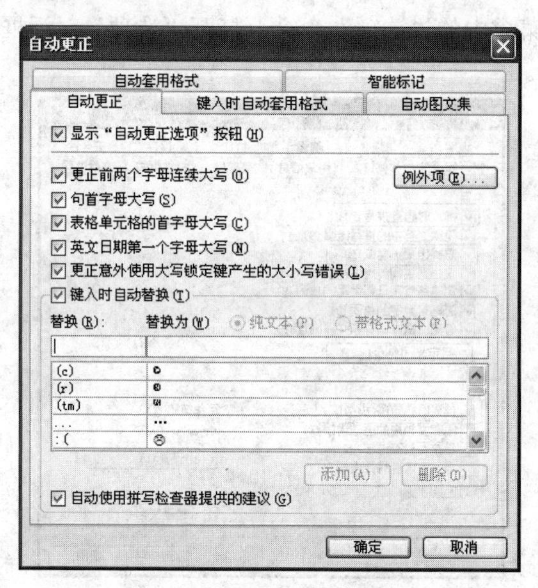

图 2.30“自动更正”对话框

（2）根据需要选中相应的复选框。

- “更正前两个字母连续大写”：将单词中第二个大写字母改为小写。
- “句首字母大写”：将每句的第一个英文字母都改为大写。
- “表格单元格的首字母大写”：将单元格的首字母都改为大写。
- “更正意外使用大写锁定键产生的大小写错误”：更正因误按 Caps Lock 键而输入的“wORD”等错误。
- “键入时自动替换”：录入文本时用列表中的词条内容取代相应的词条名。

（3）单击“确定”按钮。

2. 创建自动更正词条

Word 的自动更正功能虽然可以更正一些常见的英文单词错误或中文成语错误，但把每个用户所有经常输错的字、单词或符号都纠正过来是不可能的。在 Word 中可以根据自身的需要创建适合自己情况的自动更正词条，具体操作步骤如下：

（1）单击“工具”菜单中的“自动更正选项”命令，打开“自动更正”对话框。

（2）在“自动更正”选项卡的“替换”框中，输入要更正的容易出错的单词或文本。

（3）在“替换为”框中，输入正确的单词或文本。

（4）单击“添加”按钮，把自动更改词条添加到列表中。

（5）单击“确定”按钮，关闭对话框。

除了可以将易出错的英文单词或成语创建为自动更正词条外，还可以将经常要输入的一部分文本创建为自动更正词条。

【实例】创建自动更正词条，在每次输入“二职”时自动更正为隶书、四号字格式的“**石家庄市第二职业中专**”。

（1）在文档中输入“石家庄市第二职业中专”，选定后将其他文本设置为“隶书、四号字”。

（2）单击“工具”菜单中的“自动更正选项”命令，打开“自动更正”对话框，选定的文本出现在“替换为”框中。

（3）在“替换”框中输入缩写的词条名称“二职”。

（4）因为选定的文本含有格式，应单击“带格式文本”单选按钮。如果想去掉选定文本的格式，应单击“纯文本”单选按钮。

（5）单击“添加”按钮，将该词条添加到自动更正的列表框中。

（6）单击“确定”按钮。

3. 插入自动更正词条

当创建了一个自动更正的词条后，只要将插入点移到要插入词条的位置，然后输入词条名即可，例如，输入“二职”后 Word 会立即用“石家庄市第二职业中专”来更正“二职”。

如果不想使用自动更正功能，比如输入“二职”，可在自动更正后，按“Ctrl+Z”组合键取消刚才的自动更正。

如果不再需要该自动更正词条，可在“自动更正”对话框中选中不需要的词条，单击“删除”按钮。

2.3.7 使用自动图文集

1. 创建自动图文集词条

在输入文本的过程中，经常要重复输入相同内容的文本或图形，这样会浪费很多时间。使用“自动图文集”功能可以快速插入重复的文本或图形。

【实例】创建自动图文集词条“欢迎”，每当输入文字“欢迎”时自动替换为相应的小图片。

（1）在文档中选定经常插入的图形，如图 2.31 所示。

（2）单击“插入”菜单中的“自动图文集”命令，单击其子菜单中的“新建”命令，或按“Alt+F3”组合键，打开“创建‘自动图文集’”对话框，如图 2.32 所示，在文本框中输入自动图文集词条的名称“欢迎”。

图 2.31 经常在文档中插入的小图片

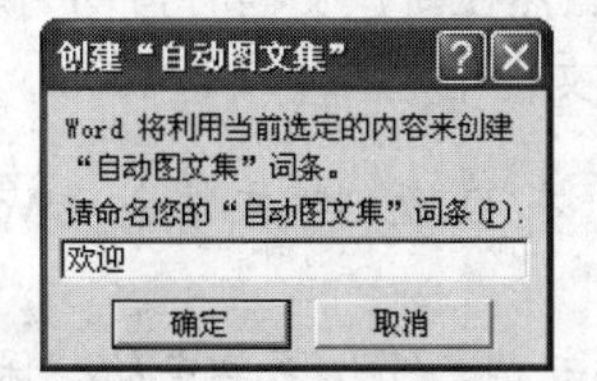

图 2.32 “创建‘自动图文集’”对话框

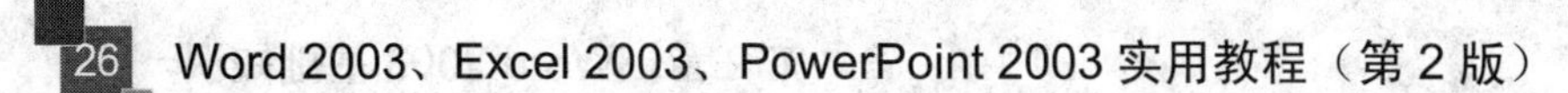

（3）单击“确定”按钮。默认情况下，Word 2003 将自动图文集词条存储在 Normal 模板中，以便使其对所有文档都有效。

（4）将插入点移到要插入该图片的位置，输入词条名“欢迎”后按 F3 快捷键，即可将文字“欢迎”转换为该图片。

2. 删除自动图文集词条

（1）单击“插入”菜单中的“自动图文集”命令，在其子菜单中选择“自动图文集”命令，打开如图 2.33 所示的“自动更正”对话框的“自动图文集”选项卡。

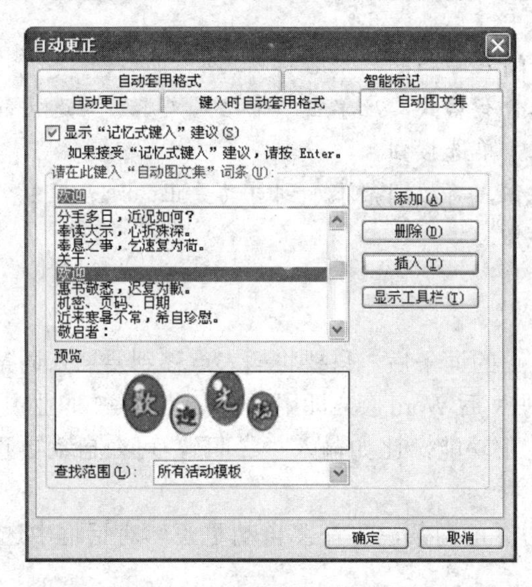

图 2.33 “自动图文集”选项卡

（2）在列表框中选定要删除的自动图文集词条名称。

（3）单击“删除”按钮。

2.4 保存文档和自动保存功能

养成及时保存文档的习惯是非常重要的，否则一旦突然断电或死机，刚刚完成的工作成果将全部丢失。

2.4.1 保存文档

1. 保存新的未命名的文档

Word 虽然在新建文档时自动为新文档赋予“文档 1”之类的名称，但在保存新建文档时，必须为文档指定一个文件名。

【实例】在 D 盘创建文件夹“Word 实例”，将当前文档命名为“会议通知”保存在该文件夹中。

（1）单击“文件”菜单中的“保存”命令或“常用”工具栏中的“保存”按钮，打开“另存为”对话框，如图 2.34 所示。

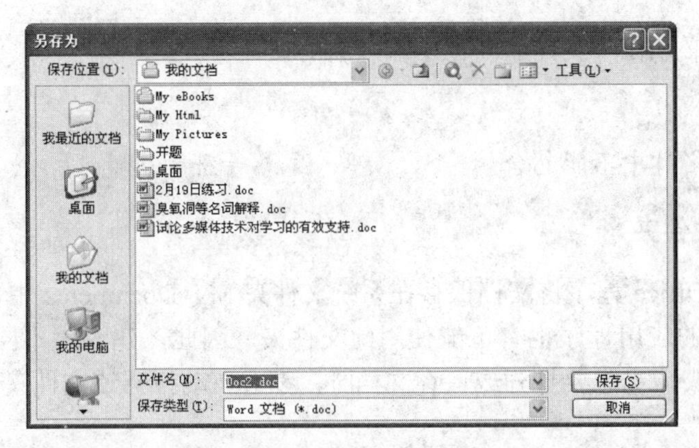

图 2.34　“另存为”对话框

（2）在“保存位置”列表框中单击右侧向下的箭头，在下拉列表中选择“D 盘”，并单击右侧的“新建文件夹”按钮，弹出如图 2.35 所示的对话框，在“名称”文本框中输入“Word 实例”，单击“确定”按钮，则在 D 盘根目录下创建“Word 实例”文件夹。

图 2.35　“新文件夹”对话框

（3）在“文件名”框中，输入文档的名称“会议通知”。

（4）在“保存类型”列表框中选择“Word 文档”选项。

（5）单击“保存”按钮。

在“另存为”对话框左端列表中，列出了 5 个常用的文件夹，单击图标可以在“保存位置”框中打开相应的文件夹。其他按钮的功能简介如下。

- 返回按钮：用于返回上一级文件夹。
- 向上按钮：用于返回上一级文件夹。
- 搜索 Web 按钮：用于网上搜索。
- 删除按钮：用于删除选定的文件或文件夹。
- 视图按钮：可以用不同的方式显示文件，单击该按钮，将打开一个包括列表按钮、详细资料按钮、属性按钮和预览按钮的下拉菜单。
- “工具”按钮：单击该按钮可弹出一个下拉菜单，包括“删除”、“重命名”、“添加至个人收藏夹”、“映射网络驱动器”、“属性”、“Web 选项”、“保存版本”等命令。

2．保存已有文档

如果保存的文件是已有文件，而且文件名及位置保持不变，可以直接单击“常用”工具栏中的“保存”按钮或按“Ctrl+S”组合键。

3．对已有文件进行备份

（1）单击“文件”下拉菜单中的“另存为”命令，打开“另存为”对话框。

（2）在“保存位置”框中选择要保存文件的新文件夹，则可以原名保存；如果要保存在原有文件夹中，则必须在“文件名”框中输入新的文件名。

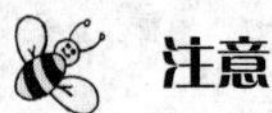

注意

输入的文件夹名称中不能包含 <、>、/、*、?、\ 等符号。

4. 设置默认文件夹

默认情况下，Office 程序将文档保存在系统文件夹 My Documents 中，可是 Office 家族日益庞大，而其他的应用程序也有可能使用此文件夹。因此，建议为不同的 Office 程序定义不同的默认文件夹，当想要打开或保存文档时，都会自动打开该文件夹，从而减少找不到文档的烦恼。

【实例】将上一实例中 D 盘根目录里的“Word 实例”文件夹设置为 Word 文档的默认文件夹。

（1）单击“工具”菜单中的“选项”命令，打开“选项”对话框，选中“文件位置”选项卡，如图 2.36 所示。

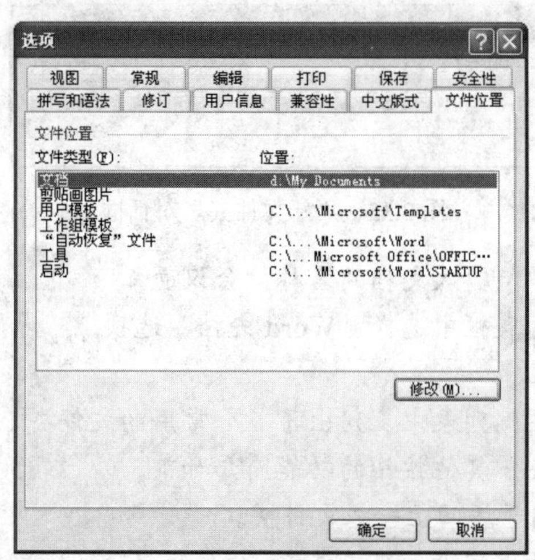

图 2.36 “文件位置”选项卡

（2）单击“文件类型”栏中的“文档”选项，然后单击“修改”按钮，打开“修改位置”对话框，单击“查找范围”列表框右侧的向下箭头，选择“D 盘”，在列表框中选择“word 实例”文件夹，如图 2.37 所示。

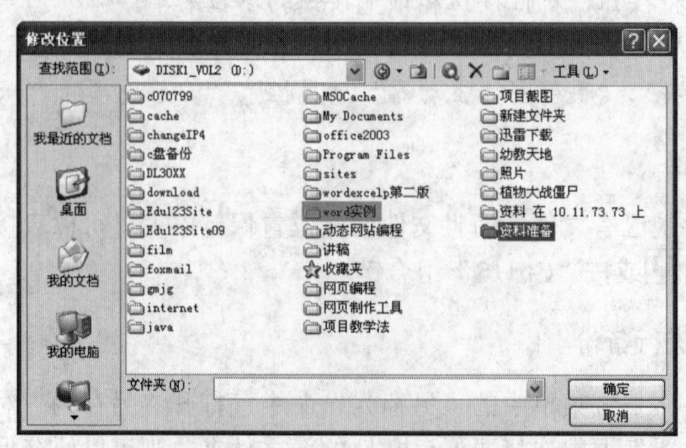

图 2.37 “修改位置”对话框

（3）单击“确定”按钮，返回“选项”对话框。

（4）单击“确定”按钮，关闭“选项”对话框。

5．同时保存所有打开的文档

按下“Shift”键后，打开“文件”菜单，原“保存”命令已变为“全部保存”命令。单击“全部保存”命令，即可按原文件名保存当前打开的所有文档。

6．保存为其他文档格式

保存文档时，Word 按照 Word 格式自动保存该文档。也可以将 Word 创建的文档保存为其他的格式。

【实例】将“会议通知”文档保存为 Web 文档格式。

（1）单击“文件”菜单中的“另存为网页”命令，打开“另存为”对话框，如图 2.38 所示。

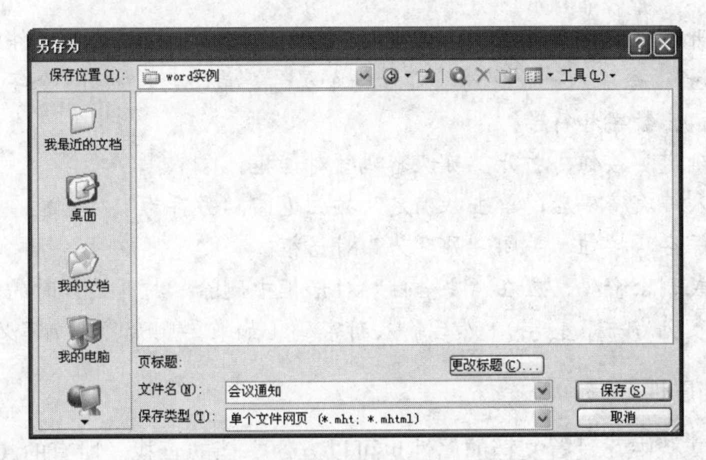

图 2.38 “另存为”对话框

（2）单击“保存”按钮，关闭对话框。

由于不同的文字处理软件之间、Word 的新老版本之间总是存在着差异，因此，当在 Word 2003 中试图把一个文档保存为另一种格式时，不可避免地会出现格式丢失等情况。

7．给文档加密码

如果要防止他人打开或修改某些文档，可以为该文档指定一个密码，这样在打开该文档时就需要输入正确的密码。设置“打开权限密码”可避免让其他人阅读该文档；设置“修改权限密码”可避免让其他人修改文档内容（不知道密码的用户可以按只读文档的方式来打开文档，可以阅读文档，但不能对文档进行修改）。

【实例】给“会议通知.doc”文档设置打开密码为“stu”，修改密码为“teacher”。

（1）单击“文件”菜单中的“另存为”命令，打开“另存为”对话框。

（2）单击“另存为”对话框中的“工具”按钮，从弹出的下拉菜单中选择“安全措施选项”命令，打开如图 2.39 所示的“安全性”对话框。

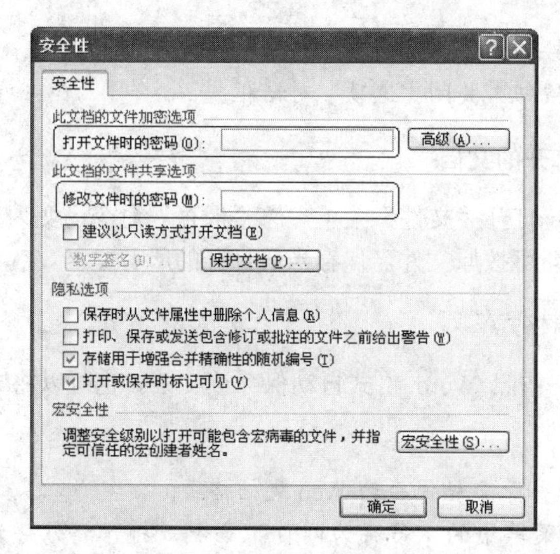

图 2.39 “安全性”对话框

（3）在“打开文件时的密码”文本框中输入密码“stu”，在“修改文件时的密码”文本框中输入“teacher”。每输入一个字符将显示一个星号，最多可输入 15 个字符，可以是字母（字母区分大小写）、数字和符号。

（4）单击“确定”按钮，打开“确认密码”对话框。

（5）重新输入一次密码后，单击“确定”按钮返回“另存为”对话框。

（6）单击“保存”按钮，关闭“另存为”对话框。

如果要修改或删除密码，应在“安全性”对话框中删除“打开文件时的密码”文本框中的密码（它仍然表现为一串星号），然后输入新密码（如果要删除密码就不必再输入）。

8．设置文档属性

在要保存的文档中，设置文档的属性也可以方便文档的查找。所有的 Office 文档均可由创建或编辑它的程序设置其属性，如作者姓名、摘要信息等，还可由作者自定义文档的其他属性，如作者办公室、电话号码、参考信息、创建日期等。

单击“文件”菜单中的“属性”命令，打开文档属性对话框的“摘要”选项卡，如图 2.40 所示，输入文档的各项摘要信息。还可打开“自定义”选项卡，在“名称”、“类型”、“取值”框中选择或输入相应的值，然后单击“添加”按钮将该项属性添加到“属性”框中。如果需要 Word 提醒用户保存文档属性，则可单击“工具”菜单中的“选项”命令，打开“选项”对话框的“保存”选项卡，选中“提示保存文档属性”复选框。

2.4.2 自动保存功能

Word 2003 提供自动保存的功能，将工作中的文档每隔一段时间就自动保存一次。下面通过实例说明设置自动保存功能的操作步骤。

【实例】设置每隔 5 分钟自动保存当前的文档。

（1）单击“工具”菜单中的“选项”命令，打开“选项”对话框的“保存”选项卡，如图 2.41 所示。

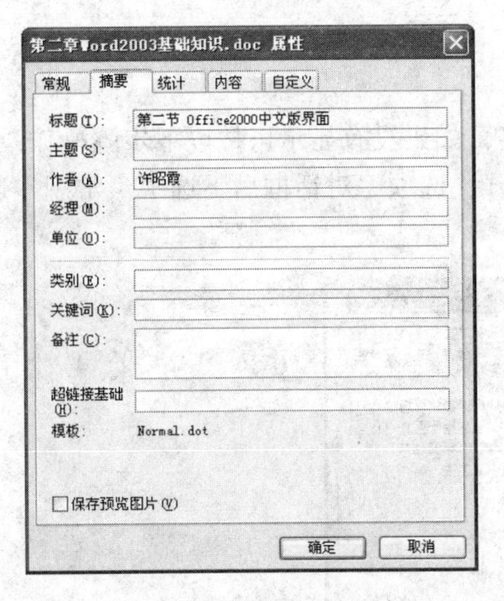

图 2.40　“摘要”选项卡

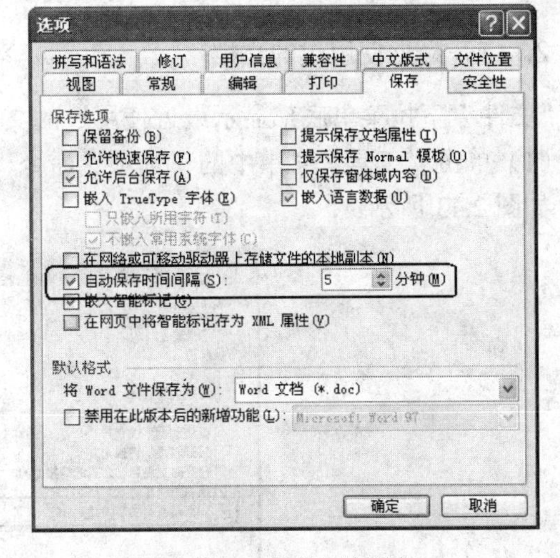

图 2.41　“保存”选项卡

（2）选中“自动保存时间间隔”复选框，在“分钟”增量框中，输入自动保存文档的时间间隔“5 分钟”。

（3）单击“确定”按钮。

2.5　打开、查找和关闭文档

2.5.1　打开文档

1. 打开一个硬盘中已有的文档

（1）单击“打开”按钮，或按“Ctrl+O”组合键，系统自动弹出“打开”对话框，如图 2.42 所示。该对话框中各按钮的作用与“另存为”对话框中的基本相同。

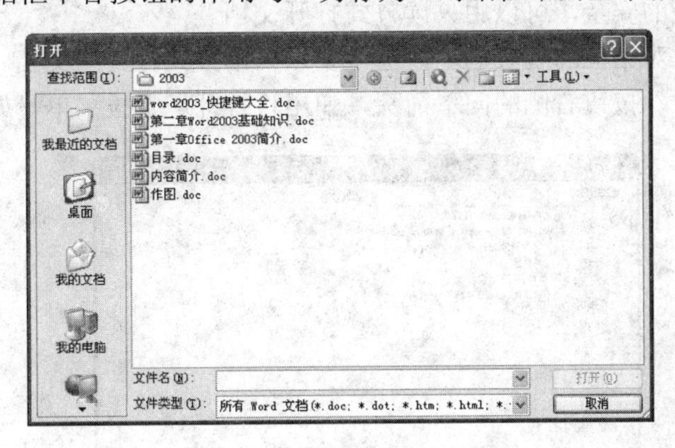

图 2.42　“打开”对话框

（2）在“查找范围”下拉列表框中选定文件所在的位置。

（3）在文件列表框中选定要打开的文档，然后单击“打开”按钮。也可以在文件列表框中直接双击要打开的文档。

2．打开最近使用过的文档

“文件”下拉菜单底部显示最近使用过的文件名。如果没有显示可按以下步骤操作：

（1）单击“工具”菜单中的“选项”命令，打开“选项”对话框后，选中“常规”选项卡，如图 2.43 所示。

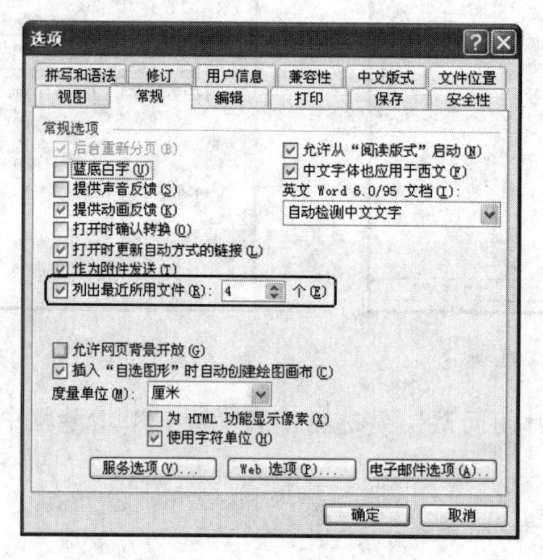

图 2.43 “常规”选项卡

（2）选中“列出最近所用文件”复选框，并在右侧的增量框中输入要列出文件的数目（1～9），默认值为“4”。

（3）单击“确定”按钮，关闭对话框。

要打开最近使用过的文档，还可以在“打开”对话框中，单击“历史”按钮，同样也可以列出最近打开过的文档。

3．以只读方式或副本方式打开文档

为了保证原文档的安全，可以用只读方式打开文档。

（1）在“打开”对话框的列表框中，选中要以只读方式打开的文档。

（2）单击“打开”按钮右侧的向下箭头，弹出“打开”下拉菜单，如图 2.44 所示。

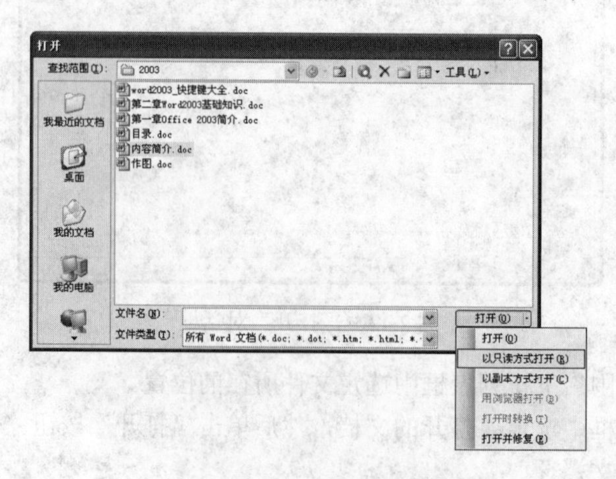

图 2.44 “打开”下拉菜单

（3）在下拉菜单中单击“以只读方式打开”命令。

以只读方式打开的文档，在修改后必须以其他文件名保存。而如果用副本方式打开文档，则将当前文档另存为“文件名 2”，这样的好处是对副本所做的任何修改都不会影响原文档。

4．打开非 Word 文档

使用 Word 不仅可以编辑 Word 格式的文档，也可以编辑其他格式的文档，例如，无格式的文本文件、通讯簿、电子表格等，但是需要安装适当的转换器才能使 Word 读取以非 Word 格式保存的文件。

5．打开多个文档

（1）按“Ctrl+O”组合键，弹出“打开”对话框，在“查找范围”下拉列表框中确定这些文档所在的目录。

（2）用鼠标单击第一个文件名，再按住“Shift”键，单击最后一个文件名，可以选中多个连续的文件。单击第一个文件名后，按住“Ctrl”键再单击其他要打开的文件名，可以选中不相邻的多个文件。

（3）单击“打开”按钮。

2.5.2　查找文档

打开一个文档似乎很简单，一学就知道怎样打开它，但如果把文件存放错了位置，或者忘记了文件名和它所在的路径，没有头绪地去找所需的文件，简直就是大海捞针，既费时又费力。这时，应利用 Word 2003 的查找功能来帮助查找要打开的文件。具体操作步骤如下：

（1）单击“常用”工具栏中的“打开”按钮，在弹出的“打开”对话框中单击“工具”按钮 工具(L)，在“工具”菜单中选择“查找”命令，打开“文件搜索”对话框，如图 2.45 所示。

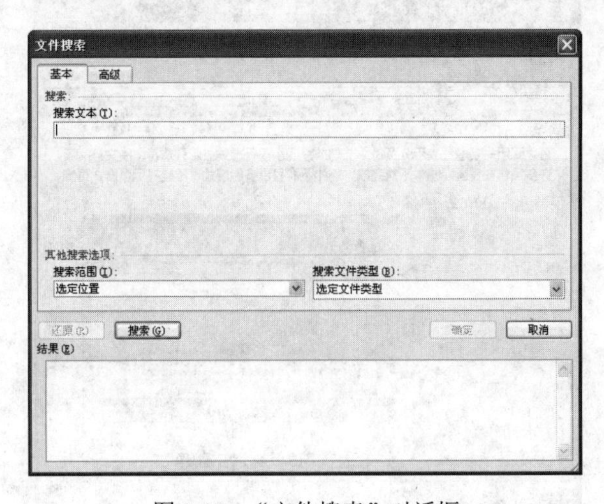

图 2.45　“文件搜索”对话框

（2）在“搜索文本”文本框中输入要搜索的文档中可能包含的文本。

（3）在“搜索范围”列表框中指定搜索的范围。

（4）在“搜索文件类型”列表框中选择所搜索文件的类型。

（5）单击“搜索”按钮开始查找。

2.5.3 关闭文档

1. 关闭当前活动文档

- 单击菜单栏右侧的“关闭”按钮。
- 单击“文件”菜单中的“关闭”命令。
- 按“Ctrl+W”或“Ctrl+F4”组合键。

2. 关闭多个文档

按住“Shift”键，然后单击“文件”菜单项，这时“关闭”命令已变为“全部关闭”命令，再单击“全部关闭”命令，就可以关闭所有打开的文档。

2.6 设定窗口显示方式

Word 中有多种视图方式，视图是相对于文档窗口而言的，不同的视图在文档窗口中的显示方式不同，其作用也就不同。

1. 普通视图

单击水平滚动条左侧的“普通视图”按钮▤，可切换到普通视图，如图 2.46 所示。它的优点是页与页之间用一条虚线表示分页符；节与节之间用双行虚线表示分节符，使文档阅读起来比较连贯。缺点是：许多操作在普通视图中不能完成。例如，不能显示多栏版式，不能显示页眉、页脚、页号及页边距等。

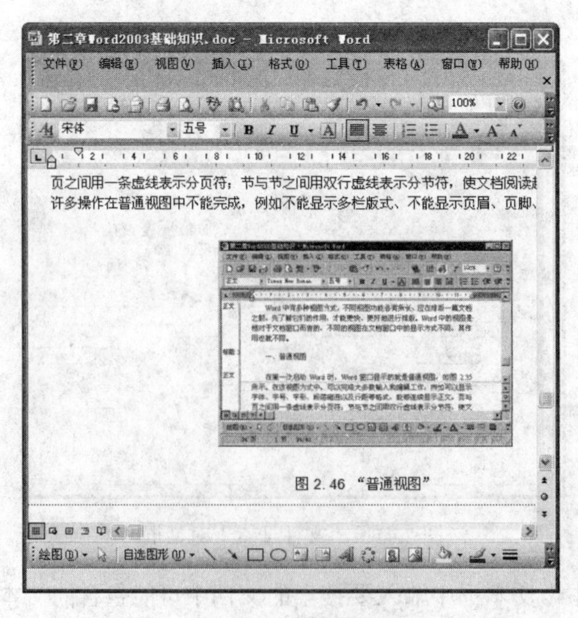

图 2.46　普通视图

2．Web 版式视图

单击水平滚动条左侧的“Web 版式视图”按钮，可切换到 Web 版式视图方式。Web 版式视图用于创作 Web 页，如图 2.47 所示，它能够仿真 Web 浏览器来显示文档，可以给 Web 文档添加背景和颜色，并且自动折行以适应窗口的大小，使联机阅读更方便。

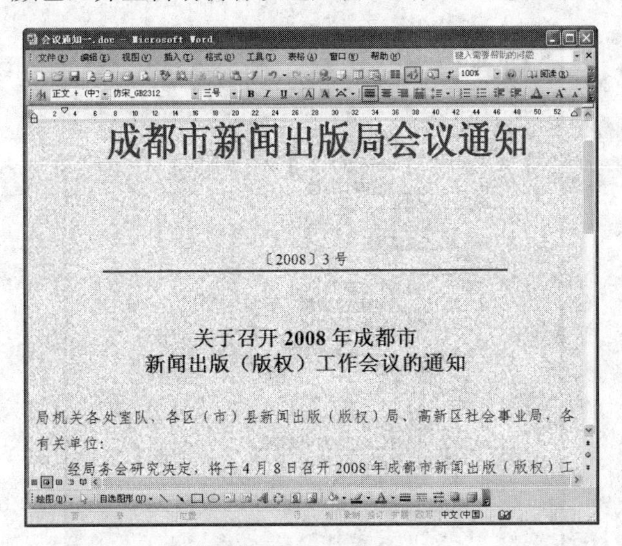

图 2.47　Web 版式视图

3．页面视图

单击水平滚动条左侧的“页面视图”按钮，可切换到页面视图，如图 2.48 所示。该视图中能够显示垂直标尺、插入的页眉和页码等，能够起到预览打印效果的作用。但页面视图占用较多的系统内存，因此在此视图中滚动文本的速度相对较慢。

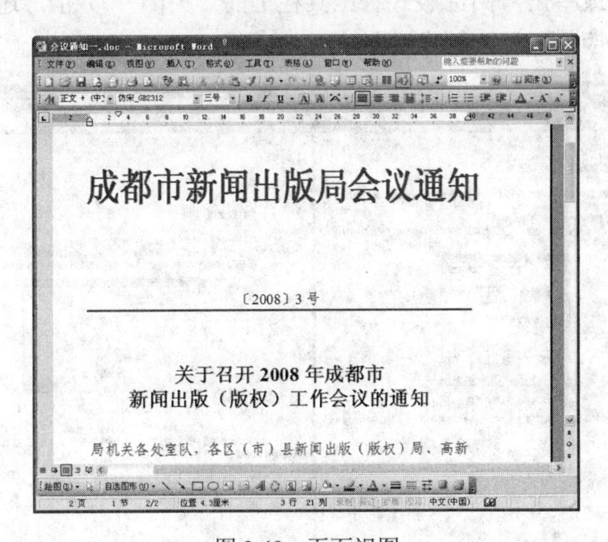

图 2.48　页面视图

4．大纲视图

在如图 2.49 所示的大纲视图中，可以折叠文档，只查看标题，了解文档的结构，也可以展开文档，查看整个文档的内容，并且可以通过拖动标题来移动、复制或重新组织正文，相关的知识将在第 7 章具体介绍。

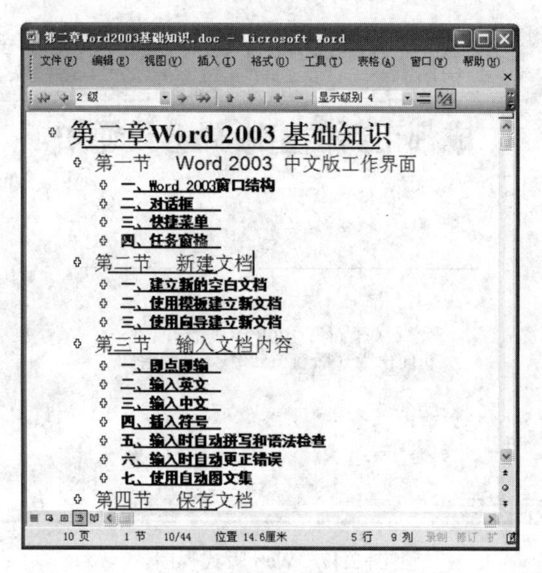

图 2.49 大纲视图

5．阅读版式视图

单击水平滚动条左侧的“阅读版式”按钮或按“Alt+R”组合键，可切换到阅读版式视图，如图 2.50 所示，在该视图中可以更方便地浏览文档。关闭阅读版式视图时需要把视图切换到其他视图，或单击“阅读版式”工具栏上的“关闭”按钮，还可以按“Esc”键或“Alt+C”组合键，直接关闭阅读版式视图。

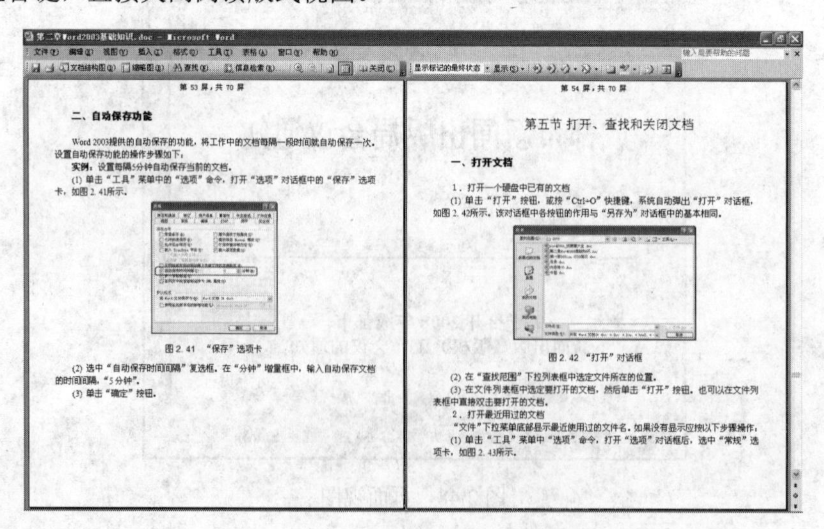

图 2.50 阅读版式视图

6. 打印预览视图

单击“常用”工具栏中的“打印预览”按钮，可切换至打印预览视图，以便在打印之前检查文档的布局。

7. 文档结构图

单击“视图”菜单中的“文档结构图”命令或“常用”工具栏中的“文档结构图”按钮，可将 Word 文档窗口分成两部分，左边窗格显示文档大纲结构图，右边窗格显示文档内容，如图 2.51 所示。在修改长文档时可通过文档结构图快速定位，比如，在文档结构图中单击某个标题，在右侧窗口中将显示该标题的内容。

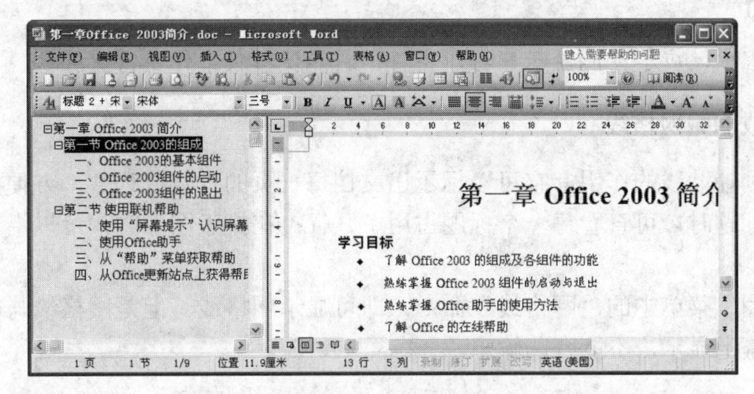

图 2.51　文档结构图

8. 全屏显示

单击“视图”菜单中的“全屏显示”命令，可以把标题栏、菜单栏、状态栏、标尺、滚动条及工具栏都隐藏起来，从而使编辑窗口扩展到最大，显示更多的文本内容。

9. 设置显示比例

显示比例是指在各种视图方式下文档窗口进行缩放后的结果。在任何一种视图方式下都可以调整显示比例。例如，在页面视图方式下将显示比例增大，可以更容易、更清晰地查看文档内容；将显示比例缩小，则可查看更多的内容。

在常用的页面视图中单击“常用”工具栏上“显示比例”列表框右侧的下拉箭头，在打开的如图 2.52 所示的下拉列表中，选择其中一种比例：

- “整页”：可以查看每一页的布局。当文档中有图片时，可以在这种显示方式下查看图片是否会超出文档页面，布局是否合理等。
- 自定义显示比例：输入数值必须在 10%～500%之间，调整视图显示比例并不影响打印的效果。

图 2.52　“显示比例”列表

10. 显示或隐藏非打印字符

在前面的章节中，已经介绍到的空格符、制表符、软回车符、硬回车符和可选连字符等，这些符号在 Word 中统称为非打印字符。因为这些符号显示在文档中的作用只是辅助排版，并不能打印输出。

- 单击“常用”工具栏上的“显示/隐藏编辑标记”按钮，可切换显示或隐藏非打印字符。
- 单击“视图”菜单中的“显示段落标记”命令，可切换显示或隐藏段落标记（硬回车符）。

实用技巧

在排版过程中，应尽可能显示非打印字符，它能使排版工作变得更轻松。

11. 显示或隐藏网格线

网格线起到辅助线的作用，它可以标示出文档每一页的行数或列数，方便查看和定位。例如，在排版标题时，可查看每一个标题占用了几行；在排版图形时，可以沿着网格线进行对齐。

单击“视图”菜单中的“网格线”命令，即可显示网格线。但是网格线与非打印字符一样，只能在屏幕上显示，不能打印输出。

【实例】设置如图 2.53 所示的网格线显示效果。

图 2.53　显示网格线效果

（1）单击“文件”菜单中的“页面设置”命令，打开“页面设置”对话框后，选中“文档网格”选项卡。

（2）选中“只指定行网格”单选按钮。

（3）单击“绘图网格”按钮，打开“绘图网格”对话框，如图 2.54 所示。

（4）单击选中“在屏幕上显示网格线”复选框后，在“垂直间隔”和“水平间隔”框中输入数值，单击“确定”按钮，返回“页面设置”对话框。

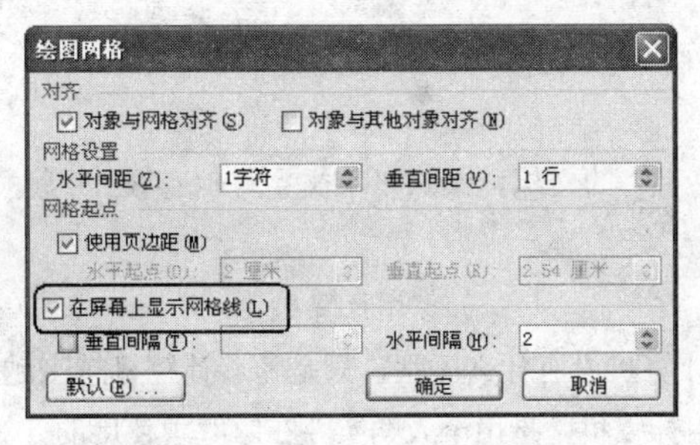

图 2.54　“绘图网格”对话框

（5）单击“确定”按钮，关闭“页面设置”对话框，便可得到如图 2.53 所示的网格线。单击“视图”菜单中的“网格线”命令即可隐藏网格线。

习题 2

一、单选题

1. 要一次性保存或关闭多个文档，应按下（　　）键后再打开“文件”菜单，单击“全部保存”命令或“全部关闭”命令。

A. Shift　　B. Ctrl　　C. Alt　　D. Ctrl+Alt

2. Word 的“文件”菜单底部显示的文件名所对应的文件是（　　）。

A. 当前被操作的文件　　B. 当前已打开的所有文件

C. 最近被操作的文件　　D. 扩展名是 doc 的所有文件

3. 在 Word 2003 的编辑状态下，切换中/英文输入状态的组合键是（　　）。

A. Ctrl+空格键　　B. Alt+Ctrl　　C. Shift+空格键　　D. Alt+空格键

4. 在 Word 2003 的编辑状态下，当前输入的文字显示在（　　）。

A. 鼠标光标处　　B. 插入点处　　C. 文件尾部　　D. 当前行尾部

5. Word 文档的扩展名是（　　）。

A. txt　　B. doc　　C. wps　　D. html

6. 如果要输入希腊字母 Ω，需要使用的菜单是（　　）。

A. 编辑　　B. 插入　　C. 格式　　D. 工具

7. 保存文档应按（　　）组合键。

A. Ctrl+S　　B. Ctrl+B　　C. Shift+F10　　D. Ctrl+A

8. 在 Word 的（　　）视图方式下，可以显示分页效果。

A. 普通　　B. 大纲　　C. 页面　　D. 主控文档

9. 当一个 Word 窗口被关闭后，被编辑的文件将（　　）。

A. 被从磁盘中清除　　B. 被从内存中清除

C. 被从内存或磁盘中清除　　D. 不会从内存和磁盘中被清除

10. 进入 Word 后，打开了一个已有文档 w1.doc，又进行了“新建”操作，则（　　）。

A. w1.doc 被关闭　　B. w1.doc 和新建文档均处于打开状态

C. “新建”操作失败　　D. 新建文档被打开但 w1.doc 被关闭

二、上机练习

1．新建文件名为“使用说明”的文档，录入以下文字并保存在 D 盘根目录下的“Word 实例”文件夹中。

家用计算机

其实，家用计算机与普通计算机没有什么区别，只是随着计算机越来越多地进入家庭，才出现了“家用计算机”这个名词。所谓家用计算机是指由个人购买并在家庭中使用的计算机。

家用计算机在家庭中能发挥什么样的作用呢？这是每个购买家用计算机或打算购买家用计算机的家庭所面临的问题。家用计算机在家庭中所起的作用主要体现在教育、办公、家政、娱乐等方面……

2．新建一封电子邮件正文，录入以下文字并将其发送至自己的电子邮箱。（提示：单击“新建”对话框“常用”选项卡中的“电子邮件正文”图标，可在 Word 环境中启动 Outlook）

电子信息产业在全球范围内的迅猛发展和激烈竞争，致使企业和企业的竞争已发展到产业链之间的竞争。

3．新建文件名为“文字录入练习”的文档，录入以下文字、字母、标点符号、特殊符号等，保存在“My Documents”文件夹下新建的“Word 练习”文件夹中。（提示：常用符号多在“Wingdings”字体中）

💻“多媒体”一词译自英文，是由 multiple 和 media 复合而成的。与多媒体对应的一词称为单媒体(monomania)。从字面上看，多媒体是由单媒体复合而成的，而事实也是如此。

多媒体❶一词来源于视听工业。它最先用来描述由计算机控制的多投影仪的幻灯片演示，并且配有声音通道。如今，在计算机领域，多媒体是指文（text）、图（image）、声（audio）、像（video）等单媒体和计算机程序融合在一起形成的信息传播媒体。

第3章　编辑功能

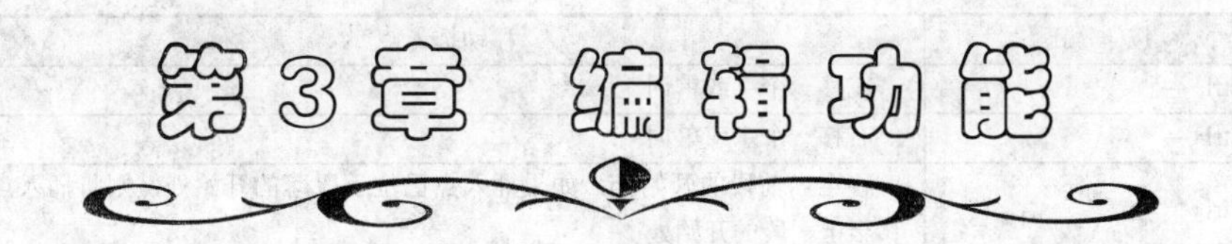

学习目标

- ◆ 掌握移动插入点的实用技巧
- ◆ 掌握选定各种文本的方法
- ◆ 能够对文本熟练地进行复制、删除、粘贴等操作
- ◆ 能熟练查找和替换特殊字符、各种格式的文字

Word 的基本编辑功能包括移动插入点、选定文本、移动、复制、删除、改写文本，以及查找和替换等。

3.1　移动插入点

插入点标志着新输入的文字或者插入的对象要出现的位置，可以使用鼠标或者键盘来移动插入点。

3.1.1　使用鼠标移动插入点

使用鼠标移动插入点的方法很简单：只要把 I 形鼠标指针移到要设置插入点的位置，然后单击鼠标左键即可。但是当所编辑的文档太长，在文档窗口中不能看到要编辑的文档内容时，要首先使用滚动条将需要编辑的部分显示在文档窗口中，然后用 I 形鼠标指针单击插入点需要放置的位置。

- 单击垂直滚动条的按钮或可以向上或向下滚动一页。
- 用鼠标拖动滚动块可以快速定位。
- 单击“选择浏览对象”按钮，利用该按钮可快速按指定项目浏览。

【实例】快速浏览文档中的图片。

（1）单击垂直滚动条中的“选择浏览对象”按钮，出现如图 3.1 所示的菜单。

（2）在菜单中选择要浏览的项目“按图形浏览”。

（3）单击按钮，显示上一个图片；单击按钮，显示下一个图片。

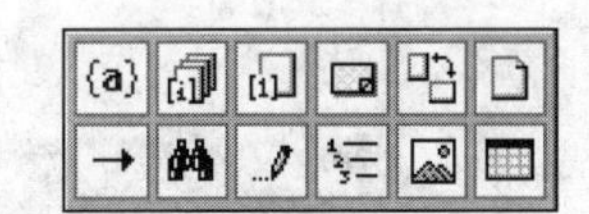

图 3.1　“选择浏览对象”菜单

3.1.2　使用键盘移动插入点

除了可以使用鼠标来移动插入点之外，还可以使用键盘来移动插入点，按键及功能部分

说明见表 3.1。

表 3.1 使用键盘移动插入点

按 键	移动插入点
Ctrl+←	左移一个字或单词
Ctrl+→	右移一个字或单词
Ctrl+↑	移至当前段的开始处，如果插入点已位于段落的开始处，则将插入点移至上一段的开始处
Ctrl+↓	移至下一段的开始处
Home	移至行首
End	移至行尾
Page Up	上移一屏
Page Down	下移一屏
Ctrl+Page Up	上移一页
Ctrl+Page Down	下移一页
Ctrl+Home	移至文档的开头
Ctrl+End	移至文档的末尾

3.1.3 定位到书签

在阅读一本书时，常常在书中夹一个精美的书签，以标明看到了哪一页。在 Word 文档中也可以插入书签，以便快速定位插入点。

1．设置书签

（1）将插入点定位在要设置书签的位置。如果要用书签标识一定数量的文本，则选定这些文本。

（2）单击“插入”菜单中的“书签”命令，出现如图 3.2 所示的“书签”对话框。

（3）在“书签名”文本框中输入书签名。

（4）单击“添加”按钮。此时，插入点位置或者选定的文本区域被加上了书签，相应的书签名将出现在“书签”对话框中。

2．定位到书签

（1）单击“编辑”菜单中的“定位”命令或按“Ctrl+G”组合键，打开“查找和替换”对话框的“定位”选项卡，如图 3.3 所示。

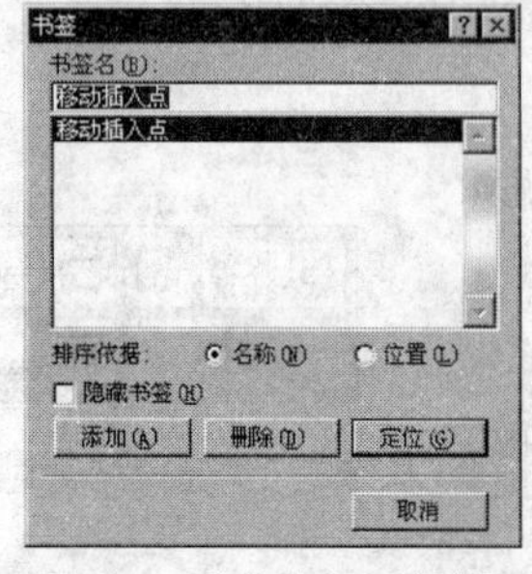

图 3.2 “书签”对话框

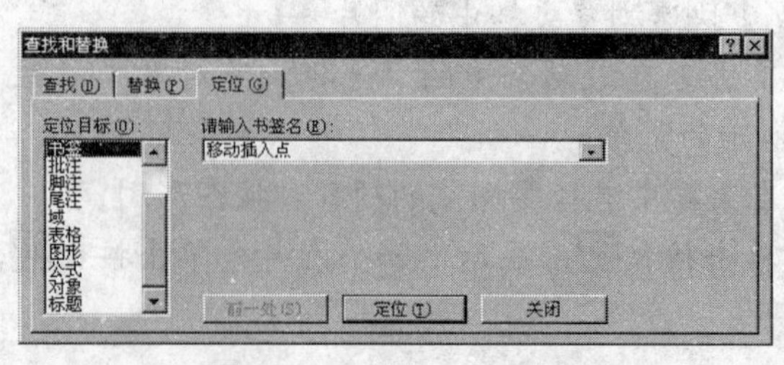

图 3.3 “定位”选项卡

（2）在“定位目标”列表框中选择“书签”选项。

（3）在“请输入书签名”列表框中选择要定位到的书签。

（4）单击“定位”按钮，关闭对话框，插入点将迅速移到该书签位置。

使用“定位”功能快速翻阅文档，不仅可以定位到书签，还可以定位到指定的页数、脚注、表格和批注处。

3.1.4 插入超级链接

在 Word 文档中可以插入指向当前文档某一位置、指向其他文档中特定位置或指向电子邮件地址的超链接，单击已创建的超链接也可以实现插入点的快速定位。

【实例】在如图 3.4 所示的文档中综合使用“书签”与“超链接”功能实现长文档的索引，使浏览更灵活。具体操作是：在第二段段首插入书签“硬件”；在第三段段首插入书签“软件”；在第四段段首插入书签“数据结构”；并对第一段的文字创建相应的超链接。插入超链接的具体步骤如下：

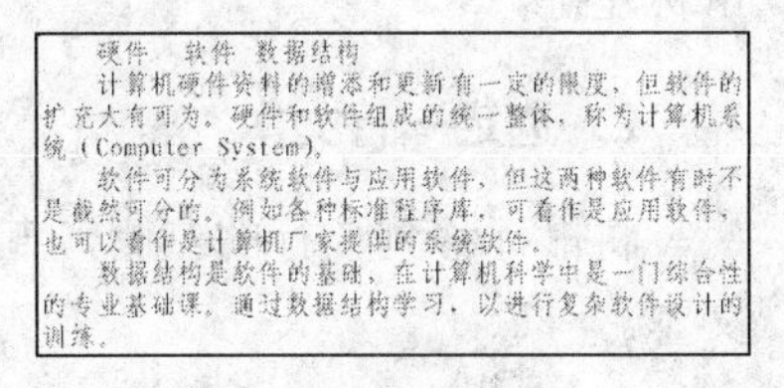

硬件　软件　数据结构

计算机硬件资料的增添和更新有一定的限度，但软件的扩充大有可为。硬件和软件组成的统一整体，称为计算机系统（Computer System）。

软件可分为系统软件与应用软件，但这两种软件有时不是截然可分的。例如各种标准程序库，可看作是应用软件，也可以看作是计算机厂家提供的系统软件。

数据结构是软件的基础，在计算机科学中是一门综合性的专业基础课。通过数据结构学习，以进行复杂软件设计的训练。

图 3.4 实例文字

（1）选择要用于代表超级链接的文字或对象，即第一段的“硬件”，单击“常用”工具栏中的“插入超级链接”按钮，打开“插入超链接”对话框，如图 3.5 所示。

（2）单击右侧的“书签”按钮，打开如图 3.6 所示的“在文档中选择位置”对话框，在其中选择要链接到的书签“硬件”。

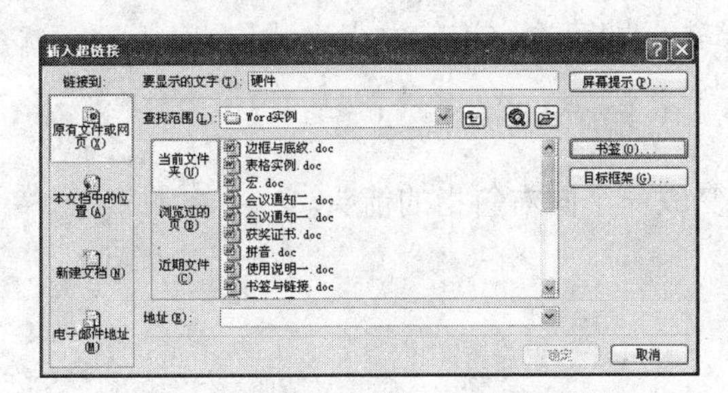

图 3.5 “插入超链接”对话框

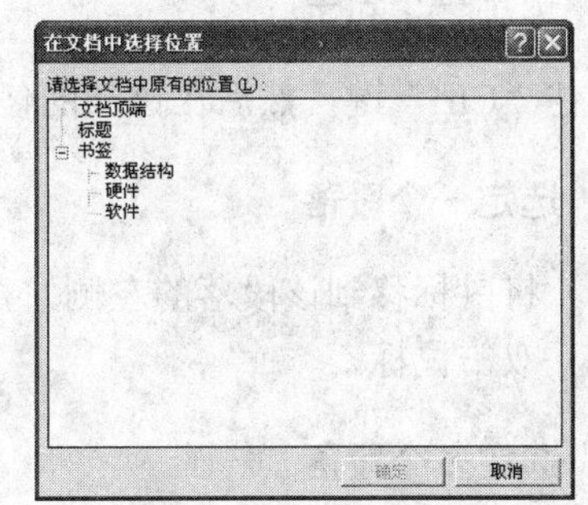

图 3.6 “在文档中选择位置”对话框

（3）单击“确定”按钮。

（4）重复以上操作，完成对文本“软件”、“数据结构”的超链接设置，就可以实现如同浏览网页一样的视觉效果。

如果要取消已创建的超链接，只需在代表超链接的文字或对象上单击鼠标右键，在弹出的快捷菜单中选择“取消超链接”命令。

3.1.5 返回上次的编辑位置

Word 可以跟踪最后三个输入或编辑文本的位置。按“Shift+F5”组合键可回到上一次编辑的位置。这一功能的另一个用处是在打开文档后按“Shift+F5”组合键，可将插入点移到上次保存该文档时编辑的位置，这在编辑长文档时非常有用。

3.2 选定文本

在输入文本之后，如果需要移动、复制某部分文本，应先执行选定该文本的操作。被选

定的文本将被反相显示而成为“高亮度文本”。

3.2.1 用鼠标选定文本

1．选定任意长度的文本

（1）将鼠标指针指向要选定文本的开始处。

（2）按住鼠标左键拖过想要选定的文本，直到要选定的文本全部变成高亮度文本后释放鼠标左键。

2．选定一行文本

将鼠标移到该行的左侧，直到鼠标变成一个向右斜指的箭头，然后单击，即可选定一行文本。

3．选定多行文本

（1）将鼠标移到第一行的左侧，直到鼠标变成一个向右斜指的箭头。

（2）向下拖动鼠标，直到要选定的最后一行。

（3）释放鼠标左键。

4．选定一个句子

按住“Ctrl”键，然后在该句的任何位置单击，即可选定该句内容。

5．选定一个段落

（1）将鼠标移到该段落的左侧，直到鼠标变成一个向右斜指的箭头。

（2）双击鼠标。

6．选定多个段落

（1）选定第一个段落。

（2）向下拖动鼠标，直到要选定的最后一段。

（3）释放鼠标左键。

7．选定竖块文本

（1）将插入点移到要选定的竖块文本的一角。

（2）按住“Alt”键，拖动鼠标到文本块的对角即可选定竖块文本，如图 3.7 所示。

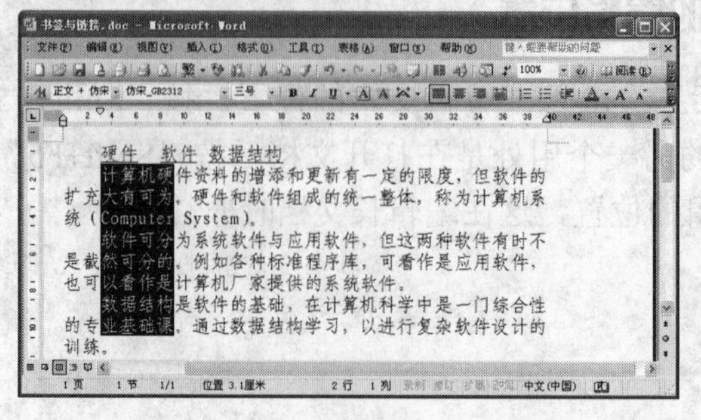

图 3.7　选定竖块文本

3.2.2　用键盘选定文本

在实际操作中，有时会觉得用键盘选定文本会比用鼠标更快捷、更准确。常用的快捷键说明见表 3.2。

表 3.2　用键盘选定文本的常用快捷键

按　　键	作　　用
Shift+Ctrl+←	选定内容向前扩展至单词开头
Shift+Ctrl+→	选定内容向后扩展至单词结尾
Shift+Ctrl+↑	选定内容扩展至段首
Shift+Ctrl+↓	选定内容扩展至段尾
Shift+Home	选定内容扩展至行首
Shift+End	选定内容扩展至行尾
Shift+Page Up	选定内容向上扩展一屏
Shift+ Page Down	选定内容向下扩展一屏
Shift+Ctrl+Alt+ Page Down	选定内容至文档窗口结尾处
Shift+Ctrl+Alt+ Page Up	选定内容至文档窗口开始处
Shift+Ctrl+Home	选定内容至文档开始处
Shift+Ctrl+End	选定内容至文档结尾处
Ctrl+A 或 Ctrl+小键盘数字 5	选定整个文档

3.3　移动、复制、删除和改写文本

3.3.1　Office 剪贴板

在 Office 2003 中，剪贴板可以存储 24 项剪贴内容，并且这些剪贴内容可在 Office 2003 的所有组件中共享。如果 Office 剪贴板中已存满 24 项剪贴内容，继续移动或复制新内容时，Office 会提示复制的内容将被添加到剪贴板的最后一项并清除第一项内容。

单击“编辑”菜单中的“Office 剪贴板”命令或者按“Ctrl+C”组合键两次，弹出 Office 剪贴板工具栏，如图 3.8 所示，单击该图标可将相应的复制内容粘贴到当前插入点的位置。

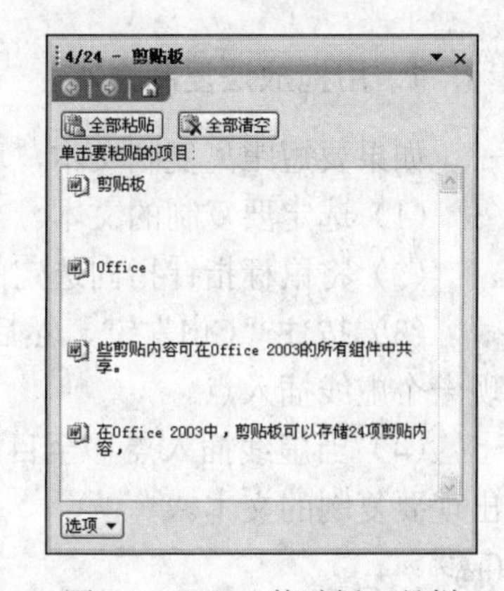

图 3.8　Office 剪贴板工具栏

3.3.2　移动文本

在编辑文档的过程中，常常需要将某些文本从一个位置移动到另一个位置，以重新组织文档的结构。在 Word 中，有多种移动文本的方法，以下是几种常用方法。

1. 使用拖放法移动文本

如果要短距离移动文本，可以使用拖放法来移动。

（1）选定要移动的文本。

（2）将鼠标指针指向选定的文本，鼠标指针变成箭头形状。

注意

如果鼠标指针没有变成箭头形状，应先选择“工具”菜单中的“选项”命令，单击“编辑”标签，选中“编辑”选项卡中的“拖放式文字编辑”复选框。

（3）按住鼠标左键，鼠标将变成 形状，并且会出现一条虚线插入点，表示移动的位置，拖动鼠标至目的地。

（4）松开鼠标左键，选定的文本便从原来的位置移至新的位置。

实用技巧

使用键盘也可以移动文本，选定要移动的文本后按“F2”键，状态栏中将提示“移至何处？”，将插入点移到新位置后按回车键即可。

2. 使用剪贴板移动文本

如果要长距离移动文本，可以使用剪贴板。

（1）选定要移动的文本。

（2）单击“常用”工具栏中的“剪切”按钮或者按“Ctrl+X”组合键，将选定的文本删除并存放到剪贴板中。

（3）将插入点移到想粘贴的位置。如果是在不同的文档间移动内容，将活动文档切换到另一个文档中。

（4）单击“常用”工具栏中的“粘贴”按钮或者按“Ctrl+V”组合键。

3.3.3 复制文本

1. 用拖放法复制文本

如果要短距离复制文本，可以使用拖放法。

（1）选定要复制的文本。

（2）将鼠标指针指向选定的文本，鼠标指针变成箭头形状。

（3）按住“Ctrl”键，然后拖动鼠标，鼠标指针将变成带加号的箭头形状，并且还会出现一个虚线插入点。

（4）当虚线插入点移至目的地时，松开鼠标左键，再松开“Ctrl”键，在新位置处将会出现要复制的文本。

注意

如果先松开“Ctrl”键将成为移动文本。

2. 使用剪贴板复制文本

如果要长距离复制文本，应使用剪贴板。

（1）选定要复制的文本。

（2）单击“常用”工具栏中的“复制”按钮或者按“Ctrl+C”组合键，选定的文本被存放到剪贴板中。

（3）将插入点移到想粘贴的位置。

（4）单击“常用”工具栏中的“粘贴”按钮或者按“Ctrl+V”组合键。

使用键盘也可以复制文本，先选定要复制的文本，然后按“Shift+F2”组合键，此时状态栏中提示“复制至何处？”，将插入点移到新位置后按回车键，即可完成文本的复制。

3.3.4 删除文本

删除插入点左侧的一个字符按“Backspace”键，删除插入点右侧的一个字符按 Delete 键。要删除一大块文本，应先选定该文本块，再按“Delete”键。

注意

使用“剪切”按钮将文本块从文档中删除后，存放在剪贴板上，可以再粘贴到其他位置，而使用“Delete”键是直接将文本块删除。

3.3.5 改写文本

如果某部分文本需要重新改写，一般最常用的方法是先将这部分内容删除，然后插入正确内容。也可以使用改写方式，按“Insert”键，即可切换“改写/插入”模式，此时状态栏中的“改写”指示器将被置亮，将插入点移到要改写的文本前面，然后输入新的内容，新的文字将逐字覆盖旧的内容。但是如果新输入的文字多于被改写的内容，将会把不需要改写的内容覆盖掉。再次按“Insert”键可重新切换回“插入”模式。

3.3.6 重复、撤销和恢复文本

在输入文本或对文档进行操作的过程中，单击“编辑”菜单中的“重复”命令或按“Ctrl+Y”组合键可重复刚进行的操作。

按“Ctrl+Z”组合键可以撤销刚刚完成的最后一次输入或操作。单击“常用”工具栏中“撤销”按钮右侧的向下箭头，在打开的“撤销”下拉列表中拖动鼠标可同时撤销多步操作。

执行了“撤销”命令后，如果要恢复被撤销的操作，应单击“常用”工具栏中的“恢复”按钮。

3.4 查找与替换文本

由于 Word 窗口大小有限，最多每屏只能显示 20 行，所以对于篇幅较长的文档，若凭借眼睛逐行查找某部分文本，既费时又费力，可能还有遗漏。Word 提供的查找与替换功能，不仅可以方便地查找所需的文字，还可以把查找到的字句替换成其他字句，甚至还能查找指定的格式或其他特殊字符等。熟练使用查找和替换功能可以大大提高编辑工作的效率。

3.4.1 查找文本

在 Word 中，可以查找任意组合的字符，包含中文、英文、全角或半角等，甚至可以查

找英文单词的各种形式。

1．查找文本

（1）单击“编辑”菜单中的“查找”命令或者按“Ctrl+F”组合键，打开“查找和替换”对话框，如图 3.9 所示。

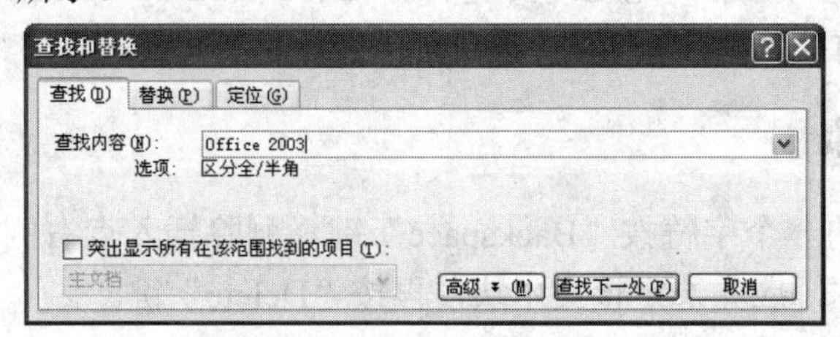

图 3.9 “查找和替换”对话框

（2）在“查找内容”列表框中输入要查找的字符串，例如，输入“文件”。打开“查找内容”下拉列表，可以从中选定要查找的内容；还可以在文档中选定要查找的内容，按“Ctrl+C”组合键复制内容，在“查找内容”文本框中按“Ctrl+V”组合键将内容粘贴过来。

（3）单击“查找下一处”按钮即可查找指定的文本，找到后会在屏幕上反白显示该文本。如果要继续查找指定的内容，应再次单击“查找下一处”按钮。

（4）单击“取消”按钮可取消查找工作，并关闭对话框。

实用技巧

当单击“查找和替换”对话框中的“取消”按钮返回文档编辑窗口后，还可以通过按“Shift+F4”组合键来完成重复查找的操作。利用“Shift+F4”组合键继续查找时，Word 不再显示“查找和替换”对话框，而是按照上次查找的内容来搜索，并反白显示搜索到的文本。

2．设置高级查找选项

如果对查找有更高的要求，应单击“查找和替换”对话框中的“高级”按钮，打开“高级”查找选项设置，如图 3.10 所示。

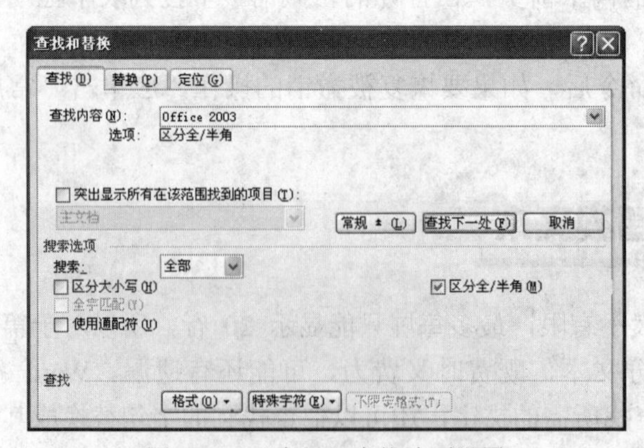

图 3.10 “高级”查找选项设置

常用的选项功能介绍如下：

➢ “搜索”列表框用于指定搜索的范围，其中包括“全部”、“向上”和“向下”三个选项以供选择。

- “全部”：在整个文档中搜索指定的查找内容，它是指从插入点处搜索到文档末尾后，再继续从文档起始搜索到插入点位置。
- “向上”：从插入点位置搜索至文档起始处。
- “向下”：从插入点位置搜索至文档末尾处。

➢ “区分大小写”复选框指定 Word 只能搜索到与在“查找内容”文本框中输入文本的大小写完全匹配的文本。例如，当在“查找内容”文本框中输入单词 word 时，仅能查找到 word 本身，而 Word 及 WORD 等不同的大小写格式将不被搜索。

➢ “全字匹配”复选框指定 Word 仅查找整个单词，而不是较长单词的一部分。

➢ “使用通配符”复选框指定在“查找内容”文本框中可以使用通配符来查找文本。通配符？代表一个字符，通配符 * 代表任意多个字符。例如，在“查找内容”文本框中输入“澳？”，可以查找到“澳门”、“澳函”等。

➢ “区分全/半角”复选框指定同一个字符的全角和半角形式将被认为是不相同的字符。

3．查找特殊字符

在 Word 中，可以查找特殊字符，如段落标记、制表符等。在查找不可打印的字符时，应先单击“常用”工具栏中的“显示 / 隐藏编辑标记”按钮，显示不可打印字符。

【实例】在文档中查找特殊字符。例如，复制网页上的大段文本后同时会将网页中的人工分行符↓复制过来，这往往会影响排版的效果。将人工分行符↓替换为段落标记↵的操作步骤如下：

（1）在文档中选中要查找的范围。

（2）按“Ctrl+F”组合键打开“查找和替换”对话框，单击“高级”按钮，打开“高级”文本选项设置。

（3）清除“使用通配符”复选框。

（4）单击“特殊字符”按钮，打开“特殊字符”列表，如图 3.11 所示。

（5）从“特殊字符”列表中单击“手动换行符”，“查找内容”文本框中将出现“^l”。

（6）单击打开“替换”选项卡，在“替换为”文本框中单击鼠标后，再单击“特殊字符”按钮，在“特殊字符”列表中单击“段落标记”，“替换为”文本框中将出现“^p”。

（7）单击“全部替换”按钮，将替换所选范围内所有的人工换行符。

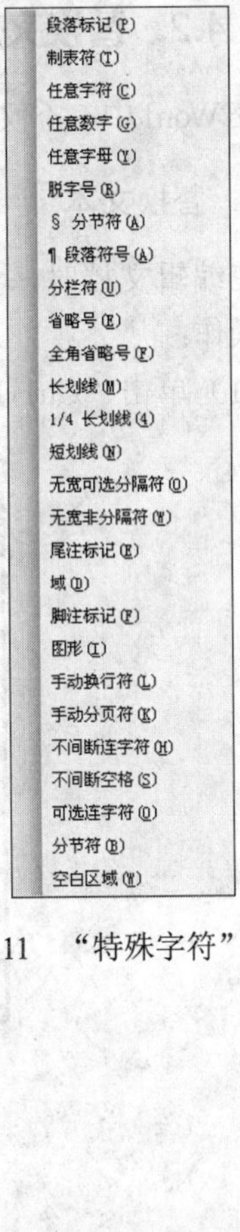

段落标记(P)
制表符(T)
任意字符(C)
任意数字(G)
任意字母(Y)
脱字号(R)
§ 分节符(A)
¶ 段落符号(A)
分栏符(U)
省略号(E)
全角省略号(F)
长划线(M)
1/4 长划线(4)
短划线(N)
无宽可选分隔符(O)
无宽非分隔符(W)
尾注标记(E)
域(D)
脚注标记(F)
图形(I)
手动换行符(L)
手动分页符(K)
不间断连字符(H)
不间断空格(S)
可选连字符(O)
分节符(B)
空白区域(W)

图 3.11　“特殊字符”列表

4．查找特定格式

在 Word 中，可以查找文档中特定的格式。

【实例】查找文档中被修改后以红色显示的更正字符。

（1）按“Ctrl+F”组合键打开“查找和替换”对话框。

（2）删除“查找内容”文本框中的所有文本。

（3）单击“高级”按钮，弹出“高级”查找选项卡。

（4）单击“格式”按钮，弹出“格式”菜单，如图 3.12 所示，从菜单中选择“字体”命令，打开“查找字体”对话框，如图 3.13 所示。

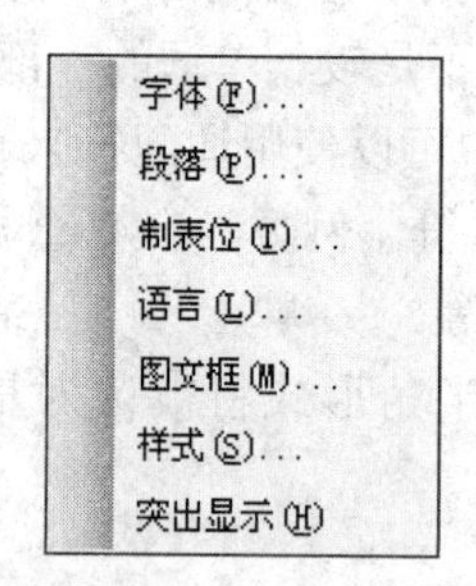

图 3.12 “高级”选项卡的“格式”菜单

图 3.13 “查找字体”对话框

（5）单击“字体颜色”列表中的向下箭头，在“颜色”列表中选择“红色”。

（6）单击“确定”按钮，关闭“查找字体”对话框，返回“查找和替换”对话框。在“查找内容”下面的“格式”区中显示“字体颜色：红色”字样。

（7）单击“查找下一处”按钮，Word 将反白显示查找到的红色文本。

3.4.2 替换文本

在 Word 中，不仅可以替换一些普通的文字和符号，还可以替换带格式的文本及特殊符号。

1．替换文本

在编辑文档时，如果需要将文档中的文字“远程”改为“YUAN CHENG”，应按如下步骤操作：

（1）单击“Ctrl+H”组合键，打开如图 3.14 所示的“查找和替换”对话框“替换”选项卡。

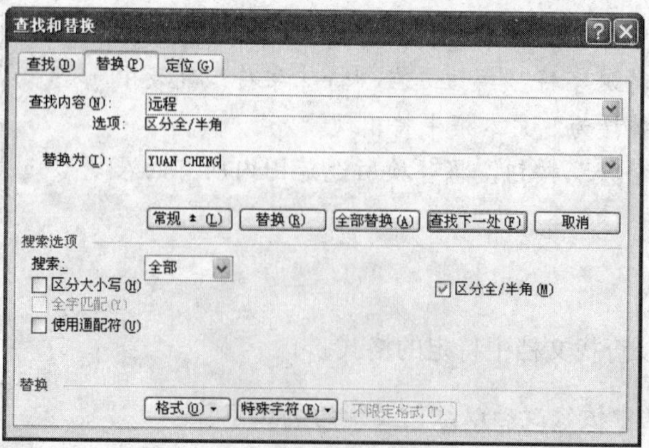

图 3.14 “替换”选项卡

（2）在“查找内容”文本框中输入要查找的文本“远程”。

（3）在“替换为”文本框中输入“YUAN CHENG”。

（4）单击“查找下一处”按钮。当查找到指定的内容之后，可以选择以下 3 种方式之一：

- 单击“查找下一处”按钮，忽略当前查找到的内容继续查找。
- 单击“替换”按钮，将查找到的内容替换为“YUAN CHENG”，并且继续进行查找。
- 单击“全部替换”按钮，将文档中所有的“远程”替换为“YUAN CHENG”，不再提示。

（5）替换完毕后，Word 会显示一个消息框，表明已经完成文档的搜索，单击“确定”按钮关闭消息框；单击“关闭”按钮关闭“查找和替换”对话框，返回文档中。

2. 替换指定的格式

在 Word 中，可以替换指定的格式。

【实例】将文档中所有用宋体字的文本替换为楷体。

（1）单击“Ctrl+H”组合键打开“查找和替换”对话框的“替换”选项卡，单击“高级”按钮，打开高级选项设置。

（2）删除“查找内容”文本框中的内容。如果使用“查找”命令时设置了查找内容的格式，可以单击对话框右下角的“不限定格式”按钮，清除设置的格式。

（3）单击“格式”按钮，从“格式”菜单中选择“字体”命令，打开“查找字体”对话框。

（4）在“字体”列表框中选择“宋体”选项。

（5）单击“确定”按钮，在“查找内容”文本框下面的“格式”区中显示“字体：宋体”字样。

（6）将插入点移到“替换为”文本框中，删除其中的内容。

（7）单击“格式”按钮，从“格式”菜单中选择“字体”命令，打开“替换字体”对话框，如图 3.15 所示。

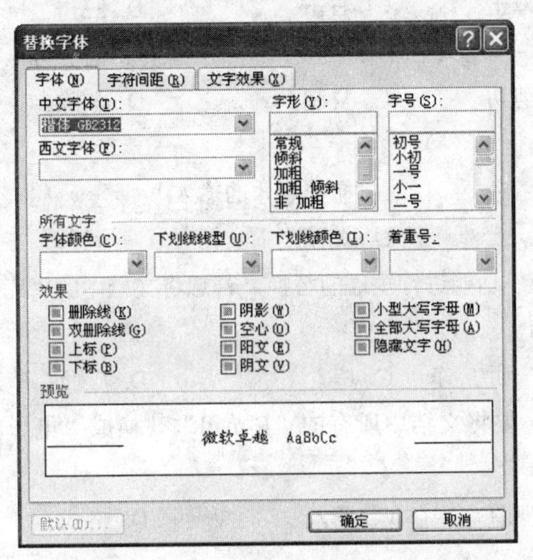

图 3.15　“替换字体”对话框

（8）在“字体”列表框中选择“楷体”，单击“确定”按钮返回“查找和替换”对话框。

（9）单击“全部替换”按钮，即可将文档中的宋体格式替换为楷体格式。Word会显示一个消息框提示替换的次数，单击“确定”按钮关闭消息框。

（10）单击“关闭”按钮，关闭“查找和替换”对话框。

习题3

一、单选题

1. 在Word的编辑状态下，有关删除文字的下列说法中，正确的是（　　）。

A. 选中一些文字后，按“Delete”键或按“Backspace”键，都可以删除所选中的文字

B. 选中一些文字后，按“Delete”键和按“Ctrl+X”组合键是相同的效果

C. 选中一些文字后，按“Delete”键删除后，不可以恢复删除；而按“Ctrl+X”组合键删除后可以恢复

D. 按“Backspace”键删除光标右侧的字符，按“Delete”键删除光标左侧的字符

2. 假设Windows处于系统默认状态，在Word编辑状态下，移动鼠标至文档行首空白处（文本选定区）连击左键3次，结果会选择文档的（　　）。

A. 一句话　　B. 一行　　C. 一段　　D. 全文

3. 在Word编辑状态下，若要把选定的文字移到其他文档中，应选用的按钮是（　　）。

A. 剪切　　B. 复制　　C. 粘贴　　D. 格式刷

4. 用拖动的方法复制文本，应先选择要复制的内容，然后（　　）。

A. 拖动鼠标到目的地后松开左键

B. 按住Ctrl键并拖动鼠标到目的地后松开左键

C. 按住Shift键并拖动鼠标到目的地后松开左键

D. 按住Alt键并拖动鼠标到目的地后松开左键

5. 在Word中，选取一段文字，应在该段左侧（　　）。

A. 单击　　B. 双击　　C. 右击　　D. 三击

6. 在Word中，不同窗口中移动文本时应先执行（　　）操作，然后再执行“粘贴”操作。

A. 移动　　B. 剪切　　C. 复制　　D. 删除

7. Word中的“撤销”命令是（　　）。

A. 撤销选中的命令　　B. 撤销刚才的输入

C. 撤销最后一次操作　　D. 关闭当前文档

8. 在Word中使用“替换”功能进行短语的替换，若想将文档中的“广西”、“广东”全部替换成“两广地区”，则查找内容可输入为（　　）。

A. 广西或广东　　B. 广西/广东　　C. 广？　　D. 广西、广东

9. 在Word编辑状态下，要将文档中所有的“E-mail”替换成“电子邮件”，应使用的下拉菜单是（　　）。

A. 编辑　　B. 视图　　C. 插入　　D. 格式

二、上机练习

1. 新建一个文件名为“文字处理”的文档，录入以下文字，将文档中所有的“文件”替换为“文

档”，并保存在D盘根目录的“Word实例”文件夹中。

文字处理软件在计算机上制作文件，完成文字录入、格式编排及打印等工作。一份文件既可以像购物清单、备忘录那样简单，也可以是法律文件或科技文件这种非常复杂的专业文稿。在字处理软件出现以前，人们只能用手书写文件或在打字机上打印出文件，要添加、删除文字或者改变文字的格式，往往要重新书写或重新打印文件，既费时又费力，而现在这些工作可以轻而易举地完成。

2. 新建一个文件名为“电子技术”的文档，录入以下文字，完成指定操作：备份第一段，并将备份文字粘贴至文档末尾；用拖放法将第三段移动到第二段的前面；将文件保存在D盘根目录的“Word实例”文件夹中。

由于电子技术的迅速进步，电子出版物的产品越来越丰富。但基本上可分为两大类：电子网络出版物和单行版的电子书刊。

电子出版物具有极其广阔的市场和发展潜力，加快我国电子图书的发展已迫在眉睫。由于计算机技术和多媒体技术的发展，出版社大规模制作和发展电子图书已成为可能，这为电子图书的发展奠定了良好的基础。

由于电子图书属于高科技产品，它的使用离不开计算机，传统的图书发行渠道短时间内难以适应电子图书迅速发展的要求，利用计算机的销售渠道发行销售电子图书是目前可行的办法之一，计算机公司将迅速成为电子图书的重要行销渠道，将为我国电子图书的产业化发展作出重要贡献。

3. 新建一个文件名为“自然界”的文档，录入以下文字，将其保存在D盘根目录的“Word实例”文件夹中，并查找文章中所有的“自然界”一词，在其后插入“(Nature)”。

人类产生之后，自然界的存在和发展会不会以人的意识为转移呢？应当承认，人的意识对自然界的存在和发展有着相当大的影响。人类在长期的生产劳动中，使自然界发生了巨大的变化，留下了人的意识的印记。但是，自然界的存在和发展仍然是客观的，是不以人的意识为转移的。这是因为：一种自然物能不能被利用和怎样被利用，首要的前提是自然物本身的属性，而不是人的意识，有它自身的规律。

第4章 排版与打印

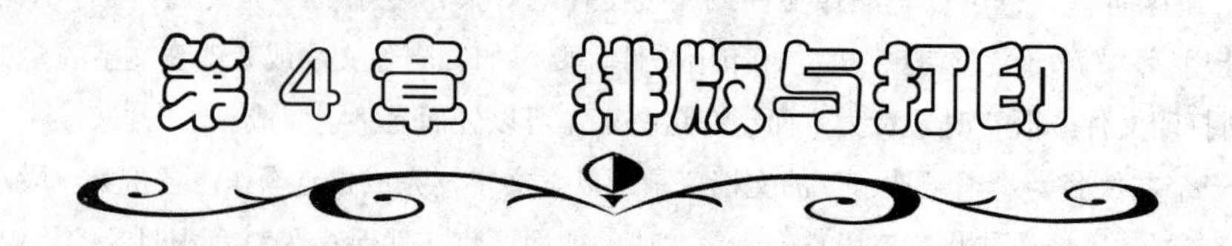

学习目标

- ◆ 熟练掌握设置字符格式、间距、边框、底纹、中文版式的技巧
- ◆ 能够熟练运用格式刷复制各种样式
- ◆ 熟练掌握设置段落对齐方式和缩进格式的方法
- ◆ 灵活运用设置段落间距和行间距的方法
- ◆ 能够使用格式复制功能快速设置格式
- ◆ 掌握分栏排版的方法
- ◆ 掌握设置边框与底纹的方法
- ◆ 掌握页面设置和打印预览的方法
- ◆ 能够熟练打印各种格式的文档

排版工作主要包括设置字符格式、设置段落格式和设置页面格式。在排版时，还可利用样式和模板功能简化操作过程。编辑排版结束后，使用 Word 的打印功能可以将文档打印输出。

4.1 设置字符格式

在 Word 中，字符是作为文本输入的字母、汉字、数字、标点符号及特殊符号等，字符格式在 Word 中就是字符的外观，包括字体、字形、字号、颜色、下画线、着重号、动态效果等。

一般情况下，Word 用默认格式设置所输入字符的字体、字号及其他字体格式。如果要设置新的字符格式，可以在录入文字之前选择新的格式以改变原来的格式设置，也可以在输入之后选定文本，再设置新的格式。通常情况下，采用“先输入文本，后设置格式”的方法。

4.1.1 设置字体格式

字体格式包括字体、字形、字号、文字颜色、下画线、着重线等内容。

设置字体格式的操作步骤如下：

（1）选定要设置字体的文本，或将插入点光标移到新字体开始的位置。

（2）单击“格式”菜单中的“字体”命令，打开“字体”对话框，如图 4.1 所示，在“中文字体”、“西文字体”列表框中分别选择中文字的字体和西文字的字体，Word 默认的中文字体是“宋体”、英文字体是“Times New Roman”、“五号字”。

 **注意**

如果使用“格式”工具栏中的“字体”列表框宋体，将不区分中、英文字体，都设置成一种字体，这是很不合理的。

（3）在“字形”框中可选择 4 种字形：常规、倾斜、加粗、加粗倾斜，Word 默认设置为常规字形。

（4）在“字号”列表框中设置文字的大小，Word 默认字号为五号。另外还有一种衡量字号的单位是“磅”（1 磅相当于 1/72 英寸）。“磅”与“号”两个单位之间有一定的关系，如 9 磅的字与小五号字大小相等。

（5）单击“字体颜色”框中的向下箭头，弹出如图 4.2 所示的色板，可从中选定所需的颜色。如果“字体颜色”下拉列表中提供的颜色不符合要求，可单击“其他颜色”选项，打开如图 4.3 所示的“颜色”对话框，在其中定义新的颜色。

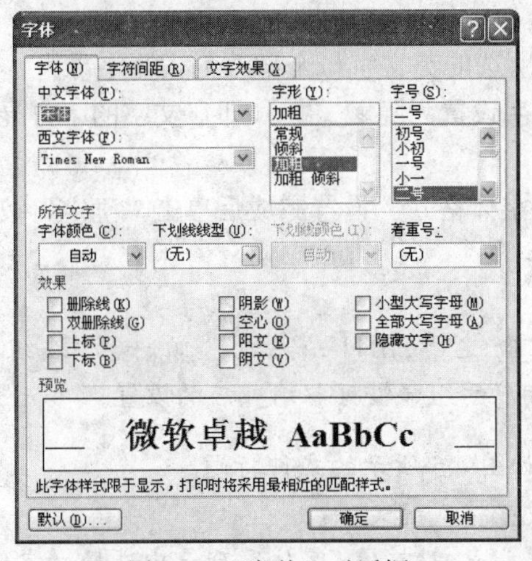

图 4.1 “字体”对话框

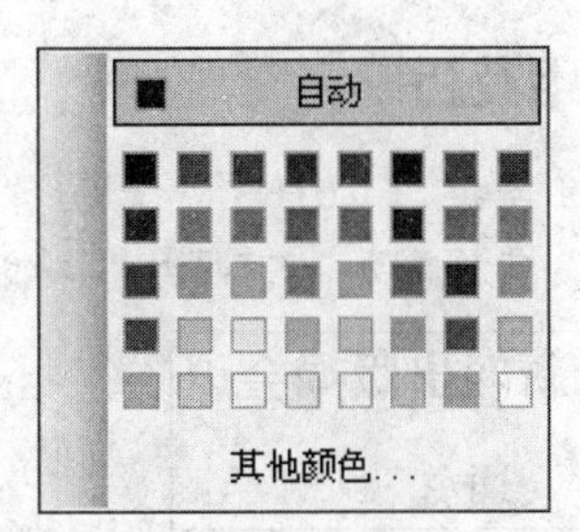

图 4.2 色板

（6）单击“下画线”列表中的向下箭头，在如图 4.4 所示的“下画线”列表中选择要添加的下画线样式，例如，选定“波浪线”。还可以在旁边的“下画线颜色”框中设置下画线的颜色。

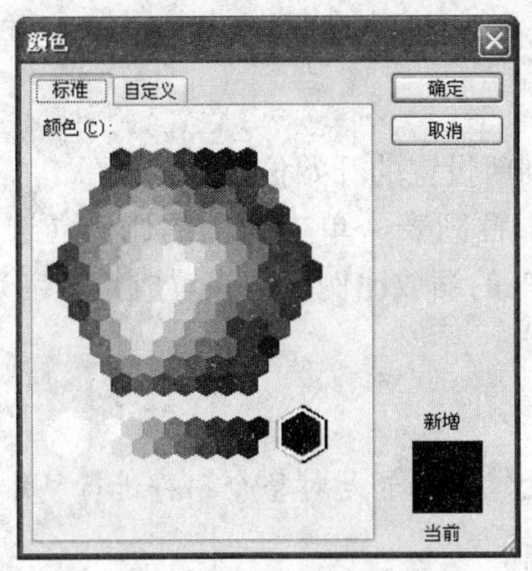

图 4.3 “颜色”对话框

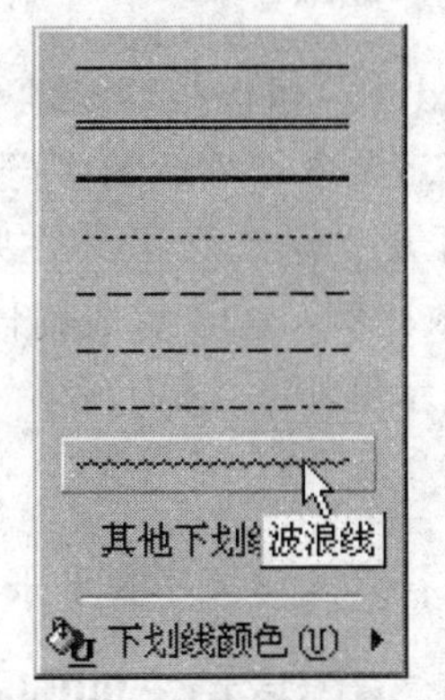

图 4.4 “下画线”列表

（7）在“效果”选项组中，可选择所需的效果，如上标、下标、空心、阴影等。在“预览”框中，可看到相应的字符效果。

- 删除线：选中该复选框，可以在选定的文本中间添加一条水平线，就像被删除一样。
- 双删除线：选中该复选框，可以在选定的文本中间添加两条水平线。
- 上标：选中该复选框，可以将选定的文本变小并升高到标准行的上方。例如，a^2 中的 2 即为上标效果。
- 下标：选中该复选框，可以将选定的文本变小并降低到标准行的下方。例如，H_2O 中的 2 即为下标效果。
- 阴影：选中该复选框，在所选文字后添加阴影，阴影位于文字下方偏右。
- 空心：选中该复选框，将只显示出每个字符的笔画边线，即将所选文字设为空心字。
- 阳文：选中该复选框，使所选文字显示出高于纸面的浮雕效果。
- 阴文：选中该复选框，使所选文字显示出刻入纸面的效果。
- 小型大写字母：选中该复选框，可以将所选的英文小写字母变成小型的英文大写字母，即这些字母比大写字母略小一些。
- 全部大写字母：选定该复选框，可以将所选的英文字母全部改为大写字母。
- 隐藏文字：选中该复选框，可将所选文字设置为隐藏文字，即在文字的下方显示一行虚线，且隐藏文字不能被打印输出。

（8）在下面的“预览”框中将显示设置好的字体格式。设置完成后单击“确定”按钮。

实用技巧

按组合键“Ctrl+B”设置“加粗”，按组合键“Ctrl+I”实现“倾斜”，按组合键“Ctrl+U”实现添加“下画线”功能。再次单击相应的组合键可取消相应的设置。

成都市新闻出版局会议
通知

图 4.5　文件标题

【实例】设置如图 4.5 所示的文件标题。

（1）选择要设置格式的文字

（2）在“格式”菜单中的“字体”列表中选择“宋体”，在“字号”列表中选择“初号”，单击“字体颜色”按钮 A，在“颜色”列表中选择“红色”，单击“加粗”按钮 B，再单击“居中”按钮，完成相应的设置。

4.1.2　缩放字符

在 Word 中，可以很容易地设置扁体或长体文字。

（1）选定要水平缩放的字符或将插入点光标移到新设置的开始位置。

（2）打开“格式”工具栏中的“字符缩放”下拉列表，单击所需的比例（选择大于 100%的缩放比例，将设置成扁体字；选择小于 100%的缩放比例，将设置成长体字）。常见的字符缩放示例如图 4.6 所示。

注意

缩放字符只是对文字在水平方向进行缩小或放大，而字号是对整个字符进行整体调整。

4.1.3　设置字符之间的距离

字符间距就是相邻文字之间的距离。通常情况下，无须考虑字符间距，Word 已经在字符之间设定了一定的间距。

（1）选定要设置字符间距的文字或将插入点光标移到新设置的开始位置。

（2）在“字体”对话框中，选中“字符间距”选项卡，如图 4.7 所示。

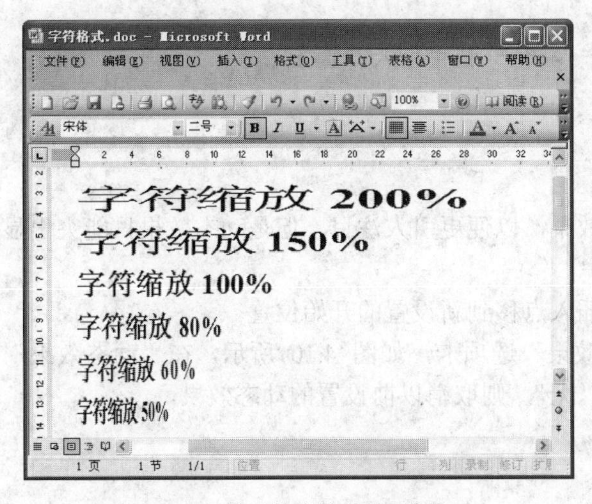

图 4.6　常见的字符缩放示例

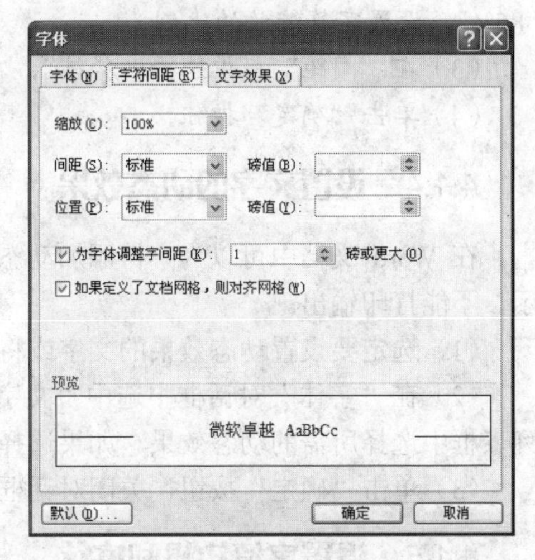

图 4.7　“字符间距”选项卡

（3）根据需要进行设置，并在预览框中查看效果。

- “缩放”：设置字符缩放的比例。
- “间距”：设置字符间距，有“标准”、“加宽”、“紧缩”三个选项。当选择“加宽”和“紧缩”两个选项时，可以在“磅值”增量框中输入一个数值。
- “位置”：有“标准”、“提升”和“降低”三个选项。“提升”和“降低”两个选项可以设置选中字符在所在行中升高或降低的距离。
- “为字体调整字间距”：选中该复选框，可以让 Word 在大于或等于某一尺寸的条件下自动调整字符间距。

（4）单击“确定”按钮，关闭对话框，设置字符间距效果示例如图 4.8 所示。

【实例】将上例中的文字进一步设置为如图 4.9 所示的效果。

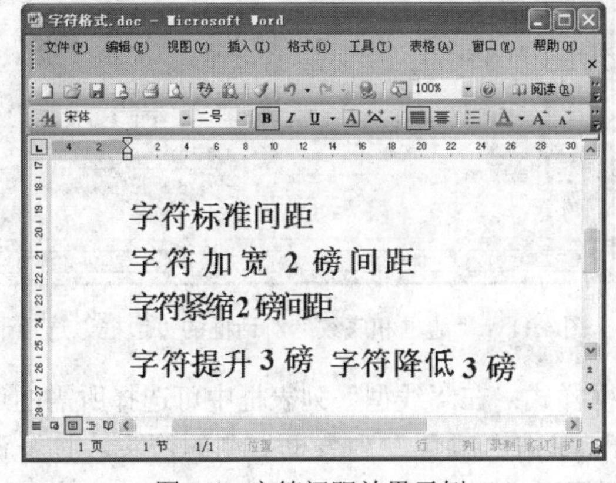

图 4.8　字符间距效果示例

成都市新闻出版局会议通知

图 4.9　文件标题

通过观察可以发现，上例中由于文字多而且字号大，文件头出现了自动换行的现象，而文件头一般要在一行内完成，但是如果文件头的字号固定，就只能通过缩放字符和修正字符间距来实现该效果。

（1）选择相应的文字。

（2）打开“字体”对话框的“字符间距”选项卡，如图 4.7 所示，在“缩放”框中输入“85%”，设置字符缩放的比例。

（3）在“间距”框中选择“紧缩”，在“磅值”框中输入“1 磅”。

（4）单击“确定”按钮。

4.1.4 设置文字的动态效果

在 Word 文档中可以为字符添加动态效果，以便更引人注目。但是动态效果只能突出显示，不能打印输出。

（1）选定要设置动态效果的文字或将插入点移到新设置的开始位置。

（2）在“字体”对话框中选中“文字效果”选项卡，如图 4.10 所示，在“动态效果”列表框中选择所需的动态效果。如果选择“无”，则取消以前设置的动态效果。

（3）单击“确定”按钮，关闭对话框。

4.1.5 设置字符边框和底纹

1. 给字符添加边框

（1）选定要添加边框的字符。

（2）单击“格式”菜单中的“边框和底纹”命令，打开“边框和底纹”对话框的“边框”选项卡，如图 4.11 所示。

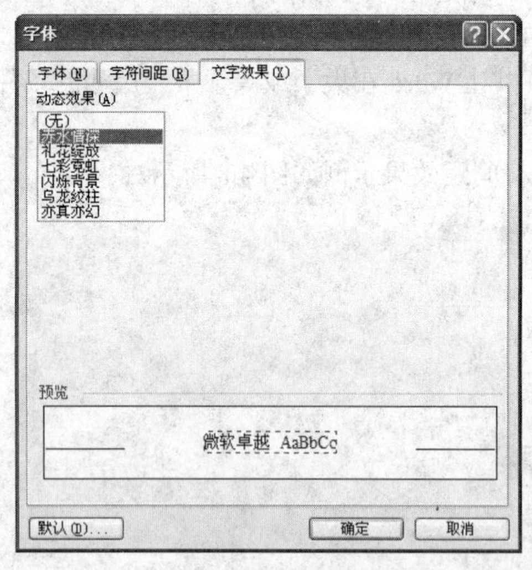

图 4.10 “文字效果”选项卡

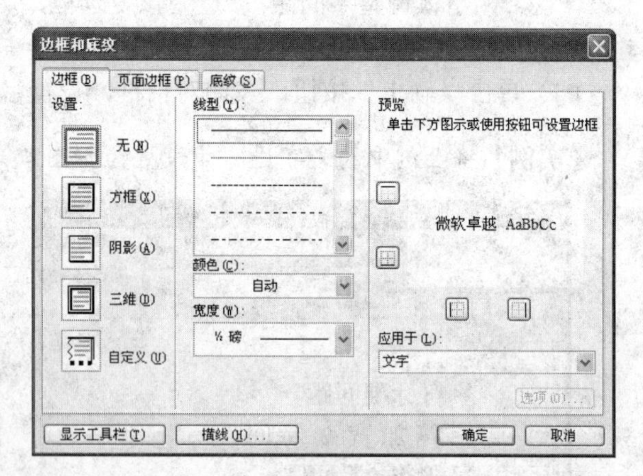

图 4.11 “边框和底纹”对话框的“边框”选项卡

（3）从“设置”选项组中选择所需的边框样式；在“线型”列表框中可选择所需的边框线型；“颜色”列表框用于给边框设置颜色，单击“颜色”列表框右侧的箭头，打开调色板，可从中选择所需的颜色；“宽度”列表框用于设置边框线条的粗细，打开“宽度”下拉列表，可从中选择所需的线条宽度。

（4）在“应用于”下拉列表框中选择“文字”选项。

（5）单击“确定”按钮，关闭对话框。

【实例】给文字添加 1.5 磅红色的三线边框，如图 4.12 所示。

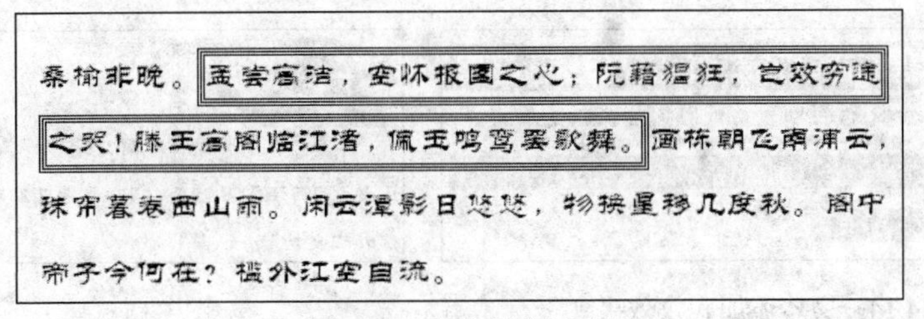

图 4.12　文字边框实例

如果只想给所选定的文字添加简单的单线边框，可直接单击“格式”工具栏中的“边框”按钮。选定已添加边框的文本后，再次单击“格式”工具栏中的“边框”按钮可删除已有的边框。

2．给字符添加底纹

（1）选定要设置底纹的字符。

（2）打开“边框和底纹”对话框，选择“底纹”选项卡，如图 4.13 所示。

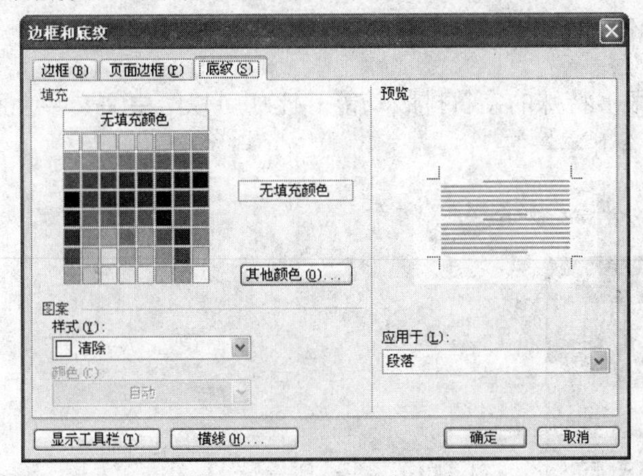

图 4.13　“底纹”选项卡

（3）“填充”列表框中列出了各种填充颜色，可从中选择所需的颜色。打开“样式”下拉列表，从中选择所需的填充图案和图案颜色。

（4）如果要填充其他颜色，应单击“其他颜色”按钮，打开“颜色”对话框，从中选择所需的颜色。

（5）在“应用于”下拉列表框中选择“文字”选项。

（6）单击“确定”按钮，关闭对话框。

【实例】为选定文本填充“灰色-40%”的底纹，效果如图 4.14 所示。

同样，如果只是给所选文字添加简单的底纹，可直接单击“格式”工具栏中的“字符底纹”按钮。选定已添加底纹的文本后，单击“底纹”选项卡“填充”栏中的“无填充色”选项可删除已有的底纹。

4.1.6　设置首字下沉

为了强调段落或章节的开头，可以将第一个字符放大以引起注意，这种字符效果叫做首字下沉，如图 4.15 所示。具体的操作步骤如下：

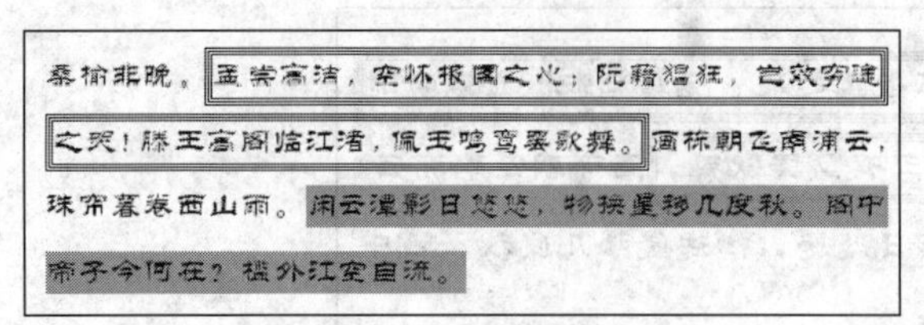

图 4.14　文本添加底纹效果

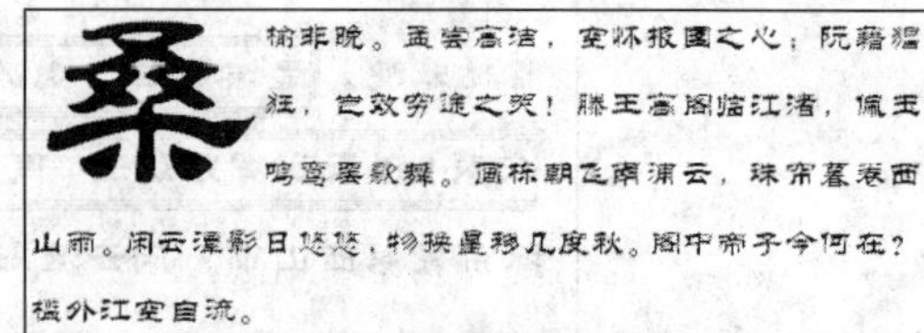

图 4.15　首字下沉实例

（1）把插入点放到要设置首字下沉的段落中。

（2）单击“格式”菜单中的“首字下沉”命令，打开“首字下沉”对话框，如图 4.16 所示。

（3）在“位置”选项组中选择“下沉”，如果选择“无”，则取消以前设置的首字下沉。

（4）在“选项”栏的“字体”列表中设置下沉字符的字体，在“下沉行数”框中指定首字的高度占 3 行，在“距正文”框中指定首字与段落中其他文字之间的距离为“0 厘米”。

（5）单击“确定”按钮，关闭对话框。

4.1.7　设置字符的其他格式

Word 还提供了很多特殊的字符排版功能，比如可以给中文文字上面加拼音、给字符加圈、进行竖直排版、合并字符等。

【实例】给文字加拼音，如图 4.17 所示。

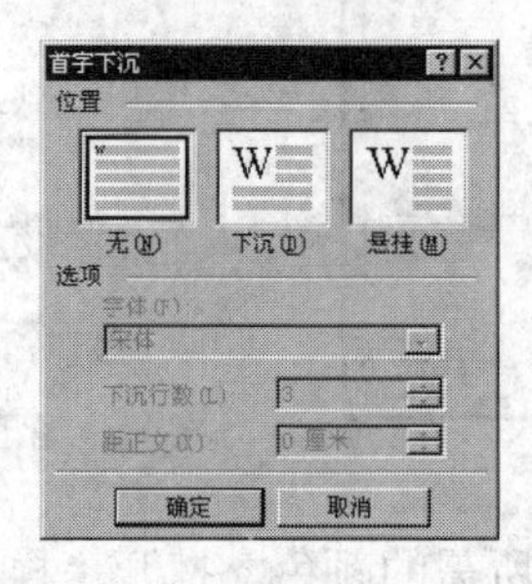

图 4.16　“首字下沉”对话框

图 4.17　加拼音文字示例

（1）选定要加拼音的文字。

（2）单击“格式”菜单中的“中文版式”命令，再单击其子菜单中的“拼音指南”命令，打开“拼音指南”对话框，如图 4.18 所示。

（3）在“基准文字”栏中显示刚刚所选定的文字，在“拼音文字”栏中将显示与每个文字对应的拼音。

（4）在“对齐方式”列表框中选择“居中”，在“字体”列表框框中选择拼音所用的字体“MingLiU”，在“字号”列表框框中选定拼音的字号，在“预览”区中观察效果。

（5）单击“确定”按钮，关闭对话框。

选定已添加拼音的文字后，单击“拼音指南”对话框中的“全部删除”按钮可取消拼音。

【实例】设置带圈字符，如图 4.19 所示。

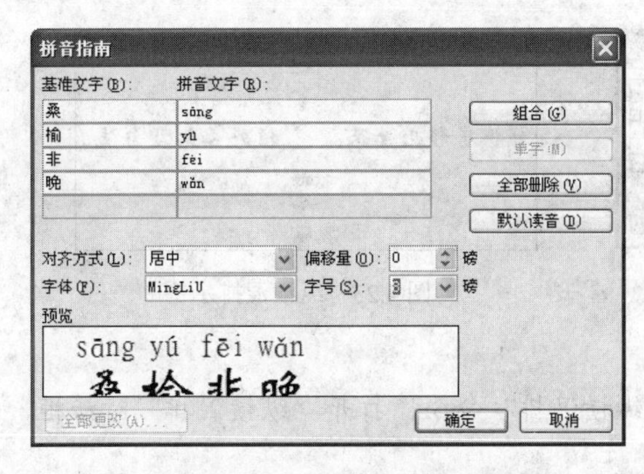

图 4.18 “拼音指南”对话框

图 4.19 带圈字符示例

（1）选定要加圈的文字。

（2）单击“中文版式”子菜单中的“带圈字符”命令，打开“带圈字符”对话框，如图 4.20 所示。

（3）在“文字”框中显示选中的字符，在“圈号”列表框中选择每个汉字所需的圈号样式。

（4）在“样式”选项组中选择所需样式。如果选择“无”，则撤销以前设置的带圈字符的圈号。

（5）单击“确定”按钮，关闭对话框。

【实例】合并字符是指将选定的多个字或字符组合为一个字符，示例如图 4.21 所示。

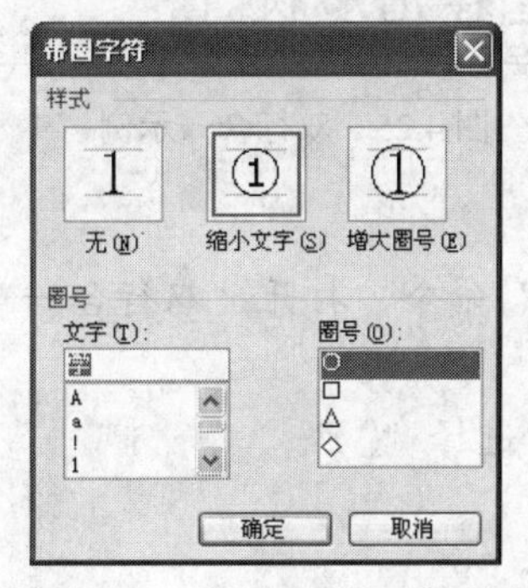

图 4.20 “带圈字符”对话框

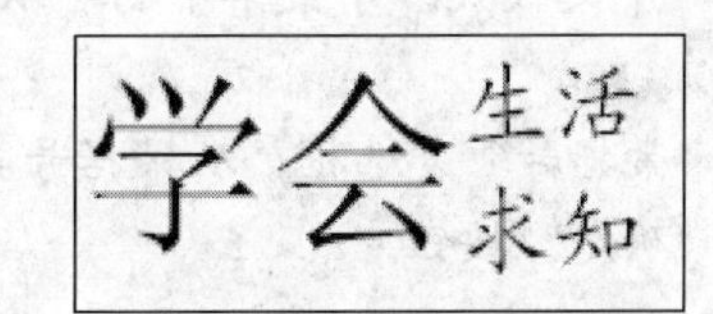

图 4.21 合并字符示例

（1）选定要合并的字符（最多 6 个汉字）。

（2）单击“中文版式”子菜单中的“合并字符”命令，打开“合并字符”对话框，如图 4.22 所示。

（3）选定的字符将出现在“文字”文本框中，在“字体”列表框和“字号”列表框中，选择合并后文字的字体和字号。

（4）单击“确定”按钮，关闭对话框。

如果要撤销合并字符，可先选定合并后的字符，然后在“合并字符”对话框中单击“删除”按钮。

【实例】纵横混排。文字默认的排列顺序是从左至右、从上至下，排版中有时需要纵横混排，如图 4.23 所示，形成特殊的视觉效果。

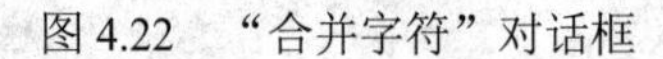
图 4.22 “合并字符”对话框

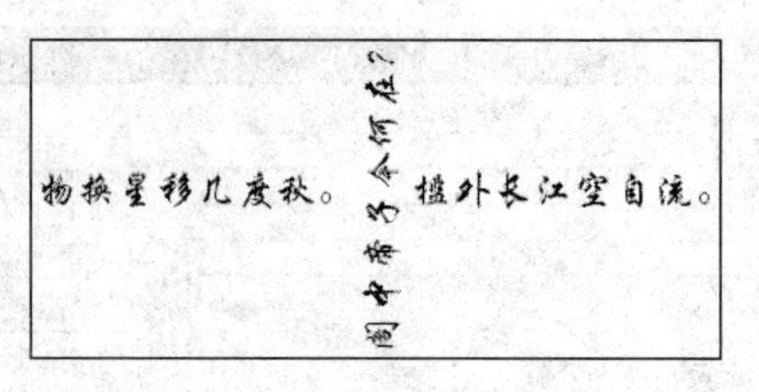

图 4.23 纵横混排示例

（1）选中要纵排的文字。

（2）单击“中文版式”子菜单中的“纵横混排”命令，打开“纵横混排”对话框，如图 4.24 所示。

（3）取消“适应行宽”复选框，否则整句文字将为了适应行高重叠在一起。

（4）单击“确定”按钮。

【实例】双行合一，示例如图 4.25 所示。

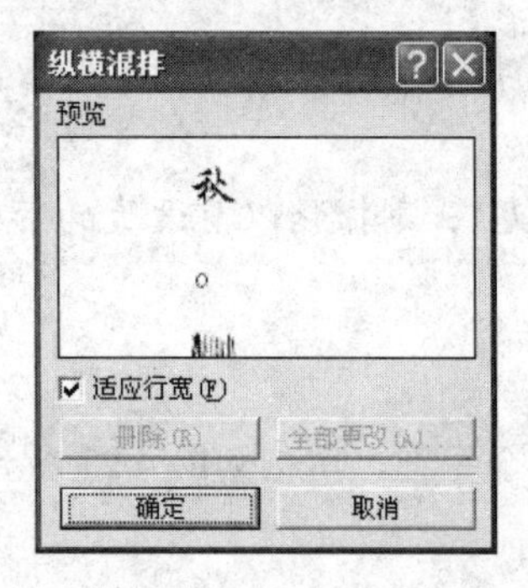

图 4.24 “纵横混排”对话框

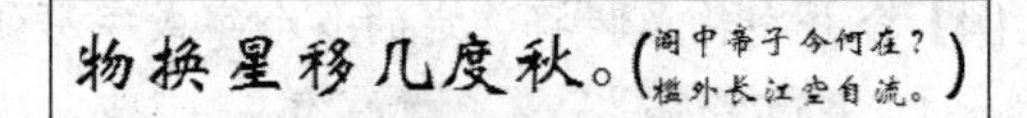

图 4.25 双行合一示例

（1）选中要双行合一的文字。

（2）单击“中文版式”子菜单中的“双行合一”命令，打开“双行合一”对话框，如图 4.26 所示。

（3）选中“带括号”复选框，从“括号类型”中选择“( )”。

（4）单击“确定”按钮。

【实例】竖直排版方式。一般情况的书籍版式是从左向右横向排列，但有时由于某些原因，需要改变文字的排列方向，示例如图 4.27 所示。

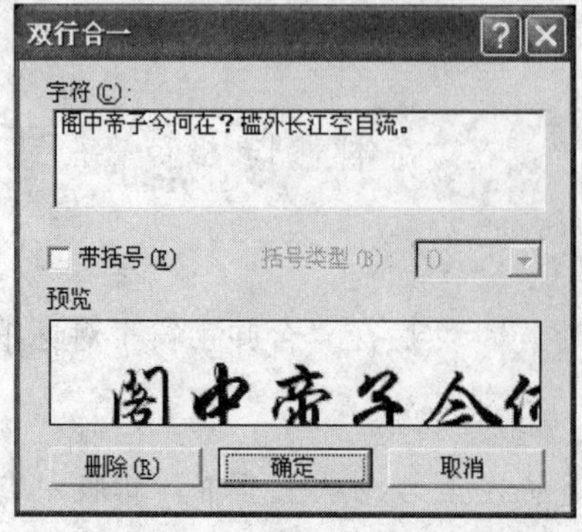

图 4.26 “双行合一”对话框

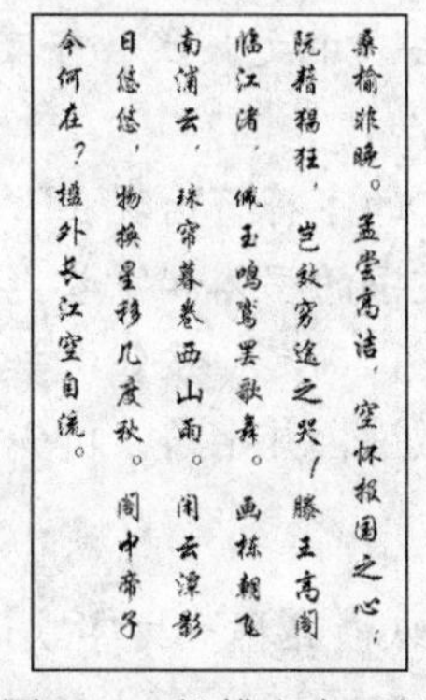

图 4.27 纵排文字示例

（1）打开需改变文字方向的文档，或将插入点移到要改变文字方向的文本框或表格单元格中。

（2）单击“格式”菜单中的“文字方向”按钮，打开“文字方向”对话框，如图 4.28 所示。

（3）在“方向”选项组中选中所需的文字排列方式，在“预览”区中查看相应的效果。

（4）单击“确定”按钮，关闭对话框。

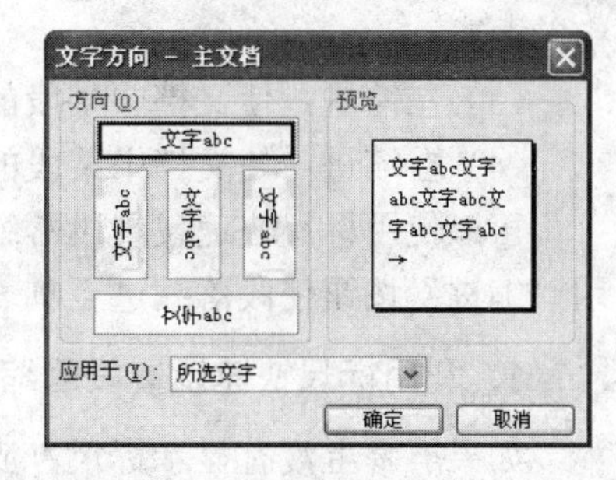

图 4.28　“文字方向”对话框

4.1.8　格式刷的应用

在文档中往往有多处相同的字符设置，如果每处都重复设置既烦琐也容易造成格式不统一的失误。常用工具栏中的“格式刷”可以快捷方便地将某种字符设置复制给其他文本。

（1）选定已设置所需格式的文字。

（2）双击常用工具栏中的“格式刷”按钮，此时鼠标指针变为形状。

（3）按住鼠标左键拖动鼠标经过要进行格式设置的文本块，松开鼠标左键。重复操作，直至完成所有同样的格式设置。

（4）单击常用工具栏中的“格式刷”工具按钮。

实用技巧

使用快捷键也可以复制字符格式。首先选定要复制格式的文字，按“Ctrl+Shift+C”组合键，然后选定要进行格式编排的文本块，按“Ctrl+Shift+V”组合键。

4.1.9　删除字符格式

Word 的格式化命令、按钮和快捷键都是打开和关闭格式功能的切换模式。例如，选定字符并单击“加粗”按钮，可使字符变成加粗格式；再次选定该字符并单击“加粗”按钮，可取消字符的加粗格式。但是如果要一次全部删除所有格式设置，将它们恢复为默认格式，可以直接按“Ctrl+Shift+Z”组合键。

4.2　设置段落格式

段落的格式包括段落对齐、段落缩进、行间距和段间距、边框和底纹等内容。Word 将段落的格式存放在段落标记中。按回车键时，不仅表示要开始一个新的段落，同时 Word 将复制前一段的段落标记及其所包含的格式信息。如果删除、复制或者移动一个段落标记，也就相应地删除、复制或者移动了段落的格式信息。

4.2.1　设置段落缩进

段落缩进指段落中的文本与页边距之间的距离，设置段落缩进是为了使文档更加清晰、易读。段落缩进包括以下 4 种。

（1）首行缩进：指将段落的第一行从左向右缩进一定的距离，而首行以外的各行都保持不变。

（2）悬挂缩进：与首行缩进相反，首行文本不加改变，而除首行以外的文本向右缩进一定的距离。

（3）左缩进：使文档中某段的左边界相对其他段落向右偏移一定的距离。

（4）右缩进：使文档中某段的右边界相对其他段落向左偏移一定的距离。

可以使用标尺快速设置段落缩进，也可以使用“段落”对话框进行精确设置，还可以利用“缩进”按钮使段落缩进至制表位。

1．利用标尺快速设置段落缩进

如果屏幕上没有显示标尺，应先单击“视图”菜单中的“标尺”命令。在水平标尺上有几个缩进标记，如图 4.29 所示。

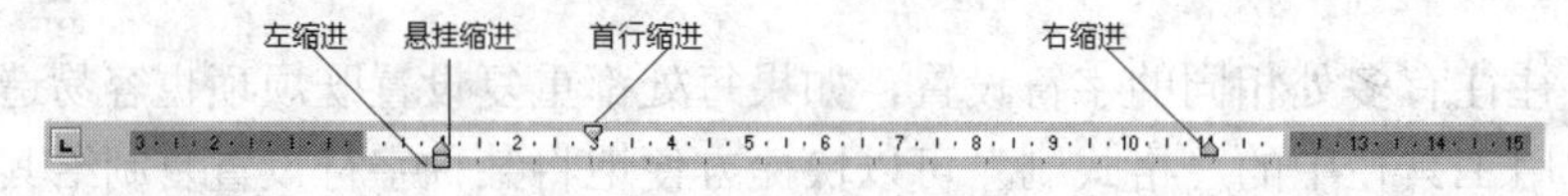

图 4.29　水平标尺及缩进标记

通过移动这些标记即可改变插入点所在段落的缩进方式。具体操作步骤如下：

（1）选定要缩进的段落。

（2）将鼠标指针指向标尺中相应的缩进标记上。

（3）按住鼠标左键拖动鼠标，将标记拖至所需位置，释放鼠标左键。

2．利用“段落”对话框精确设置段落缩进

使用标尺只能粗略地设置缩进，如果要精确地设置缩进值，应使用“段落”对话框。

（1）选定要设置缩进的几个段落，如果只设置一个段落，可以只把插入点移至该段落中。

（2）单击“格式”菜单中的“段落”命令，打开“段落”对话框中的“缩进和间距”选项卡，如图 4.30 所示。

（3）在“缩进”选项组中进行设置。

- 在“左”增量框中可以设置段落相对于左页边距缩进的距离。输入一个正值表示向右缩进，输入一个负值表示向左缩进。
- 在“右”增量框中可以设置段落相对于右页边距缩进的距离。输入一个正值表示向左缩进，输入一个负值表示向右缩进。

（4）在“特殊格式”列表框中可以选择“首行缩进”或“悬挂缩进”，然后在“度量值”框中输入缩进量。

（5）单击“确定”按钮，关闭对话框。首行缩进和悬挂缩进 1 厘米的示例如图 4.31 所示。

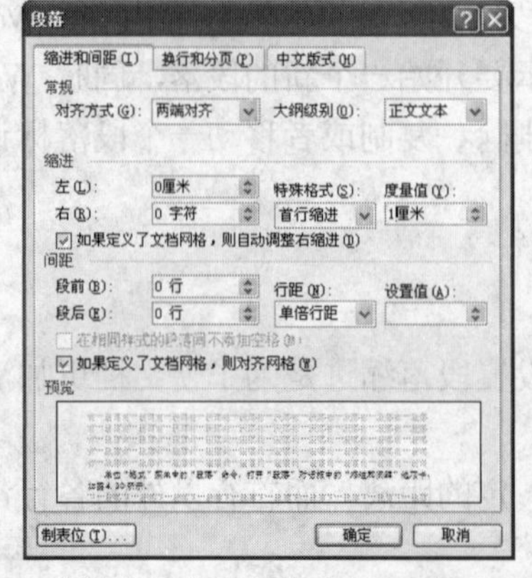

图 4.30　“段落”对话框的“缩进和间距”选项卡

桑榆非晚。孟尝高洁，空怀报国之心；阮籍猖狂，岂效穷途之哭！滕王高阁临江渚，佩玉鸣鸾罢歌舞。

画栋朝飞南浦云，珠帘暮卷西山雨。闲云潭影日悠悠，物换星移几度秋。阁中帝子今何在？槛外长江空自流。

图 4.31　首行缩进和悬挂缩进示例

实用技巧

在设置段落缩进时，使用“厘米”作为度量值单位，有时并不直观。在 Word 中还可以设置“字符”作为度量值单位，具体操作步骤如下：

（1）单击“工具”菜单中的“选项”命令，打开“选项”对话框，选择“常规”选项卡，如图 4.32 所示。

（2）选中“使用字符单位”复选框。

3. 利用缩进按钮缩进至制表位

格式工具栏右侧有“减少缩进量”按钮和“增加缩进量”按钮。利用缩进按钮，只能完成左缩进的操作，而不能设置首行缩进、悬挂缩进和右缩进。进行段落左缩进设置时，先选定段落，然后单击“增加缩进量”按钮，就可以使选定段落的左边界往右缩进至下一个制表位。

4.2.2 设置段落对齐方式

段落对齐方式包括段落水平对齐方式和段落垂直对齐方式两种。

1. 设置段落水平对齐方式

段落水平对齐方式指文档边缘的对齐方式，包括两端对齐、居中对齐、右对齐、分散对齐和左对齐，水平对齐方式示例如图 4.33 所示。

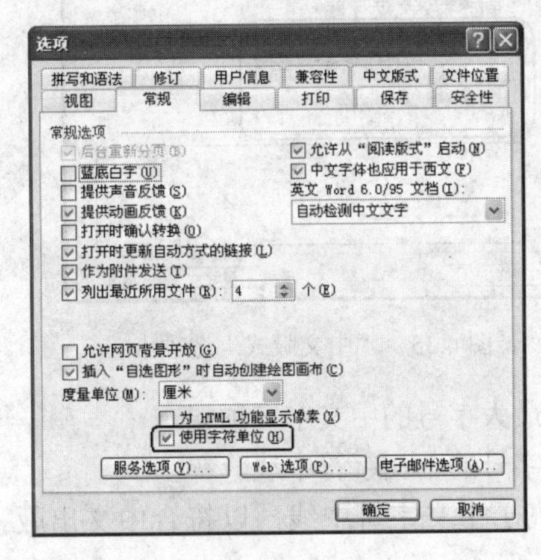

图 4.32　“常规”选项卡

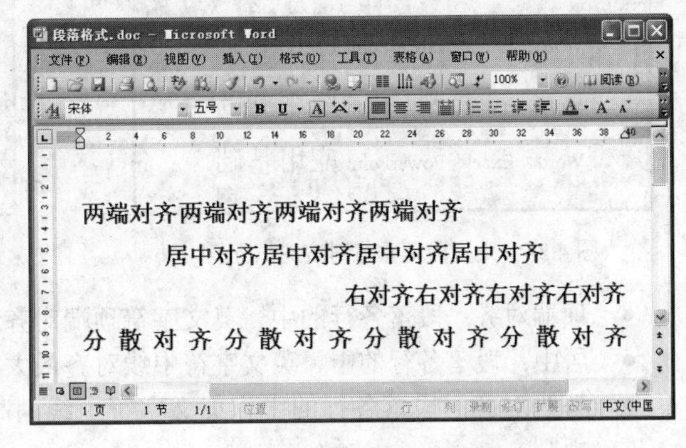

图 4.33　水平对齐方式示例

- 两端对齐是默认设置，使文本左右两端均对齐，但是最后不满一行的文字除外。
- 居中对齐使文本在页面上居中排列。
- 右对齐使文本在页面上靠右对齐排列。
- 分散对齐使文本两端撑满，均匀分布对齐。
- 左对齐使文本在页面中靠左对齐排列。

在中文段落中左对齐与两端对齐没有太大差别，因而左对齐方式很少用到，而在英文段落中左对齐与两端对齐就有了很大差别。

利用工具按钮设置段落水平对齐方式，只能设置两端对齐、居中对齐、分散对齐和右对齐方式，因为“格式”工具栏中没有左对齐工具按钮。

可使用下列快捷键设置段落水平对齐方式。

- 居中对齐：Ctrl+E。
- 右对齐：Ctrl+R。
- 左对齐：Ctrl+L。
- 分散对齐：Ctrl+Shift+D。
- 两端对齐：Ctrl+J。

2．设置段落垂直对齐方式

段落垂直对齐方式是指当在一段文字中使用了不同的字号时，可以将这些文字居下、居中、居上对齐，设置出如图 4.34 所示的特殊效果。

（1）将插入点移至要设置垂直对齐方式的段落中。

（2）打开如图 4.35 所示的“段落”对话框的“中文版式”选项卡，在“文本对齐方式”列表框中选择所需的对齐方式。

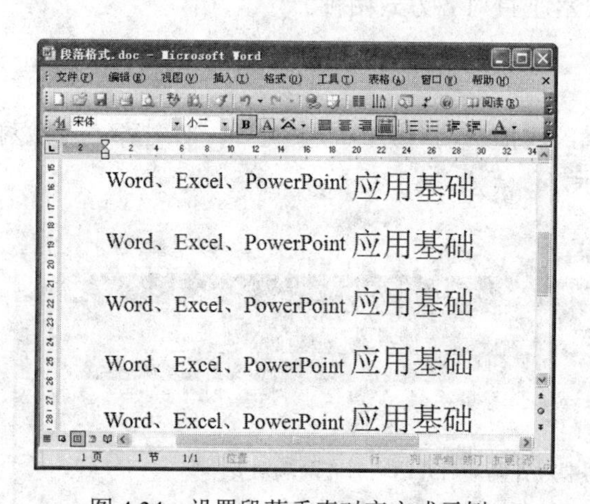

图 4.34 设置段落垂直对齐方式示例

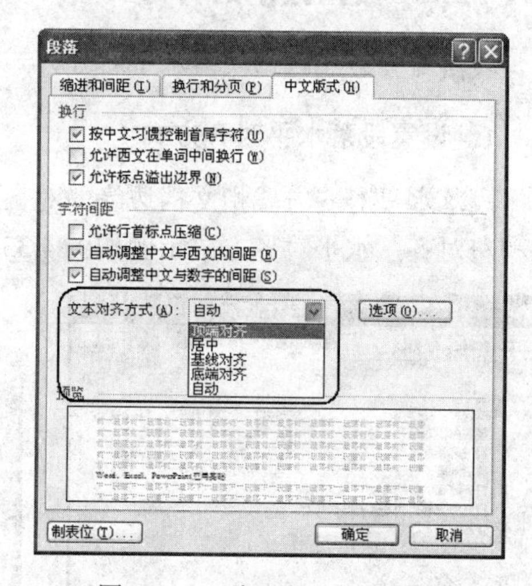

图 4.35 “中文版式”选项卡

- 顶端对齐：段落各行的中、英文字符顶端对齐最大字号的中文字符顶端。
- 居中：段落各行的中、英文字符中线对齐最大字号的中文字符中线。
- 基线对齐：段落各行的中、英文字符中线稍高于中文字符中线，以符合中文出版规则。
- 底端对齐：段落各行的中、英文字符底端对齐最大字号的中文字符底端。
- 自动：自动调整字体的对齐方式。

（3）单击“确定”按钮，关闭对话框。

4.2.3 设置段间距和行间距

段间距指段落与段落之间的距离，行间距则指段落中行与行之间的距离。

1．使用“段落”对话框设置段间距和行间距

（1）将插入点移至要调整的段落中，或者选定要调整的多个段落。

（2）打开“段落”对话框的“缩进和间距”选项卡，在“间距”选项组中设置所选段落与前一段或后一段的距离值。例如，在“段前”框中输入“6 磅”，在“段后”框中输入“12 磅”。

（3）单击“行距”列表框，选择所需的行距选项。

- 单倍行距：设置每行的高度可以容纳该行的最大字体，再加上少量间距，所加的额外间距随着字体大小而有所不同。
- 1.5 倍行距：把行间距设置为单倍行间距的 1.5 倍。
- 2 倍行距：把行间距设置为单倍行间距的 2 倍。
- 最小值：行距为仅能容纳本行中最大字体或图形的最小行距。如果在“设置值”框内输入一个值，则行距不会小于这个值。
- 固定值：行与行之间的间距精确地等于在“设置值”文本框中设置的距离。

注意

如果所设置的“固定值”过小，该行的文本将不能完整显示出来。

- 多倍行距：允许行距以任何百分比增减。例如，选定“多倍行距”后，在“设置值”增量框中输入“1.8”，表示把行距设置为单倍行距的 1.8 倍。

（4）单击“确定”按钮，关闭对话框，效果如图 4.36 所示。

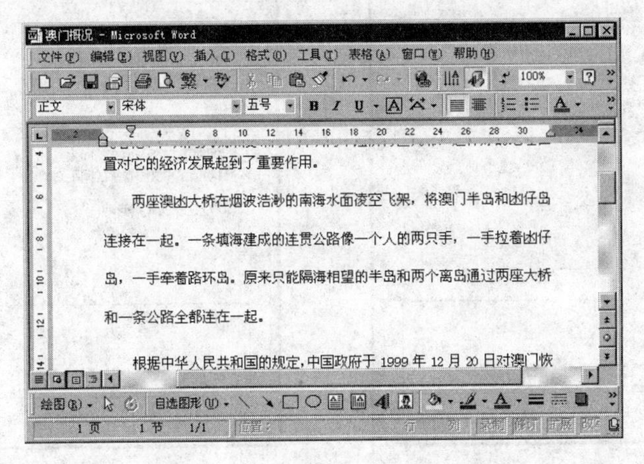

图 4.36　设置段间距和行间距示例

2. 使用快捷键设置段间距或行间距

- 设置单倍行距：Ctrl+1。
- 设置 2 倍行距：Ctrl+2。
- 设置 1.5 倍行距：Ctrl+5。

4.2.4　换行与分页

在输入和排版文本时，有时会遇到一个段落的第一行排在页面的底部或者一个段落的最后一行排在下页的顶部的问题，给阅读带来不便。利用“段落”对话框“换行与分页”选项卡中的选项，可解决上面的问题。

（1）将插入点移至要调整的段落中，或者选定要调整的多个段落。

（2）在如图 4.37 所示“段落”对话框的“换行和分页”选项卡中，根据需要进行设置。

- “孤行控制”：可以防止段落的第一行出现在页面底部或者段落最后一行出现在页面顶部。
- “段中不分页”：可以避免在段中分页。
- “与下段同页”：可以避免所选段落与后一个段落之间出现分页符。
- “段前分页”：可以使分页符出现在选定段落之前。
- “取消行号”：取消选定段落中的行编号。
- “取消断字”：取消段落中自动断字的功能。

（3）设置完成后，单击“确定”按钮。

4.2.5 设置段落版式

在 Word 中，还可以对段落中标点符号的位置和大小、中文字符与英文字母之间的间距等版式进行设置。

（1）将插入点移至要调整的段落中，或者选定要调整的多个段落。

（2）在如图 4.38 所示的“段落”对话框“中文版式”选项卡中，根据需要进行设置。

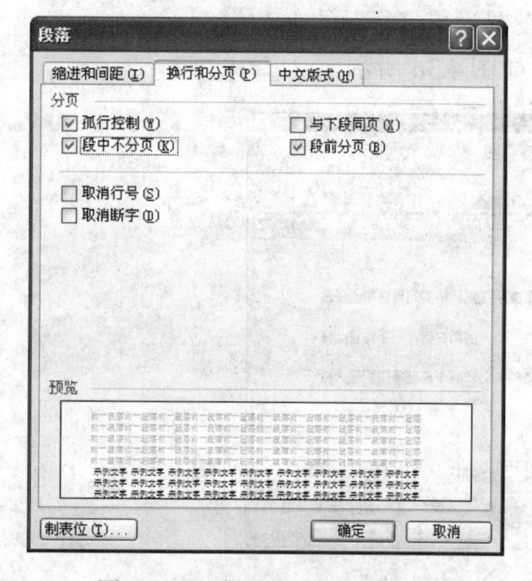

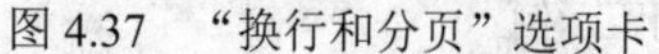

图 4.37 “换行和分页”选项卡

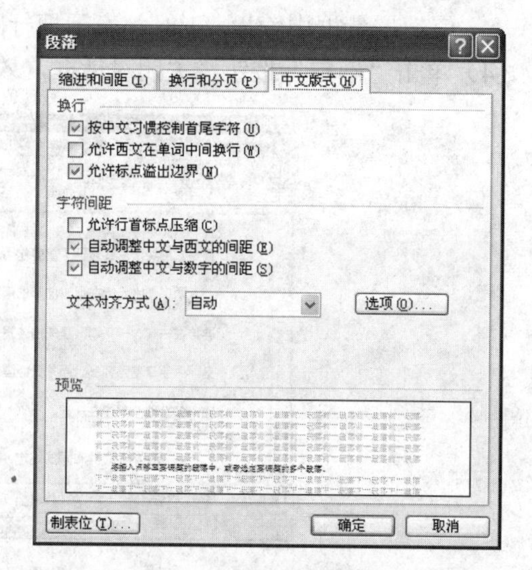

图 4.38 “中文版式”选项卡

- “按中文习惯控制首尾字符”：选中该复选框，可以防止不宜出现在行尾的标点符号出现在行尾，如“(”、“[”等，同时防止不宜出现在行首的标点符号出现在行首，如“、”、“，”、“。”等。如果要更改需控制的首尾字符，应单击“选项”按钮，打开如图 4.39 所示的“中文版式”对话框。
- “允许西文在单词中间换行”：选中该复选框，根据页面设置、单词长度及断字方式等相关因素，Word 自动设置换行位置。
- “允许标点溢出边界”：选中该复选框，当行尾为某些标点符号时，将该标点符号挤在行尾。
- “允许行首标点压缩”：选中该复选框，当行首为全角的前置标点符号时，将自动调整为半角的前置标点符号。全角的前置标点符号前面多出一个空格，而半角的前置标点符号前面没有空格。

- “自动调整中文与西文的间距”：选中该复选框，自动加宽中文字符与英文单词之间的间距，即不必再使用空格来加宽中文字符与英文单词的间距。
- “自动调整中文与数字的间距”：选中该复选框，自动加宽中文字符与半角数字之间的间距，即不必再使用空格来加宽中文字符与半角数字的间距。

（3）单击“确定”按钮。

4.2.6　设置制表位

制表位是指按键盘上的“Tab”键后，插入点将移至的位置。制表位属于段落的属性，每一个段落都可以设置自己的制表位。制表位分为默认制表位和自定义制表位两种。默认制表位自标尺左端起自动设置，默认间距为 0.75 厘米；自定义制表位位置需要人工设置，可以使用水平标尺或者“格式”菜单中的“制表位”命令来设置。

利用水平标尺快速设置如图 4.40 所示的制表位格式，操作步骤如下。

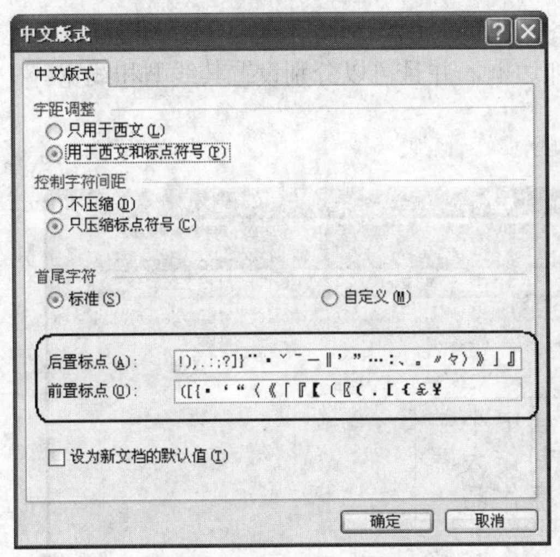

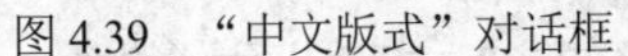
图 4.39　“中文版式”对话框

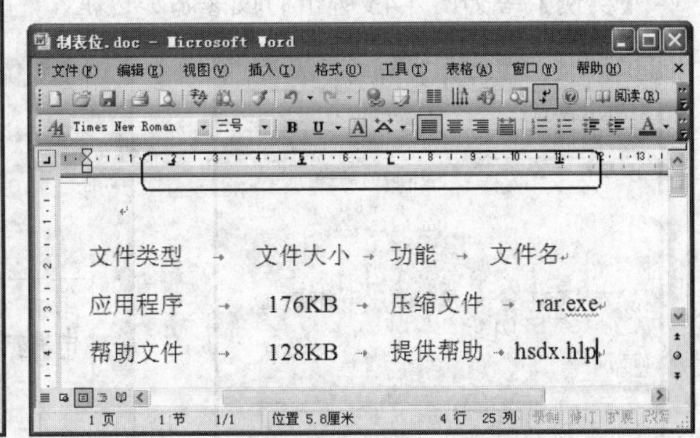

图 4.40　利用水平标尺快速设置和使用制表位

（1）将插入点移至要设置制表位的段落中，或者选定需要设置的多个段落。

（2）在水平标尺最左端有一个“制表位对齐方式”按钮，当每次单击该按钮时，按钮上显示的对齐方式制表符将按左对齐、居中、右对齐、小数点和竖线的顺序循环改变。

（3）切换至“左对齐”制表位后，在标尺的 2 厘米处单击，然后依次切换至“居中”、“左对齐”、“小数点”，并依次在水平标尺的 5 厘米、7 厘米、9 厘米和 11 厘米处进行设置。

将鼠标指针指向制表符、按住鼠标左键在水平标尺上左右拖动可以移动制表位，按住鼠标左键向下拖出标尺可以删除某个制表位。如果水平标尺仍以字符为单位，则可以在“工具”菜单“选项”对话框的“常规”选项卡中进行设置。

使用对话框精确设置制表位，如图 4.41 所示，操作步骤如下。

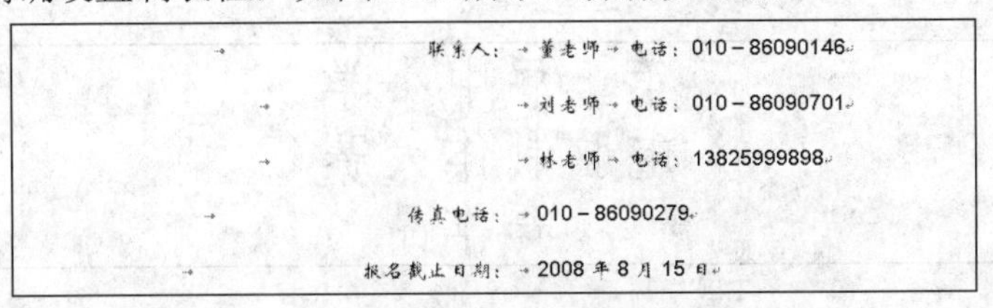
联系人：董老师　电话：010－86090146
刘老师　电话：010－86090701
林老师　电话：13825999898
传真电话：010－86090279
报名截止日期：2008 年 8 月 15 日

图 4.41　使用对话框精确设置制表位

（1）单击“格式”菜单中的“制表位”命令，打开如图 4.42 所示的“制表位”对话框。

（2）在“对齐方式”区中选择“右对齐”，在“制表位位置”文本框中输入“12 厘米”。

（3）单击“设置”按钮。

（4）单击“确定”按钮，关闭对话框。

（5）在行首按“Tab”键后，输入“联系人:”，然后按“Tab”键后输入“董老师”，再按“Tab”键后输入“电话：010－86090146”。

（6）在第二行的行首按两次“Tab”键后，输入“刘老师”，其余相同。

使用制表位中的右对齐不仅起到了这几段“左缩进”12 厘米的作用，而且使每行的“:”对齐，所以更加美观、流畅。

4.2.7 给段落添加边框和底纹

前面介绍的利用“边框和底纹”对话框给字符添加边框和底纹的方法，同样也适用于段落，只要将对话框中的“应用范围”设置为“段落”即可。但是对于文字，只能给其周围全部添加边框。而对于段落，可以指定给某几条边添加边框，并且可以分别设置其线型和线宽。

【实例】给如图 4.43 所示的段落添加边框。

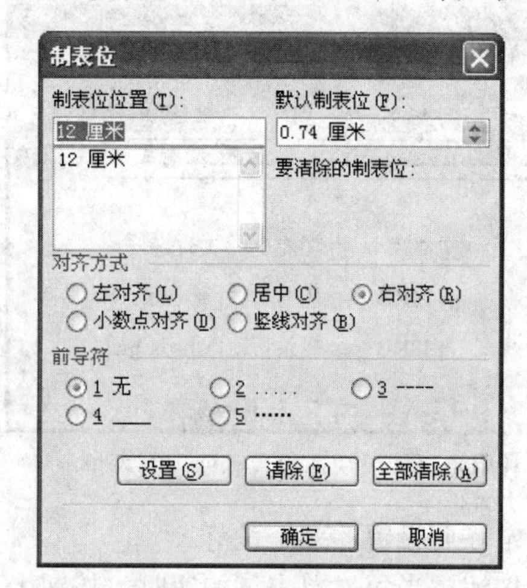

图 4.42　“制表位”对话框

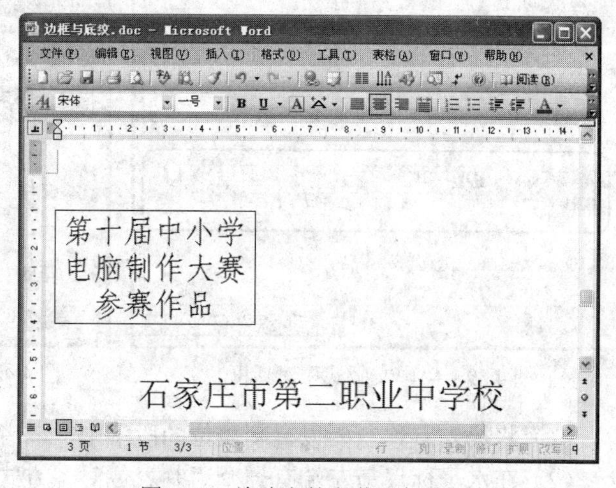

图 4.43　给选定的段落添加边框

（1）输入“第十届中小学”后按“Shift+Enter”组合键人工换行，输入“电脑制作大赛”后按“Shift+Enter”组合键人工换行，输入“参赛作品”后按回车键分段。

（2）选中刚输入的段落，单击“格式”工具栏中的“居中”按钮，使本段在页面中居中显示。单击“格式”菜单中的“边框和底纹”命令，打开“边框和底纹”对话框的“边框”选项卡，选择“方框”、“直线”、颜色“自动”、宽度“1 磅”，在“应用范围”框中选择“段落”，单击“确定”按钮后，效果如图 4.44 所示。

第十届中小学
电脑制作大赛
参赛作品

图 4.44　添加边框后的段落

将插入点移至该段中，单击拖动水平标尺上的“右缩进”按钮△至合适位置，就可得到要求的效果。

【实例】只给文档中第二段的文件号添加红色下边框。

（1）将插入点移至第二段中。

（2）在“边框和底纹”对话框的“线型”列表框中选择“单线”，在“宽度”列表框中选择“2.5磅”。

（3）在“应用范围”列表框中选择“段落”。

（4）单击“预览”选项组中的“下边框”按钮。

（5）单击“确定”按钮，效果如图4.45所示。

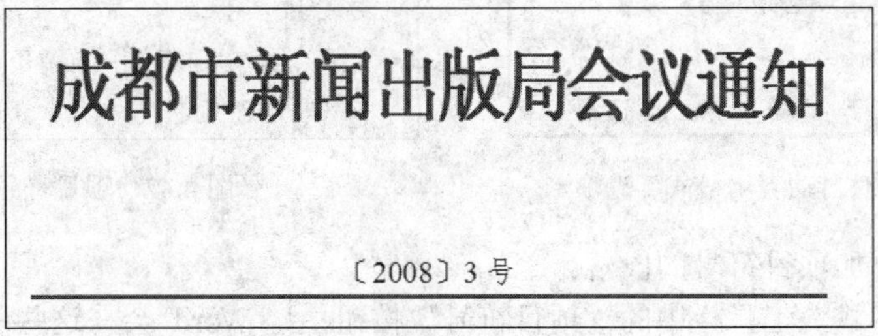

成都市新闻出版局会议通知

〔2008〕3号

图4.45　添加红色下边框的段落

4.2.8　编号与项目符号

产品说明中需要把内容有条理地排列出来，这就要用到编号和项目符号的功能。在Word中可以在输入时自动产生带项目符号或者带编号的列表，也可以在输入文本后再进行设置。

1．自动创建项目符号与编号列表

如果要创建项目符号列表，在文档中输入一个星号（*）或者一两个连字符（-），再输入一个空格或制表符，然后录入文本。当按回车键结束该段时，Word自动将该段转换为项目符号列表，例如，星号会自动转换成黑色的圆点，并且在新的一段中也自动添加该项目符号。

要结束列表时，按回车键开始一个新段，然后按“Backspace”键删除为该段添加的项目符号即可。

要创建带编号的列表，应先输入“1.”、“a)”、“（1）”、“1）”、“一、”、“第一、”等格式，后跟一个空格或制表位，然后输入文本。当按回车键时，在新的一段开头会自动接着上一段进行编号。

如果不想在输入时自动创建项目符号或编号列表，可单击“工具”菜单中的“自动更正选项”命令，打开“自动更正”对话框后，选择“键入时自动套用格式”选项卡，如图4.46所示，清除“自动项目符号列表”和“自动编号列表”复选框。

2．使用项目符号列表

将已输入的文本转换成项目符号列表，如图4.47所示，操作步骤如下。

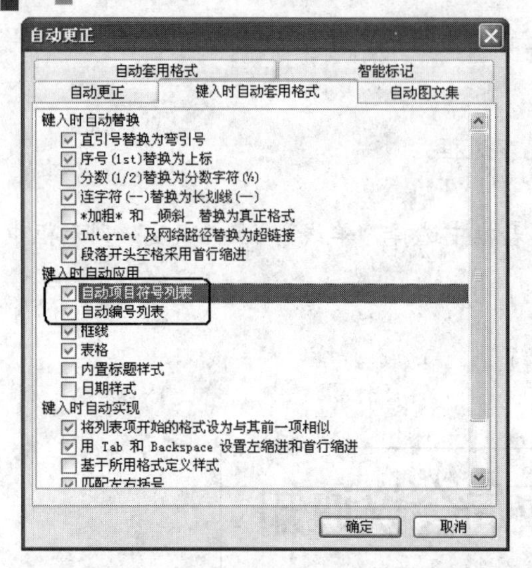

图 4.46 “键入时自动套用格式”选项卡

教育信息资源的建设要从两个方面着手:

- 筛选和梳理网上的有关信息;
- 发掘、整合学校和有关部门的教育信息资源，建立起适用的教育网站和信息资料库;

图 4.47 项目符号实例

（1）选定要添加项目符号的段落。

（2）单击“格式”工具栏中的“项目符号”按钮，Word 会在这些段落之前添加一个黑圆点，结果如图 4.47 所示。

给选定的段落添加如图 4.48 所示的其他类型的项目符号，操作步骤如下。

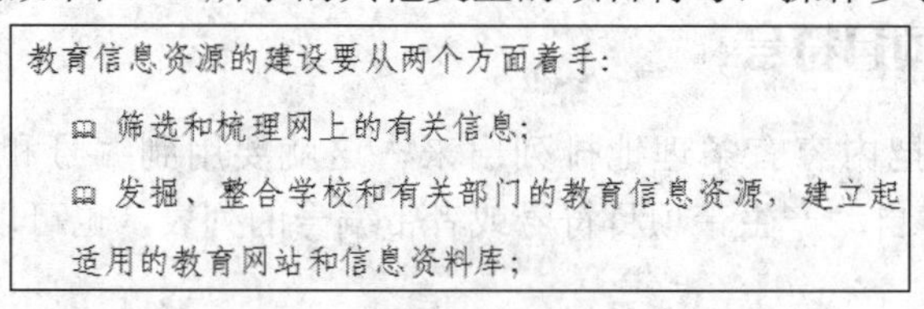
教育信息资源的建设要从两个方面着手:

🕮 筛选和梳理网上的有关信息;

🕮 发掘、整合学校和有关部门的教育信息资源，建立起适用的教育网站和信息资料库;

图 4.48 设置项目符号的格式

（1）选定要添加项目符号的段落。

（2）单击“格式”菜单中的“项目符号和编号”命令，打开“项目符号和编号”对话框后，选择“项目符号”选项卡，如图 4.49 所示。

（3）先任选一种项目符号，然后单击“自定义”按钮，打开“自定义项目符号列表”对话框，如图 4.50 所示。

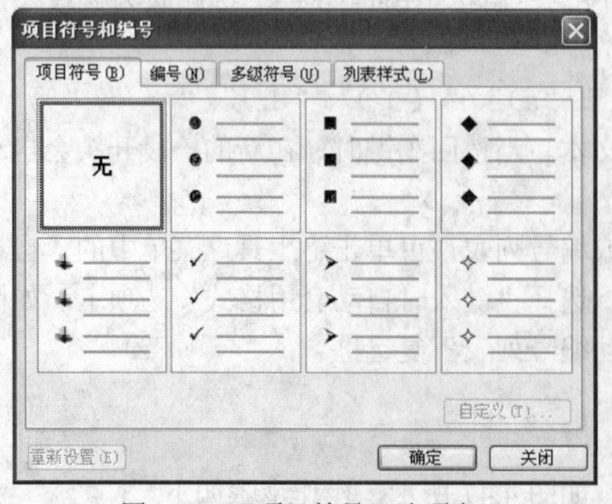

图 4.49 “项目符号”选项卡

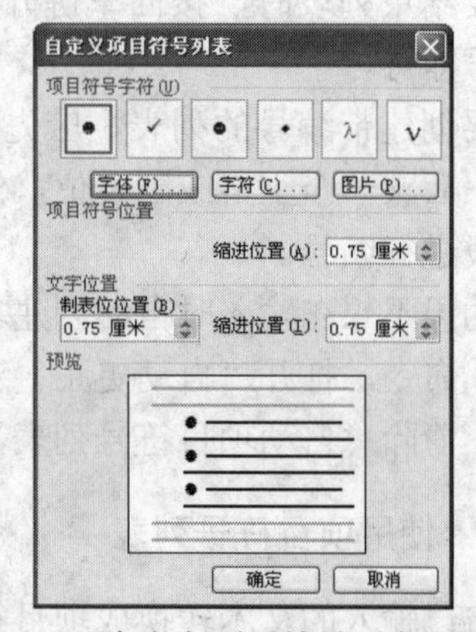

图 4.50 “自定义项目符号列表”对话框

（4）单击“字符”按钮，打开如图 4.51 所示的“符号”对话框，选择所需的符号，单击“确定”按钮，返回“自定义项目符号列表”对话框。单击“字体”按钮，打开“字体”对话框，设置项目符号的大小或颜色等。返回“自定义项目符号列表”对话框，在“项目符号位置”区中，指定项目符号相对于正文的位置为“0.75 厘米”；在“文字位置”框中，指定列表文字相对于正文的缩进距离同样为“0.75 厘米”。

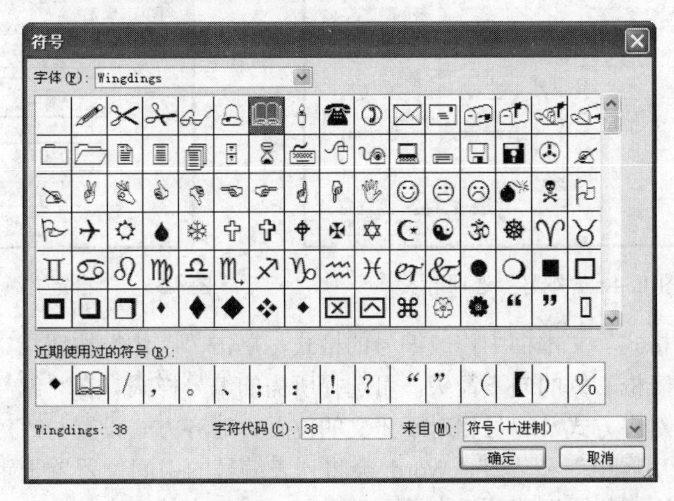

图 4.51　“符号”对话框

（5）单击“确定”按钮，关闭对话框。

3. 使用编号列表

将已输入的段落转换成编号列表，操作步骤如下。

（1）选定要添加编号的段落。

（2）单击“格式”工具栏中的“编号”按钮，将在这些段落之前添加默认的数字编号，效果如图 4.52 所示。

添加如图 4.53 所示其他格式的编号，操作步骤如下。

教育信息资源的建设要从两个方面着手：

1. 筛选和梳理网上的有关信息；
2. 发掘、整合学校和有关部门的教育信息资源，建立起适用的教育网站和信息资料库；

图 4.52　给选定的段落添加编号

第一段 根据当前教育的需要来引入现代信息技术；另一方面，根据现代信息技术的功能来设计教育，或者说以现代信息技术为基础来实现教育的革新，只有这样才有可能在教育改革中迈出实质性的一步。

第二段 计算机网络最大的优势，就是信息容量大。陈至立部长曾强调：“要把教育信息源建设摆在中小学普及信息技术教育工作的重要位置”。

图 4.53　自定义编号样式

（1）选定要添加编号的段落。

（2）打开“项目符号和编号”对话框的“编号”选项卡，如图 4.54 所示。

（3）在“编号”选项卡中提供了 8 种编号，单击所需的编号格式。如果列表框中没有所需的编号，可先单击任一种编号格式，然后单击“自定义”按钮，打开“自定义编号列表”对话框，如图 4.55 所示。

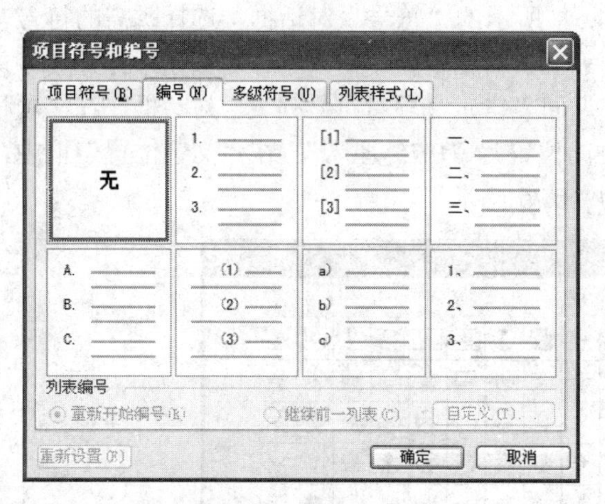

图 4.54 “编号”选项卡

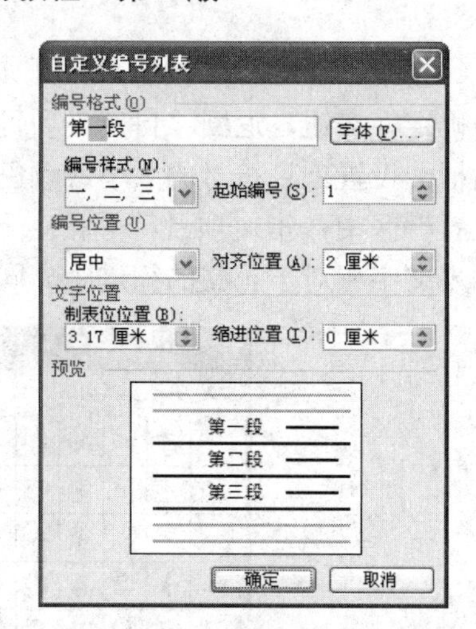

图 4.55 “自定义编号列表”对话框

（4）在“编号格式”文本框中修改编号的格式，单击“字体”按钮指定编号的字体，单击“编号样式”列表框右侧的向下箭头，可选择所需的编号样式。在“编号位置”选项组中指定所定义编号的对齐方式及编号相对于正文的位置，对齐方式设置与“对齐位置”的设置有关，例如，单击“居中”和“2”，Word 会将列表编号的中间位置置于距左页边距或左缩进 2 厘米处。在“文字位置”选项组中输入编号相对于正文的距离。

（5）单击“确定”按钮，关闭对话框。

如果文档中有多组编号，这些编号之间既可以互不相干，单独编号，也可以接续前一组编号。在“编号”选项卡底部有两个选项：“重新开始编号”和“继续前一列表”。

- “重新开始编号”：表示重新开始编号，与前一组没有联系。
- “继续前一列表”：表示接续前一组的编号，使编号连接。

4．使用多级列表

多级列表中每段的项目符号或编号根据缩进范围而变化，最多可生成有 9 个层次的多级列表。

创建如图 4.56 所示的多级列表，操作步骤如下。

（1）打开“项目符号和编号”对话框的“多级符号”选项卡，如图 4.57 所示。

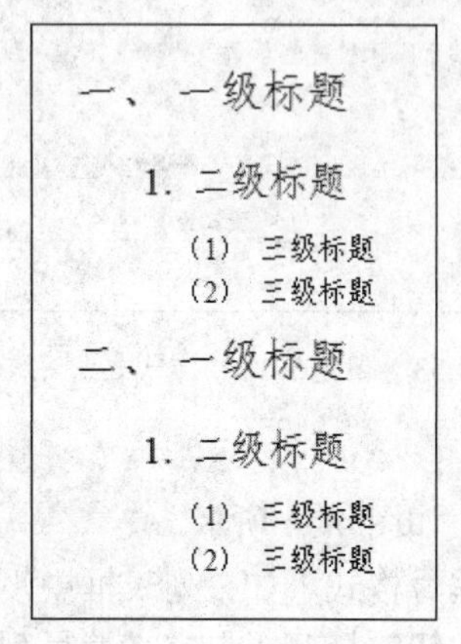

图 4.56 自定义多级编号列表

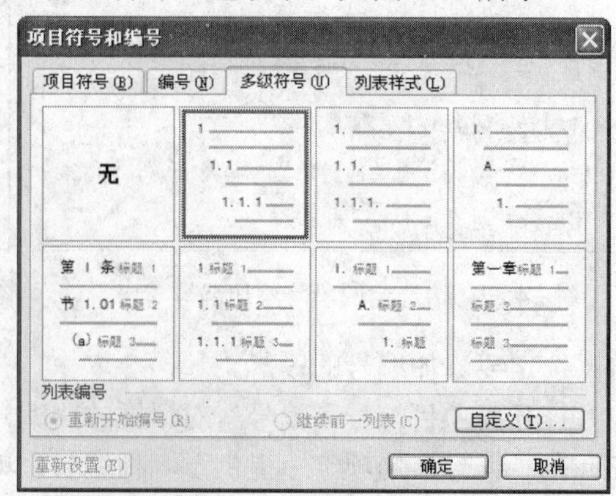

图 4.57 “多级符号”选项卡

（2）单击任一编号图标，单击“自定义”按钮，打开如图 4.58 所示的“自定义多级符号列表”对话框。

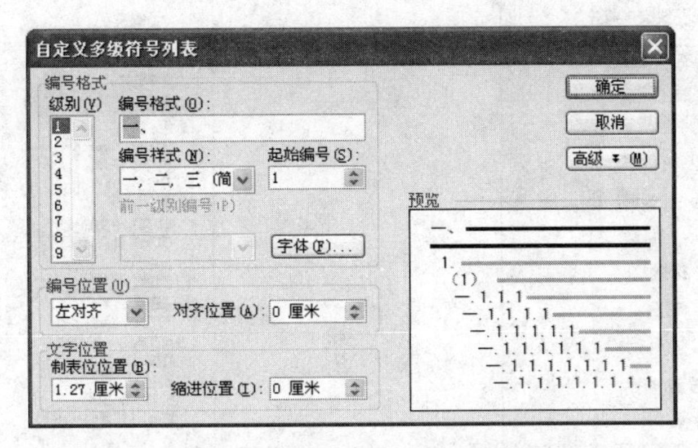

图 4.58 “自定义多级符号列表”对话框

（3）在“级别”列表框中，选择当前要定义的列表级别“1”，在“编号格式”框中添加“一、”，在“编号样式”列表框中选择“一，二，三……”，再设置好编号与正文之间的缩进距离。

（4）重复前面步骤设置好二、三级的编号样式。

（5）单击“高级”按钮，将第三级编号的“编号之后”设置为“空格”。

（6）设置完毕后，单击“确定”按钮。

使用定义好的多级编号，操作步骤如下。

（1）输入列表项，每输入一项后按回车键。

（2）每次回车后，下一行的编号级别和上一段的编号同级，按“Tab”键可转换为下级编号；同时按“Shift+Tab”组合键可将当前行编号转换为上一级编号。

4.2.9 复制段落格式

利用“格式刷”功能可以快速复制段落格式，具体操作步骤如下：

（1）选定含有要复制格式的段落。

（2）双击“常用”工具栏中的“格式刷”按钮，鼠标指针变成形状，在需设置相同格式的段落上单击，当所有段落均设置完成后，单击“格式刷”按钮，鼠标指针恢复原来形状。

4.2.10 查看段落格式

当前段落所用的格式显示在“格式”工具栏、水平标尺和“段落”对话框的各个设置区中。也可以单击“格式”工具栏上的“格式窗格”按钮，在窗口右侧打开“样式和格式”任务窗格，如图 4.59 所示，在“所选文字的格式”框中显示当前的段落格式，在“显示”列表中选择“有效样式”，在“请选择要应用的格式”框中将显示当前文档中的所有有效样式。

还可以直接按“Shift+F1”组合键，窗口右侧将弹出“显示格式”任务窗格，如图 4.60 所示，显示有关段落格式和字体格式的信息。

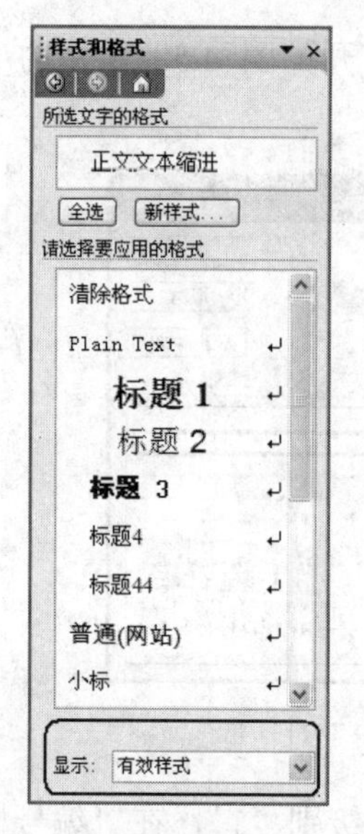

图 4.59 “样式和格式”任务窗格

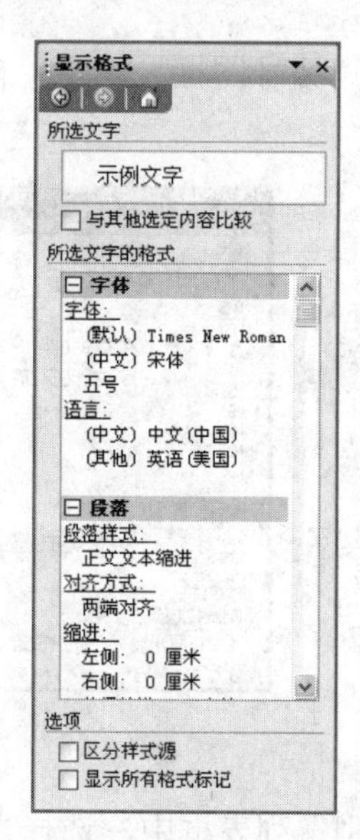

图 4.60 “显示格式”任务窗格

4.3 设置页面格式

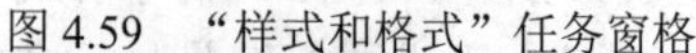

文档格式不仅包括字符格式、段落格式，页面格式同样是一个影响文档外观的重要因素，因为要进行文档的打印，就必须正确地设置页面属性。页面格式包括纸型和方向、页边距、页面分栏、页眉页脚等。

4.3.1 利用“页面设置”对话框设置页面格式

1. 设置纸张类型

在 Word 中，默认情况下，纸型是标准的 A4 纸，宽 21 厘米，高 29.7 厘米，页面方向是纵向。在打印文档时，设置的纸型与实际使用的纸型要一致，否则会造成在页面中间部位发生分页的错误。

（1）单击“文件”菜单中的“页面设置”命令，打开“页面设置”对话框后，选择“纸张”选项卡，如图 4.61 所示。

（2）在“纸张大小”下拉列表中选择要使用的纸张类型，如果不是标准纸型，可单击“自定义”选项，并在“宽度”和“高度”框中输入具体数值。

（3）在“纸张来源”选项组中可以设置打印机打印本文档时首页和其他页的进纸方式。

（4）在“应用于”下拉列表框中选定本设置适用的范围。

- 整篇文档：对整篇文档应用设置。
- 插入点之后：从插入点到文档末尾应用所选设置。在插入点之前将插入分节符。
- 所选文字：将设置应用到选定的文字，Word 会在所选文字的前后各加一个分节符。
- 所选节：将设置应用到选定的节中。
- 本节：将设置应用到包含插入点的当前节中。

（5）单击“确定”按钮，关闭对话框。

2. 设置“页边距”和“方向”

页边距指文本与纸张边缘的距离。通常，可在页边距内部的可打印区域插入文字和图形，也可以将某些项目放置在页边距区域，如页眉、页脚和页码等。Word 的默认页边距设置为：左、右页边距为 3.17 厘米，上、下页边距为 2.54 厘米，无装订线。为了增强文档的可读性，可以增大左、右页边距，缩短行的长度；对于过大的文档，缩小页边距可以增加页中文本的容量，减少页数；为了便于装订，可以增加一个装订区。纸张的方向是指是横向使用纸张还是纵向使用纸张。

（1）打开如图 4.62 所示的“页面设置”对话框的“页边距”选项卡。

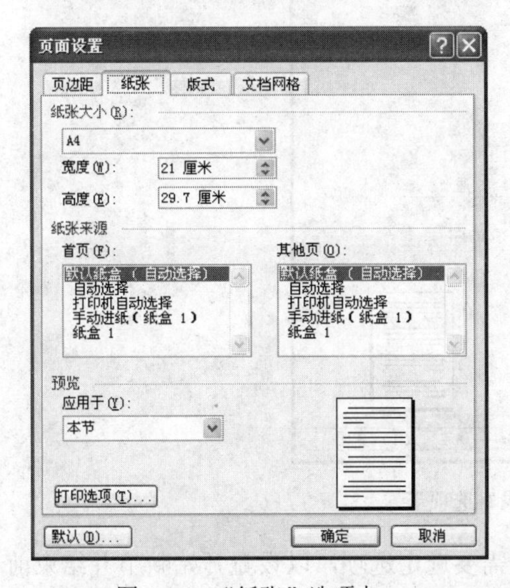

图 4.61　“纸张”选项卡

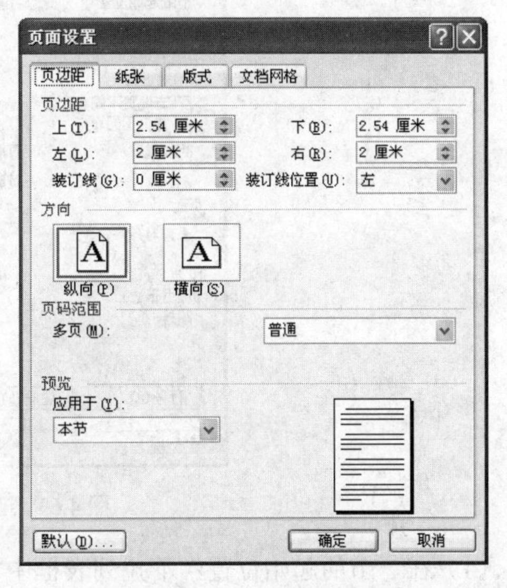

图 4.62　“页边距”选项卡

（2）在“上”、“下”、“左”、“右”增量框中输入新的数值，设置页边距尺寸。在“预览”框中可显示出不同设置的效果。

（3）如果文档需要装订，应在“装订线位置”栏中选定“左”或“上”选项，在“装订线”增量框中输入装订所需的页边距。为了美观和便于装订，最好将内侧（即将来装订一侧）边距设得稍微大一些。

（4）在“方向”栏中可设置纸张的打印方向。

（5）在“页码范围”选项组的“多页”列表中设置用于打印多页的选项，有如下选择。

- “对称页边距”：适用于双面打印，例如，书籍或杂志。在这种情况下，左侧页面的页边距是右侧页面页边距的镜像（即内侧页边距等宽，外侧页边距等宽）。
- “拼页”：适用于制作折叠的各种产品和服务的使用说明书。
- “书籍折页”：适用于将文档设置为小册子，创建菜单、请柬、事件程序或任何其他类型的、使用单独居中折页的文档。

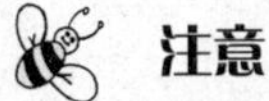

注意

如果使用上述选项之一，则“装订线位置”选项将变为不可用。

（6）在“应用于”下拉列表中指定页边距适用的范围：“整篇文档”、“本节”或“插入点之后”。

（7）单击“确定”按钮，关闭对话框。

3．设置版式

版式是指在整个页面上文本的垂直对齐方式、节的起始位置、页面的边框和底纹、页眉页脚奇偶页不同或首页与其他页不同等影响页面的格式。打开如图 4.63 所示的“版式”选项卡。

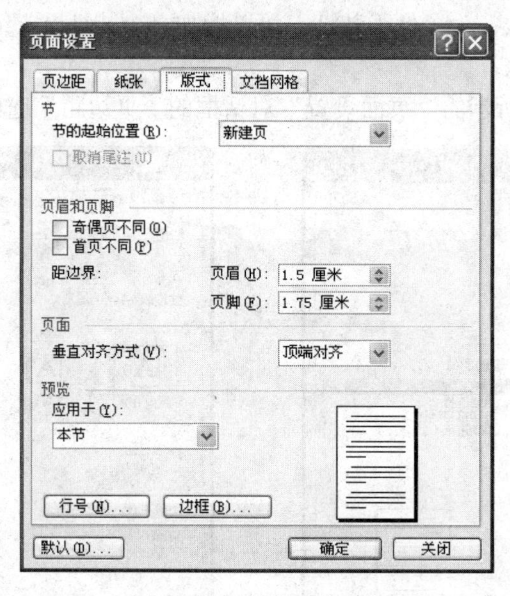

图 4.63 “版式”选项卡

（1）在“节的起始位置”下拉列表框中根据需要选定选项，以设置开始新节并结束前一节的位置。

（2）“取消尾注”：禁止在当前节中打印尾注。该选项将当前节尾注打印在下一节的尾注前面。

（3）在“页眉和页脚”选项组中根据需要选择。

- “奇偶页不同”：指是否要在奇数页与偶数页上设置不同的页眉或页脚。
- “首页不同”：指是否使节或文档首页的页眉或页脚与其他页的页眉或页脚不同。
- “页眉”：输入从纸张上边缘到页眉上边缘的距离。
- “页脚”：输入从纸张下边缘到页脚下边缘的距离。

（4）在“垂直对齐方式”框中根据需要选择不同的选项，以设置文本在页面中的垂直对齐方式。

- “顶端对齐”：这是默认设置，页面文本从页面第一行开始显示。
- “居中”：页面文本将显示在页面中央。
- “两端对齐”：扩展段落间距，第一行显示在页面第一行位置，最后一行显示在页面末行位置。
- “底端对齐”：页面文本将显示在页面底端。

（5）若要设置页面的边框和底纹，可单击“边框”按钮，打开“边框和底纹”对话框的“页面边框”选项卡进行设置。

（6）单击“行号”按钮，打开如图 4.64 所示的“行号”对话框，可以在整篇文档或某一节文档的左边添加行号。

（7）在“应用于”列表框中，指定版式的应用范围。

（8）单击“确定”按钮，关闭对话框。

4.3.2 插入页码、分页符、分节符

1. 插入页码

当所编辑的文档很长时，插入页码就显得非常必要。页码通常设置在页脚或页眉部分。

（1）将插入点移至要添加页码的文档部分。

（2）单击“插入”菜单中的“页码”命令，打开“页码”对话框，如图 4.65 所示。

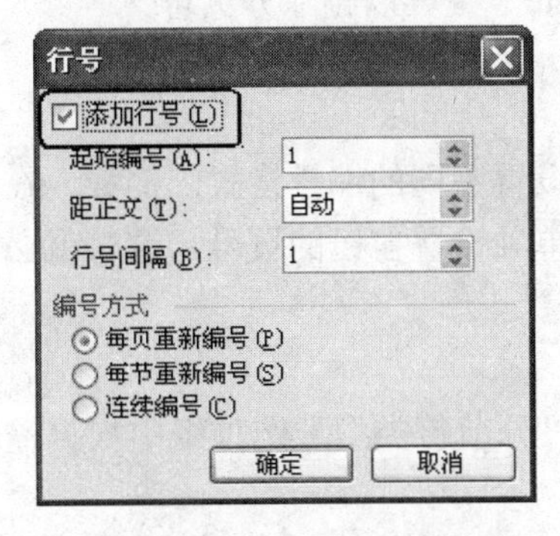

图 4.64 “行号”对话框

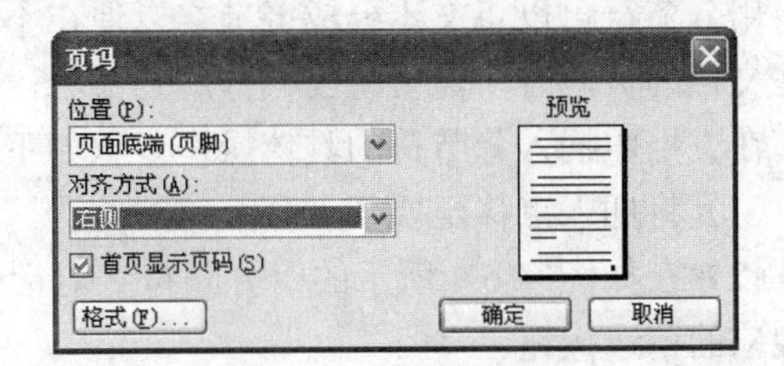

图 4.65 “页码”对话框

（3）在“位置”下拉列表指定页码出现的位置：“页面顶端（页眉）”、“页面底端（页脚）”、“页面纵向中心”、“纵向内侧”和“纵向外侧”。

（4）在“对齐方式”下拉列表选择所需的页码对齐方式：“左侧”、“居中”、“右侧”、“内侧”和“外侧”。其中“内侧”和“外侧”选项只有在想设置奇、偶页的页码位置不同时才可以选择。

（5）如果要在文档的第一页就设置页码，应选定“首页显示页码”复选框。

（6）如果要设置特殊的页码格式，可单击“格式”按钮，打开“页码格式”对话框，如图 4.66 所示。从中选择所需的页码格式后，单击“确定”按钮，关闭对话框。

（7）单击“确定”按钮，关闭“页码”对话框。

2. 插入分页符

在 Word 中输入文本，填满一行时会自动换行，同样填满一页后会自动分页，并在文档中插入一个软分页符，普通视图中以贯穿页面的单点线表示，不能被删除。如果想在特殊位置分页，应插入硬分页符，在普通视图中以贯穿页面的单点线表示，并在单点线中央标“分页符”字样，可以被删除。而在页面视图中，Word 将分页符前、后的内容分别放置在不同的页中。

（1）将插入点移至要分页的位置。

（2）单击“插入”菜单中的“分隔符”命令，打开“分隔符”对话框，如图 4.67 所示。

（3）单击“分隔符类型”选项组中的“分页符”单选按钮。

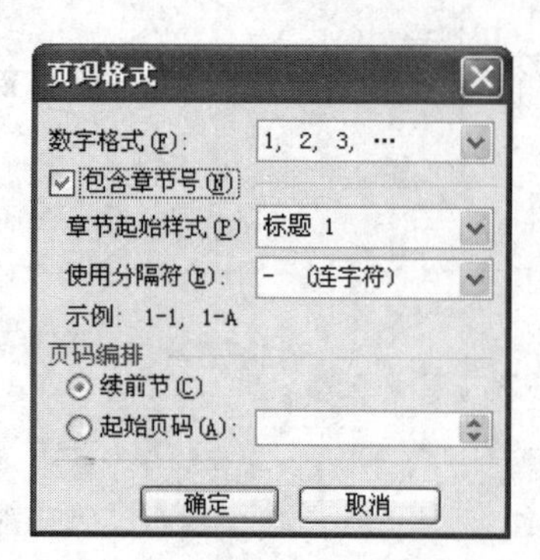

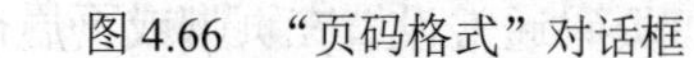
图 4.66 “页码格式”对话框

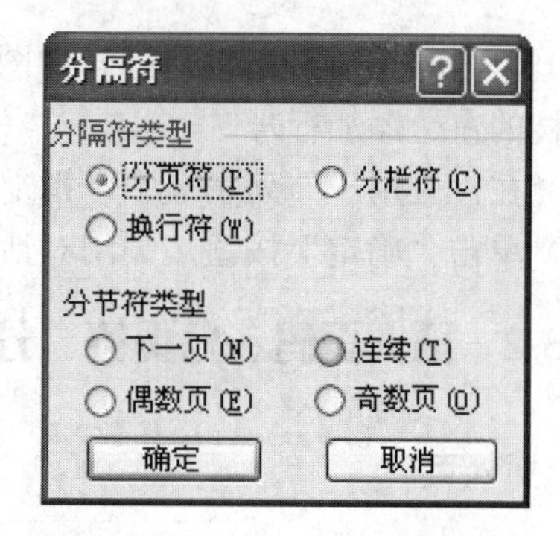

图 4.67 “分隔符”对话框

（4）单击“确定”按钮，关闭对话框，将在插入点位置重新分页。

显示隐藏的编辑标记后，选中“分页符”，按“Delete”键可以删除分页符。

3. 插入分节符

用分节符可以将文本分成多节，以便在不同的节里设置不同的编排格式。例如，在编排某些文档的页码时，需要将文档分成几部分，每一部分单独设置自己的页号，这时就必须分节。在文档中插入分节符的具体操作步骤如下。

（1）将插入点移至要插入分节符的位置。

（2）在如图 4.67 所示的“分隔符”对话框中，在“分节符类型”选项组中根据需要选中相应的单选按钮。

- “下一页”：表示在当前插入点处插入一个分节符，并强制分页，新的节从下一页开始。
- “连续”：表示在当前插入点处插入一个分节符，不强制分页，新的节从下一行开始。
- “偶数页”：表示在当前插入点处插入一个分节符，并强制分页，新的节从偶数页开始。如果该分节符已经在一个偶数页上，则其下面的奇数页为一个空页。
- “奇数页”：表示在当前插入点处插入一个分节符，并强制分页，新的节从奇数页开始。如果该分节符已经在一个奇数页上，则其下面的偶数页为一个空页。

（3）单击“确定”按钮，关闭对话框。

显示隐藏的编辑标记后，选中“分节符”，按 Delete 键可以删除分节符。

【实例】设置文档中某一页为艺术型页面边框，如图 4.68 所示。

（1）在该页的上一页页尾插入“下一页”的分节符。

（2）在该页的页尾插入“下一页”的分节符，这样使该页自成一节。

（3）将插入点移至该页页面内。

（4）单击“格式”菜单中的“边框和底纹”命令，打开“边框和底纹”对话框后，选择“页面边框”选项卡，如图 4.69 所示。或者单击“页面设置”对话框“版式”选项卡中的“边框”命令，也可以打开“页面边框”选项卡。

（5）在“设置”区中选择一种边框样式：“方框”。

（6）在“艺术型”列表中选择一种艺术型框线。

（7）在“应用于”框中选择“本节”。

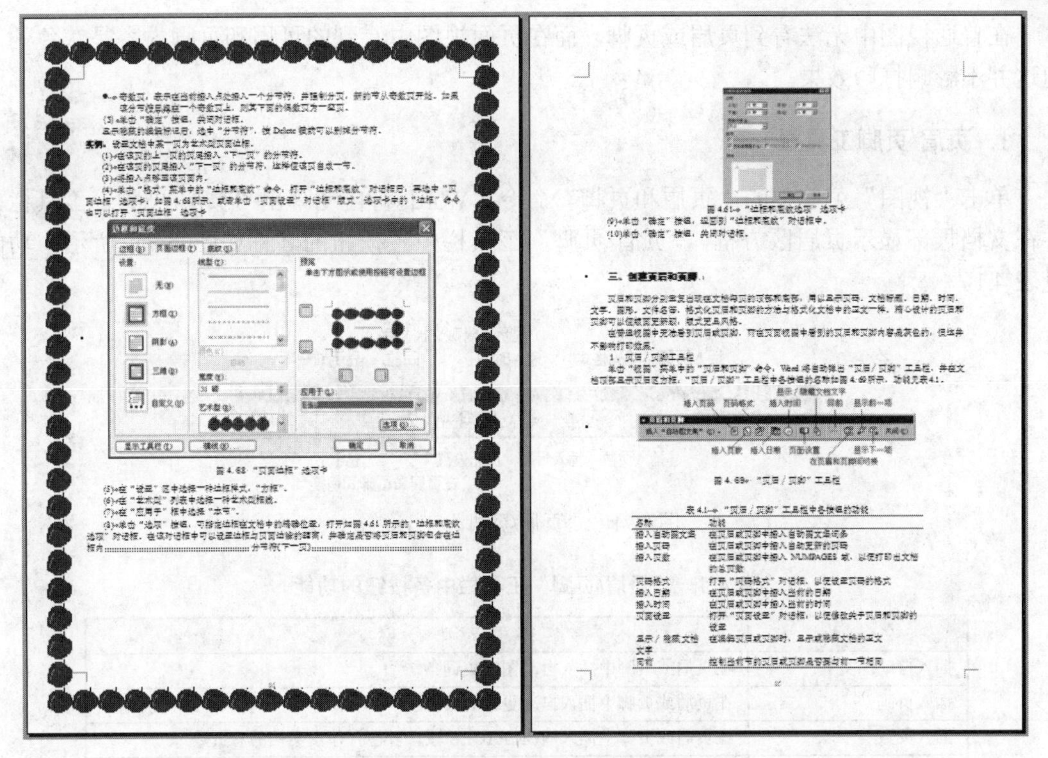

图 4.68　给某一页添加边框示例

（8）单击“选项”按钮，可指定边框在文档中的精确位置，打开如图 4.70 所示的“边框和底纹选项”对话框。在该对话框中可以设置边框与页面边缘的距离，并确定是否将页眉和页脚包含在边框内。

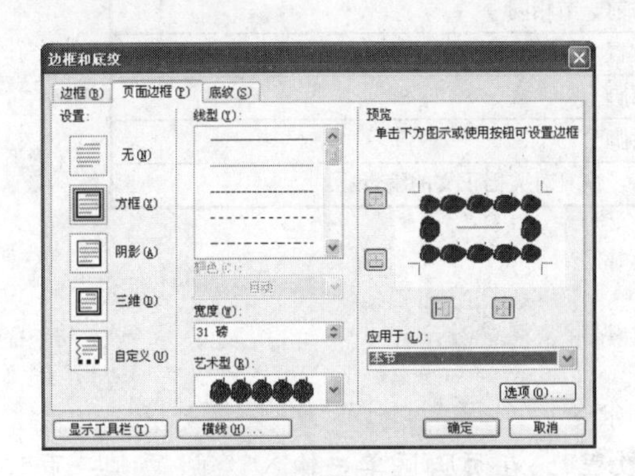

图 4.69　“页面边框”选项卡

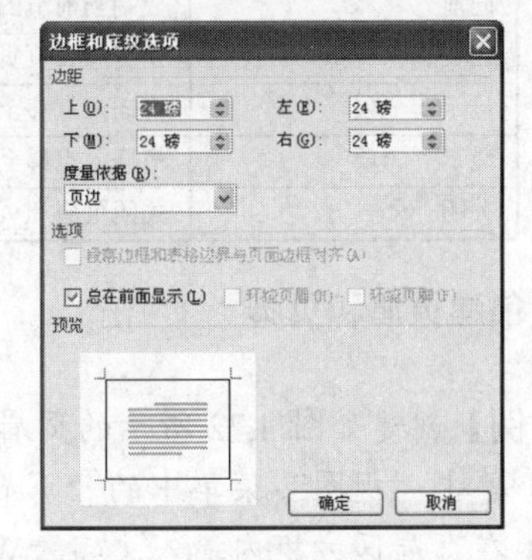

图 4.70　“边框和底纹选项”对话框

（9）单击“确定”按钮，返回“边框和底纹”对话框。

（10）单击“确定”按钮，关闭对话框。

4.3.3　创建页眉和页脚

页眉和页脚分别重复出现在文档每页的顶部和底部，用以显示页码、文档标题、日期、时间、文字、图形、文件名等，格式化页眉和页脚的方法与格式化文档中的正文一样。精心设计的页眉和页脚可以使版面更新颖，版式更具风格。

在普通视图中无法看到页眉或页脚，而在页面视图中看到的页眉和页脚内容是灰色的，但这并不影响打印效果。

1．页眉/页脚工具栏

单击“视图”菜单中的“页眉和页脚”命令，Word 将自动弹出“页眉/页脚”工具栏，并在文档顶部显示页眉区方框。“页眉/页脚”工具栏中各按钮的名称如图 4.71 所示，功能见表 4.1。

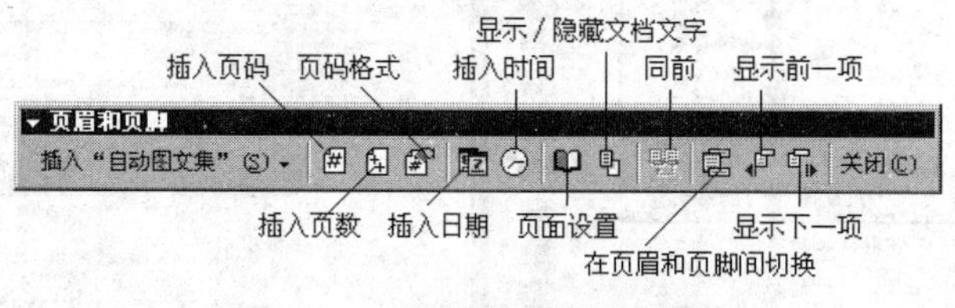

图 4.71 “页眉/页脚”工具栏

表 4.1 “页眉/页脚”工具栏中各按钮的功能

名　称	功　能
插入自动图文集	在页眉或页脚中插入自动图文集词条
插入页码	在页眉或页脚中插入自动更新的页码
插入页数	在页眉或页脚中插入 NUMPAGES 域，以便打印出文档的总页数
页码格式	打开“页码格式”对话框，以便设置页码的格式
插入日期	在页眉或页脚中插入当前的日期
插入时间	在页眉或页脚中插入当前的时间
页面设置	打开“页面设置”对话框，以便修改关于页眉和页脚的设置
显示/隐藏文档文字	在编辑页眉或页脚时，显示或隐藏文档的正文
同前	控制当前节的页眉或页脚与前一节相同
在页眉和页脚间切换	在页眉或页脚区之间切换位置
显示前一项	将插入点移至上一页眉或页脚
显示下一项	将插入点移至下一页眉或页脚
关闭	关闭页眉和页脚的编辑状态，恢复对文档正文的编辑

2．创建页眉和页脚

【实例】创建如图 4.72 所示的页眉、页脚。

（1）单击“视图”菜单中的“页眉和页脚”命令。

（2）在页眉区方框内输入文字“Word 实例教程”；在页脚区单击输入“第 页 共 页”，在文字中间分别单击“插入页码”按钮，单击“插入页数”按钮插入文档的总页数。

（3）单击“关闭”按钮，关闭“页眉/页脚”工具栏，返回文档编辑窗口。

【实例】制作如图 4.73 所示的图片页眉。

（1）单击“视图”菜单中的“页眉和页脚”命令。

（2）在页眉区方框内输入文字“绿蕾工作组”，将插入点移至左端，单击“插入”菜单中的“图片”命令，在子菜单中选择“来自文件”，在“插入图片”对话框中选择要插入的图片后，还可以根据需要进行设置。

（3）单击“关闭”按钮，关闭“页眉/页脚”工具栏，返回文档编辑窗口。

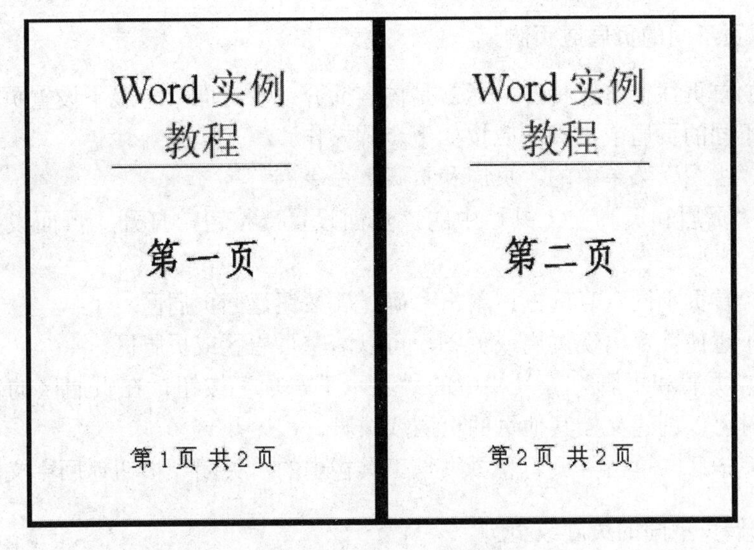

图 4.72　页眉、页脚示例

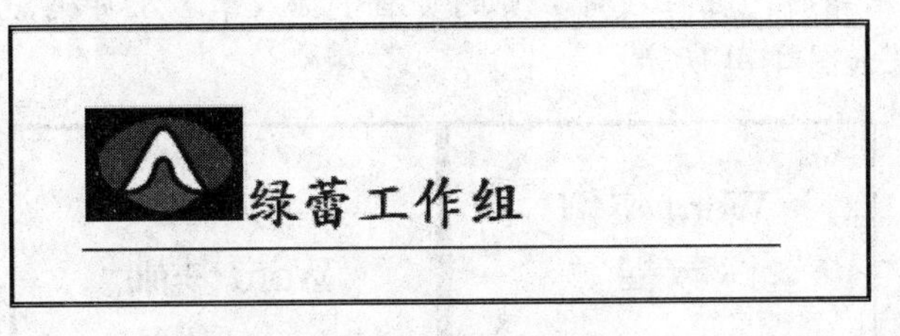

图 4.73　图片页眉示例

3．编辑页眉、页脚

若要修改页眉或页脚的内容或格式，在页眉或页脚区双击，即可进入页眉或页脚的编辑状态；修改完毕后，在文档编辑区的任何位置单击即可退出页眉、页脚的编辑状态，返回文档。

若要删除已有的页眉或页脚，应先在页眉或页脚区选中要删除的文字，然后按“Delete”键。在删除页眉或页脚时，Word 自动删除整个文档中相同的页眉或页脚。

4．同一文档中创建不同的页眉或页脚

在一节中插入页眉或页脚时，Word 将在文档的所有节中插入同样的页眉或页脚。如果要在同一文档中创建不同的页眉或页脚，应先中断节之间的链接，具体操作步骤如下。

（1）将插入点移至要单独设置页眉或页脚的节中。

（2）单击“视图”菜单中的“页眉和页脚”命令。

（3）单击“页眉和页脚”工具栏中的“同前”按钮，断开当前节中的页眉和页脚与上一节的链接。

（4）选定要删除的页眉或页脚，按“Delete”键，然后再为当前节建立所需的页眉或页脚。

（5）单击“页眉和页脚”工具栏中的“关闭”按钮，返回主文档。

以上操作也适用于只删除文档中某个部分的页眉或页脚，即先将该部分设成节，断开各节间的连接后，再删除不需要的页眉或页脚。

5．创建首页不同的页眉或页脚

文档或节的首页往往比较特殊，通常是内容简介或者封面，一般不设置页眉和页脚。如果要创建首页不同的页眉或页脚，应按如下步骤操作。

（1）单击“视图”菜单中的“页眉和页脚”命令。

（2）单击“页眉和页脚”工具栏中的“页面设置”按钮，打开“页面设置”对话框的“版式”选项卡。

（3）选中“首页不同”复选框，单击“确定”按钮返回页眉区。

（4）如果不想使首页出现页眉或页脚，可以清空页眉区或页脚区。

（5）单击“页眉和页脚”工具栏中的“显示下一项”按钮，在页眉区的顶部显示“页眉”字样，这时可以创建文档其他页的页眉或页脚。

（6）设置完毕后，单击“页眉和页脚”工具栏中的“关闭”按钮返回主文档。

6．创建奇偶页不同的页眉或页脚

【实例】在编排书籍时，往往在奇数页的页眉中插入章名及页码，在偶数页的页眉中插入页码及书名，效果如图 4.74 所示。

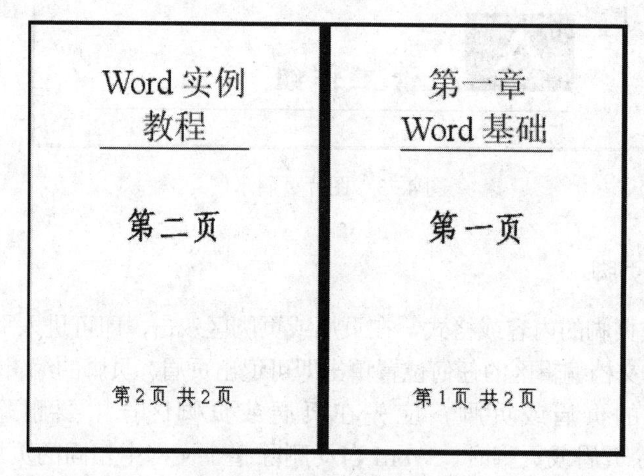

图 4.74　奇偶页不同的页眉

（1）单击“视图”菜单中的“页眉和页脚”命令。

（2）单击“页眉和页脚”工具栏中的“页面设置”按钮，打开“页面设置”对话框的“版式”选项卡。

（3）选中“奇偶页不同”复选框，单击“确定”按钮返回页眉区。

（4）在页眉区的顶部显示“奇数页页眉”字样，输入“第一章 Word 基础”。

（5）单击“页眉和页脚”工具栏中的“显示下一项”按钮，创建偶数页的页眉，输入“Word 实例教程”。

（6）设置完毕后，单击“页眉和页脚”工具栏中的“关闭”按钮返回主文档。

7．修改页眉线

默认情况下，在页眉的底部出现一条单线，称为页眉线。如果想将页眉线改为双线或者除去页眉线，应按如下步骤操作。

（1）单击“视图”菜单中的“页眉和页脚”命令，出现页眉区。

（2）打开“边框和底纹”对话框的“边框”选项卡。

（3）在“应用范围”列表框中选择“段落”选项。

（4）在“边框”标签中，可以选择“无”选项，除去页眉线；也可以从“线型”列表框中选择一种线型，在“宽度”列表框中更改页眉线的宽度。

（5）单击“确定”按钮，返回页眉区。

（6）单击“页眉和页脚”工具栏中的“关闭”按钮。

4.3.4 分栏排版

Word 提供了分栏排版的功能，多栏版式类似于报纸的排版方式，使文本从一栏的底端接续到下一栏的顶端。仅在页面视图或打印预览视图中才能看到分栏排版的效果，普通视图中只能按一栏的版式显示文本。

1. 创建分栏

创建分栏是指设置分栏的栏数、栏宽及栏间距等。

（1）切换到页面视图。

（2）选定需要进行分栏的文本，或者将插入点移至需要进行分栏的节中。

（3）单击“格式”菜单中的“分栏”命令，打开“分栏”对话框，如图 4.75 所示。

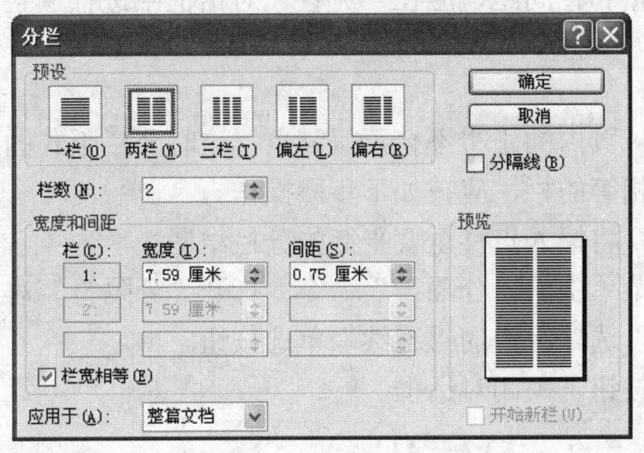

图 4.75　“分栏”对话框

（4）在“预设”选项组中根据需要选择分栏格式：单击“两栏”或“三栏”框，可以将文档设置为两栏版式或三栏版式；单击“一栏”框，可以将已有的多栏版式恢复为单栏版式。如果想建立不等栏宽，可单击“偏左”或“偏右”框。

（5）当要设置的栏数大于 3 时，应在“栏数”增量框中指定栏数。

（6）在“宽度和间距”选项组中设置每一栏的栏宽和栏之间的距离。选中“栏宽相等”复选框可以使所有栏的宽度都相等。

（7）在“应用于”列表框中设置分栏应用的范围。

- “整篇文档”：将整篇文档变为多栏版式。
- “所选文字”：将选定的文本变为多栏版式。只有在打开该对话框之前已经选定了文本，才会出现该选项。
- “本节”：将选定的节变为多栏版式。只有在文档中插入分节符并且选定文本后，才会出现该选项。

（8）如果要在栏间设置分隔线，应选中“分隔线”复选框。

（9）单击“确定”按钮，关闭对话框，添加了分隔线且栏宽相等的两栏版式如图 4.76 所示。

树叶，是大自然赋予人类的天然绿色乐器，吹树叶的音乐形式，在我国有悠久的历史。树叶这种最简单的乐器，通过各种技巧，可以吹出节奏明快、情绪欢乐的曲调，也可吹出清亮悠扬、深情婉转的歌曲。它的音色柔美细腻，好似人声的歌唱，那变化多端的动听旋律，使人心旷神怡，富有独特情趣。

图 4.76　栏宽相等的两栏版式

如果要快速设置栏宽相等的分栏版式，也可以使用“常用”工具栏中的“分栏”按钮进行设置。

2. 修改栏宽和栏间距

Word 默认的栏间距是 0.75 厘米，如果需要可对其进行修改。当调整栏间距时，Word 将自动调整栏宽。利用标尺可以快速修改栏宽和栏间距，具体操作步骤如下。

（1）切换到页面视图。

（2）将插入点移至要进行修改的任一栏中。

（3）拖动水平标尺上的分栏标记，即可快速调整栏宽和栏间距。

如果要精确设置栏宽和栏间距，应在“分栏”对话框中进行调整。

3. 平衡栏长

通常节或文档最后一页内的正文不会正好满页，这时分栏版式的最后一栏可能为空或者不满。如果要建立长度相等的栏，应按如下步骤操作。

（1）在页面视图中，将插入点移至要平衡的分栏结尾。

（2）单击“插入”菜单中的“分隔符”命令，打开“分隔符”对话框。

（3）单击“分节符”选项组中的“连续”单选按钮。

（4）单击“确定”按钮，关闭对话框。

4. 控制分栏的位置

插入分栏符可以起到换栏作用，即光标所在位置后面的文档另起一栏排版，就像插入一个人工分页符来强制 Word 换页一样，如图 4.77 所示。依据文本的数量和指定的栏数，Word 自动分栏所确定的分栏符位置不能满足要求时应插入分栏符解决问题，具体操作步骤如下。

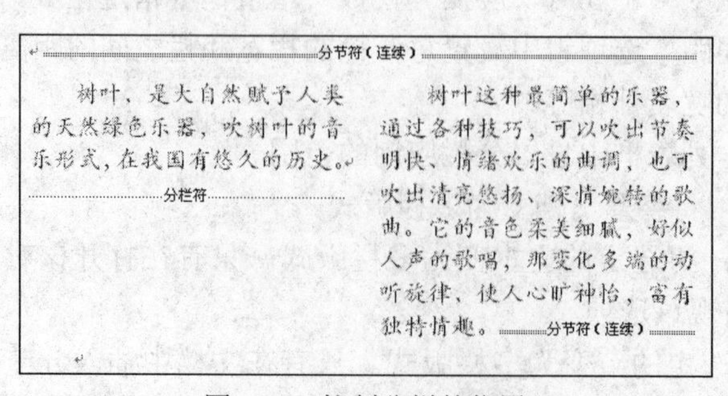

图 4.77　控制分栏的位置

（1）切换到页面视图。
（2）单击要开始新栏的位置。
（3）打开“分隔符”对话框，单击“分隔符类型”选项组中的“分栏符”单选按钮。
（4）单击“确定”按钮，关闭对话框。
（5）执行以上操作后，Word 将插入点之后的文本移至下一栏顶。

5. 取消分栏

取消分栏是将多栏版式恢复为单栏版式。
（1）切换到页面视图。
（2）将插入点置于要恢复为单栏版式的文档中。
（3）打开“分栏”对话框，在“预设”选项组中单击“一栏”。
（4）单击“确定”按钮，即可将多栏版式恢复为单栏版式。

4.4　样式

样式是指一组已经命名的字符格式和段落格式。利用样式可以快速、准确地对大量的文字或段落进行相同的排版操作。在 Word 中，样式分为内置样式和自定义样式两种。内置样式是 Word 提供的样式。当创建文档时，如果使用默认的 Normal 模板，单击“格式”工具栏“样式”列表框右侧的向下箭头，可打开“样式”列表，显示“标题 1”、“标题 2”、“标题 3”和“正文”4 种段落样式。“默认段落字体”为字符样式。如果内置样式不能满足使用需要，可以创建自定义样式。

4.4.1　应用样式

（1）选中要应用样式的段落或文本。
（2）打开“格式”工具栏中的“样式”下拉列表，如图 4.78 所示。

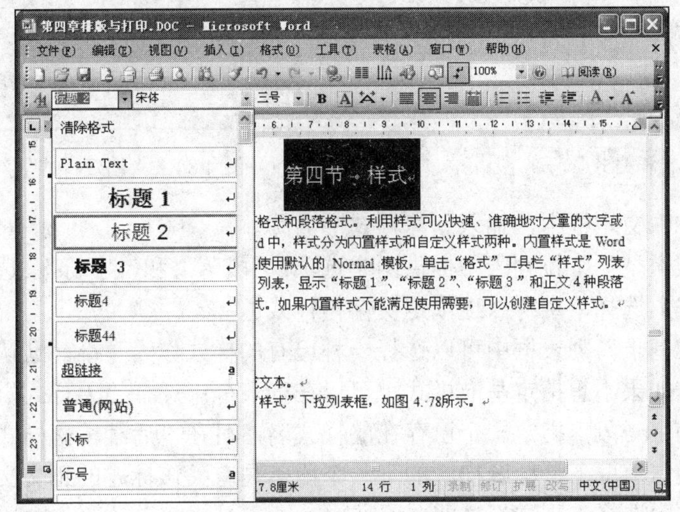

图 4.78　“样式”下拉列表

（3）单击所用样式，例如，“标题 2”。

4.4.2 创建样式

在 Word 中，虽然已经内置了很多样式，但在不能满足使用需要时，应创建新的自定义样式。

1．利用已排版的文本创建新的样式

（1）选定已排版的文本。

（2）单击“格式”工具栏中的“样式”框。

（3）在“样式”框中输入新的样式名。

（4）按 Enter 键将刚创建的样式名添加到“样式”列表中。

2．使用“样式和格式”任务窗格创建新样式

（1）单击“格式”菜单中的“样式和格式”命令或单击“格式”工具栏中的“格式窗格”按钮，打开如图 4.79 所示的“样式和格式”任务窗格。

（2）单击“新样式”按钮，打开“新建样式”对话框，如图 4.80 所示。

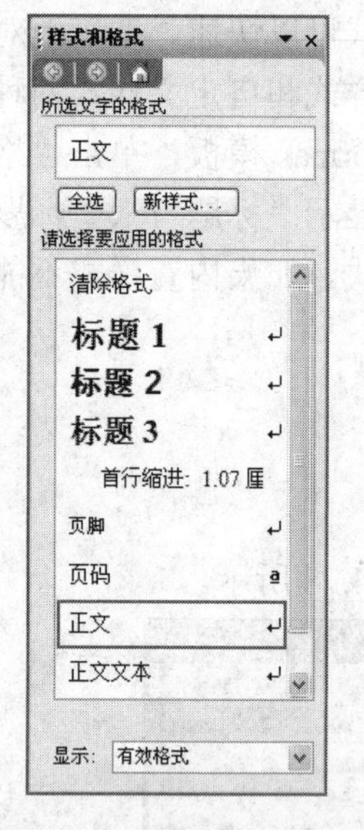

图 4.79 “样式和格式”任务窗格

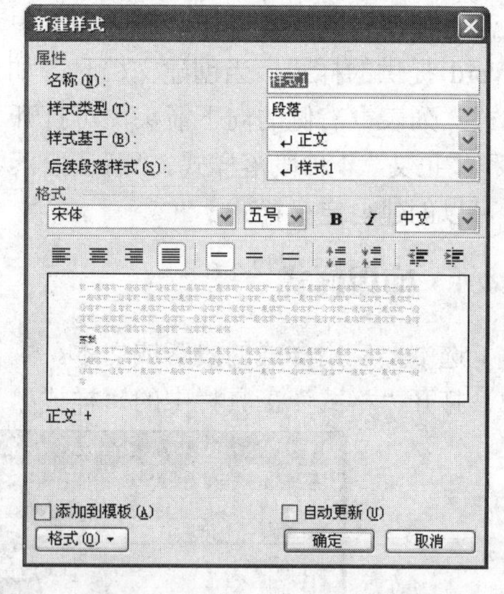

图 4.80 “创建样式”对话框

（3）在“名称”文本框中，输入新建样式的名称。

（4）在“样式类型”下拉列表中提供两个选项：“段落”和“字符”。选择“段落”选项可以定义段落样式，选择“字符”选项定义字符样式。

（5）在“样式基于”列表框中可以选择一种已有的样式作为基准。默认情况下，显示的是“正文”样式。如果不想指定基准样式，可以在列表框中选择“无样式”选项。

（6）如果要为下一段落指定一个已存在的样式名，可在“后续段落样式”列表框中选择样式名。例如，通常情况下，标题样式的下一个段落是有关该标题的正文文字，应在“后续段落样式”列表框中选择“正文”样式。

（7）单击“格式”按钮，打开“格式”菜单，如图 4.81 所示。从“格式”菜单中选择相应的命令来定义样式的格式。

（8）如果要把新样式添加到当前活动文档选用的模板中，使得基于同样模板的文档都可以使用该样式，应选中“添加到模板”复选框。否则，新样式仅存在于当前的文档中。

（9）如果要使 Word 自动更新活动文档中所有用此样式设置的格式，应选中“自动更新”复选框，

（10）单击“确定”按钮，返回“样式”对话框中。

（11）单击“关闭”按钮，返回文档中。

4.4.3　更改样式属性

（1）在“样式和格式”任务窗格中，将鼠标移到要修改属性的样式名右侧，单击向下箭头，在下拉列表中选择“修改”命令，如图 4.82 所示。

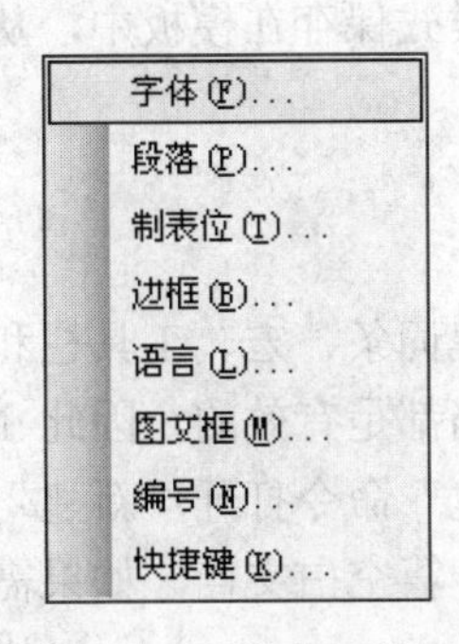

图 4.81　“格式”菜单

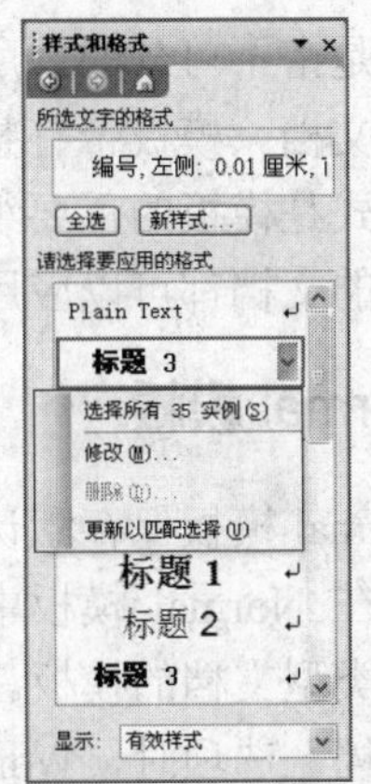

图 4.82　修改样式的属性

（2）单击“列表”框右侧的向下箭头，打开样式类型列表，从中选择要修改样式所属的类型：“正在使用的样式”、“所有样式”或“用户定义样式”。在“样式”框中选中要修改的样式，单击“修改”按钮，打开“修改样式”对话框，如图 4.83 所示。

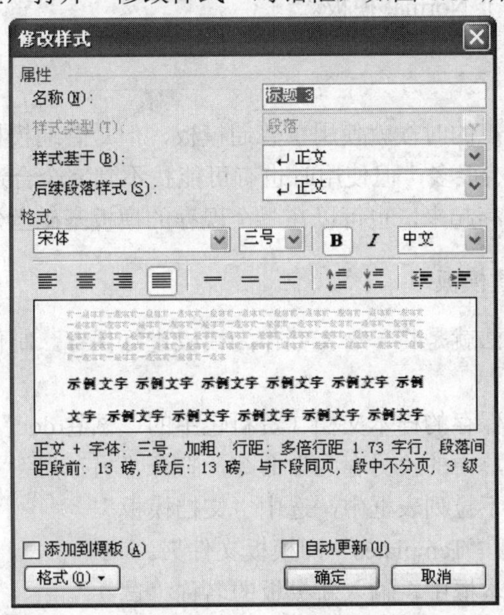

图 4.83　“修改样式”对话框

（3）单击“格式”按钮，在“格式”菜单中选择要进行修改的属性，打开相应的对话框，修改设置后，单击“确定”按钮，关闭相应的对话框。如果要改动其他属性，可重复上述步骤。

（4）如果要把修改的样式添加到活动文档的模板中，应选中“添加到模板”复选框。如果要更新活动文档中所有使用此样式的文本，应选中“自动更新”复选框。

（5）单击“确定”按钮，返回“样式”对话框中。

（6）单击“关闭”按钮，关闭对话框。

4.5 模板

样式与模板是密不可分的。所谓模板，就是由多个特定的样式组合而成，具有固定编排格式的一种特殊文档。模板带有整篇文档的排版格式，使用模板可以快速生成所需类型文档的大致框架。样式是模板的重要组成部分，可以将自定义的样式保存在模板中，从而使所有使用该模板创建的文档都可以应用这种样式。

4.5.1 Normal 模板

Word 用 Normal 模板保存默认的样式、常用的自动图文集词条、宏、工具栏和自定义菜单设置快捷键。在 Normal 模板中保存的每一项对于任何文档都是有效的，因此 Normal 模板是适用于任何类型文档的模板。当启动 Word 或单击“新建”命令打开“新建”对话框，并选中“空白文档”选项时，Word 会基于 Normal 模板新建一篇空白文档。如果需要也可以修改此模板，更改默认的文档格式或内容。

Normal 模板应该保存在 Templates 文件夹中，或者保存在用户模板或工作组模板文件位置，该位置是在“选项”对话框的“文件位置”选项卡中指定的。如果 Word 在这些位置或 Word 程序文件夹中找不到 Normal 模板，则会使用标准的 Word 文档样式和标准的菜单、工具栏和快捷键设置新建一个 Normal 模板。

4.5.2 创建模板

虽然一开始使用 Word 的时候就使用了普通模板，但是普通模板中的格式很单调，而且 Word 预置的模板数量虽然很多，但使用时也有可能找不到完全合适的模板。这时，可以将一个样本文档作为模板保存起来，也可以在一个现存的模板基础上建立一个新模板。

1. 利用已有文档创建模板

创建模板最简单的方法就是将一份文档作为模板进行保存。制作常用的试卷模板的操作步骤如下：

（1）打开要作为模板保存的样本文档（资料包中的“试卷.doc”）。

（2）单击“文件”菜单中的“另存为”命令，打开“另存为”对话框。

（3）在“保存类型”下拉列表框中，选中“文档模板”。

（4）Word 会自动打开“Templates”即模板文件夹。

（5）在“文件名”文本框中，输入新模板的名称“试卷”。

（6）单击“保存”按钮，关闭对话框。

执行以上操作后，单击“文件”下拉菜单中的“新建”命令，在如图 4.84 所示的“新建文档”任务窗格中单击“本机上的模板”，该模板将出现在“模板”对话框的“常用”选项卡中，如图 4.85 所示。

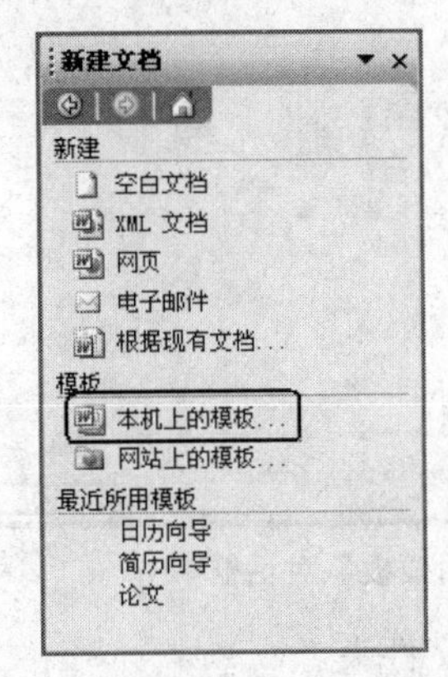

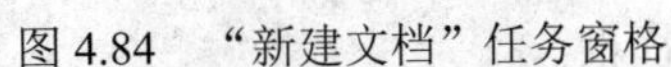
图 4.84　“新建文档”任务窗格

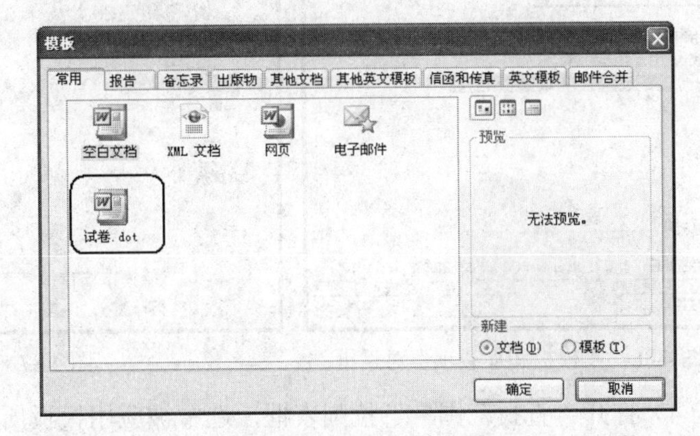

图 4.85　新建的试卷模板

2. 利用已有模板创建新模板

（1）在如图 4.84 所示的“新建文档”任务窗格中单击“本机上的模板”，单击与要创建的模板相似的模板，选中“新建”栏下的“模板”单选按钮，然后单击“确定”按钮。

（2）在打开的模板中根据需要添加所需的文本图片和格式设置，删除任何不需要的项，改变页边距设置、页面大小和方向、样式及其他格式。

（3）单击“文件”菜单中的“另存为”命令，打开“另存为”对话框。

（4）选择用来保存模板的文件夹。所选定的文件夹决定了在选择“文件”菜单中的“新建”命令时，在哪个选项卡中显示该模板。在“文件名”文本框中，输入新模板的名称，模板文件的扩展名为.dot。

（5）单击“保存”按钮。

利用已有模板创建新模板，不用在“另存为”对话框的“保存类型”下拉列表框中选中“文档模板”，Word 已默认选择了该文档类型。

4.5.3　应用模板

应用模板可以快速地生成所需类型文档的大致框架，从而节省大量时间。使用模板创建文档的具体操作步骤如下：

（1）在如图 4.84 所示的“新建文档”任务窗格中单击“本机上的模板”，在“模板”对话框中选中要应用的模板，例如，“信函和传真”选项卡中的“典雅型传真”。

（2）单击“确定”按钮，即可快速创建一份传真。

使用模板不仅可以在创建新文档时快速生成文档的大体框架，而且可以对已生成文档进行排版，具体操作步骤如下：

（1）打开要应用模板的文档。

（2）单击“工具”菜单中的“模板和加载项”命令，打开“模板和加载项”对话框，如图 4.86 所示，选中“自动更新文档样式”复选框。

（3）单击“选用”按钮，打开“选用模板”对话框，如图 4.87 所示。

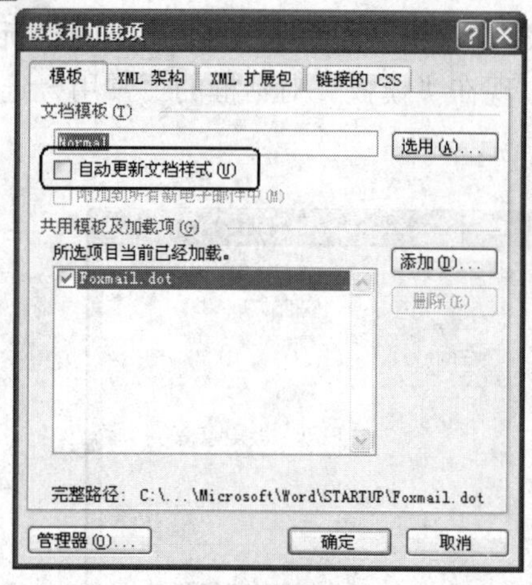

图 4.86 “模板和加载项”对话框

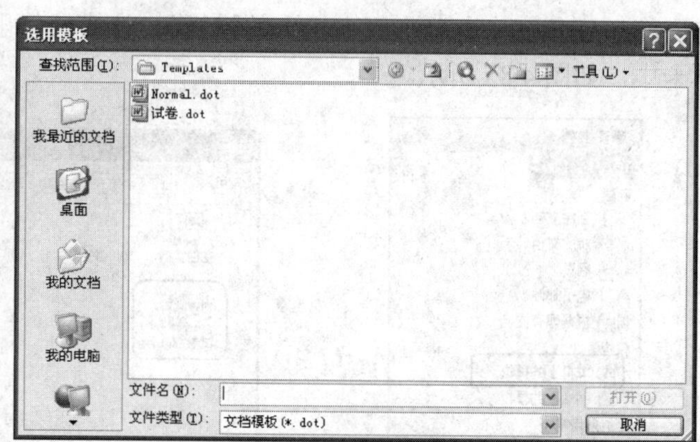

图 4.87 “选用模板”对话框

（4）打开“查找范围”下拉列表框，选中被应用模板所在的文件夹。

（5）在浏览框中双击所用模板，返回“模板和加载项”对话框。

（6）单击“确定”按钮，关闭对话框。

执行以上操作后，模板中的样式就会代替文档原来的样式格式，如果打开“格式”工具栏中的样式列表，会发现在该模板中建立的样式都会在此列表中显示出来。

如果想要将其他模板中的样式添加到当前文档中，在图 4.86 中单击“添加”按钮，在“添加模板”对话框中选择新的模板，即可将另一个模板的样式添加到当前文档中，可在“样式和格式”任务窗格中选择使用。

4.5.4 修改模板

（1）单击“文件”下拉菜单中的“打开”命令，弹出“打开”对话框。

（2）在“文件类型”下拉列表框中选中“文档模板”选项。

（3）在“查找范围”列表框中选中存放模板的文件夹，选择要修改的模板，然后单击“打开”按钮。

（4）更改模板中需要修改的文本图片、样式、格式、宏、自动图文集词条、自定义工具栏、菜单设置和快捷键。

（5）单击“保存”按钮，将该模板保存起来。

更改模板后，并不影响利用此模板创建的已有文档的内容。如果要将已有的文档更新成修改后的样式，应在打开此文档前，单击“工具”菜单中的“模板和加载项”命令，打开“模板和加载项”对话框，选中“自动更新文档样式”复选框，这样在打开已有文档时，Word 会自动更新已修改的样式。

4.5.5 使用模板管理样式

除了创建、修改和应用样式外，还可以在文档之间或者在文档与模板之间复制重命名样式，或者将文档、模板中无用的样式删除。

（1）单击“工具”菜单中的“模板和加载项”命令，在如图 4.86 所示的“模板和加载项”对话框中单击“管理器”按钮，打开如图 4.88 所示的“管理器”对话框，选择“样式”标签。

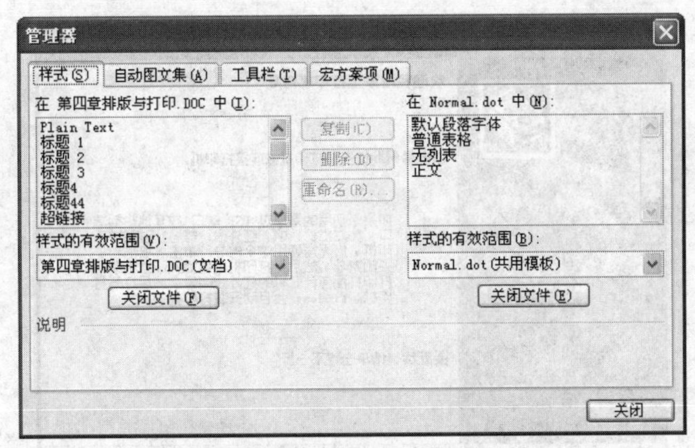

图 4.88　“管理器”对话框

（2）如果想从当前文档的样式列表中向共用模板“Normal.dot”中复制样式，应先在左侧的列表框中选择要复制的样式，然后单击“复制”按钮。

（3）如果想从其他文档中向共用模板复制样式，则应先单击左侧的“关闭文件”按钮，该按钮将切换为“打开文件”按钮。单击该“打开文件”按钮，弹出“打开”对话框，选择并打开所需的文件。选择要复制的样式，然后单击“复制”按钮。

（4）如果想重命名某个样式，应先选择该样式，然后单击“重命名”按钮，输入一个新样式名。

（5）如果要删除某个样式，应先选择该样式，然后单击“删除”按钮。

（6）单击“关闭”按钮，关闭对话框。

实用技巧

如果要选择连续的几个样式，可按住 Shift 键单击第一项和最后一项；如果要选择不相连的几个样式，应按住 Ctrl 键单击要选择的每一个样式。

4.6　打印文档

4.6.1　安装打印机

（1）单击 Windows“开始”菜单中的“设置”命令，打开“设置”子菜单。

（2）单击“打印机和传真”菜单中的“添加打印机”命令，弹出“添加打印机向导”对话框，如图 4.89 所示。

（3）按照“添加打印机向导”的提示进行后续操作即可。

如果要共享网络打印机，应双击 Windows 桌面上的“网上邻居”图标，打开“网上邻居”对话框，首先双击与共享打印机相连接的计算机图标，然后单击打印机图标，最后单击“文件”菜单中的“安装”命令。

4.6.2　打印前预览文档

Word 提供了在打印文档之前预览打印效果的文档视图，即打印预览视图。在打印预览视图中既可以预览文档，也可以编辑文档。

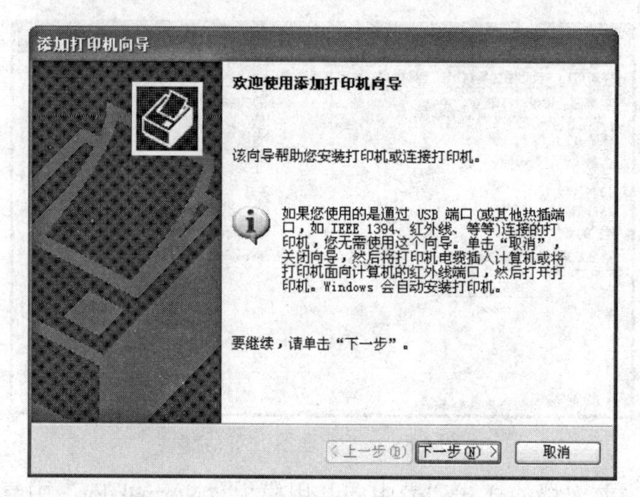

图 4.89 “添加打印机向导”对话框

1．启动和退出打印预览

（1）打开要预览的文档。

（2）单击“常用”工具栏上的“打印预览”按钮，打开“打印预览”窗口，如图 4.90 所示。

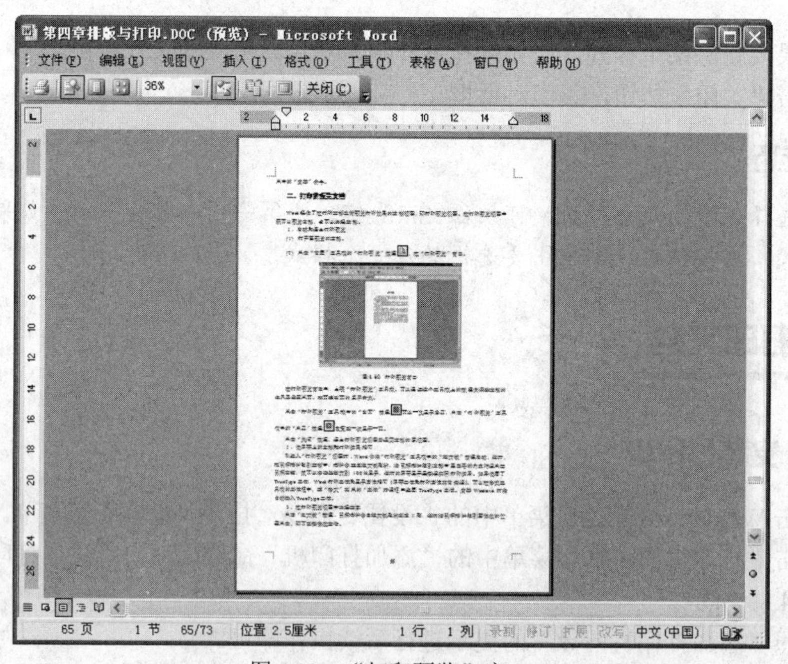

图 4.90 “打印预览”窗口

（3）在“打印预览”窗口中，出现“打印预览”工具栏。单击“打印预览”工具栏中的“多页”按钮可以一次显示多页，单击“单页”按钮则恢复为一次显示一页。

（4）单击“关闭”按钮，退出“打印预览”视图并返回文档的原视图。

2．使屏幕上的文档和打印结果相同

刚进入“打印预览”视图时，Word 会将“打印预览”工具栏中的“放大镜”按钮启

动，这时，把鼠标指针移到文档中，指针会变成放大镜形状，将鼠标指针移到文档中要查看的内容附近单击鼠标左键，可以将该处放大到 100%显示，此时屏幕显示最接近实际的打印结果。如果使用了 TrueType 字体，Word 打印字体和显示字体相同（屏幕字体和打印字体非常接近）。安装 Windows 时已经自动装入 TrueType 字体。

3．在“打印预览”视图中编辑文本

单击“放大镜”按钮，鼠标指针会由放大镜形状变成 I 形，这时将鼠标指针移到要修改的位置单击，即可直接修改文件。

4.6.3　打印文档

在 Word 中文档的打印有多种方式，可以将文档打印成一份或多份，可以只打印文档中的某部分，也可以只打印指定的页，还可以一次打印多篇文档。

1．打印一篇文档

（1）打开要打印的文档。

（2）单击“文件”菜单中的“打印”命令或按“Ctrl+P”组合键，打开“打印”对话框，如图 4.91 所示。

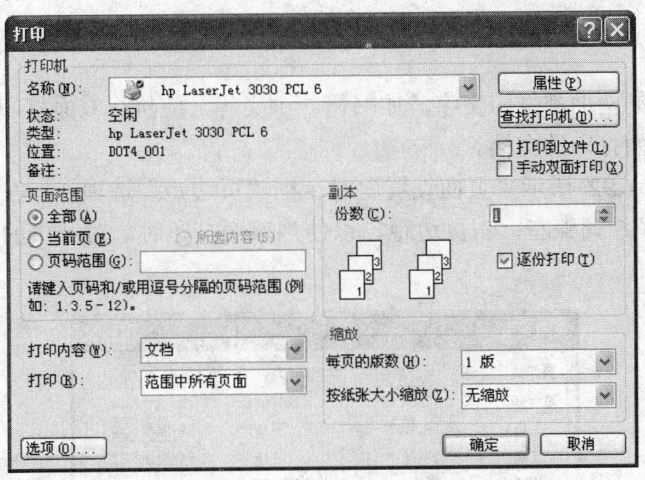

图 4.91　“打印”对话框

（3）在“打印机”栏的“名称”下拉列表中选定要使用的打印机，若要使用默认打印机，则此步操作可省略。

（4）单击“页面范围”栏中的“全部”单选按钮。

（5）在“副本”选项组的“份数”增量框中输入要打印的份数，如果打印多份，并且选中“逐份打印”复选框，则打印顺序是打印完文档的所有页后，再打印第二份。如果打印时间紧迫可以清除“逐份打印”复选框，打印顺序将是打印完多份的第一页后，再打印多份的第二页，但必须人工整理打印稿的顺序。

（6）单击“确定”按钮，关闭对话框，开始打印。

2．打印部分文档

当只需要打印文档中的某个图片、表格或某段文字时，应按如下步骤操作：

（1）选定要打印的内容。

（2）单击“文件”菜单中的打印命令，打开“打印”对话框。

（3）单击“页面范围”选项组中的“所选内容”单选按钮。

（4）单击“确定”按钮，关闭对话框，开始打印。

3．打印指定的页

（1）打开要打印的文档。

（2）打开“打印”对话框，单击“页面范围”栏中的“页码范围”单选按钮，然后在右侧的文本框中输入准确的页码范围。如果是某一页应直接输入该页号；如果是不连续的某几页，应在页号之间用逗号隔开；如果是连续的某几页，应在始页号和尾页号之间用连字符“-”隔开。例如，想打印 3、5、6、7、11、12 页，可在“页码范围”文本框中输入“3，5-7，11-12”。

（3）单击“确定”按钮，关闭对话框，开始打印。

4．打印多篇文档

打印多篇文档时，只需在“打开”对话框中选中多个文档，然后在选中的文档上单击鼠标右键，在弹出的快捷菜单中单击“打印”命令，即可同时打印多篇文档。

5．双面打印

如果要在纸张的两面都打印文字，如书籍、讲义等，应执行双面打印，操作步骤如下：

（1）打开要双面打印的文档。

（2）打开如图 4.92 所示“页面设置”对话框“页边距”选项卡，在“多页”选项组中选择“对称页边距”，调整左、右页边距，以便当双面打印时，对开页的内、外侧页边距宽度相等。

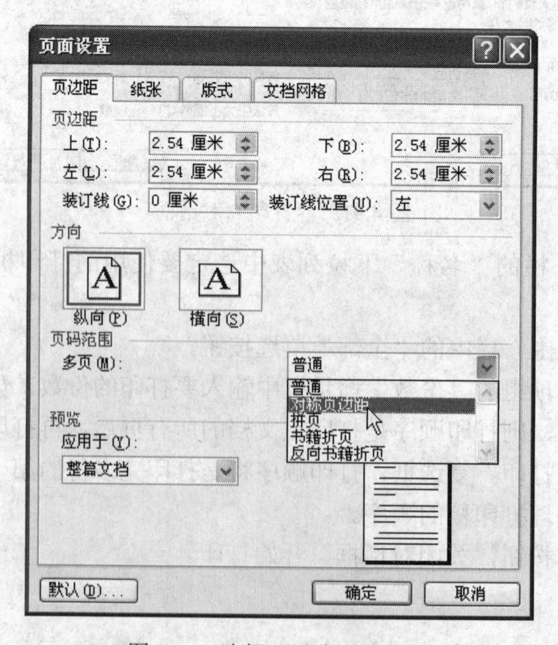

图 4.92　选择“对称页边距”

（3）在“文件”菜单中，单击“打印”命令，在如图 4.93 所示的“打印”对话框中选择“手动双面打印”复选框。

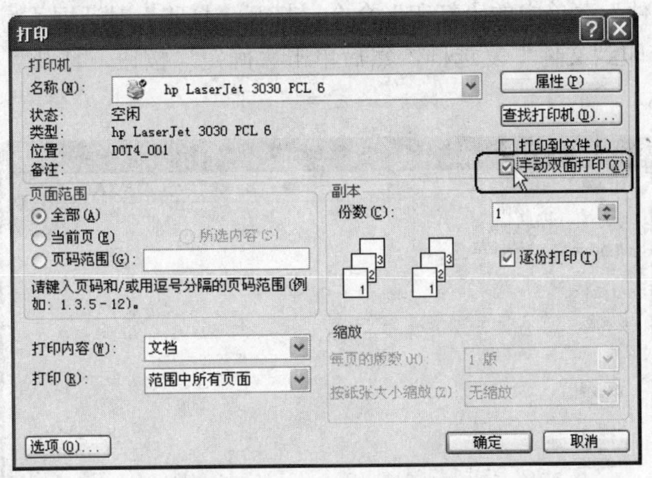

图 4.93 “打印”对话框

（4）单击“确定”按钮，先打印奇数页。当文档的奇数页打印完毕，把打印好的纸张取出并反放到打印机的送纸器中，然后单击“确定”按钮，打印偶数页。

6．避免打印时文档排至另一页

如果打印一篇短文档时在最后一页只有少量的文字，可以在打印预览状态下单击“缩小字体填充”按钮，减少输出页数。该功能特别适用于只有很少页数的文档，如信件或备忘录。Word 会通过减小字号来缩小文档。

单击“编辑”菜单中的“撤销缩至整页”命令可撤销缩至整页的操作。但是，保存并关闭文档后就不能快速地恢复到原始字号了。

7．使用不同纸张打印同一篇文档的各部分

有时由于特殊需要或为了文档的美观，要用不同的纸张打印同一篇文档的各部分，操作步骤如下：

（1）打开要打印的文档。

（2）单击“文件”菜单中的“页面设置”命令，打开“页面设置”对话框，单击“纸张来源”标签，打开“纸张来源”选项卡。

（3）在“首页”框中，选择一种送纸盒作为文档首页纸张来源。

（4）在“其他页”框中，选择一种送纸盒作为文档后继页纸张来源。

（5）如果要指定文档某节使用的送纸盒，应先单击需要更换纸张来源的节，然后重复以上步骤。

注意

有些打印机不支持此功能。

8．打印到文件

将文档打印到文件就是将当前要打印的文档输出到另一个新文件中，利用该功能，可以

在一台装有打印机但没有安装 Word 的计算机上使用 DOS 的 COPY 命令把这个文件复制到 LPT1 打印机端口，即在不运行 Word 的情况下打印文件。

（1）单击“文件”菜单中的“打印”命令，打开“打印”对话框。

（2）选中“打印到文件”复选框，然后单击“确定”按钮，打开“打印到文件”对话框，如图 4.94 所示。

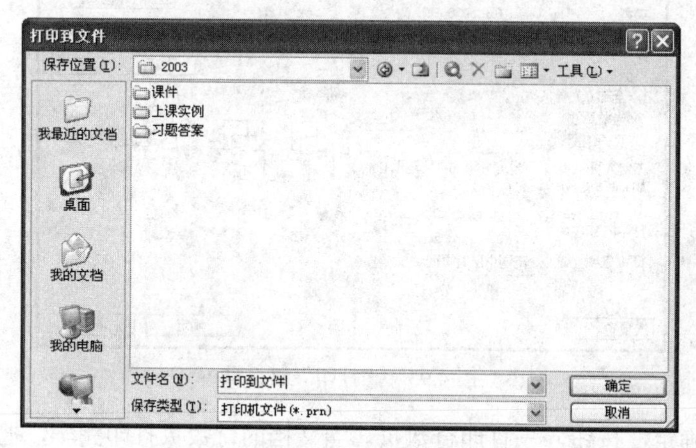

图 4.94 “打印到文件”对话框

（3）在“保存位置”列表框中选择驱动器和文件夹，在“文件名”框中输入要打印的文件名。

（4）单击“确定”按钮。

4.6.4 暂停和取消打印

当发生打印文件错误或打印机出现故障等意外事故时，应立即暂停或取消打印，否则会造成打印纸张的浪费或打印不出文字等后果。

1. 暂停打印

（1）单击“任务栏”右侧的“打印机”图标，打开该默认打印机窗口，如图 4.95 所示。

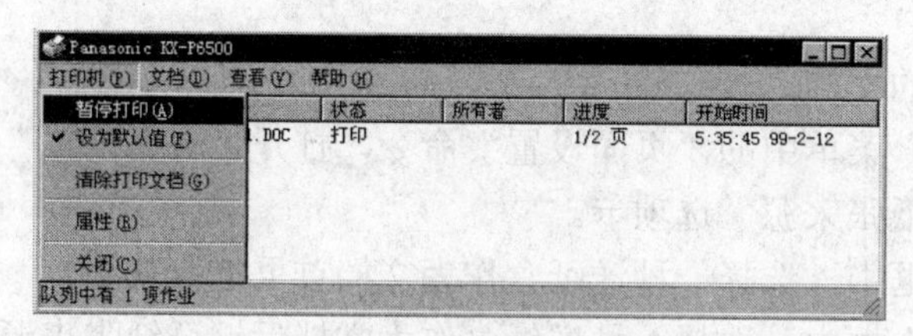

图 4.95 默认打印机窗口

（2）选中要暂停打印的文档，单击“文档”菜单中的“暂停打印”命令。

2. 取消打印

（1）单击“任务栏”右侧的“打印机”图标，打开该默认打印机窗口。

（2）选中要取消打印的文档，打开“文档”下拉菜单，单击“清除打印文档”命令。

习题 4

一、单选题

1. 字符格式包括以下内容的排版：字符的字体、字号、字形、颜色、字符边框和底纹，以及字符间距。其中字形包括（　）等。

A. 加粗、倾斜和下画线　　B. 加粗、倾斜
C. 倾斜、下画线　　D. 加粗、下画线

2. 给文档添加页码的菜单选项是（　）。

A.“文件”菜单中的“页面设置”选项　B.“视图”菜单中的“页眉和页脚”选项
C.“插入”菜单中的“页码”选项　D.“视图”菜单中的“页面”选项

3. 在 Word 中，如果要使文档内容横向打印，在“页面设置”中应选择的标签是（　）。

A. 纸张大小　B. 纸型　C. 版面　D. 版式

4. 在 Word 中，页眉和页脚的作用范围是（　）。

A. 全文　B. 节　C. 页　D. 段

5. Word 中的默认字体（中文版）是（　）。

A. 楷体　B. 宋体　C. 黑体　D. 隶体

6. 下面关于段落的叙述，错误的是（　）。

A. 一个段落就是一个自然段　B. 段落标记是在按下 Enter 键时被插入的
C. 段落标记是不可打印的字符　D. 段落标记可以被隐藏起来而不显示在屏幕上

7.“格式刷”的使用方法是（　）。

A. 选取带特定格式的文字或段落
B. 用左键单击“格式刷”按钮
C. 将光标在目标文字或段落上拖动，格式就被复制到当前选择的内容上。
D. 以上三点均是

8. 工具栏中的“格式刷”的作用是（　）。

A. 填充颜色　B. 删除　C. 格式复制　D. 转移

9. Word 中的动态效果（　）。

A. 可以打印　B. 可以显示　C. 无法实现　D. 固定

10. 在 Word 中要取消选中段落中所有的排版格式，最快捷的操作是（　）。

A. 单击格式菜单中的字体命令　B. 单击格式菜单中的自动套用格式命令
C. 按“Ctrl+Shift+Z”组合键　D. 删除掉这段文字，重新输入该段文字

11. 在 Word 中进行“段落设置”，如果设置“右缩进 1 厘米”，则其含义是（　）。

A. 对应段落的首行右缩进 1 厘米
B. 对应段落除首行外，其余行都右缩进 1 厘米
C. 对应段落的所有行在右页边距 1 厘米处对齐
D. 对应段落的所有行都右缩进 1 厘米

12. Word 中的“制表位”用于（　　）。

A. 制作表格　　B. 光标定位　　C. 设定左缩进　　D. 设定右缩进

13. Word 中无法实现的操作是（　　）。

A. 在页眉中插入剪贴画　　B. 建立奇偶页内容不同的页眉

C. 在页眉中插入分隔符　　D. 在页眉中插入日期

14. 在 Word 中，下述关于分栏操作的说法，正确的是（　　）。

A. 可以将指定的段落分成指定宽度的两栏

B. 任何视图下均可看到分栏效果

C. 设置的各栏宽度和间距与页面宽度无关

D. 栏与栏之间不可以设置分隔线

二、上机练习

1. 录入样文，并完成以下操作。

- 保存在 D 盘“Word 实例”文件夹中，文件名为“文字格式练习一.doc”。
- 设置字体：中文字体为“宋体”，最后一行的英文字体为“Arial”。
- 设置字号：全文小四字。
- 设置字形：最后一行斜体。
- 设置对齐方式：正文两端对齐，最后一行右对齐。
- 设置段落缩进：正文首行缩进 2 字符。
- 设置段间距：正文段前 8 磅，最后一段段前 12 磅。

在世界的文字之林中，中国的汉字确乎是异乎寻常的。它的创造契机显示出中国人与众不同的文明传统和感知世界的方式。但它是强有力的、自成系统的，它用一个个方块字孕育了五千年古老的文化，维系了一个统一的大国的存在，不管这块东方的土地上有多少种不同的语言，讲着多少互相听不懂的方言，但汉字的魅力却成了交响乐队的总指挥！

Chinese Characters《中国的汉字》

2. 录入样文，并完成以下操作。

- 保存在 D 盘“Word 实例”文件夹中，文件名为“文字格式练习二.doc”。
- 设置字体：第一行黑体，第二行隶书，诗文楷体；最后一段：“简介”两字黑体、首字下沉 3 行、距正文 0 厘米，其他文字仿宋。
- 设置字号：第一行四号，第二行三号，正文小四，最后一段小五。
- 设置字形：第一行粗体加双线下画线。
- 设置对齐方式：第一行左对齐，第二行居中。
- 设置段落缩进：诗文左、右各缩进 1 厘米。
- 设置行（段）间距：全文段前 6 磅，行间距 20 磅。

刘禹锡

陋室铭

山不在高，有仙则名；水不在深，有龙则灵。斯是陋室，惟吾德馨。苔痕上阶绿，草色入帘青；谈笑有鸿儒，往来无白丁。可以调素琴，阅金经；无丝竹之乱耳，无案牍之劳形。南阳诸葛庐，西蜀子云亭。孔子云：“何陋之有？”

简介：刘禹锡（772 至 842），字梦得，唐代彭城（今江苏徐州）人。刘禹锡是中唐时期的一位进步的思想家、优秀的诗人，秉性耿介傲岸、虽屡遭贬谪而顽强不屈。代表诗作有《竹枝词》、《杨柳枝词》等。铭，是古代文体的一种，多为戒勉而作。本文通过对自己简陋居室的描写，表现了作者洁身自好，孤芳自赏，不与世俗权贵同流合污的思想情趣。

3．录入样文，并完成以下操作。

- 保存在D盘“Word实例”文件夹中，文件名为“文字格式练习三.doc”。
- 将全文中的“输入方法”替换为“输入法”。
- 将“（2）中文输入界面”一部分内容中的②、③两个段落交换位置，并修正序号。
- 将页面设置为A4，页边距设为上2.4厘米、下2厘米，左2.4厘米、右2.2厘米。
- 将文档的第一行文字“汉字输入功能概述”作为标题，标题居中，仿宋体三号字，加粗、加下画线。
- 除大标题外的所有内容悬挂缩进0.75厘米，两端对齐，宋体五号字。
- 将大标题之下的第一个自然段左缩进0.9厘米、右缩进0.8厘米。

汉字输入功能概述

在中文版Windows 98中内置了多种中文输入方法：如微软拼音输入、智能ABC输入、全拼输入、双拼输入、区位输入、郑码输入等。其中智能ABC输入方法又细分为标准和双打输入方式。

（1）汉字输入的调用及切换

中文Windows 98中安装了多种中文输入方法，用户在操作过程中可利用键盘或鼠标随时调用任意一种中文输入方法进行中文输入，并可以在不同的输入方法之间切换。

（2）中文输入界面

用户选用了一种中文输入方法后，屏幕上将出现输入界面。

① 中英文切换按钮。

② 输入方式切换按钮。

③ 全角和半角切换按钮。

④ 中英文标点切换按钮。

⑤ 软键盘按钮。

4．录入样文，并完成以下操作。

- 将第一行文字作为标题，标题居中，隶书二号字，加粗。
- 除大标题外的所有内容首行缩进2字符，两端对齐，宋体五号字。
- 将页面设置为B5，页边距：上2.8厘米、下3厘米，左3.2厘米、右2.7厘米。装订线：1.4厘米。
- 将正文第一段设为两栏格式：栏宽相等、加分隔线。将正文第二段设为三栏格式：栏宽相等、栏距为4字符。
- 给最后一段设置底纹，图案式样：15%；设置边框，线宽1.5磅。

树叶音乐

树叶，是大自然赋予人类的天然绿色乐器。吹树叶的音乐形式，在我国有悠久的历史。早在一千多年前，唐代杜佑的《通典》中就有“衔叶而啸，其声清震”的记载；大诗人白居易也有诗云：“苏家小女旧知名，杨柳风前别有情，剥条盘作银环样，卷叶吹为玉笛声”，可见那时候树叶音乐就已相当流行。

树叶这种最简单的乐器，通过各种技巧，可以吹出节奏明快、情绪欢乐的曲调，也可吹出清亮悠扬、深情婉转的歌曲。它的音色柔美细腻，好似人声的歌唱，那变化多端的动听旋律，使人心旷神怡，富有独特情趣。

用树叶伴奏的抒情歌曲，于淳朴自然中透着清新之气，意境优美，别有风情。

5．按以下样文练习设置项目符号或编号。

➢ Nearly all our food comes from the soil. Some of us eat meat，of course; but animals live on plants. If there were no plants，we would have no animals and no meat. So the soil is necessary for life.

➢ The top of the ground is usually covered with grass or other plants. There may be deed leaves and dead plants on the grass. Plants grow in soil which has a dark color. This dark soil humus.

（1）打开 Windows“开始”菜单中的“设置”子菜单，单击“打印机”命令，打开“打印机”对话框。

（2）用鼠标右键单击希望将其设为默认打印机的图标，打开快捷菜单，单击快捷菜单中的“设为默认值”命令。

（3）单击“文件”菜单中的“页面设置”命令，打开“页面设置”对话框，选择“纸型”选项卡。

（4）打开“纸型”下拉列表，选择所使用的纸张类型，如果不是标准纸型，可单击“自定义”选项，并在“宽度”和“高度”框中，输入确定数值。

（5）在“方向”选项卡中，选定纸张是纵向放置还是横向放置。

（6）在“应用于”下拉列表框中，选定本设置适用的范围。

- 整篇文档：将设置应用到整篇文档。
- 插入点之后：从插入点到文档末尾应用所选设置。在插入点之前将插入分节符。
- 所选文字：将设置应用到选定的文字，Word 会在所选文字的前、后各加一个分节符。
- 所选节：将设置应用到选定的节中。
- 本节：将设置应用到包含插入点的当前节中。

（7）单击“确定”按钮，关闭对话框。

6．录入样文，并完成以下操作。

- 页面设置：B5；页边距：上 2.8 厘米、下 3 厘米，左 3.2 厘米、右 2.7 厘米；装订线：1.4 厘米。
- 第一行宋体，小四号字，加粗，斜体；第二行黑体，四号字；正文隶书，小四号字；最后一段楷体，五号字。
- 第二行居中，正文第一段左、右各缩进 1 厘米，最后一段首行缩进 0.85 厘米。
- 第二行段前、段后各 6 磅，最后一段段前 12 磅。
- 设置正文的底纹：填充灰度–5%；正文的边框：设置——阴影，颜色——灰色–25%。
- 设置页面边框：艺术样式 1。
- 设置页眉：输入文字“宋词选”，隶书，五号字；设置页脚：插入页码、页数和日期，居中。

苏轼

定风波

莫听穿林打叶声，何妨吟啸且徐行。竹杖芒鞋轻胜马，谁怕？一蓑烟雨任平生。料峭春风吹酒醒，微冷，山头斜照却相迎。回首向来萧瑟处，归去，也无风雨也无晴。

这首词作于元丰五年（1082），此时苏轼被贬黄州，处境险恶，生活穷困，但他仍很坦然乐观，不为外界的风云变幻所干扰，总以“一蓑烟雨任平生”的态度来对待坎坷不平的遭遇。不管是风吹雨打，还是阳光普照，一旦过去，都成了虚无。这首词表现了他旷达的胸怀、开朗的性格以及超脱的人生观。

7．利用“介绍信”模板文件，保存为“介绍信.dot”，并用该模板制作石家庄市第二职业中专学校的王华、田美丽等 3 名同志到石家庄机场联系学生实习问题的介绍信，完成后效果如下：

介绍信

石家庄机场：

兹介绍 王华 、 田美丽 等 3 名同志前往你处联系学生实习问题，请接洽。

石家庄市第二职业中专学校（单位盖章）

2010年5月12日

8．打开资料包中提供的“悦来饭店菜单.doc”文件，完成以下操作。

（1）设置背景为图片水印，图片为“水印图.jpg”，缩放为200%，冲蚀。

（2）设置艺术型页面边框。

（3）新建样式，名为“欢迎”，样式基于“标题 1”，格式为华文行楷、一号、褐色、文字阴影、加粗、居中。

（4）新建样式，名为“菜单”，样式基于“标题1”，格式为黑体、一号、深绿色、加粗、居中。

（5）新建样式，名为“内容”，样式基于“正文”，格式为华文行楷、三号、绿色。

（6）新建样式，名为“小欢迎”，样式基于“正文”，格式为华文行楷、五号、褐色、文字阴影、右对齐。

（7）对第 1 行文字应用“欢迎”样式，对第 2 行文字应用“菜单”样式，对第 3 行到倒数第 2 行文字应用“内容”样式，对最后一行文字应用“小欢迎”样式。

（8）选择第 3 行到倒数第 2 行的文字，设置制表位位置为36字符，对齐方式为左对齐，前导符为2，并为该段文字应用制表符。

设置完成后的效果如下：

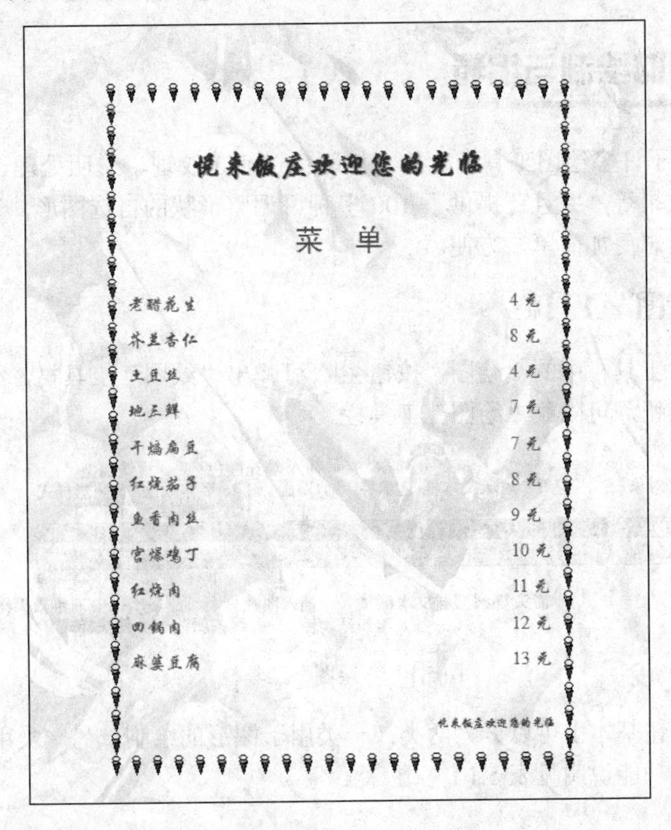

学习目标

- ◆ 能够绘制基本图形
- ◆ 掌握插入和编辑图片的方法
- ◆ 掌握图片格式的设置技巧，如调整图片大小、设置图片文字环绕方式、裁剪图片、调整图片的颜色、亮度和对比度等
- ◆ 能够使用文本框进行特殊样式的排版
- ◆ 掌握插入和编辑艺术字的方法
- ◆ 熟练掌握设置图文混排的技能
- ◆ 能够制作简单的公式
- ◆ 能够按要求制作组织结构图

Word 将图形、图片、文本框、公式和艺术字等作为图形对象处理。本章主要介绍如何使用图形对象，即在文档中绘制图形，以及插入图片、文本框、公式和艺术字等。

5.1　图形的绘制与编辑

Word 中新增了许多绘图工具和功能，如颜色过渡、纹理、透明处理、图形多种填充效果和阴影及三维效果等，并且还提供了 100 多种可调整形状的自选图形，这使得在 Word 中制作各种图形及标志更加简单、方便。

5.1.1　“绘图”工具栏

单击“常用”工具栏中的“绘图”按钮，可弹出“绘图”工具栏，如图 5.1 所示。再次单击“绘图”按钮，可隐藏“绘图”工具栏。

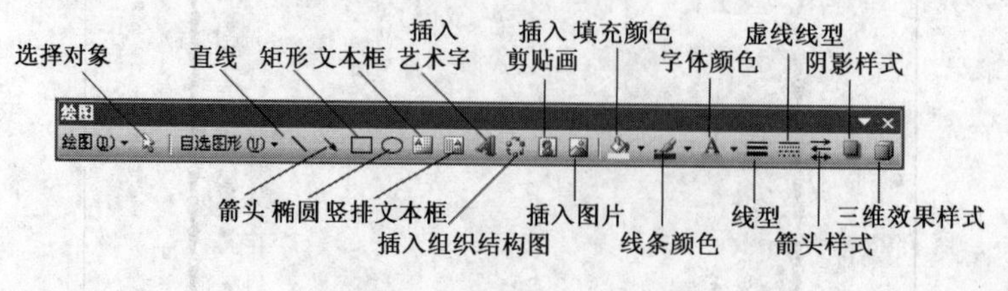

图 5.1　“绘图”工具栏

工具栏中的按钮基本上可以分为两类：一类用于图形的绘制，另一类用于图形的编辑。工具栏中各按钮的功能说明见表 5.1。

表 5.1 “绘图”工具栏各按钮的功能说明

按 钮	功 能
绘图	单击该按钮，弹出一个菜单，用于组合图形、改变叠放次序、对齐和翻转图形等
选择对象	选择单个或多个图形对象
自选图形	单击该按钮，弹出一个菜单，可以选择要绘制的自选图形
直线	绘制一条直线
箭头	绘制带箭头的直线
矩形	绘制矩形。拖动鼠标时按住 Shift 键可绘制正方形
椭圆	绘制椭圆。拖动鼠标时按住 Shift 键可绘制圆形
文本框	绘制文本框，用于向图片或图形中添加一些说明文字
竖排文本框	绘制文本框，并可竖排其中的文字
插入艺术字	在文档中插入艺术字
插入组织结构图	在文档中插入组织结构图或其他图示
插入剪贴画	打开“插入剪贴画”对话框，选择要插入的剪贴画或图片
插入图片	在文档中插入图片
填充颜色	给选定的图形对象添加或更改填充颜色和填充效果
线条颜色	给选定的图形对象添加线条颜色
字体颜色	为所选的文字设置颜色
线型	更改所选对象的线型和线宽
虚线线型	更改用于所选图形或边框的虚线或虚点线类型
箭头样式	更改所选线条的箭头形状
阴影样式	设置或更改所选对象的阴影效果
三维效果样式	设置或更改所选对象的三维效果

5.1.2 绘制图形

在 Word 文档中可以直接绘制、添加、更改图形，还可以向自选图形中添加文字，或者移动图形位置、改变图形方向等。

1. 绘制简单图形

如果只绘制简单的图形，可按如下方法操作。

单击“绘图”工具栏中的“直线”按钮，在插入点光标的位置出现“在此处创建图形”的提示框，按 Esc 键可以关闭提示框，将光标移到编辑区，光标变成“十”字形，在要绘制图形的位置拖动鼠标即可绘出一条直线。

分别单击“箭头”、“矩形”、“椭圆”按钮，再在文档编辑区中拖动鼠标即可画出箭头、矩形、椭圆等图形，如图 5.2 所示。

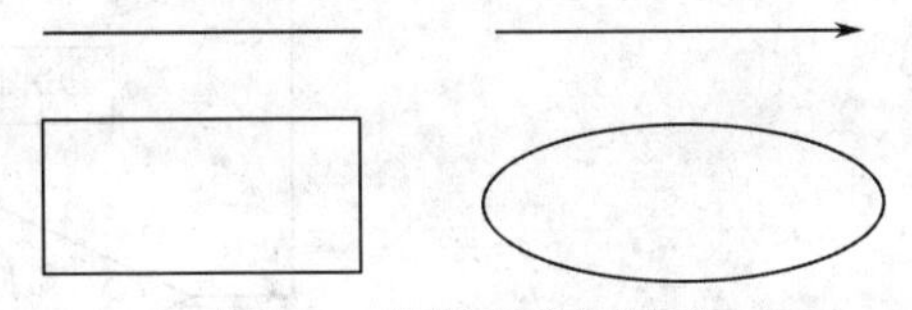

图 5.2 绘制简单的图形

2. 使用自选图形

单击“绘图”工具栏中的“自选图形”按钮，在自选图形类型列表中选择一种自选图形的类型，如“基本形状”，在其子菜单中单击要绘制图形的按钮，如“圆柱形”、“立方体”，在文档编辑区拖动鼠标即可绘制出不同形状的自选图形，如图 5.3 所示。

【实例】绘制一条曲线，按如下步骤操作。

（1）单击“绘图”工具栏中的“自选图形”按钮，选择“线条”命令，在“线条”子菜单中单击“曲线”。

（2）在要绘制曲线的地方单击，然后拖动鼠标至合适位置、单击鼠标左键确定曲线第二点的位置。

（3）拖动鼠标确定曲线的弧度，然后单击鼠标左键确定曲线第三点的位置。

（4）完成曲线绘制后，双击鼠标左键，结果如图 5.4 所示。

图 5.3 绘制自选图形　　图 5.4 绘制曲线

实用技巧

绘制高宽成比例的图形：按住“Shift”键的同时绘制图形，可以绘制出高宽成比例的图形，如正方形、圆、等边三角形或立方体等。还可以绘制出从开始点出发、倾斜 15° 的倍数的直线组成的图形。

3．向自选图形中添加文字

在要添加文字的自选图形上单击鼠标右键，打开快捷菜单，单击“添加文字”命令，然后输入文字，也可以对输入的文本进行排版（如改变字体、字号等）。示例如图 5.5 所示。所添加的文字将成为该图形的一部分，移动该图形时文字也将跟着一起移动，但是如果旋转或翻转该图形，图形中的文字不会跟着一起旋转。

使用向自选图形中添加文字的功能可以绘制复杂的流程图，如图 5.6 所示。

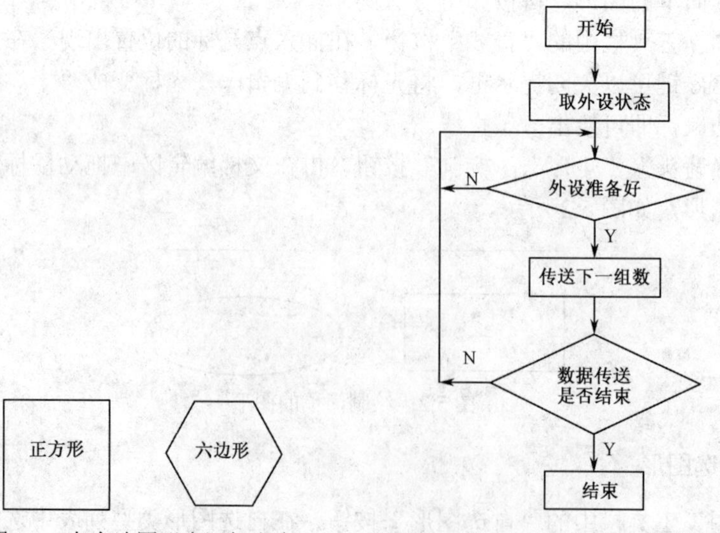

图 5.5 向自选图形中添加文字　　图 5.6 程序控制下的数据传送流程图

5.1.3　选定图形

如果要对图形进行移动、修改等操作，必须先选定该图形。

1. 选定一个图形

用鼠标左键单击图形即可选定该图形，被选定的图形四周出现 8 个尺寸句柄。

2. 选定多个独立图形

选中第一个图形后，按住“Shift”键的同时单击其他图形，重复操作直至所有图形被选定。或者单击“绘图”工具栏中的“选择对象”按钮，将鼠标指针移至该组图形对象的左上角，按住鼠标左键向右下角拖动，拖动时会出现一个虚线方框，直至要选中的图形都出现在虚线方框中，释放鼠标左键即可选定一组图形。如图 5.7 所示，每个图形的周围都出现了 8 个尺寸句柄。

5.1.4　组合图形

组合图形是指将绘制的多个图形组合在一起，作为一个图形对象处理。例如，将组中所有的图形作为一个整体，进行翻转、旋转、调整大小或改变填充色等操作。

（1）单击“绘图”工具栏中的“选择对象”按钮，选定一组图形，这时被选定的每个图形周围都出现尺寸句柄，表明它们是独立的，如图 5.7 所示。

（2）单击“绘图”工具栏中的“绘图”按钮，在弹出的菜单中单击“组合”命令，这时只在该组图形的外围出现 8 个尺寸句柄，表明它们是一个图形对象，如图 5.8 所示。

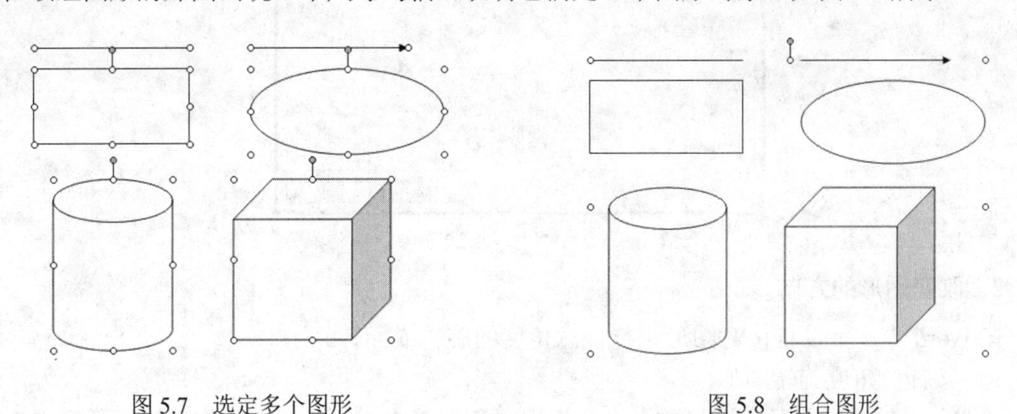

图 5.7　选定多个图形　　　　图 5.8　组合图形

将多个图形组合后，如果发现有某个图形需要修改，可选择被组合的图形，单击鼠标右键，在快捷菜单中选择“组合”中的“取消组合”命令，然后选定要修改的图形、对其进行修改。修改完成后若仍需将原有图形组合起来，只需在 Word 中单击以前组合过的任一图形，然后单击“绘图”菜单中的“重新组合”命令即可。

5.1.5　修改图形

当选定了图形之后，在其边界会出现尺寸句柄，这时如果对所绘制的图形不满意，可以很方便地对其进行修改。

1．改变图形的大小

- 利用鼠标指针调整图形的大小

选定图形后，把鼠标指针移到图形的某个尺寸句柄上，当指针变为双箭头形状时，拖动鼠标即可调整图形的大小。当把鼠标移到图形四角的句柄上、鼠标指针变为双向箭头时，拖动鼠标可同时改变图形的高度和宽度。

实用技巧

调整图形大小时按住“Shift”键可保持原图形的长宽比例不变，按住“Ctrl”键可以图形中心为基点进行缩放。

- 按指定比例调整图形的大小

如果要精确地设置图形的大小，应在选定该图形后，单击鼠标右键打开快捷菜单，单击其中的“设置自选图形格式”命令，打开“设置自选图形格式”对话框中的“大小”选项卡，如图 5.9 所示，在“尺寸和旋转”选项组的“高度”和“宽度”增量框中输入确切的数值，或者在“缩放”选项组的“高度”和“宽度”增量框中输入与原始图形相比的缩放比例。选中“锁定纵横比”复选框，可以在改变图形大小时保持图形的长宽比例不变。

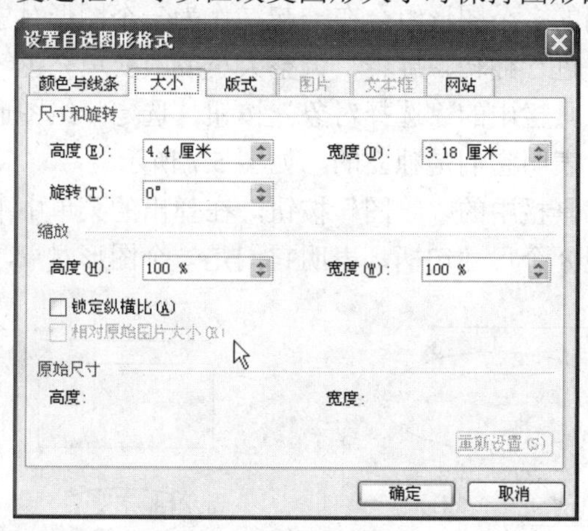

图 5.9 “大小”选项卡

2．改变图形的方向

在 Word 中，可以直接对图形进行任意角度的旋转或翻转。

- 按任意角度旋转图形

选定要旋转的图形后，图形的上方会出现绿色的亮点，用鼠标指针拖动该绿色亮点，就可以按任意角度旋转图形，如图 5.10 所示。

- 按固定角度旋转或翻转图形

（1）选定要旋转或翻转的图形。

（2）单击“绘图”工具栏中的“绘图”按钮，在“绘图”菜单中单击“旋转和翻转”命令，选择一种翻转命令，即可使该图形按要求进行翻转，如“左转”、“右转”、“水平翻转”、“垂直翻转”。

3．改变图形的位置

改变图形位置最简单的方法是：将鼠标指针移到该图形上，当鼠标指针变为十字箭头形状时，拖动鼠标至目的地，如图 5.11 所示。按住“Shift”键后再拖动图形，图形只能横向或纵向移动。

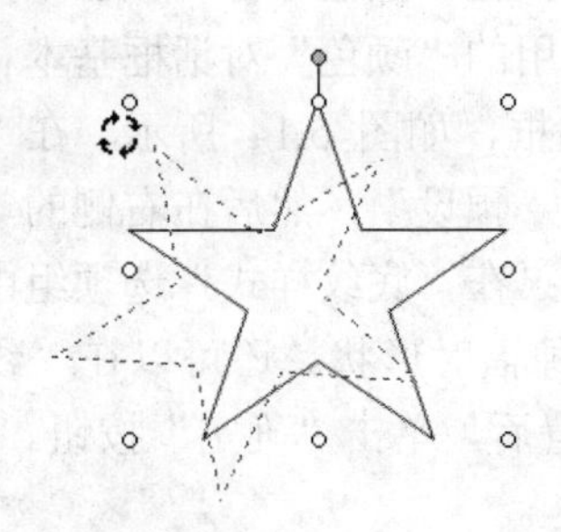

图 5.10　自由旋转图形对象

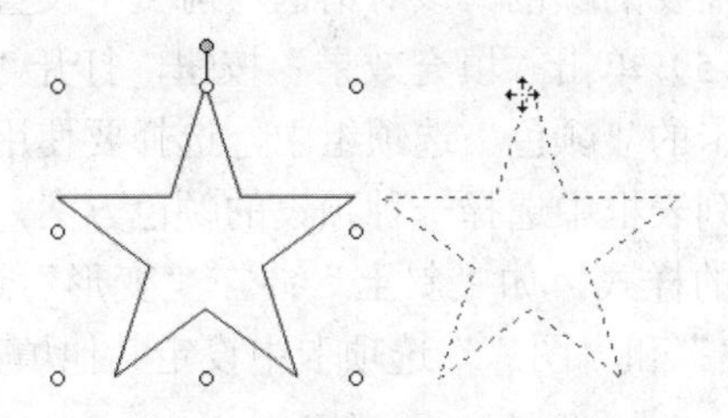

图 5.11　用鼠标移动图形

用“绘图”工具按钮移动自选图形的方法是：选中图形后，单击“绘图”工具栏中的“绘图”命令，在菜单中选择“微移”命令，并选择微移的方向。

实用技巧

改变图形位置最精确的方法是：选中该图形，按住“Ctrl”键的同时按上、下、左、右光标键，这样将以像素为单位对图形进行移动。

5.1.6　修饰图形

1．更改线型和颜色

默认情况下，图形对象的线型均为单实线。如果要改变图形的线型，应执行如下操作：

（1）选定要改变的图形，单击鼠标右键，从快捷菜单中打开“设置自选图形格式”对话框。

（2）在如图 5.12 所示的“颜色与线条”选项卡中，改变线条的颜色、线型、虚实和粗细。

2．设置图形的填充效果

为自选图形设置好边框的线型和颜色后，还可以设置图形的填充效果。

（1）选定要设置填充效果的图形。

（2）单击“绘图”工具栏中“填充颜色”按钮右侧的下拉箭头，打开“填充颜色”菜单，如图 5.13 所示。

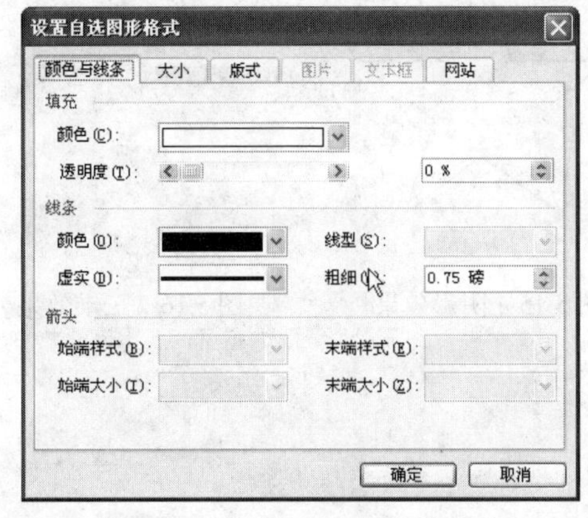

图 5.12　“颜色与线条”选项卡

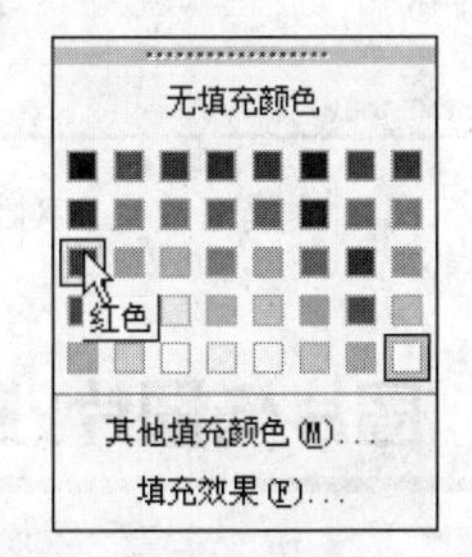

图 5.13　“填充颜色”菜单

（3）在模板中单击某一颜色框，便可为图形加入相应的填充颜色。

（4）如果菜单中没有需要的颜色，应单击“其他填充颜色”按钮，在“颜色”对话框中选择需要的颜色。该对话框与前文中设置线条颜色时所使用的“颜色”对话框基本相同。

（5）单击“填充效果”按钮，打开“填充效果”对话框，如图 5.14 所示。在“渐变”选项卡的“颜色”选项组中，选择要使用的颜色方案，如“预设”，然后在右侧的“预设颜色”列表框中选择一种预设的颜色方案，如“雨后初晴”；在“底纹样式”选项组中单击要选择的样式，如“斜上”；在“变形”选项组中选择一种辐射形状。还可以在“纹理”、“图案”和“图片”选项卡中设定其他填充效果。完成设置后，单击“确定”按钮。

3．设置阴影效果

为图形添加阴影后，改变阴影的大小、方向和颜色时，只影响阴影部分，不影响图形本身。

（1）选中要设置阴影效果的图形。

（2）单击“绘图”工具栏中的“阴影样式”按钮，打开“阴影”菜单，选择第一行第一列的阴影样式，即可得到如图 5.15 所示的阴影效果。

选定该图形后，单击“阴影”菜单中的“无阴影”命令可去掉图形的阴影效果。

4．设置三维效果

在 Word 中，还可以为图形添加三维效果，并且在改变三维效果时，不影响图形本身。

（1）单击要添加三维效果的图形。

（2）单击“绘图”工具栏中的“三维效果”按钮，在“三维效果”菜单中选择一种三维样式，如“三维样式一”，三维效果如图 5.16 所示。单击“三维效果”菜单中的“无三维效果”命令，可去掉图形的三维效果。

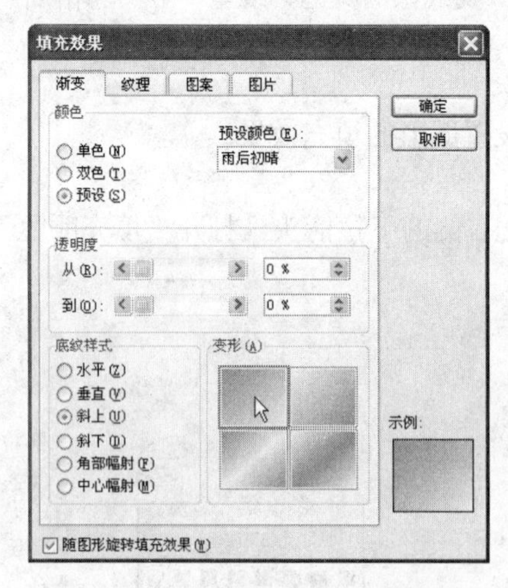

图 5.14 “填充效果”对话框

图 5.15 阴影效果

图 5.16 三维效果

5.2 图片与图片处理

图片可以来自文件、剪贴画，或是一个用抓图工具复制的图像文件。

5.2.1 插入剪贴画

剪贴画是 Office 软件自带的图片，Word 的剪辑库中包含了大量的图片，从地图到人物、从建筑到风景名胜等，可以方便地将它们插入文档中。

（1）将插入点移至要插入剪贴画的位置。

（2）单击“插入”菜单中的“图片”命令，在其子菜单中选择“剪贴画”命令，或者在“绘图”工具栏上单击“插入剪贴画”按钮，打开“剪贴画”任务窗格，如图 5.17 所示。

（3）在“搜索文字”文本框中，输入要选择剪贴画的类别，如“办公室”，单击“搜索”按钮，任务窗格中将显示该类别所有的剪贴画，如图 5.17 所示。

（4）用鼠标单击要插入的剪贴画的图标，该剪贴画就会出现在插入点光标的位置。

（5）将鼠标移至一个剪贴画图标的右侧，单击刚出现的向下箭头，将弹出快捷菜单，如图 5.18 所示。

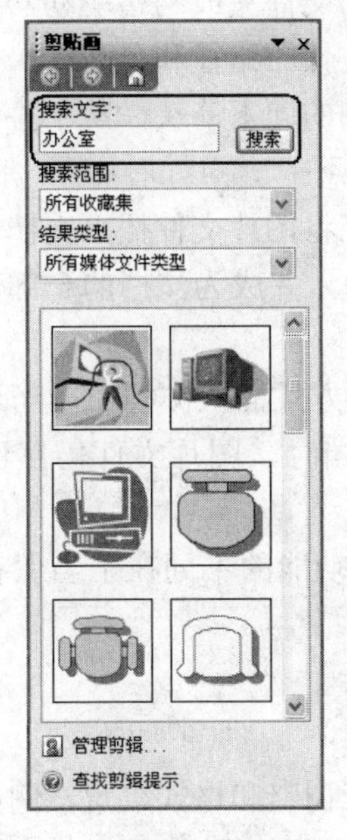

图 5.17 “剪贴画”任务窗格

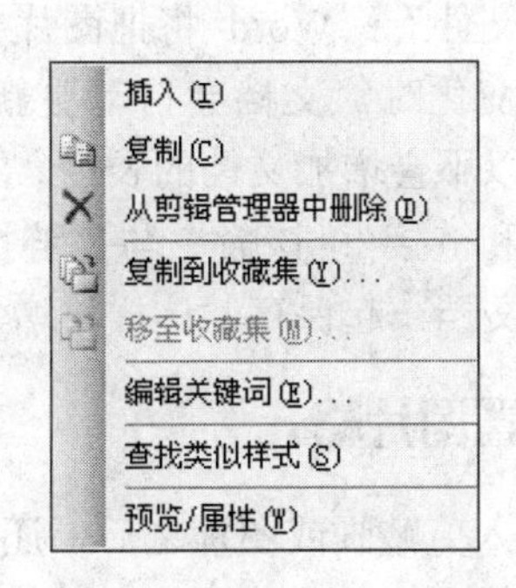

图 5.18 剪贴画快捷菜单

- “插入”：将此剪贴画插入文档中。
- “复制”：将此剪贴画复制到剪贴板上。
- “查找类似样式”：在剪辑库中查找与主题相似的剪贴画。
- “预览/属性”：将此剪贴画放大显示在一个预览窗口中。

5.2.2 插入图片文件

在 Word 中，可以插入多种格式的图片，如“.pcx”、“.bmp”、“.tif”及“.pic”等。插入图片文件的操作步骤如下：

（1）将插入点置于要插入图片的位置。

（2）单击“插入”菜单中的“图片”命令，从其子菜单中选择“来自文件”命令，或者单击“绘图”工具栏中的“插入图片”按钮，打开“插入图片”对话框，如图 5.19 所示。

图 5.19 “插入图片”对话框

（3）在“查找范围”列表框中选择图片文件所在的文件夹或网络驱动器符，然后选定一个要插入的文件，也可以直接在“文件名”框中输入文件的路径和名称。

（4）如果要预览图片，可以单击“视图”按钮右侧的向下箭头，从下拉菜单中选择“预览”命令。

（5）单击“插入”按钮右侧的向下箭头，可以选择将图片文件插入文档中的 3 种方式：

- “插入”：即可将选定的图片文件插入文档中，并成为文档的一部分。当这个图片文件以后发生变化时，文档不会自动更新。
- “链接文件”：Word 将把图片文件以链接的方式插入文档中。当这个图片文件以后发生变化时，文档会自动更新。当保存文档时，图片文件仍然保存在原来的位置，所以不会增加文档的长度。
- “插入和链接”：该命令与“链接文件”命令功能的不同在于当保存文件时，图片文件随文档一起保存，这样将增加文档的长度。

5.2.3 设置图片格式

在文档中插入剪贴画或图片之后，还可以对其进行调整和格式设置，例如，调整图片的大小、位置和环绕方式，裁剪图片、添加边框、调整亮度和对比度等。

1. “图片”工具栏

在文档中插入剪贴画或图片后，只要单击该图片，即可在图片的周围出现 8 个句柄，同时显示“图片”工具栏，如图 5.20 所示，其中各按钮的功能说明见表 5.2。

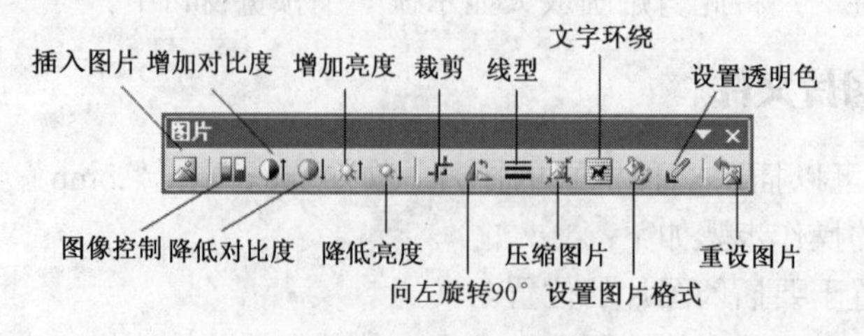

图 5.20 “图片”工具栏

表 5.2　“图片”工具栏各按钮的功能说明

按　钮	功　能
插入图片	在文档中插入一幅已有的图片
图像控制	将选定图片转换为灰度、黑白或水印图片
增加对比度	增加所选图片中颜色的饱和度和明暗度
降低对比度	降低所选图片中颜色的饱和度和明暗度
增加亮度	通过增加白色，将所选图片中的颜色变亮
降低亮度	通过增加黑色，将所选图片中的颜色变暗
裁剪	裁剪或修改图片的局部
向左旋转 90°	将图片以自身中心点为轴、向左旋转 90°
线型	给选定的图片添加边框
压缩图片	压缩图片文件的长度
文字环绕	设置图片与周围文本的环绕方式
设置图片格式	打开“设置图片格式”对话框，设置选定图片的线条、颜色、大小、位置及环绕方式等
设置透明色	设置选定图片的透明颜色
重设图片	从所选图片中删除裁剪，并返回初始设置的颜色、亮度和对比度

2．调整图片的大小

- 使用鼠标调整图片的大小

（1）单击要缩放的图片。

（2）利用图片周围的句柄调整图片的大小。

（3）当把鼠标指针移到图片四个角的句柄上时，鼠标指针变成斜向的双向箭头，按住鼠标左键拖动即可。

实用技巧

按住“Shift”键并拖动图片的句柄时，即可在保持原图片高宽比例的情况下进行图片的缩放。按住“Ctrl”键并拖动图片的句柄时，即可从图片的中心向外垂直、水平或沿对角线缩放。

- 精确调整图片的大小

单击要缩放的图片，打开“设置图片格式”对话框中的“大小”选项卡，直接调整图片大小。

3．裁剪图片

如果只希望显示所插入图片的一部分，可通过“裁剪”工具按钮将图片中不希望显示的部分裁剪掉。

（1）单击要裁剪的图片。

（2）单击“图片”工具栏中的“裁剪”按钮，鼠标指针变为形状。

（3）当把鼠标指针指向图片的某个句柄上、向图片内部拖动时，可以隐藏图片的部分区域；当向图片外部拖动时，可以增大图片周围的空白区域。

（4）拖动至合适位置松开鼠标左键。

注意

实际上，被裁剪的图片部分并不没有真正被删除，而是被隐藏了起来。如果要恢复被裁剪的部分，可以先选定该图片，然后单击“图片”工具栏中的“裁剪”按钮，向图片外部拖动句柄，即可将裁剪的部分重新显示出来。

如果要精确地裁剪图片，可按如下步骤操作：

（1）单击要裁剪的图片。

（2）打开“设置图片格式”对话框中的“图片”选项卡，如图 5.21 所示。

（3）在“裁剪”选项组中对图片从上、下、左、右 4 个方向裁剪的数值进行设置。

4．设置图片或剪贴画的图像属性

对于图像文件，还可设置相应的属性：灰度、黑白、水印，其中水印效果如图 5.22 所示。

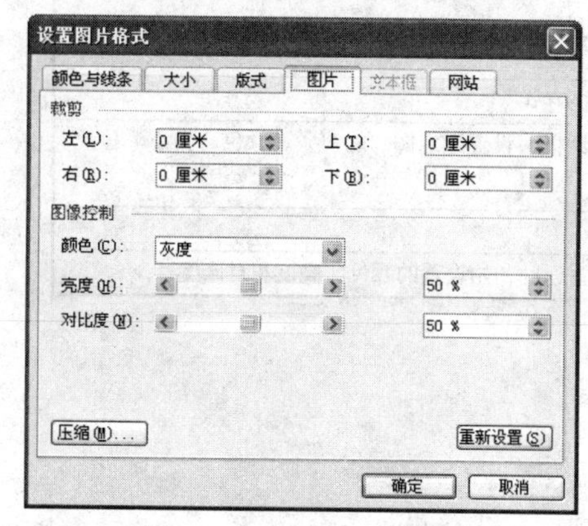

图 5.21 “图片”选项卡

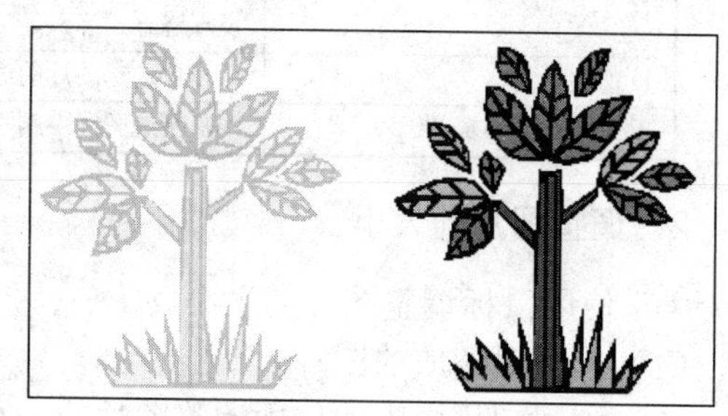

图 5.22 “水印”图像效果

（1）单击要设置图像属性的图片。

（2）根据需要单击“图片”工具栏中相应的按钮：

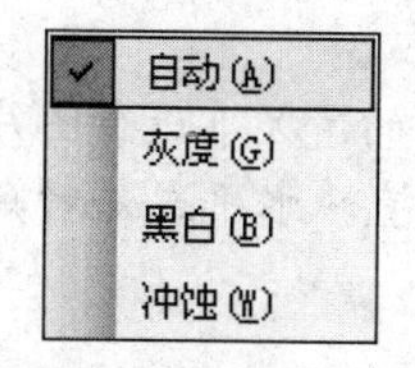

图 5.23 “图像控制”菜单

- 单击“图片”工具栏中的“图像控制”按钮，可打开“图像控制”菜单，如图 5.23 所示。默认选择“自动”选项，即使用该图片的原始颜色；选择“灰度”选项，将彩色图片转换为黑白图片，每一种颜色都转换为相应的灰度级别；选择“黑白”选项，将图片转换为纯黑白图片，即线条画；选择“冲蚀”选项，将使用最适宜水印效果的预设亮度和对比度来设置图片的颜色。
- 单击“图片”工具栏中的“增加对比度”或者“降低对比度”按钮，可以调整图片的饱和度和明暗度。对比度越高，颜色灰度越少；对比度越低，颜色灰度越多。
- 单击“图片”工具栏中的“增加亮度”或者“降低亮度”按钮，可以调整图片的亮度。颜色越亮，白色越多；颜色越暗，黑色越多。

如果要精确设置图片的亮度和对比度，应按如下步骤操作：

（1）单击要设置图像属性的图片。

（2）在如图 5.21 所示的“设置图片格式”对话框的“图片”选项卡中，在“亮度”框中拖动滑标或者在其后的百分比框中输入数值，都可以设置亮度：百分比值越高，颜色越亮；百分比值越低，则颜色越暗。在“对比度”框中拖动滑标或者在其后的百分比框中输入数值，都可以设置对比度：百分比值越高，颜色越浓；百分比值越低，则颜色越灰。

5．给图片添加边框

（1）单击要添加边框的图片。

（2）单击“图片”工具栏中的“线型”按钮，打开“线型”列表。

（3）从“线型”列表中选择所需的线条样式。如果没有合适的线型，应单击“其他线条”按钮，打开“设置图片格式”对话框的“颜色与线条”选项卡。

（4）在“线条”选项组中，设置边框的颜色、虚实、线型及粗细等。

实用技巧

选中要添加边框的图片后，单击“格式”工具栏中的“边框”按钮A，可以直接给图片添加实线的四边框。

6．改变图片的填充颜色

（1）选中要设置填充颜色的图片。

（2）打开“设置图片格式”对话框的“颜色与线条”选项卡。

（3）单击“填充”选项组中“颜色”列表框右侧的向下箭头，从打开的列表中单击所需的填充颜色。如果要以过渡、图案、纹理或图片来填充，则应单击“颜色”列表中的“填充效果”选项，打开“填充效果”对话框。

（4）根据需要选择相应的标签，然后设置所需的填充效果。

5.2.4　图文混排

Word 的优点之一就是图文混排，即将一些图片以某种格式插入文本中，实例如图 5.24 所示。刚插入的图片默认是“嵌入型”的，要达到理想的效果，必须进行设置。

图 5.24　“紧密型环绕”图文混排实例

（1）打开资料包中的“图文混排.doc”，在“剪贴画”任务窗格的“搜索文字”框中输入“学校”，单击“搜索”按钮，选择图 5.24 中的剪贴画插入当前文档中。

（2）选中要设置文字环绕的图片。

（3）单击“图片”工具栏中的“文字环绕”按钮，打开如图 5.25 所示的列表，在其中选择“紧密型环绕”选项，再拖动图片到合适的位置。

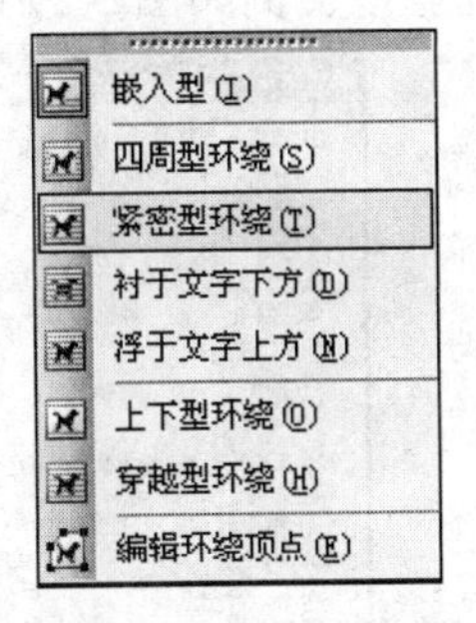

图 5.25　文字环绕列表

各种文字环绕方式的特点简介如下。

- “嵌入型”：将对象置于文档内文字的插入点处，取消图片的浮动特性，对象与文字处于同一层。

- “四周型环绕”：将文字环绕在所选对象的边界框四周。
- “紧密型环绕”：将文字紧密环绕在图像自身边缘（而不是对象边界框）的周围。单击“紧密型环绕”，再单击“确定”按钮后，可以通过单击“图片”工具栏上的“文字环绕”按钮，在弹出的下拉菜单中单击“编辑环绕顶点”命令，来调整虚线环绕边框。拖动虚线或尺寸控点，可重新设定环绕边框的形状。
- 衬于文字下方：取消文字环绕格式，将对象置于文档中文字的后面。对象将浮动于自己的层中。利用“绘图”工具栏“绘图”菜单中的“叠放次序”命令，可将对象移到文字或其他对象的前面或后面。
- 浮于文字上方：取消文字环绕格式，将对象置于文档中文字的前面。对象将浮动于自己的层中。利用“绘图”工具栏“绘图”菜单中的“叠放次序”命令，可将对象移到文字或其他对象的前面或后面。

如果要精确地设置图片与周围文字之间的距离关系（见图 5.26），应执行以下操作：

（1）选中图片后单击鼠标右键，在快捷菜单中打开“设置图片格式”对话框的“版式”选项卡，如图 5.27 所示。

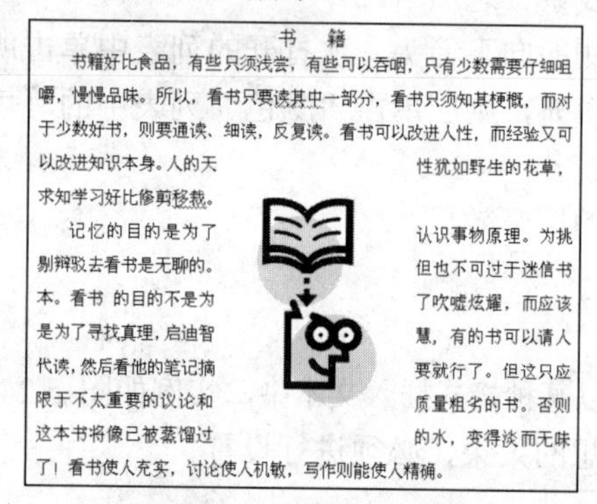

书　籍

书籍好比食品，有些只须浅尝，有些可以吞咽，只有少数需要仔细咀嚼，慢慢品味。所以，看书只要读其中一部分，看书只须知其梗概，而对于少数好书，则要通读、细读，反复读。看书可以改进人性，而经验又可以改进知识本身。人的天性犹如野生的花草，求知学习好比修剪移栽。

记忆的目的是为了认识事物原理。为挑剔辩驳去看书是无聊的。但也不可过于迷信书本。看书的目的不是为了吹嘘炫耀，而应该是为了寻找真理，启迪智慧，有的书可以请人代读，然后看他的笔记摘要就行了。但这只应限于不太重要的议论和质量粗劣的书。否则这本书将像已被蒸馏过的水，变得淡而无味了！看书使人充实，讨论使人机敏，写作则能使人精确。

图 5.26　图文混排实例

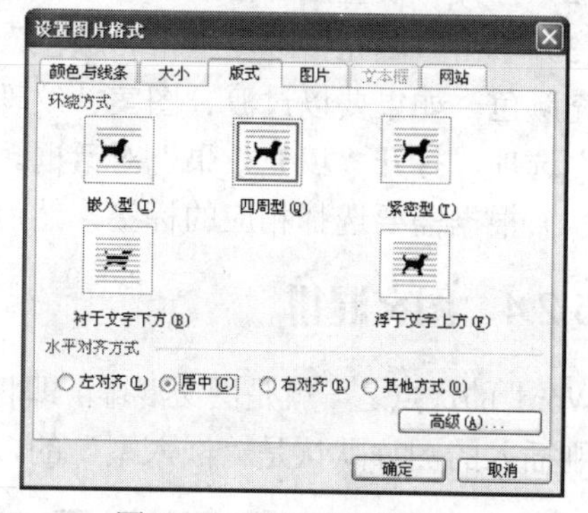

图 5.27　“版式”选项卡

（2）在“环绕方式”框中，选择“四周型”。

（3）在“水平对齐方式”选项组中，指定“居中”对齐。

（4）单击“高级”按钮进一步指定图片的位置和文字环绕位置，打开如图 5.28 所示“高级版式”对话框的“文字环绕”选项卡，在“环绕文字”选项组中指定文字环绕在“两边”，在“距正文”选项组中指定图片距正文的距离，上、下、左、右各是“1 厘米”。

在“高级版式”对话框的“图片位置”选项卡中，可以精确设置图片的水平位置和垂直位置，实例如图 5.29 所示。

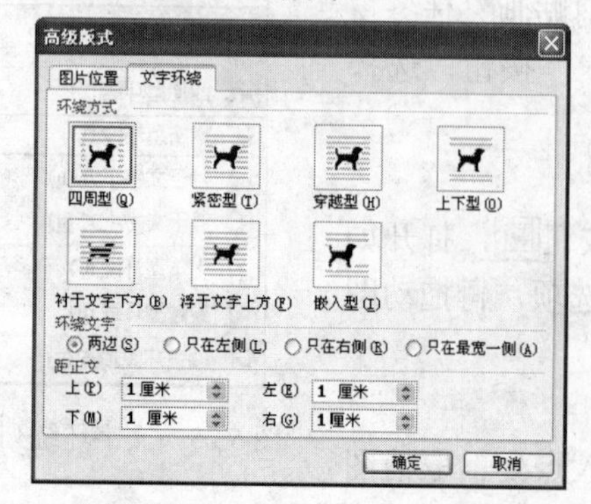

图 5.28　“高级版式”对话框的“文字环绕”选项卡

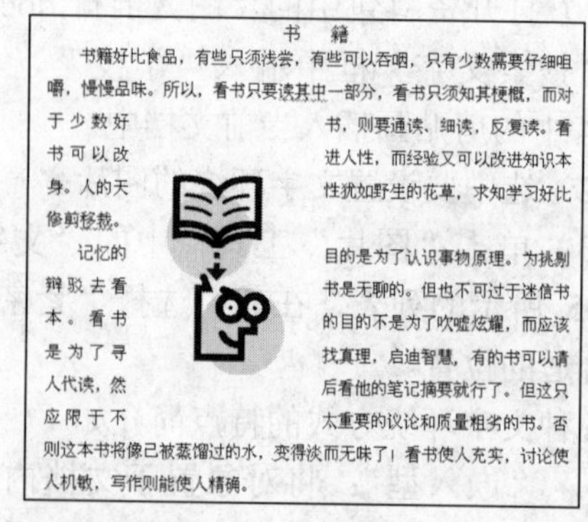

书　籍

书籍好比食品，有些只须浅尝，有些可以吞咽，只有少数需要仔细咀嚼，慢慢品味。所以，看书只要读其中一部分，看书只须知其梗概，而对于少数好书，则要通读、细读，反复读。看书可以改进人性，而经验又可以改进知识本身。人的天性犹如野生的花草，求知学习好比修剪移栽。

记忆的目的是为了认识事物原理。为挑剔辩驳去看书是无聊的。但也不可过于迷信书本。看书的目的不是为了吹嘘炫耀，而应该是为了寻找真理，启迪智慧，有的书可以请人代读，然后看他的笔记摘要就行了。但这只应限于不太重要的议论和质量粗劣的书。否则这本书将像已被蒸馏过的水，变得淡而无味了！看书使人充实，讨论使人机敏，写作则能使人精确。

图 5.29　图文混排实例

插入图片并设置为“四周型”环绕后，单击“高级”按钮，在如图 5.30 所示的“图片位置”选项卡中，在“水平对齐”选项组中选择“绝对位置”单选按钮，并在其后面的列表中选择相对“页面”、右侧“6.7 厘米”，在“垂直对齐”选项组中选择“绝对位置”单选按钮，并在其后面的列表中选择相对“页面”、下侧“8 厘米”，这样图片就固定出现在页面中距右侧 6.7 厘米、距下侧 8 厘米的位置。

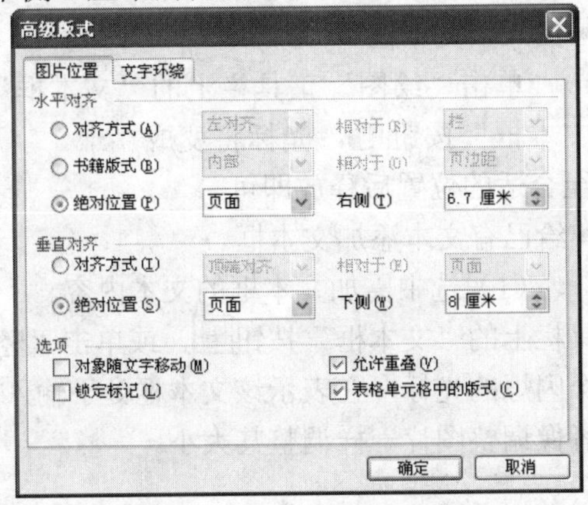

图 5.30　“图片位置”选项卡

“图片位置”选项卡中的各功能简介如下。

- 在“水平对齐”选项组中，可以选择对象的水平对齐方式、版式和位置选项。
  - “对齐方式”：可以设置图形对象相对于栏、页面、页边距或字符的左对齐、居中对齐或右对齐方式。
  - “书籍版式”：可以设置图形对象与页面页边距的内部或外部的对齐方式，或者与页面本身的对齐方式。例如，如果图片出现在文档中的奇数页，并选择了“页边距”和“内部”，则 Word 会将图形对象与页面左侧页边距内侧对齐。
  - “绝对位置”：可以设置图形对象的右边缘与页面或栏的右边缘、右页边距或字符之间的水平距离。
- 在“垂直对齐”选项组中，可以设置图形对象要采用的垂直对齐方式和位置选项。
  - “对齐方式”：可以设置图形对象相对于页面、页边距或行的上、中、下、内或外的对齐方式。
  - “绝对位置”：可以设置图形对象下边缘与页面、页边距、段落或行之间的垂直距离。
- 在“选项”选项组中，可以根据需要选择图形对象与文字之间的联系。
  - “对象随文字移动”：选定该选项后，如果与该图形对象一起锁定的段落被移动，则图形对象也会在页面上相应地上下移动。
  - “锁定标记”：选定该选项后，将图形对象锁定标记保持在同一位置，这样移动该图形对象时它的位置始终相对于页面上的同一点。
  - “允许重叠”：选定该选项后，将允许采用同一种环绕方式的文字重叠。

5.3　文本框

文本框作为存放文本的“容器”，可放置在页面的任一位置并可调整大小。使用文本框，可以在同一页面中排出多种不同的排列方式，实例如图 5.31 所示。文本框中的文本内容与文档正文之间是相对独立的，因此，文本框可以单独排成与正文不同的排列方式，这对于排版一些报刊之类的读物，极其方便。

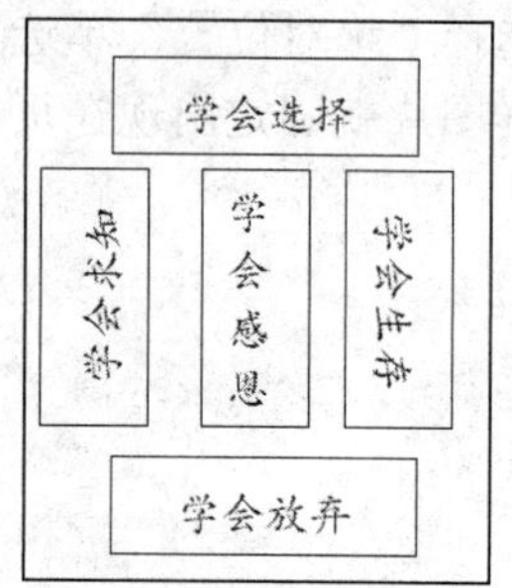

图 5.31　文本框应用实例

5.3.1　插入文本框

- 插入空文本框

单击“绘图”工具栏上的“文本框”按钮，或单击“竖排文本框”按钮，光标将变成“十”字形，按住鼠标左键并拖动至合适的位置后释放即可。

- 给已有文本添加文本框

（1）选中需加文本框的文本内容。

（2）单击“绘图”工具栏上的“文本框”按钮，或单击“竖排文本框”按钮。

插入的文本框中有一个闪烁的光标，它表示该文本框处于输入状态，可以在文本框中输入文本或插入图片等，或者像调整图片一样调整其大小。

5.3.2　选定文本框

（1）移动光标到文本框的边框。

（2）单击鼠标，则文本框被选定，被选定的文本框出现 8 个尺寸句柄。

5.3.3　取消文本框的边框和填充色

文本框的默认格式是有边框的，填充的颜色默认为“白色”，但有时需要隐藏边框线，取消文本框的填充颜色。

（1）选定要隐藏边框线的文本框。

（2）单击鼠标右键，在快捷菜单中打开“设置文本框格式”对话框的“颜色与线条”选项卡，如图 5.32 所示。

（3）在“填充”选项组的“颜色”列表中选择“无填充色”。

（4）在“线条”选项组中打开“颜色”列表，选择“无线条颜色”。

5.3.4　设置文本框的版式

文本框就是有文字的图形对象，所以可以设置图文混排的样式，利用文本框制作的版面实例如图 5.33 所示。

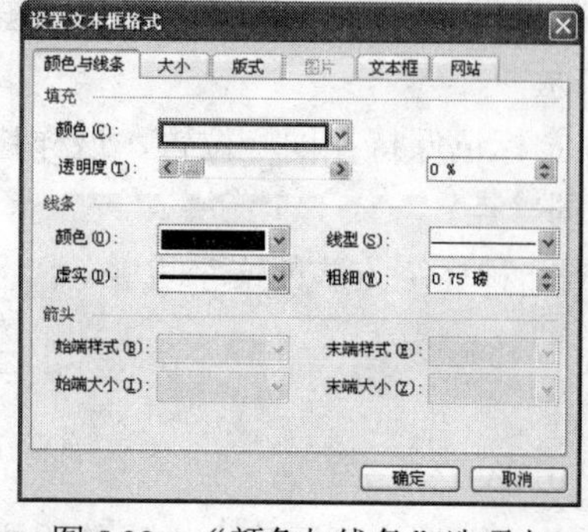

图 5.32　“颜色与线条”选项卡

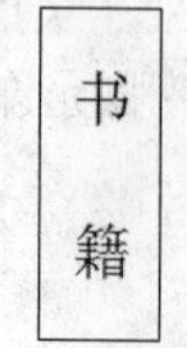

记忆的目的是为了认识事物原理。为挑剔辩驳去看书是无聊的。但也不可过于迷信书本。看书 的目的不是为了吹嘘炫耀，而应该是为了寻找真理，启迪智慧，有的书可以请人代读，然后看他的笔记摘要就行了。但这只应限于不太重要的议论和质量粗劣的书。否则这本书将像已被蒸馏过的水，变得淡而无味了！看书使人充实，讨论使人机敏，写作则能使人精确。

图 5.33　利用文本框制作的版面实例

（1）选定要加文本框的文本“书籍”。

（2）单击“绘图”工具栏中的“竖排文本框”按钮，给“书籍”加文本框。

（3）选定文本框并移动文本框至合适的位置，调整其大小。

（4）打开“设置文本框格式”对话框的“版式”选项卡，选择“四周型”，“高级版式”中“环绕文字”选择“只在右侧”，“距正文”的“右”选择“1 厘米”。

5.3.5　设置文本框中文字的位置

文本框中的文字位置实例如图 5.34 所示。

（1）选定图中的第二个文本框，单击鼠标右键，在快捷菜单中打开“设置文本框格式”对话框的“文本框”选项卡，如图 5.35 所示。

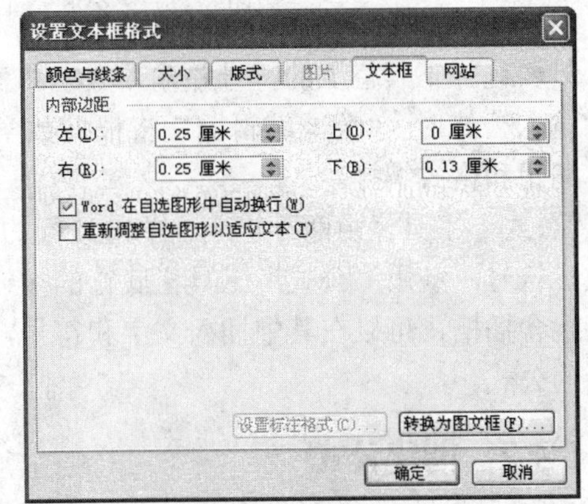

图 5.35　“文本框”选项卡

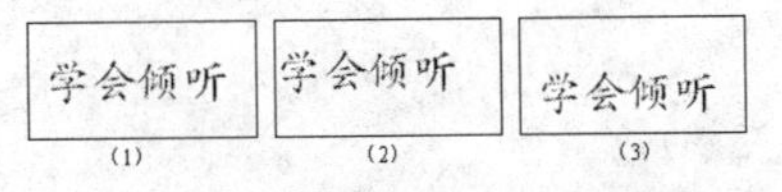

图 5.34　文本框中的文字位置实例

（2）在“内部边距”选项组的“上”框中输入“0 厘米”，在“右”框中输入“0.25 厘米”。

（3）选定图中的第三个文本框，在“上”框中输入“0.4 厘米”。

5.4　输入公式

在 Word 中，利用“公式编辑器”可以快速建立公式。

5.4.1　启动公式编辑器

（1）单击“插入”菜单中的“对象”命令，打开“对象”对话框，如图 5.36 所示。

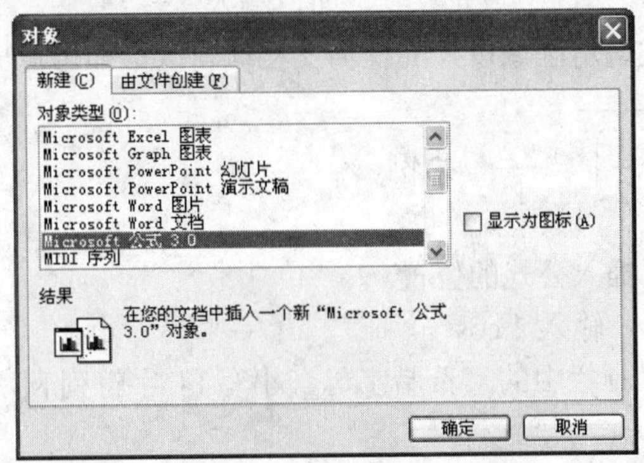

图 5.36　“对象”对话框

（2）在“对象类型”列表框中双击“Microsoft 公式 3.0”选项，即可显示出“公式”工具栏和“公式编辑框”，如图 5.37 所示。

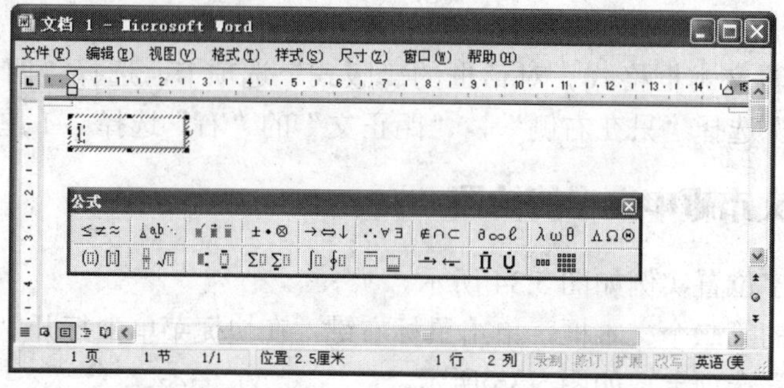

图 5.37 “公式”工具栏和“公式编辑框”

只要选择工具栏上的符号并输入数字和变量就可以建立复杂的公式，而且在向公式编辑框中输入公式时，“公式编辑器”将根据数学和排字格式约定，自动调整公式中各元素的大小、间距和格式编排。

“公式”工具栏由两行组成。单击顶行的按钮，从打开的工具面板中可选择插入 150 多个数学符号。利用“公式”工具栏底行的按钮可插入大约 120 种公式模板或框架，模板中一般还包含插槽，可以在其中插入文字和符号，也可以在插槽中通过插入其他的模板来建立更复杂的公式。

5.4.2 创建公式

下面通过两个简单的例子说明如何建立数学公式。

1．以 $y=\frac{\sqrt{x+4}}{x+2}$ 为例

（1）将插入点移至要插入公式的位置。

（2）打开公式编辑器，输入“y=”。

（3）单击“分式和根式”模板中的“分式”模板按钮，打开“分式”模板列表，单击所用分式模板。

（4）单击“分式和根式”模板中的“根式”模板按钮，打开“根式”模板列表，选中所用根式模板，输入“x+4”。

（5）按“Tab”键将插入点移到分数线下面，输入“x+2”。

（6）用鼠标单击公式编辑区域以外的任何文档编辑区，即可退出公式编辑状态。

2．以“$\cos\partial=\sqrt{1-\left(\frac{1}{2}\right)^2}=\frac{\sqrt{3}}{2}$”为例

（1）将插入点移至要插入公式的位置。

（2）打开公式编辑器，输入“cos”。

（3）打开“公式”工具栏中的“希腊字母（小写）”字符列表，选中希腊字母“∂”，输入“=”。

（4）单击“分式和根式模板”列表中所需的根式模板，输入“1−”。

（5）单击“围栏模板”按钮，打开“模板”列表，选中要用的小括号模板。

（6）打开“分式和根式”模板，选中所要用的分式模板。在分数线上输入“1”，按“Tab”键将插入点移到分数线下，输入“2”。

（7）按“Tab”键将插入点移到右括号外，打开“上标和下标”模板，选中所要用的上标模板，输入“2”。

（8）按“Tab”键至根式外，输入后面的内容。

按以上步骤，选中不同的模板和符号，就能插入任意类型的公式，公式输入完成后只需单击公式编辑框外任一点便可返回编辑状态。

如果对已经输入的公式不满意，可以通过双击该公式重新进入公式编辑状态，对其进行编辑和修改。如果要改变位置，只要选中该公式后，拖动鼠标将其移到目的位置后释放鼠标即可。

5.5　艺术字

艺术字体是一种专门设置文本效果的工具，它可以为文本设置阴影、弯曲、旋转等特殊视觉效果。艺术字也是一种图形对象，因此可以用“绘图”工具栏中的按钮来改变其效果。例如，设置艺术字的边框、填充颜色、阴影等。

5.5.1　“艺术字”工具栏

“艺术字”工具栏如图5.43所示，利用“艺术字”工具栏可修改艺术字的形状、旋转角度或重新编辑艺术字文本。

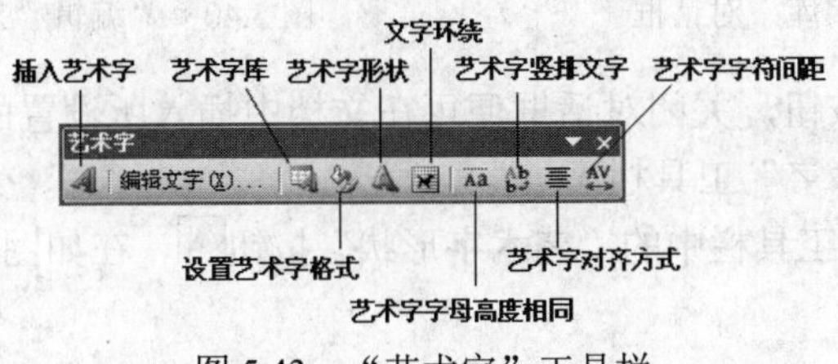

图5.43　“艺术字”工具栏

“艺术字”工具栏中各按钮的功能说明如下。

- “插入艺术字”：插入新的艺术字，可打开“艺术字库”对话框。
- “编辑文字”：编辑选定艺术字的文字，可打开“编辑‘艺术字’文字”对话框。
- “艺术字库”：可打开“艺术字库”对话框，重新选择艺术字样式。
- “设置艺术字格式”：打开“设置艺术字格式”对话框，设置艺术字的格式，例如，艺术字的颜色、线条、大小、版式等。
- “艺术字形状”：打开“艺术字形状”菜单，对艺术字做进一步的变形。
- “文字环绕”：调整艺术字与正文的位置关系，设置环绕方式。
- “艺术字字母高度相同”：使艺术字中每个字母的高度相同。
- “艺术字竖排文字”：竖直排列艺术字中的文字。
- “艺术字对齐方式”：指定艺术字的排列方式（如果艺术字有多行的话），可从出现的菜单中选择“左对齐”、“居中”、“右对齐”、“单词调整”、“字母调整”或“延伸调整”等。

- “艺术字字符间距”：调整艺术字的字符间距，例如，“很密”、“紧密”、“常规”、“稀疏”或“很松”等。

5.5.2 插入艺术字

艺术字实例如图 5.38 所示。

绿色旋律

图 5.38 艺术字实例

（1）将插入点移到要插入艺术字的位置。

（2）单击“绘图”工具栏中的“插入艺术字”按钮，打开“艺术字库”对话框，如图 5.39 所示，选择“第 1 行第 1 列”的样式，单击“确定”按钮。

（3）在“编辑‘艺术字’文字”对话框中，在“文字”框中输入要设置艺术字效果的文字（中英文均可，而且可以输入多行文字），此处输入“绿色旋律”，设置字体为“隶书”，字号为“36”，如图 5.40 所示。

图 5.39 “艺术字库”对话框

图 5.40 “编辑‘艺术字’文字”对话框

（4）单击“确定”按钮，关闭对话框便可在文档中插入所设置的艺术字，如图 5.41 所示，同时还将打开“艺术字”工具栏。

（5）单击“艺术字”工具栏中的“艺术字形状”按钮，在如图 5.42 所示的列表中选择“波形 1”。

图 5.41 插入“艺术字”示例

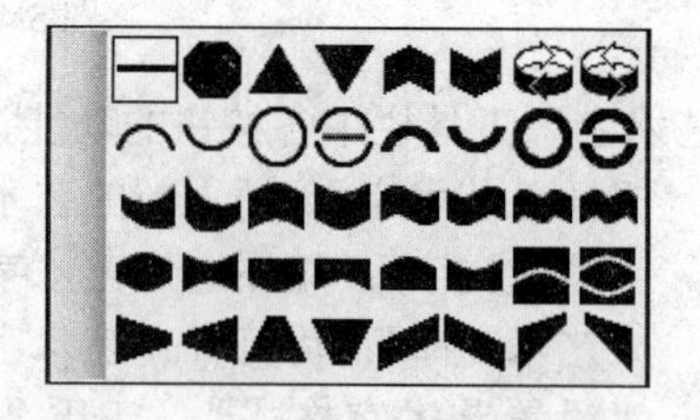

图 5.42 “艺术字形状”列表

（6）单击“艺术字”工具栏中的“设置艺术字格式”按钮，打开“设置艺术字格式”对话框，设置艺术字的格式。环绕方式为四周型，水平对齐方式为左对齐；并为该艺术字加文本框，线型与填充色均为绿色，高 1.72cm，宽 5.08cm。

5.6 绘制组织结构图

Office 除了提供基本的绘图工具外，还专门提供了组织结构图的绘制工具，使用“绘图”工具栏上的图示工具创建的组织结构图可以清晰地说明模块或人物之间的层次关系，如图 5.44 所示。

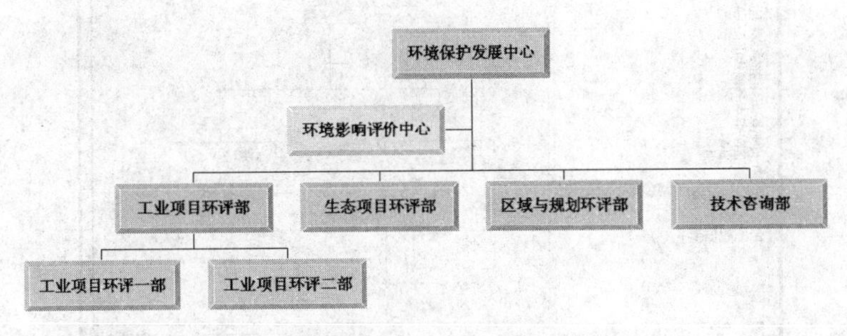

图 5.44　组织结构图实例

（1）单击“绘图”工具栏中的“插入组织结构图或其他图示”按钮，打开如图 5.45 所示的“图示库”对话框。

（2）选择第一行第一列的“组织结构图”，在插入点光标处出现如图 5.46 所示的组织结构图，在组织结构图的周围将出现绘图空间，其周边是非打印边界和尺寸控点，拖动可以调整组织结构图的大小。

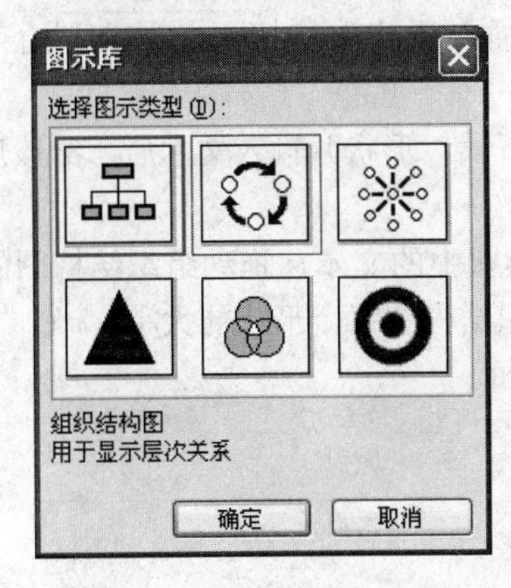

图 5.45　“图示库”对话框

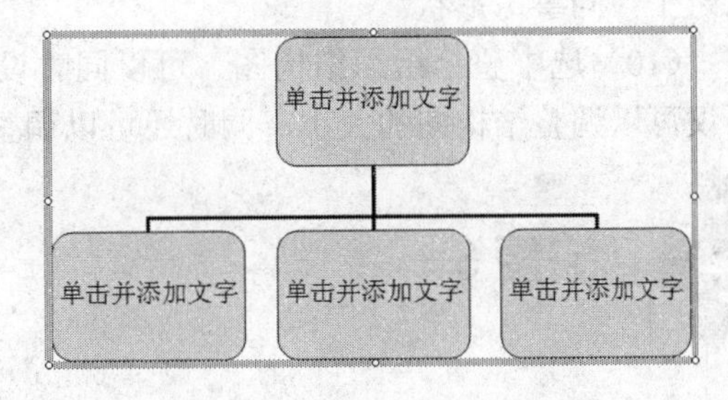

图 5.46　刚插入的组织结构图

（3）同时打开的还有“组织结构图”工具栏，如图 5.47 所示。

图 5.47　“组织结构图”工具栏

（4）单击“组织结构图”工具栏中的“自动套用格式”按钮，打开如图 5.48 所示的“组织结构图样式库”对话框，选择“斜面”样式。

（5）在第一个形状中单击并添加文字“环境保护发展中心”。注意，无法向组织结构图中的线段或连接符添加文字。

（6）单击选中第一个形状，单击“组织结构图”工具栏中的“插入形状”按钮 插入形状(N) 的下拉箭头，选择“助手”，并在新插入的形状中输入文本“环境影响评价中心”。可插入形状的类型如下。

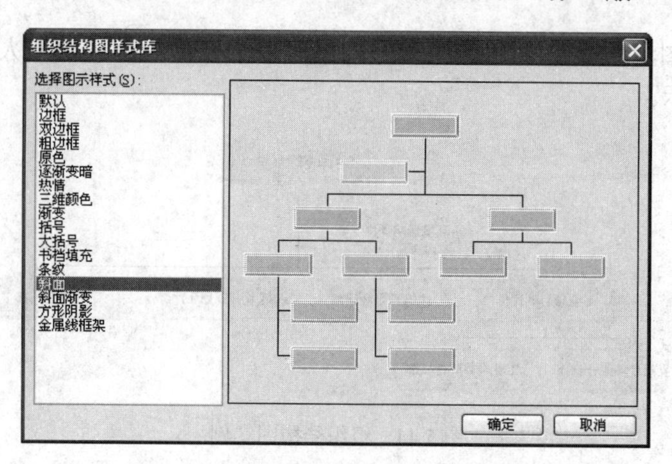

图 5.48 “组织结构图样式库”对话框

- “同事”：将形状放置在所选形状的旁边并连接到同一个上级形状上。
- “下属”：将新的形状放置在下一层并将其连接到所选形状上。
- “助手”：使用肘形连接符将新的形状放置在所选形状之下。

（7）按样图分别给第三行的三个形状输入文字。

（8）单击选中第三个形状，单击工具栏中的“插入形状”按钮“插入形状(N)”的下拉箭头，选择“同事”，并输入文本。

（9）选中第三行的第一个形状，插入一个新的“下属”形状并输入文本后，给该形状插入一个“同事”形状。

（10）选中整个组织结构图，可以同时设置所有形状中的文本，拖动组织结构图的边框不仅可以调整结构图的大小，同时还可以调整整个组织结构图每个形状的大小。

习题 5

一、单选题

1. 在 Word 的文档中插入数学公式，在“插入”菜单中应选的命令是（　　）。

   A. 符号　　B. 图片

   C. 文件　　D. 对象

2. 在 Word 编辑状态下绘制图形时，文档应处于（　　）。

   A. 普通视图　　B. 主控文档

   C. 页面视图　　D. 大纲视图

二、上机练习

1. 按以下样图练习绘制图形。

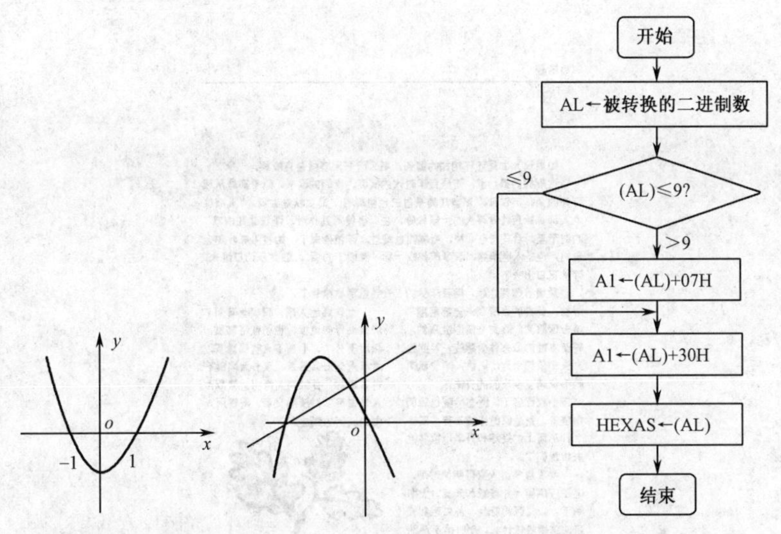

2．录入样文，并完成以下操作：

- 设置页面：纸张大小为B5；页眉1.9厘米，页脚2.1厘米。
- 设置艺术字：将标题“读书的阶梯”设置为艺术字，艺术字样式选第3行第1列；字体为黑体；艺术字形状为右牛角形；阴影选样式13；按样图适当调整艺术字的大小和位置（提示：环绕方式：“上下型”）。
- 设置栏格式：将正文第3段至第6段设置为两栏格式。
- 设置边框底纹：设置正文最后两段的字体为黑体；底纹填充“白色”；图案式样“10%”，颜色为“青色”。
- 在样图所在位置插入剪贴画“秋天”。设置图片大小：宽度4.78厘米，高度3.29厘米。
- 设置页眉页脚：按样图添加页眉文字“生活情趣”，插入页码，并设置相应格式。

【样文】

读书的阶梯

如果说人生是环环相扣的链条，那么读书大概就会有阶梯。

这阶梯的第一步，便是青年时代的读诗。我们的读书，似乎都是从读诗开的头。不仅读，那当儿确乎自己也在写着。梁实秋先生说：“大概每个人都曾经有过做诗人的一段经验。在‘怨黄莺儿作对，怪粉蝶儿成双’的时节里，看花谢也心凉，听猫叫也难过，诗就会来了，如枝头树叶那么自然。但是入世稍深，渐渐煎熬成一颗‘煮硬了的蛋’，散文从门口进来，诗从窗口出去了。”

紧接着读诗之后，随着年龄的增长，青春的热情尚未全部落潮，就去读散文。散文是情感性质的，需要赤忱的心去体验感应，等到散文失却了吸引力，记录人间悲喜剧的小说就受到我们的青睐。

小说读多了，世态冷暖也经历知晓了，光是原地打转不行，需要一种形而上的提炼和升华，哲学就来找我们了。

读了哲学，人变得明快透彻，但还应保留一分稚嫩和天真，太彻底了，心灵有些空虚，人生感到孤寂，总想皈依什么，那时忙不迭地寻觅宗教读物了。

一俟练达人情、洞察世事到了炉火纯青的地步，也就雅俗共赏、深浅不分了。小孩子喜欢喝糖茶，老年人爱好品苦茶。读书大概确乎有着阶梯。曾经有人指出，读周作人先生平实冲淡的文章，需要用人生的阅历去铺垫。

有人永远读诗。有人只读浓得化不开的散文。有人读读小说就够了。

只有一部分人，在读书的阶梯上不断地走下去。

【样图】

生活情趣　　1

读书的阶梯

如果说人生是环环相扣的链条，那么读书大概就会有阶梯。

这阶梯的第一步，便是青年时代的读诗。我们的读书，似乎都是从读诗开的头。不仅读，那当儿几乎自己也在写着。梁实秋先生说："大概每个人都曾经有过做诗人的一段经验。在'恰恰莺儿作对，怪箬蝶儿成双'的时节里，看花谢也心惊，听猫叫也难过，诗就会来了，如枝头的叶那么自然。但是入世稍深，渐渐成熟成一颗'煮硬了的蛋'，散文从门口进来，诗从窗口出去了。"

紧接着读诗之后，随着年龄的增长，青春的热情尚未全部落潮，就去读散文。散文是情感性质的，需要赤忱的心去体验感应，等到散文失却了吸引力，记录人间悲喜剧的小说就受到我们的青睐。

小说读多了，世态冷暖也经历知晓了，光是原地打转不行，需要一种形而上的提炼和升华，哲学就来找我们了。

读了哲学，人变得明快透彻，但还应保留一分稚嫩和天真，太彻底了，心灵有的空虚，人生感到寂寞，总想皈依什么，那时代不选地寻觅宗教读物了。

一旦练达人情，洞察世事到了炉火纯青的地步，也就雅俗都赏，深浅不分了。小孩子喜欢喝糖茶，老年人爱好品苦茶。读书大概确乎有着阶梯，曾经有人指出，读周作人先生平实冲淡的文章，需要用人生的阅历去铺垫。

有人永远读诗，有人只读浓得化不开的散文，有人读读小说就够了，只有一部分人，在读书的阶梯上不断地走下去。

3．录入样文，并完成以下操作。

- 设置页面：纸张大小 B5；页眉 3 厘米；页边距：上、下各 2.46 厘米，左、右各 3.42 厘米。
- 字符格式设置：见样图。
- 设置艺术字：将标题"放言"二字设置为艺术字，艺术字样式选第 1 行第 3 列；字体为隶书；艺术字形状为山形；阴影选样式 17；按样图适当调整艺术字的大小和位置（提示：环绕方式为"四周型"，环绕文字"只在右侧"）。
- 设置栏格式：将正文设置为两栏格式，加分隔线（提示：在第一首诗的后面插"分栏符"）。
- 设置底纹：设置"白居易"一行底纹，图案式样 12.5%。
- 在样图所在位置插入剪贴画"树木"。设置图片大小：宽度 5.1 厘米，高度 3.5 厘米。
- 设置页眉页脚：按样图添加页眉文字"唐诗欣赏"，插入页码，并设置相应格式。
- 设置尾注：对"白居易"三个字添加尾注，"✍ 白居易（772—846）字乐天，号香山居士，唐代著名诗人。"

【样文】

放　言

五首之二

白居易

一

朝真暮伪何人辨，古往今来底事无。

但爱臧生能诈圣，可知宁子解佯愚。

草萤有耀终非火，荷露虽团岂是珠。

不取燔柴兼照乘，可怜光彩亦何殊。

二

赠君一法决狐疑，不用钻龟与祝蓍。

试玉要烧三日满，辨材须待七年期。

周公恐惧流言日，王莽谦恭下士时。

向使当初身便死，一生真伪复谁知？

白居易（772—846）字乐天，号香山居士，唐代著名诗人。

唐诗欣赏　　第1页

放言

五首选二

白居易[1]

一

朝真暮伪何人辨，
古往今来底事无？
但爱臧生能诈圣，
可知甯子解佯愚。
草萤有耀终非火，
荷露虽团岂是珠。
不取燔柴兼照乘，
可怜光彩亦何殊。

二

赠君一法决狐疑，
不用钻龟与祝蓍。
试玉要烧三日满，
辨材须待七年期。
周公恐惧流言日，
王莽谦恭未篡时。
向使当初身便死，
一生真伪复谁知。

[1] 白居易（772-846）字乐天，号香山居士，唐代著名诗人。

4．录入样文，并完成以下操作。

- 将全文中的“System”替换为“系统”。
- 将“三、远程登录的意义和作用”一部分内容中的符号“▲”替换为符号“◆”。
- 将页面设置为A4，页边距设为上 2.3 厘米、下 2.1 厘米，左 2.5 厘米、右 2.3 厘米。
- 将文档的第一行文字“远程登录服务”作为标题，标题居中，黑体三号字，倾斜、加下画线。
- 除大标题外的所有内容悬挂缩进 0.65 厘米，两端对齐，楷体五号字。
- 将大标题之下的第一个自然段的段前距、段后距均设为 12 磅。
- 在文档中绘制一个椭圆形，要求：高度 2.5 厘米、宽度 4.5 厘米；水平距页面 8.6 厘米、垂直距页面 16.5 厘米；线条为红色实线、线宽 2.25 磅；填充黄色；环绕方式设为“四周型”、环绕位置设为“两边”。
- 在“自选图形”的“基本形状”中选择“菱形”，将其置于椭圆形之中，然后对该自选图形进行设置，要求：高度 1.6 厘米、宽度 3.5 厘米；水平距页面 9.1 厘米、垂直距页面 17 厘米；填充蓝色，无线条色；环绕方式设为“四周型”、环绕位置设为“两边”。

【样文】

远程登录服务

远程登录是指把本地计算机通过 Internet 连接到一台远程分时 System 计算机上，登录成功后本地计算机完全成为对方主机的一个远程仿真终端用户。这时本地计算机和远程主机的普通终端一样，它能够使用的资源和工作方式完全取决于该主机的 System。

一、远程登录的实现

要实现远程登录，本地计算机需运行 TCP/IP 通信协议 Telnet，或称远程登录应用程序。此外，还要成为远程计算机的合法用户，也就是通过注册，取得一个指定的用户名，即登录标识（login identifier）和口令（password）。当然，Internet 上也有许多免费的 System 可供使用，这些 System 无须注册。进入这些 System 时一般可以省略登录标识和口令，即使需要输入它们时，System 也会提示用户如何输入。

二、启动远程登录

启动 Telnet 应用程序进行登录时，首先给出远程计算机的域名或 IP 地址，System 开始建立本地机与远程计算机的连接。连接建立后，再根据登录过程中远程计算机 System 的询问正确地输入自己的用户名和口令，登录成功后用户的键盘和计算机就好像与远程计算机直接相连一样，可以直接输入该 System 的命令或执行该机上的应用程序。工作完成后可以通过登录退出通知 System 结束 Telnet 的联机过程，返回到自己的计算机 System。

三、远程登录的意义和作用

远程登录的应用十分广泛，其意义和作用主要表现在：

▲提高了本地计算机的功能。由于通过远程登录计算机，用户可以直接使用远程计算机上的资源，因此，在自己计算机上不能完成的复杂处理都可以通过登录到可以进行该处理的计算机上去完成，从而大大提高了本地计算机的处理功能。这也是 Telnet 应用十分广泛的重要原因。

▲扩大了计算机 System 的通用性。有些软件 System 只能在特定的计算机上运行，通过远程登录，不能运行这些软件的计算机也可以使用这些软件，从而扩大了它们的通用性。

▲使用 Internet 的其他功能。通过远程登录几乎可以使用后面将介绍的 Internet 各种功能。例如，登录到一台 WWW 服务器上就可以进行浏览查询。在 Internet 的实际应用过程中，用其他软件登录不成功时，往往可以尝试用 Telnet 登录，若登录成功即可完成相应的功能。

▲访问大型数据库的联机检索 System。大型数据库联机检索 System 如 Dialog、Medline 等的终端，一般都运行简单的通信软件，通过本地的 Dialog 或者 Medline 的远程检索访问程序直接进行远程检索。由于这些大型数据库 System 的主机往往都装载有 TCP/IP 协议，故通过 Internet 也可以进行检索。

5．输入以下文字，按样图练习文本框设置。

- 按样图插入 5 个文本框，分别存放四部分内容及总体内容，并设置相应的边框和填充效果。
- 设置字符格式：杜甫古诗为“宋体、四号、居中对齐”；作者简介为“楷体、四号、分散对齐”；“举进士不第”部分为“宋体、五号、两端对齐”；白话诗文为“宋体、小四、两端对齐”。其余按样张。
- 在样图所在位置插入剪贴画“树木”，设置图片大小：宽度 3.89 厘米，高度 8.28 厘米。

【样文】

望岳-杜甫

岱宗夫如何，齐鲁青未了。造化钟神秀，阴阳割昏晓。荡胸生层云，决眦如归鸟，会当凌绝顶，一览众山小。

作者简介　　杜甫　　字子美　襄阳人

白话

泰山啊，你究竟有多么宏伟壮丽？你既挺拔苍翠，又横跨齐鲁两地。造物者给你，集中了瑰丽和神奇，你高峻的山峰，把南北分成晨夕。望层层云气升腾，令人胸怀荡涤，看归鸟回旋入山，使人眼眶欲碎，有朝一日，我总要登上你的绝顶，把周围矮小的群山们，一览无遗。

举进士不第，因游长安。玄宗朝奏赋三篇，帝奇之，使待制集贤院，数上赋颂，高自称道。肃宗拜右拾遗。坐房宫事，出为华州司功，遇饥乱，弃官客秦州，负薪采集栗自给，流落剑南，严武表为参谋检校工部员外郎，往来夔梓间。大历中，客莱阳。一夕，大醉，卒。年五十九。有集六十集。

【样图】

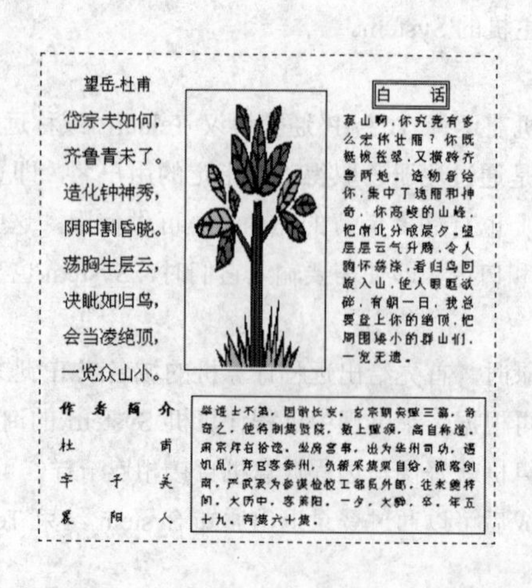

6．按样图练习插入公式。

【样图】

① $a = \lim \dfrac{\Delta v}{\Delta t}$

② ${}^{235}_{92}U + {}^{1}_{0}n \xrightarrow{\quad\quad} {}^{90}_{38}Sr + {}^{136}_{54}Xe + 10{}^{1}_{0}n$

③ $\int_{n}^{m} C_n^m = \int \sum \sin\alpha = t^\circ = \overline{v} = \sqrt[3]{\sqrt{y}}$℃

④ $\sum F = ma$

⑤ $v_2^2 - v_1^2 = 2as$

由式④、⑤可得：

⑥ $\sum F = m \cdot \dfrac{v_2^2 - v_1^2}{2s}$

第6章 表格处理

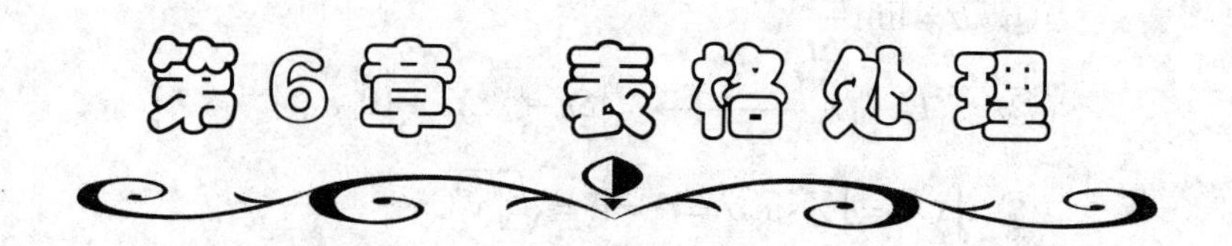

学习目标

◆ 掌握创建简单表格和复杂表格的方法

◆ 掌握编辑表格的基本操作方法（如表格的选定、表格的移动、表格线的移动、表格行列的插入、表格行列的删除等）

◆ 掌握表格格式的设置（如设置对齐方式、设置边框与底纹、表格自动套用格式）

表格是制作文档时常用的一种组织文字的形式，如：日程安排、花名册、成绩单及各种报表。使用表格形式给人以直观、严谨的版面观感。

6.1 创建表格

在 Word 2003 中，创建表格的方法多种多样，可以用“常用”工具栏中的“插入表格”按钮或“表格”菜单中的“插入表格”命令创建一个规则的表格，也可以用“表格和边框”工具栏中的“绘制表格”按钮画出不规则的表格，还可以将已有的文本转换为表格。

6.1.1 创建规则表格

1. 使用“插入表格”按钮创建表格

如果要快速创建表格，并且创建表格过程中不设置自动套用格式和列宽，应按如下步骤操作：

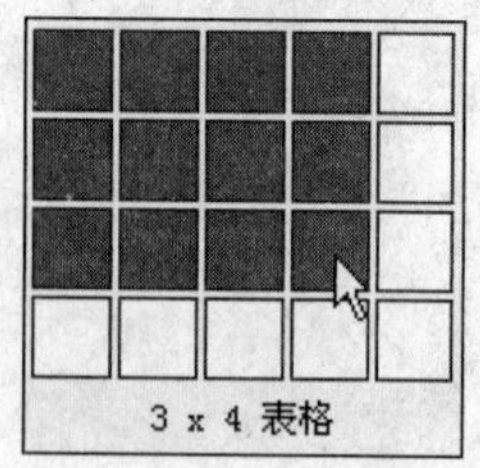

图 6.1 表格样板

（1）将插入点移到要插入表格的位置。

（2）单击“常用”工具栏中的“插入表格”按钮，打开表格样板。

（3）在表格样板中向右下方拖动鼠标定义表格的行、列数。例如，定义 3 行 4 列的表格，如图 6.1 所示。

（4）释放鼠标左键，Word 会在插入点处插入一个 3 行 4 列的表格。

2. 使用“插入表格”命令创建表格

若要在创建表格过程中同时设置列宽和表格的自动套用格式，应使用“表格”菜单中的“插入表格”命令。

（1）将插入点移到要插入表格的位置。

（2）单击“表格”菜单中的“插入”命令，再单击“表格”命令，打开“插入表格”对话框，如图 6.2 所示。

（3）在“表格尺寸”选项组的“列数”和“行数”增量框中输入表格的列数和行数，例如，3 行 4 列。

（4）在“‘自动调整’操作”选项组中选择一种合适的表格宽度调整方式。

- “固定列宽”：系统默认的是“自动”模式，即表格总体宽度占满整行，每一列的宽度均分行宽。也可以在“固定列宽”单选按钮旁的增量框中输入具体的列宽值，例如，2 厘米。
- “根据内容调整表格”：列的宽度随着内容变化。
- “根据窗口调整表格”：使表格的宽度与窗口或 Web 浏览器的宽度相适应，即当窗口或 Web 浏览器的宽度改变时，表格的宽度也随着变化。

（5）若要使本次在“插入表格”对话框中的设置成为以后创建新表格时的默认值，应选中“为新表格记忆此尺寸”复选框。

（6）单击“确定”按钮，关闭对话框。

【实例】制作如图 6.3 所示的表格。

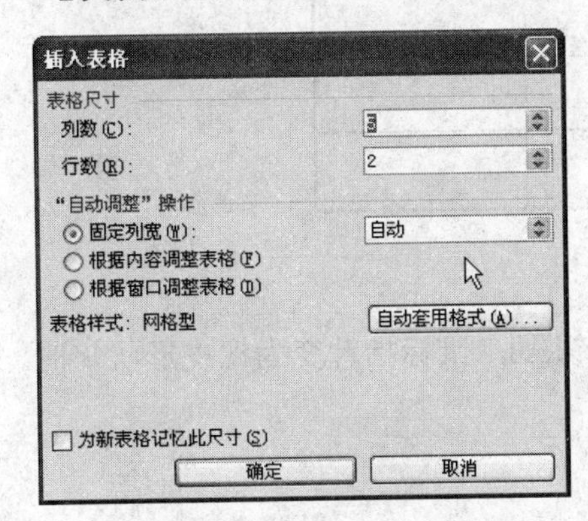

图 6.2　“插入表格”对话框

信息系统集成项目经理情况表（表dj-t6-1）

序号	部门名称	姓 名	项目经理资质证书编号	项目经理级别	从事岗位
1					
2					
3					

图 6.3　自动套用格式表格

（1）将插入点移到要插入表格的位置。

（2）打开“插入表格”对话框，设置“6”列、“4”行，选中“根据内容调整表格”，单击“自动套用格式”按钮，打开如图 6.4 所示的“表格自动套用格式”对话框。

（3）选用“网格型 8”。

6.1.2　创建不规则表格

在 Word 2003 中还可以用鼠标绘制任意不规则表格，甚至可以绘制斜线。

（1）单击“常用”工具栏中的“表格和边框”按钮，弹出“表格和边框”工具栏，如图 6.5 所示。

（2）单击“表格和边框”工具栏中的“绘制表格”按钮，鼠标指针变为笔形，在文本编辑区中向右下方拖动鼠标即可绘制表格的外框。在画外边框线之前，还可以通过“表格和边框”工具栏中的“线型”、“粗细”和“边框颜色”等按钮来定义边框线的线型、线宽和边框颜色。外框绘制完成后，使用鼠标可在外框中任意绘制横线、竖线或斜线。绘制的不规则表格如图 6.6 所示。

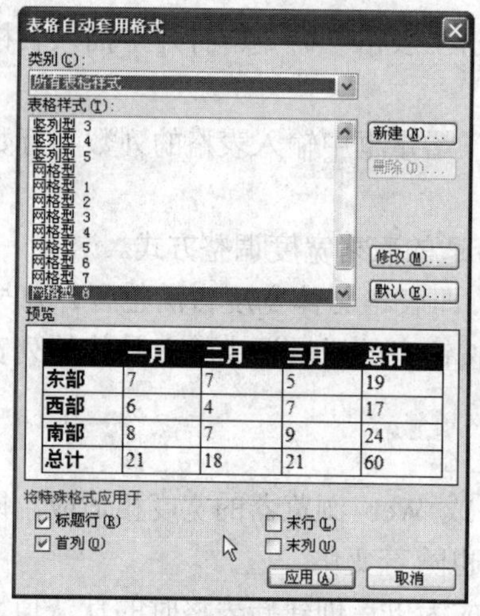

图 6.4 “表格自动套用格式”对话框

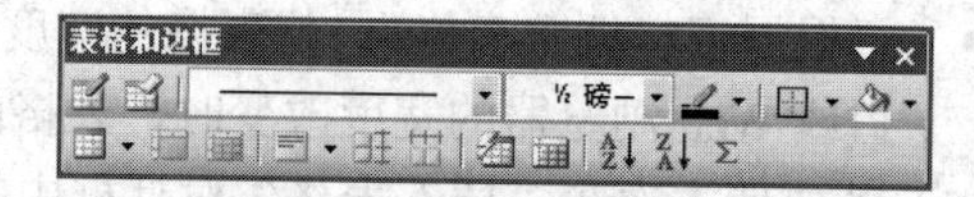

图 6.5 “表格和边框”工具栏

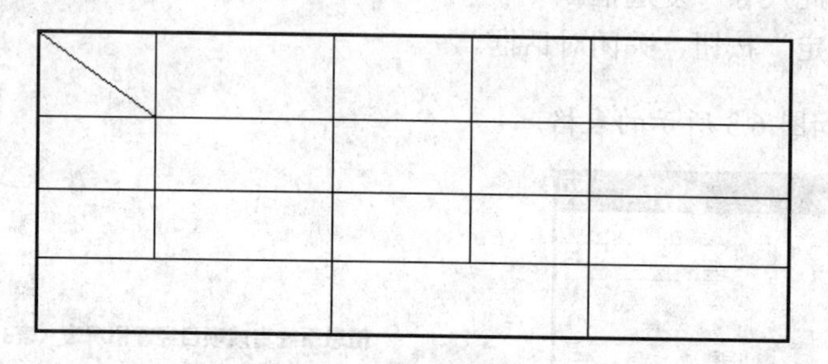

图 6.6 不规则表格示例

（3）单击“表格和边框”工具栏中的“擦除”按钮，鼠标指针变为橡皮形状时，拖动鼠标经过要删除的表线即可删除该表线。

实用技巧

先使用“插入表格”按钮创建规则表格，再利用“表格和边框”工具栏进行修改，可以快速创建各种表格。

6.1.3 文字和表格间的相互转换

在 Word 中可将已输入的文字转换成表格，也可以将表格转换成文字。

1．将文字转换成表格

在 Word 中，可以很容易地将用段落标记、空格、制表符或其他特定字符隔开的文字转换成表格。

（1）选定要转换的文本，如图 6.7 所示，文字之间用制表符隔开。

（2）单击“表格”下拉菜单中的“转换”命令，再单击“文字转换成表格”命令，打开“将文字转换成表格”对话框，如图 6.8 所示。

（3）Word 自动检测出文字中的行、列数及文字间的分隔符。其中列数和分隔符，还可以根据需要重新进行设置。比如要选用一种特殊符号作为分隔符，可以在“文字分隔位置”选项组中选中“其他字符”单选按钮，并在文本框中输入所用的分隔符。

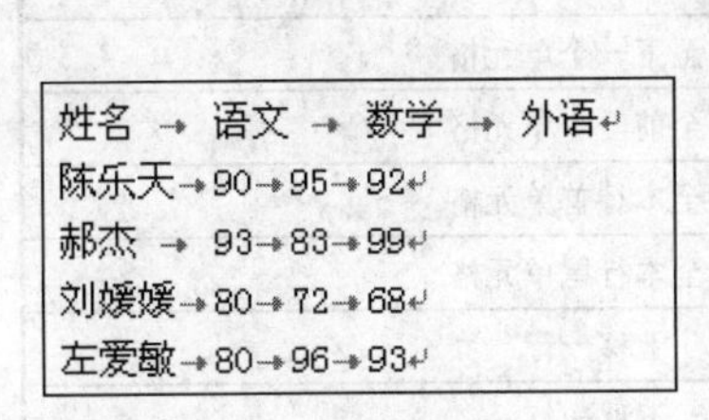

图 6.7　要转换为表格的文本

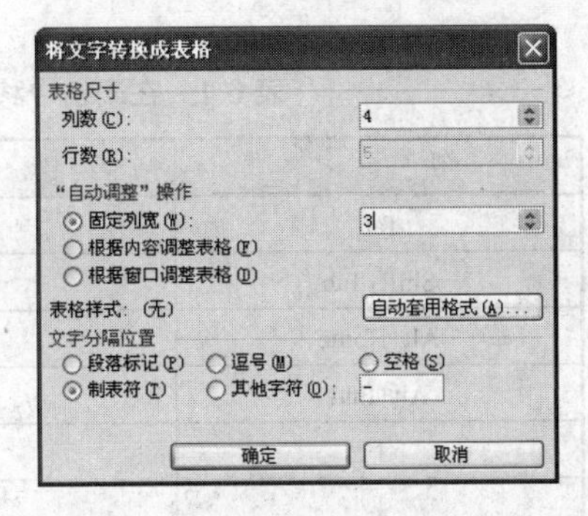

图 6.8　“将文字转换成表格”对话框

（4）在“‘自动调整’操作”选项组中选择所需的选项，例如，指定表格的列宽为“3厘米”。

（5）单击“确定”按钮，关闭对话框，转换成的表格如图 6.9 所示。

2. 将表格转换成文字

（1）将插入点移到表格中。

（2）单击“表格”下拉菜单中的“转换”命令，单击子菜单中的“表格转换成文字”命令，打开“表格转换成文本”对话框，如图 6.10 所示。

姓名	语文	数学	外语
陈乐天	90	95	92
郝杰	93	83	99
刘媛媛	80	72	68
左爱敏	80	96	93

图 6.9　将用制表符分隔的文本转换成表格

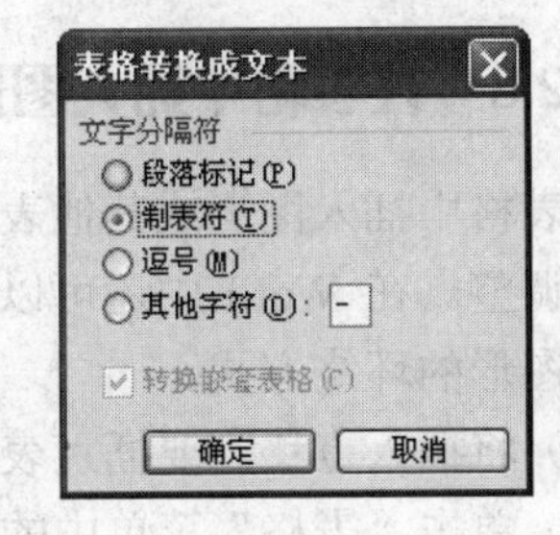

图 6.10　“表格转换成文本”对话框

（3）选择一种文字分隔符，默认情况下为制表符。

- “段落标记”：可将每个单元格的内容转换成一个段落。
- “制表符”：可将单元格的内容用制表符分开，每行单元格的内容成为一个段落。
- “逗号”：可将单元格的内容用逗号分开，每行单元格的内容成为一个段落。
- “其他字符”：在文本框中输入其他用做分隔符的字符。

（4）单击“确定”按钮，关闭对话框。

6.2　编辑表格

6.2.1　在表格中移动光标

用鼠标在表格中移动光标非常简单，只需在所选单元格内单击即可。应用键盘移动光标的快捷键及功能见表 6.1。

表 6.1 在表格中移动插入点的快捷键及其功能

快 捷 键	功 能
Tab	移至下一个单元格
Shift+Tab	移至前一个单元格
Alt+Home	移至本行首单元格
Alt+End	移至本行尾单元格
↑	上移一行
↓	下移一行
→	右移一个字符
←	左移一个字符
Alt+PageUp	移至同列的首单元格
Alt+PageDown	移至同列的尾单元格

6.2.2 输入文本

将插入点移到要输入文本的单元格中即可输入文本，在输入过程中如果内容过多，Word 将自动调整单元格的大小。例如，当输入的文本到达单元格右线时将自动换行，并加大行高以容纳更多的内容；输入过程中按回车键，可以在该单元格中开始一个新段落。

6.2.3 在表格中插入图形和其他表格

在表格中插入图形或其他表格时，所在行的高度会自动增大，与图形相匹配，但列宽不会自动调整。在 Word 中还可以利用“图片”工具栏中的“文字环绕”按钮来设置单元格中文字与图形的环绕方式。

（1）将插入点移到要插入表格的单元格中。

（2）单击“表格”菜单中的“插入”命令，再单击“表格”命令，打开“插入表格”对话框。

（3）在“表格尺寸”选项组的“列数”和“行数”增量框中输入新插入表格的列数和行数。

（4）单击“确定”按钮，关闭对话框，即可在当前单元格中插入其他表格。

6.2.4 选定表格内容

在表格中选定文本或图形与在文档中选定文本或图形的方法一样，而在表格中选定单元格、行或列又有特殊的技巧。

1．用菜单命令选定

将插入点移到要选定的表格、行、列的任一单元格中，或将插入点移到要选定的某一个单元格中，单击“表格”菜单中的“选定”命令，在“选定”子菜单中单击要选中的项。

2．用鼠标、键盘选定

用鼠标、键盘选定表格内容的操作方法见表 6.2。

表 6.2　用鼠标、键盘选定表格内容

选 中 内 容	操　作
单元格	将鼠标指针移至该单元格的左端内侧，当鼠标指针变为向右上斜指的黑箭头时，单击
连续单元格	按 Shift+光标键、扫过要选定的单元格
一行	将鼠标指针移至该行的左端外侧，当鼠标指针变为向右上斜指的箭头时，单击
一列	将鼠标指针移至该列顶端，当鼠标指针变为向下指的黑箭头时，单击；或者按下 Alt 键，同时单击该列任一单元格

6.2.5　移动、复制表格中的内容

1．移动、复制单元格区域中的内容

（1）选定要移动或复制的单元格区域（包括单元格结束符）。

（2）按“Ctrl+X”或“Ctrl+C”组合键。

（3）把插入点移到目标位置左上角的单元格中。

（4）按“Ctrl+V”组合键。

执行以上操作后，Word 将剪贴板中的内容复制到指定的位置，并替换目标位置单元格中已存在的内容。

2．移动、复制一行（列）中的内容

（1）选定要移动或复制的一整行（列）表格（包括行结束符）。

（2）按“Ctrl+X”或“Ctrl+C”组合键，将选定的内容存放到剪贴板中。

（3）把插入点移到目标位置行（列）的第一个单元格中。

（4）按“Ctrl+V”组合键。

6.3　调整表格

调整表格包括：插入行或列、删除行或列、插入或删除单元格、根据表格内容调整表格、调整表格的行高或列宽、对整个表格进行缩放、合并单元格及拆分单元格等。

6.3.1　插入行或列

（1）在表格中要插入新行或新列的位置选定与要插入行数或列数一致的行或列。

（2）单击“表格”菜单中的“插入”命令，打开其子菜单，如图 6.11 所示。

（3）根据需要选中“列（在左侧）”、“列（在右侧）”、“行（在上方）”、“行（在下方）”选项中的一项，便可插入新行或新列。

实用技巧

如果想在表尾插入新行，只要把插入点移到表格最后一行的末单元格中，按“Tab”键，即可在表格底部添加一个新行。

6.3.2 删除行、列或整个表格

（1）选定要删除的行或列或整个表格。

（2）单击“表格”菜单中的“删除”命令，再根据需要单击其子菜单中的选项：“表格”、“列”、“行”、“单元格”。

6.3.3 插入单元格

（1）在要插入新单元格的位置选定要插入的单元格个数。

（2）单击“表格”菜单中的“插入”命令，再单击“单元格”命令，打开“插入单元格”对话框，如图 6.12 所示。

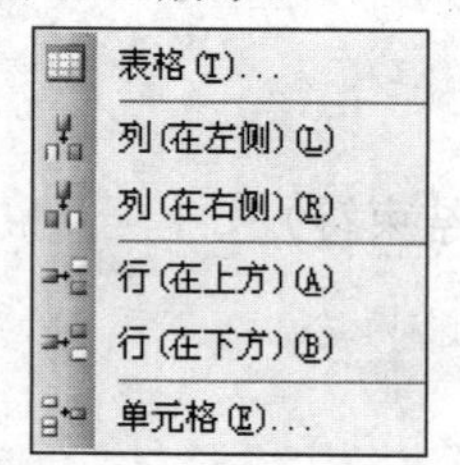

图 6.11 “插入”子菜单

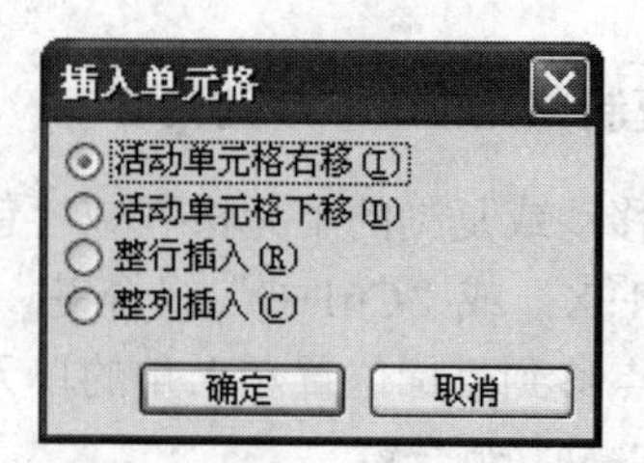

图 6.12 “插入单元格”对话框

（3）根据需要在对话框中选择选项：“活动单元格右移”，示例如图 6.13 所示。

姓名	语文	数学	外语	
陈乐天	90		95	92
郝杰	93		83	99
刘媛媛	80	72	68	
左爱敏	80	96	93	

图 6.13 活动单元格右移示例

6.3.4 删除单元格

（1）选定要删除的单元格。

（2）单击“表格”菜单中的“删除”命令，再单击“单元格”选项，打开“删除单元格”对话框，如图 6.14 所示。

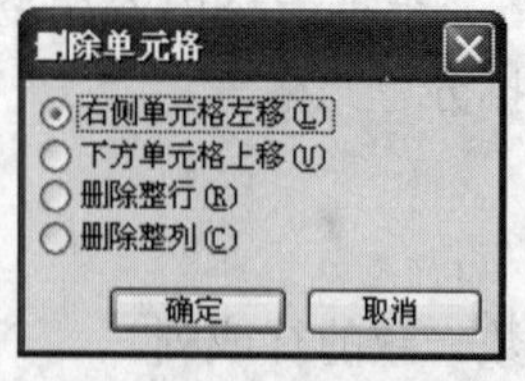

图 6.14 “删除单元格”对话框

（3）可以根据需要选择：“右侧单元格左移”、“下方单元格上移”、“删除整行”、“删除整列”。

实用技巧

如果要删除的只是单元格的内容，可在选中该单元格后按“Delete”键。

6.3.5 调整表格的行高

表格在最初创建时，每一行的高度都是相等的，当向单元格中添加文本时，Word 会自动调整行高，也可以根据需要改变行高。

1．使用鼠标快速调整行高。

（1）单击“视图”菜单中的“页面”命令。

（2）将鼠标指针移到需调整高度的行的上边线或下边线上，直到鼠标指针变成÷形状，按住鼠标左键上下拖动，至合适行高后，松开鼠标左键。

注意

使用鼠标调整表格的行高必须在“页面”视图中进行。

2．使用快捷菜单精确设置行高

（1）在需要调整的表格上单击鼠标右键，再单击“表格属性”命令，打开“表格属性”对话框后，再选中“行”选项卡，如图 6.15 所示。

（2）选定“指定高度”复选框，在其后的增量框中输入确切的高度值，如“1 厘米”，就可以将插入点所在行的高度设置为 1 厘米。根据需要，还可选择“行高值是”下拉列表框中的选项。

- “最小值”：行的高度是适应内容的最小值，当单元格中的内容超过最小行高时，Word 会自动增加行高。
- “固定值”：指定行的高度是一个固定值，但是当单元格中的内容超过了设置的行高时，Word 将不能完整地显示或打印超出的部分。

（3）如果要改变其他行的行高，可单击“上一行”按钮或“下一行”按钮。

6.3.6　调整表格的列宽

1．使用鼠标快速调整列宽

将鼠标指针移到需调整列宽的表格线上，直到鼠标指针变成+||+形状，按住鼠标左键左右拖动，至合适列宽后，松开鼠标左键。

2．使用快捷菜单精确设置列宽

使用快捷菜单命令可以精确设置列宽。

（1）在需要调整的表格上单击鼠标右键，在快捷菜单中打开“表格属性”对话框的“列”选项卡，如图 6.16 所示。

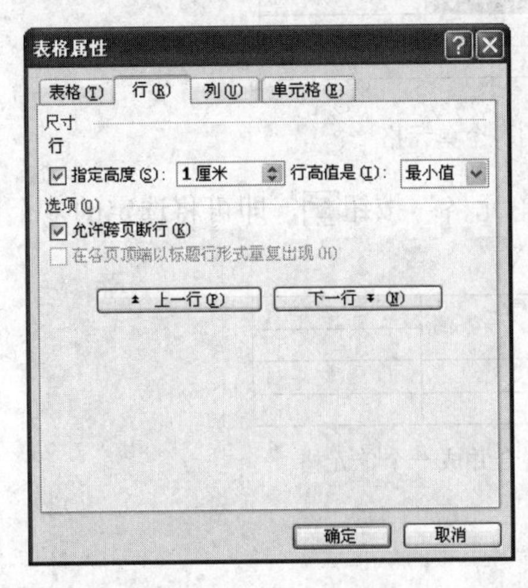

图 6.15　“行”选项卡

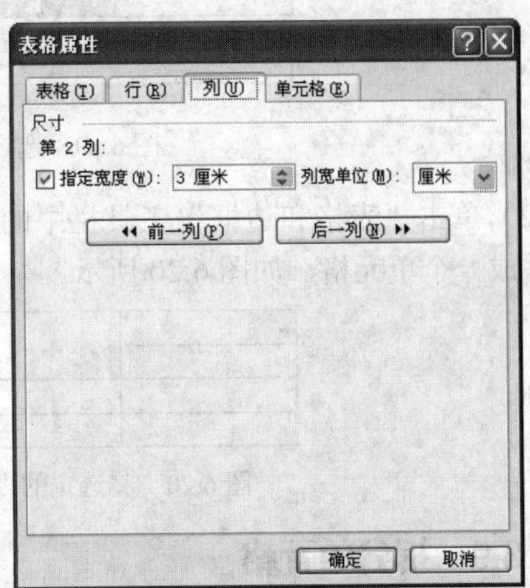

图 6.16　“列”选项卡

（2）选定“指定宽度”复选框，在其后的增量框中输入确切的宽度值后，在“列宽单位”下拉列表框中选定列宽的单位，可以是“厘米”或“百分比”，即可精确设置插入点光标所在列的宽度。

（3）如果想改变其他列的列宽，可单击“前一列”按钮或“后一列”按钮。

6.3.7 调整单元格的宽度

除了可以改变表格中列的宽度外，还可以单独调整单元格的宽度。

（1）选定要改变宽度的单元格。

（2）将鼠标指针移到要调整的单元格边线上，鼠标指针变为⫲形状后，按住鼠标左键拖动鼠标至合适位置，如图 6.17 所示。

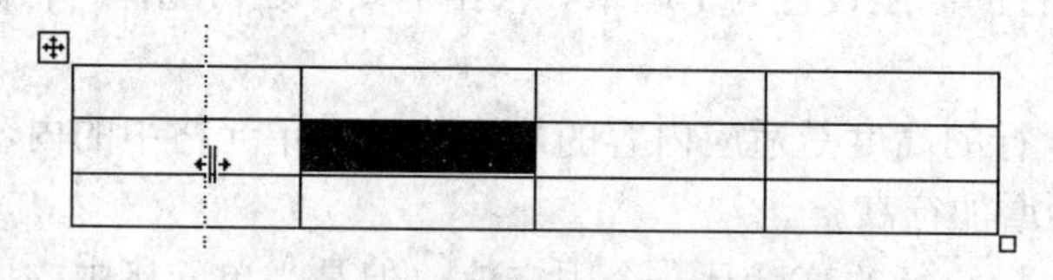

图 6.17 用鼠标调整单元格宽度

（3）松开鼠标左键，结果如图 6.18 所示。

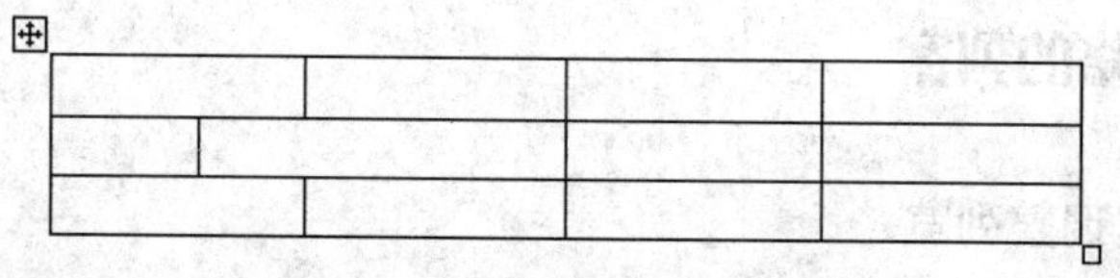

图 6.18 调整选定单元格的宽度

6.3.8 合并单元格

合并单元格就是将表格中连续的多个单元格合并为一个单元格。

（1）选定要合并的多个单元格，如图 6.19 所示。

图 6.19 选定要合并的多个单元格

（2）单击“表格和边框”工具栏中的“合并单元格”按钮▦，即可将选定的多个单元格合并成一个单元格，如图 6.20 所示。

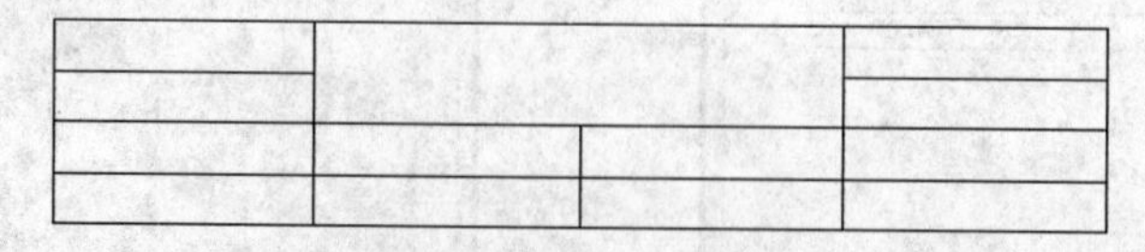

图 6.20 将选定的多个单元格合并成一个单元格

6.3.9 拆分单元格

拆分单元格就是将一个单元格拆分成多个单元格。

（1）选定要拆分的一个或多个单元格，如图 6.21 所示。

（2）单击“表格和边框”工具栏中的“拆分单元格”按钮，打开“拆分单元格”对话框，如图 6.22 所示。

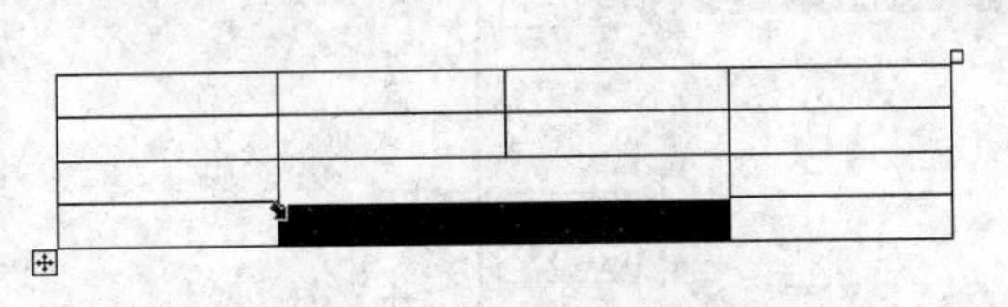

图 6.21　选定要拆分的单元格

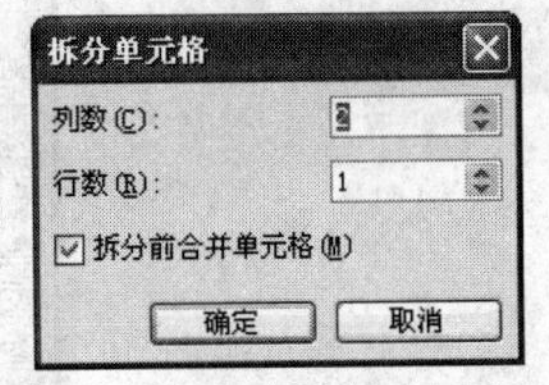

图 6.22　“拆分单元格”对话框

（3）在“列数”增量框中输入要拆分的列数，在“行数”增量框中输入要拆分的行数，例如，在“列数”增量框中输入“2”，在“行数”增量框中输入“1”。

（4）如果需要重新设置表格，应选中“拆分前合并单元格”复选框。如果要将“行数”框和“列数”框中的值分别应用于每个选定的单元格，则应清除该复选框。

（5）单击“确定”按钮，结果如图 6.23 所示。

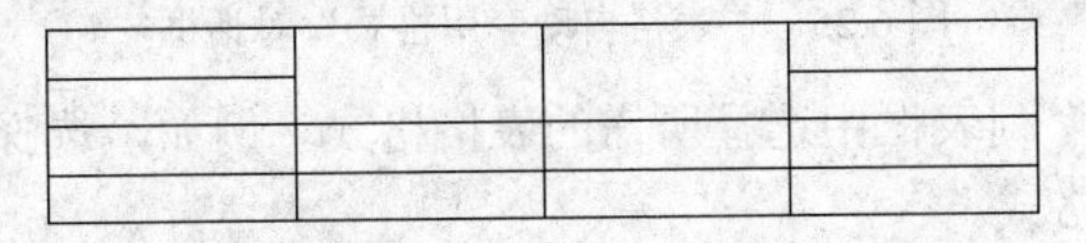

图 6.23　将选定的单元格按要求拆分成多个小单元格

6.3.10　拆分表格

拆分表格就是将一个大表格拆分成两个表格，以便在表格之间插入一些说明性的文字。

（1）将插入点移至将作为新表格第一行的行中，如表格的第三行中。

（2）单击“表格”菜单中的“拆分表格”命令，即可将表格拆分成两个表格，如图 6.24 所示。

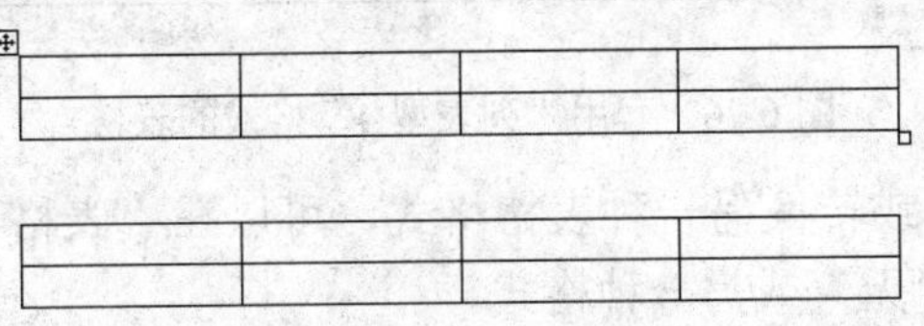

图 6.24　将一个表格拆分成两个表格

6.4　格式化表格

在 Word 中不仅可以对表格进行调整，还可以对其进行格式化，从而生成更美观、更专业化的表格。

6.4.1　自动套用表格格式

Word 2003 提供了 40 多种预定义的表格格式，无论是新建的空表，还是已输入数据的表格，都可以使用表格自动套用格式。

（1）将插入点移至要套用格式的表格中。

（2）单击“表格”菜单中的“表格自动套用格式”命令，打开“表格自动套用格式”对话框，如图 6.25 所示。

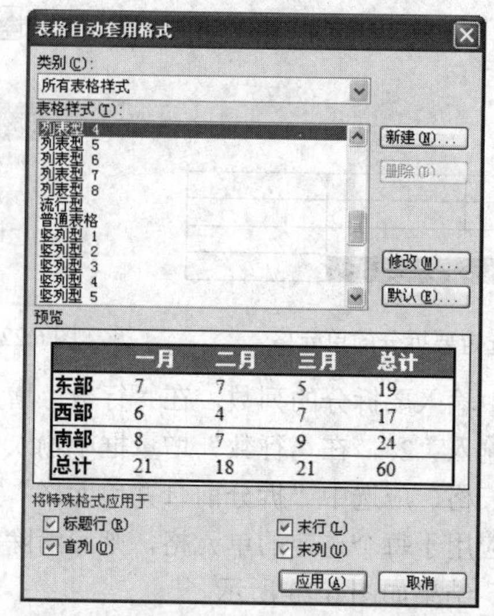

图 6.25 “表格自动套用格式”对话框

（3）在“表格样式”列表框中选择所需的表格格式。例如，选择“列表型 4”，在“预览”框中将显示相应的格式。

（4）在“将特殊格式应用于”选项组中有 4 个复选框：“标题行”、“首列”、“末行”、“末列”。可以通过选择这些选项来决定将特殊格式应用于哪些区域。通常情况下，对表格的“标题行”和“首列”应用特殊格式，可只选中这两个复选框。

（5）单击“应用”按钮，结果如图 6.26 所示。

姓名	语文	数学	外语
陈乐天	90	95	92
郝杰	93	83	99
刘媛媛	80	72	68
左爱敏	80	96	93

图 6.26 套用“列表型 4”格式的表格

如果要清除表格格式或转换另一种表格格式，可以在“表格自动套用格式”对话框的“表格样式”列表中选择“无”或另一种格式。

6.4.2 给表格中的文字设置格式

在文档正文中设置字符格式的方法，同样也适用于设置表格中的字符。即先选中要设置字符格式的行、列或单元格，如选中表格的第一行，就可以用前面学过的方法来设置表中文字的字体、字号、字型、在单元格中的对齐方式等。例如，打开“格式”工具栏中的“字体”下拉列表，选择“黑体”，打开“字号”下拉列表，选择“3 号字”，然后单击“加粗”、“倾斜”、“下画线”及“居中”按钮，结果如图 6.27 所示。

<u>姓名</u>	***<u>语文</u>***	***<u>数学</u>***	***<u>外语</u>***
陈乐天	90	95	92
郝杰	93	83	99
刘媛媛	80	72	68
左爱敏	80	96	93

图 6.27 给表格中的文字设置格式

6.4.3　设置单元格中文本的垂直对齐方式

（1）选定要改变文本垂直对齐方式的单元格。

（2）单击“表格和边框”工具栏中的“单元格对齐方式”按钮右侧的向下箭头，打开其下拉菜单，如图 6.28 所示，从中可选择 9 种水平和垂直的对齐方式。

中部居中

图 6.28　“单元格对齐方式”下拉菜单

6.4.4　改变单元格中文字的方向

在 Word 中，表格中的文字不仅可以沿水平方向排列，还可以沿垂直方向排列。

（1）选定要改变文字方向的单元格。

（2）单击“格式”菜单中的“文字方向”命令，打开“文字方向-表格单元格”对话框，如图 6.29 所示。

（3）在“方向”选项组中根据需要选择一种文字方向。

6.4.5　设置表格对齐方式

（1）在表格的任一位置单击鼠标右键，选择快捷菜单中的“表格属性”命令，打开“表格属性”对话框的“表格”选项卡，如图 6.30 所示。

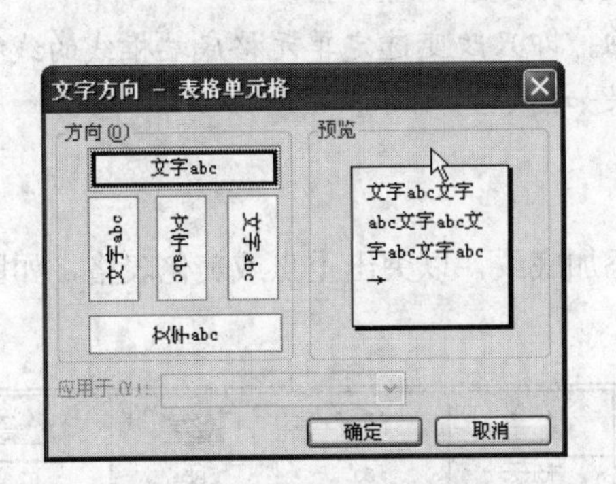

图 6.29　“文字方向-表格单元格”对话框

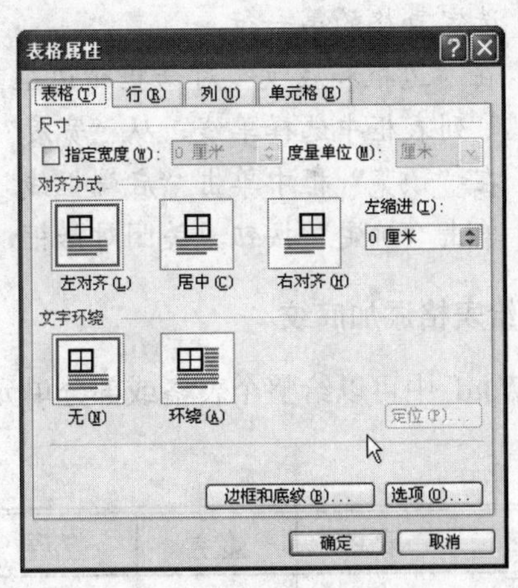

图 6.30　“表格”选项卡

（2）在“对齐方式”选项组中选择“左对齐”、“居中”、“右对齐”中的一种对齐方式。

6.4.6　设置表格的边框和底纹

1. 设置表格的边框线

在创建新表时，Word 默认以 1/2 磅的单实线做表格的边框，通过给表格添加边框可以修改表格中的线型，例如，外边框为双线的表格，如图 6.31 所示。

（1）将插入点移至要添加边框的表格中。

（2）单击“格式”菜单中的“边框和底纹”命令，打开“边框和底纹”对话框的“边框”

选项卡，如图 6.32 所示。

姓名	语文	数学	外语
陈乐天	90	95	92
郝杰	93	83	99
刘媛媛	80	72	68
左爱敏	80	96	93

图 6.31　双线外边框表格

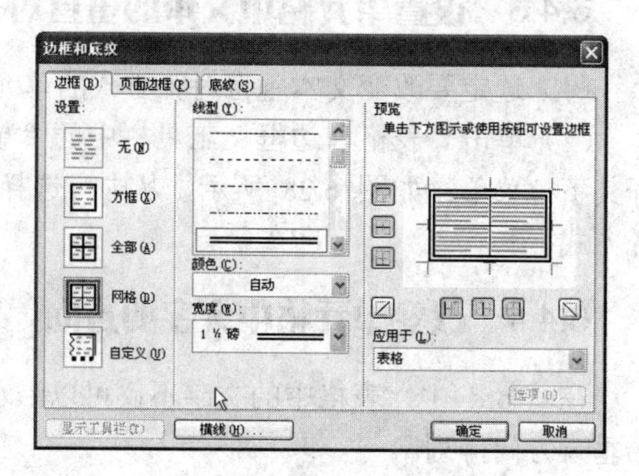

图 6.32　“边框”选项卡

（3）在“设置”选项组中选择边框设置方式：“网格”。

（4）在“线型”、“颜色”、“宽度”列表框中选择边框线的线型、颜色和宽度：“双实线”线型和“1.5 磅”宽度。

（5）在“预览”框中观察效果，满意后，单击“确定”按钮，关闭对话框，结果如图 6.31 所示。

【实例】将图 6.31 所示表格的第一行下边框线改为粗线。

（1）选定表格的第一行。

（2）在“边框和底纹”对话框“边框”选项卡的“应用于”列表框中选择“单元格”；从“线型”列表框中选择单线，从“宽度”列表框中选择“1.5 磅”。

（3）在“预览”框中单击“底端框线”按钮，即只改变选定单元格底端框线的线型。

（4）单击“确定”按钮，关闭对话框，结果如图 6.33 所示。

2．给表格添加底纹

在 Word 中可以给整个表格或部分单元格添加底纹，以突出重点或美化表格，如图 6.34 所示。

姓名	语文	数学	外语
陈乐天	90	95	92
郝杰	93	83	99
刘媛媛	80	72	68
左爱敏	80	96	93

图 6.33　将选定单元格的底端框线改为单粗线

姓名	语文	数学	外语
陈乐天	90	95	92
郝杰	93	83	99
刘媛媛	80	72	68
左爱敏	80	96	93

图 6.34　给第一行单元格添加底纹

选定要添加底纹的单元格，如第一行，就可以在“边框和底纹”对话框“底纹”选项卡的“填充”区和“样式”列表框中像设置文字的底纹一样进行设置。

6.4.7　设置斜线表头

斜线表头实例如图 6.35 所示，操作步骤如下：

（1）拖动“常用”工具栏上的“插入表格”按钮，生成 7 行 6 列的规则表格。

（2）选中整个表格，右击打开快捷菜单后，打开“表格属性”的“行”选项卡，指定

“1～7”列的行高为“1 厘米”，关闭对话框。

（3）选中第 1 行，再次打开“表格属性”的“行”选项卡，对第 1 行“指定高度”为“1.3 厘米”，关闭对话框。

（4）向右拖动第 1 列的右框线至合适位置后，第 1 列变大，而第 2 列变小，需进行调整。选中第 2～6 列后单击右键打开快捷菜单，选择其中的“平均分布各列”命令。

（5）选中整个表格，在“表格和边框”工具栏中打开“线型”列表，选择“双实线”，再在如图 6.36 所示的框线列表中选择“外部框线”，设置好表格外框线。

星期 / 课程	星期一	星期二	星期三	星期四	星期五
上午					
下午					

图 6.35　斜线表头实例

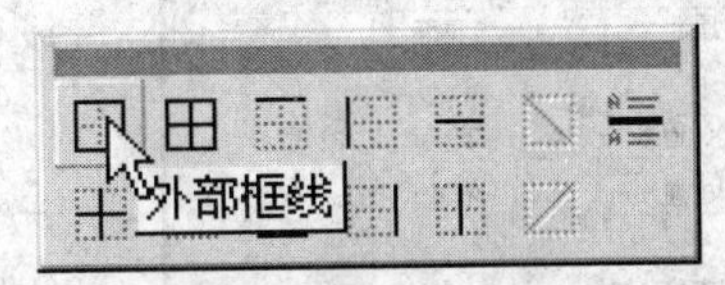

图 6.36　框线列表

（6）选中表格的第 5 行后，在“表格和边框”工具栏中打开“线型”列表，选择“双实线”，再在如图 6.36 所示的框线列表中选择“下框线”，设置表格的中间分界线。

（7）拖动选中第 1 列的第 2～5 行，单击“表格和边框”工具栏中的“合并单元格”按钮。

（8）拖动选中第 1 列的第 6、7 行，单击“表格和边框”工具栏中的“合并单元格”按钮，调整后的表格如图 6.37 所示。

（9）将插入点光标移至第 1 行第 1 列单元格中，单击“表格”菜单中的“绘制斜线表头”命令，打开“插入斜线表头”对话框，如图 6.38 所示。

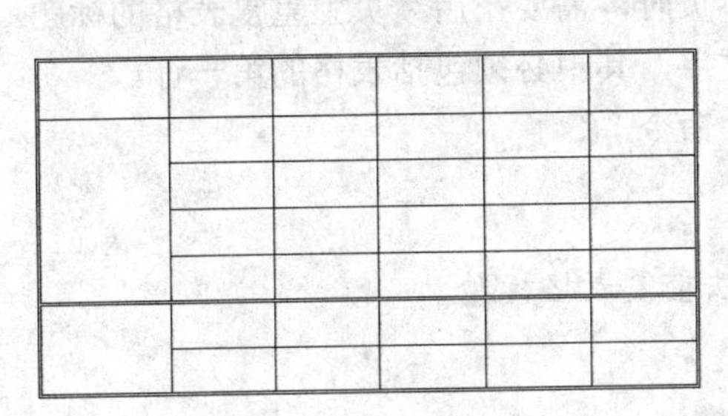

图 6.37　调整后的表格

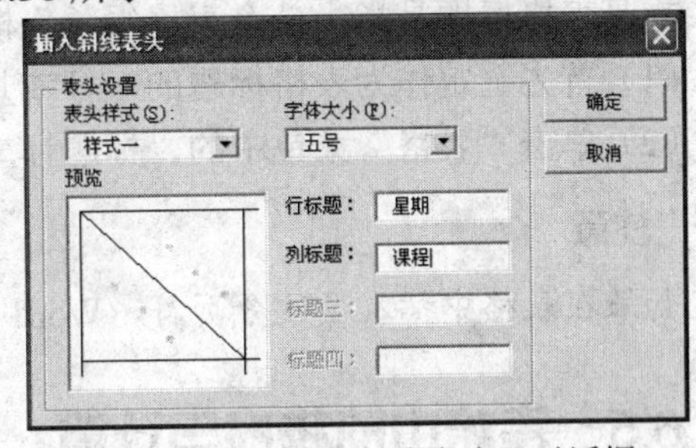

图 6.38　“插入斜线表头”对话框

（10）在“表头样式”下拉列表框中选择所需斜线样式：“样式一”，在“预览”框中观察效果，在“字体大小”下拉列表框中选择所需的字体大小：“五号”，在“行标题”、“列标题”文本框中输入表头的文字：“星期”、“课程”。单击“确定”按钮关闭对话框。

（11）选中整个表格，单击“表格和边框”工具栏中“文本对齐”列表中的“中部居中”按钮。

（12）输入相应的文字，即在第 1 行第 2 列输入“星期一”等，在第 1 列的第 2 行输入“上午”等。

6.4.8　改变表格的位置

将鼠标指针移到表格上，即会在表格的左上角出现一个位置句柄，将鼠标指针移到位置句柄上时指针将变为十字箭头形，按住鼠标左键拖动，将出现一个虚线框以表示移动后的位置，移至合适位置后，松开鼠标左键即可。

6.4.9 文字环绕表格

只要将表格拖放至段落中，文字就会自动环绕表格。如果要精确设置表格的环绕方式，以及设置表格与文字之间的距离，应按如下步骤操作：

（1）将插入点置于表格的任一单元格中。

（2）打开“表格属性”对话框的“表格”选项卡，在“文字环绕”区中选择“环绕”选项。

（3）单击“定位”按钮，打开如图 6.39 所示的“表格定位”对话框。

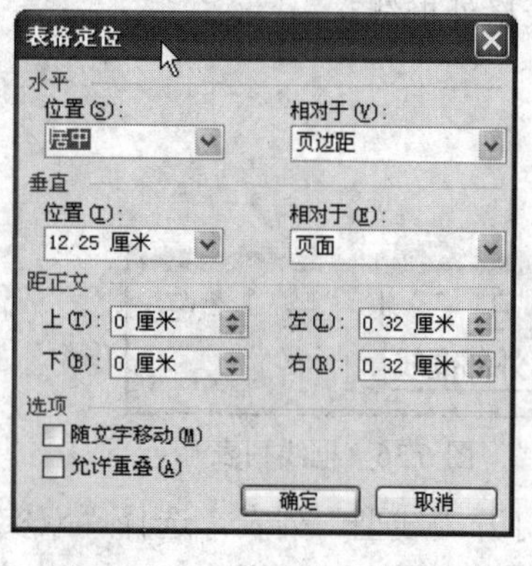

图 6.39 “表格定位”对话框

（4）在“水平”选项组的“位置”框中，既可以输入一个精确的数值，也可以从下拉列表框中直接单击所需的位置，如“顶端”、“底端”、“居中”等；另外，还可以在“相对于”列表框中设置表格相对页面左右边界、页边距及分栏的距离。

（5）在“垂直”区的“位置”框中，既可以输入一个精确的数值，也可以从下拉列表框中直接单击所需的位置；还可以在“相对于”下拉列表框中设置表格相对页面上下边界、页边距及段落的距离。

（6）在“距正文”区中，设置表格与周围正文之间的距离。

6.4.10 重复表格标题

重复表格标题是指当一个表格很长、横跨多页时，需要在后续页上重复表格的标题。

（1）首先选定作为表格标题的一行或几行文字，其中必须包括表格的第一行。

（2）单击“表格”菜单中的“标题行重复”命令。

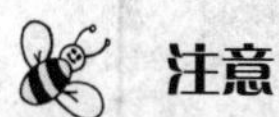

注意

如果在表格中插入了硬分页符，Word 将无法重复表格标题。

6.5 表格中的排序与计算

在 Word 中，不仅可以快速创建所需的表格，还可以将表格中的数据进行排序和计算。

6.5.1 在表格进行排序

在 Word 中，如果仅想对一列数据进行排序，只要先将插入点移至要排序的单元格中，然后单击“表格和边框”工具栏中的“升序排序”按钮或者“降序排序”按钮即可。

使用“表格”菜单中的“排序”命令可以进行复杂的排序：

（1）将插入点移至要进行排序的表格中。

（2）单击“表格”菜单中的“排序”命令，打开“排序”对话框，如图 6.40 所示。

（3）在“主要关键字”列表框中，选择作为第一个排序依据的列名称：“语文”；在“类型”列表框中，指定该列的排序类型：“笔画”、“拼音”、“数字”或者“日期”，这里应选择“数字”。

（4）根据需要选择排序顺序。如果要进行升序排序，选择“递增”选项；如果要进行降序排序，选择“递减”选项。

（5）如果要用到更多的列依次作为排序的依据，可在“次要关键字”框中重复步骤（3）和步骤（4）。

（6）在“列表”选项组中有两个选项，说明如下。

- “有标题行”选项：对列表排序时不包括首行。
- “无标题行”选项：对列表中的所有行排序，包括首行。

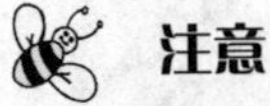

注意

“无标题行”选项将使表格的标题行也参加排序，这往往是我们不希望的。

（7）单击“确定”按钮，关闭对话框，结果如图 6.41 所示。

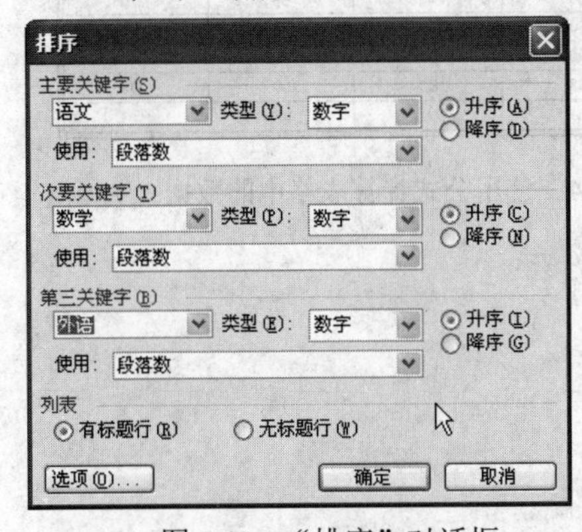

图 6.40　“排序”对话框

姓名	语文	数学	外语	总分
刘媛媛	80	72	68	
左爱敏	80	96	93	
陈乐天	90	95	92	
郝杰	93	83	99	

图 6.41　对表格中的数据进行排序

6.5.2　在表格中进行计算

在表格中可以执行一些简单的运算，如求和、求平均值等。像 Excel 中表示单元格一样，表格中的列也用英文字母表示，行用数字表示，如 B2 表示表格中第 2 行第 2 列的单元格。在 Word 中，利用“表格和边框”工具栏中的“自动求和”按钮可快速求出表格中一列数据或一行数据的总和。如果插入点位于表格中一行的右端，则将对该单元格左侧的数据求和；如果插入点位于表格中一列的底端，则将对该单元格上方的数据求和，同时 Word 将求和结果作为一个域插入至选定单元格中。

【实例】求出陈乐天同学的总成绩。

（1）单击要放置求和结果的单元格，例如，E4 单元格。

（2）单击“表格和边框”工具栏中的“自动求和”按钮Σ，结果如图 6.42 所示。

姓名	语文	数学	外语	总分
刘媛媛	80	72	68	
左爱敏	80	96	93	
陈乐天	90	95	92	277
郝杰	93	83	99	

图 6.42　对指定单元格中的数据求和

除了可以对行或列中的数字求和以外，还可以进行较复杂的运算，例如，求平均值、加、减、乘、除等。

（1）单击要存放计算结果的单元格，如 B6 单元格。

（2）单击“表格”菜单中的“公式”命令，打开“公式”对话框，如图 6.43 所示。

（3）在“公式”文本框中输入公式；或者打开“粘贴函数”下拉列表，选择要用的函数。例如，想求出语文成绩的平均分，可以在该文本框中输入“=AVERAGE(B2:B5)”。

（4）如果要改变数字结果的格式，可单击“数字格式”框右边的向下箭头，选择所需的数字格式。

（5）单击“确定”按钮，结果如图 6.44 所示。

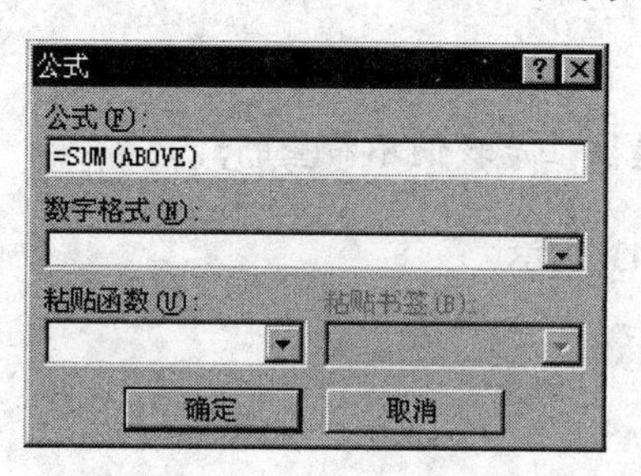

图 6.43 “公式”对话框

姓名	语文	数学	外语	总分
刘媛媛	80	72	68	220
左爱敏	80	96	93	269
陈乐天	90	95	92	277
郝杰	93	83	99	275
平均分	85.75			

图 6.44 使用公式计算表格中的数据

习题 6

一、单选题

1. 在 Word 中创建一个 4 行 4 列的表格，且除第 4 行与第 4 列相交的单元格以外各单元格内均有数字，当插入点移到该单元格后进行“公式”操作，则（　）。

A. 可以计算出列或行中数字的和　　B. 仅能计算出第 4 列中数字的和
C. 仅能计算出第 4 行中数字的和　　D. 不能计算数字的和

2. Word 中生成基本表格的方法有（　）。

A. 利用“插入表格”按钮　　B. 利用“插入表格”菜单命令
C. 利用“绘制表格”工具　　D. 以上三项均可

3. 行高的调整必须在（　）方式下才能进行。

A. 普通视图　　B. 联机版式视图　　C. 大纲视图　　D. 页面视图

4. 文本光标在表格内各单元格中移动的方法是（　）。

A. 用鼠标单击目标单元格　　B. 用方向键
C. 用“Tab”键和换挡键加“Tab”键　　D. 以上三项均可

5. 在编辑状态下，若光标位于表格外右侧的行尾处，按 Enter（回车）键，结果为（　）。

A. 光标移到下一列　　B. 光标移到下一行，表格行数不变
C. 插入一行，表格行数改变　　D. 在本单元格内换行，表格行数不变

6. 若要计算表格中某行数值的总和，可使用的统计函数是（　）。

A. Sum( )　　B. Total( )　　C. Count( )　　D. Average( )

二、上机练习

1．将下列以符号“.”分隔的文本转换为 4 行 6 列的表格，适当调整列宽，并自动套用“典雅型”格式。

序号.年.月.日.文件标题.收文文号

1.1992.04.02.关于主办第一期计算机文档班招生的通知.交管字[92]05 号

2.1992.04.05.关于要求成立县公路运输管理所的报告.宿交运字[92]045 号

3.1992.04.03.关于开展文明竞赛活动的情况汇报.宿交办字[92]015 号

2．新建一个 Word 文档，并完成以下操作。

- 绘制一个 5 行 8 列的表格。
- 设置列宽：第 1～8 列的列宽分别设置为 2、2、1.5、1、1.8、2、1.5、1.6 厘米。
- 设置行高：第 1～5 行的行高均设置为 20 磅。
- 按样表所示合并单元格。
- 在相应单元格中输入汉字，所有汉字均采用五号楷体，将汉字水平居中和垂直居中。
- 按样表所示设置表格线，其中粗线为 1.5 磅、细线为 0.5 磅。绘制好的表格见样表。
- 最后为表格设置底纹，其中表格第 1～3 行的底纹设置为灰色-10%，第 4、第 5 行设置为灰色-25%。
- 将编辑好的表格保存在 D 盘“练习”目录下，文件名为 BG.doc。

志愿申报表

<table>
<tr><td>系</td><td colspan="3"></td><td>室</td><td colspan="3"></td></tr>
<tr><td>姓名</td><td></td><td>性别</td><td></td><td>职称</td><td></td><td>学历</td><td></td></tr>
<tr><td>任职时间</td><td></td><td colspan="2">出生年月</td><td></td><td>电话号码</td><td colspan="2"></td></tr>
<tr><td rowspan="2">填报志愿</td><td colspan="7"></td></tr>
<tr><td colspan="7"></td></tr>
</table>

3．创建新文档，制作样表一，再按以下要求进行调整，最终效果见样表二。

- 将各行按月份顺序排列。
- 在“五月”一行下方插入一行，并输入样表二中所示的内容。
- 按样表二合并表格中相应的单元格。
- 按样表二设置文本格式和对齐方式，调整列宽、行高。
- 为表格设置相应的边框线。
- 在表格左上角单元格中按样表二所示绘制斜线。

样表一　世界主要城市气温表（℃）

城市	月份	北京	中国香港	巴黎	伦敦	莫斯科	纽约	东京
五月		27/13	28/23	19/8	17/7	19/8	21/12	22/4
一月		1/–10	18/13	6/0	7/2	–9/–16	4/–3	9/–1
三月		11/–1	19/16	11/2	11/9	0/–8	9/1	13/3
四月		21/7	24/19	16/5	13/4	10/1	15/6	18/9
二月		4/–8	17/13	7/1	7/2	–5/–13	4/–2	10/0

样表二　世界主要城市气温表（℃）

城市 / 月份	北京	中国香港	巴黎	伦敦	莫斯科	纽约	东京
一月	1/–10	18/13	6/0	7/2	–9/–16	4/–3	9/–1
二月	4/–8	17/13	7/1	7/2	–5/–13	4/–2	10/0
三月	11/–1	19/16	11/2	11/9	0/–8	9/1	13/3
四月	21/7	24/19	16/5	13/4	10/1	15/6	18/9
五月	27/13	28/23	19/8	17/7	19/8	21/12	22/4
六月	31/15	29/26	23/11	21/11	21/10	26/17	25/18

4．按样表练习表格制作。要求：简历行高 1 厘米，加灰色-40%的底纹，文字调整宽度 6 厘米（提示：先选中“自然简历”四个字，再单击“格式”菜单中的“调整宽度”命令，在打开的“调整宽度”对话框中输入“6 厘米”），其他行高 0.8 厘米，其他有字处加灰色-25%的底纹；性别等单元格分散对齐，全部单元格水平居中、垂直居中。

职工简历表

<table>
<tr><td colspan="8">自　　然　　简　　历</td></tr>
<tr><td rowspan="2">姓名</td><td>现用名</td><td></td><td>性别</td><td></td><td>出生年月</td><td></td><td rowspan="4">粘照片处</td></tr>
<tr><td>曾用名</td><td></td><td>籍贯</td><td></td><td>民族</td><td></td></tr>
<tr><td colspan="2">文化程度</td><td></td><td>政治面貌</td><td></td><td>健康情况</td><td></td></tr>
<tr><td colspan="2">宗教信仰</td><td></td><td>职务</td><td></td><td>技术职称</td><td></td></tr>
<tr><td colspan="2">家庭住址</td><td colspan="6"></td></tr>
<tr><td colspan="2">联系电话</td><td colspan="2"></td><td colspan="2">住宅电话</td><td colspan="2"></td></tr>
<tr><td colspan="8">主　　要　　简　　历</td></tr>
<tr><td colspan="3">何年何月至何年何月</td><td colspan="4">在何单位任何职务</td><td>证明人</td></tr>
<tr><td colspan="3"></td><td colspan="4"></td><td></td></tr>
<tr><td colspan="3"></td><td colspan="4"></td><td></td></tr>
<tr><td colspan="3"></td><td colspan="4"></td><td></td></tr>
<tr><td colspan="3"></td><td colspan="4"></td><td></td></tr>
</table>

5．按如下所示制作表格。

<table>
<tr><td>姓　名</td><td></td><td>性　别</td><td></td><td>政治面貌</td><td></td><td rowspan="6">近期二寸彩色照片</td></tr>
<tr><td>出生年月</td><td></td><td>出生地</td><td></td><td>民族</td><td></td></tr>
<tr><td>毕业院校</td><td colspan="5"></td></tr>
<tr><td>所学专业</td><td colspan="5"></td></tr>
<tr><td>毕业时间</td><td></td><td>学　历</td><td></td><td>学位</td><td></td></tr>
<tr><td>工作单位</td><td colspan="2"></td><td colspan="2">单位类别</td><td></td></tr>
<tr><td>主管部门</td><td colspan="6"></td></tr>
<tr><td>技术等级</td><td colspan="2"></td><td>工种名称</td><td colspan="3"></td></tr>
<tr><td>通信地址</td><td colspan="3"></td><td colspan="2">邮政编码</td><td></td></tr>
<tr><td>联系电话</td><td colspan="2">办：</td><td colspan="3">手机：</td><td>宅：</td></tr>
<tr><td>本人工作简历</td><td colspan="6"></td></tr>
</table>

第7章　Word 2003 高级应用

学习目标

◆ 能够熟练创建文档大纲，会用主控文档视图管理长文档，能够插入、删除、合并、拆分、移动子文档

◆ 熟练使用邮件合并功能批量处理数据

◆ 能够录制、使用宏

◆ 熟练使用脚注、尾注、题注、交叉引用，并能够按要求更新域

◆ 能够制作网页，添加滚动文字、背景、声音、影片等

本章主要介绍 Word 2003 的高级应用技巧，包括处理长文档、邮件合并、宏、Word 的网络功能等。

7.1　管理长文档

使用 Word 提供的管理长文档的特殊功能，可以轻松地组织和处理上百页的长文档。

7.1.1　大纲工具栏

单击“视图”菜单中的“大纲”命令，或单击文档窗口底部水平滚动条中的“大纲视图”按钮，文档窗口切换至大纲视图方式，并在水平标尺的位置弹出“大纲”工具栏，如图 7.1 所示。

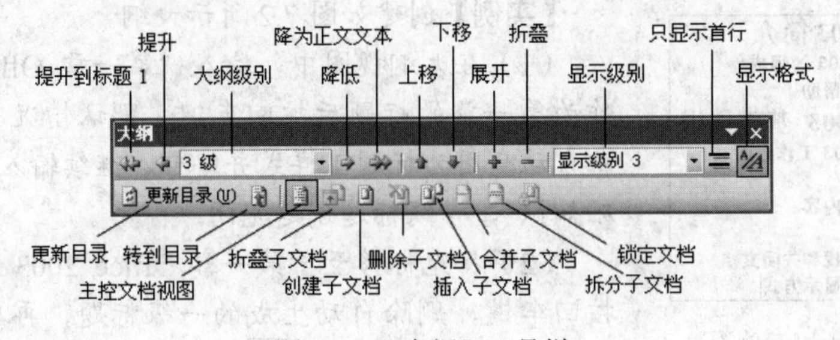

图 7.1　“大纲”工具栏

各按钮的功能说明如下。

- “提升到标题 1”：将选定段落的标题样式直接提升为 1 级标题。
- “提升”：将选定段落标题样式提升一级。例如，原来是标题 3，提升后成为标题 2。快捷键为“Alt+Shift+←”。

- “大纲级别”：插入点光标所在段落的标题样式名称。
- “降低”：将选定段落标题下降一级。快捷键为“Alt+Shift+→”。
- “降为正文文本”：将选定标题变成正文文字，并应用正文样式。快捷键为“Ctrl+Shift+N”。
- “上移”：将选定段落和其折叠（暂时隐藏）的附加文本向上移，到前面已显示的段落之上。快捷键为“Alt+Shift+↑”。
- “下移”：与“上移”按钮刚好相反，它把选定内容往下移。快捷键为“Alt+Shift+↓”。
- “展开”：显示选定标题的折叠子标题和正文文字，每按一次展开一级。快捷键为“Alt++”。
- “折叠”：隐藏选定标题的正文文字和子标题，每按一次隐藏一级。快捷键为“Alt+–”。
- “显示级别”：在下拉列表中选择最低显示的标题级别。例如，单击“显示级别 3”按钮则只显示这篇文档的所有 1～3 级标题，而不显示标题 3 以下的标题及正文。快捷键为“Alt+Shift+相应的数字”。
- “只显示首行”：只显示正文各段落的首行，隐藏其他行。省略号表明隐藏了其他行。快捷键为“Alt+Shift+L”。
- “显示格式”：显示或隐藏文档的字符格式（如文本的字体或字号等）。
- “更新目录”：只更新文档中的第一个目录。
- “转到目录”：只转到文档中的第一个目录。
- “主控文档视图”：切换至主控文档视图，可以进行长文档的编辑。例如，可将一篇长文档分成几篇子文档，并用主控文档对它们进行组织和维护。也可用主控文档建立和管理一个由几部分组成的文档，如同一本书包括几个章节。

7.1.2 在大纲视图下创建新文档的大纲

在处理长文档之前，首先需要有一个明确的文档大纲。使用大纲可以迅速了解一个文档的主题和内容框架，可以方便、快捷地改变标题等级和重新编排章节。

第一章Office 2003 简介
- 第一节 Office 2003 的组成
- 第二节 使用联机帮助

第二章 Word 2003 基础知识
- 第一节 Word 2003 工作界面
- 第二节 新建文档
- 第三节 输入文档内容
- 第四节 保存文档
- 第五节 打开、查找和关闭文档
- 第六节 设定窗口显示方式

图 7.2 文档大纲示例

【实例】创建如图 7.2 所示大纲。

（1）在大纲视图中，输入“第一章 Office 2003 简介”作为第一章的标题后按回车键，默认情况下，所有的标题都自动套用为标题 1 样式并编号，继续输入“Word 2003 基础知识”，一级标题创建完闭。

（2）将光标移至“第一章 Office 2003 简介”的末尾，按回车键，删除自动生成的一级标题，再单击“大纲”工具栏中的“降低”按钮或者直接按“Tab”键降为二级标题，输入“第一节 Office 2003 的组成”，按回车键后输入“使用联机帮助”。

（3）重复以上操作，直至完成所有二级大纲。

建立文档的大纲之后，可以切换到普通视图或页面视图方式中输入正文或者插入图形等。

7.1.3　处理文档大纲

编写文档大纲的过程其实就是一个整理思路的过程。在这一过程中，不可避免地要进行一些改动和调整，如改变标题的级别、调整标题的位置、为标题添加编号，等等。

1．调整标题的位置

（1）选定要移动的一个或多个标题。

（2）单击“大纲”工具栏上的“上移”按钮或“下移”按钮。

也可以用拖动鼠标的方式来实现移动。上下拖动鼠标时，窗口中会有一条横线表明插入位置，在需要插入标题的位置松开鼠标左键，就可以将选定的内容移到新的位置。

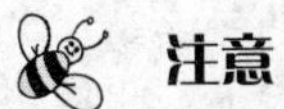

注意

在调整标题位置的同时，该标题内的具体内容也将跟随移动。

2．添加标题编号

在大纲中为标题添加数字或字母编号，可以使文档更加清晰。

（1）单击“格式”菜单上的“项目符号和编号”命令，打开“项目符号和编号”对话框。单击“多级符号”标签，打开“多级符号”选项卡，在其中选择一种类型。

（2）如果其中没有需要的类型，可先选中一种相似的标题符号，然后单击“自定义”按钮，打开“自定义多级符号列表”对话框，并单击“高级”标签。

（3）在“级别”列表框中选择要自定义的标题级别，然后在“将级别链接到样式”列表框中指定想要编号的标题样式。这样，文档中应用该样式的标题都将被编号。

（4）在对话框中设置各级标题的编号格式和编号样式，例如，将“标题 1”样式编号为“第一章”、“第二章”等。在对话框右侧的“预览”框中会观察到相应的效果。

（5）一级标题设置好后，继续按以上方法设置其他级标题。

7.1.4　创建新的主控文档

主控文档是一个独立的文件，也可称为子文档的“容器”。可以使用主控文档将长文档分成较小的、更易于管理的子文档，从而便于组织和维护。可以将一篇现有的文档转换为主控文档，然后将其划分为子文档，也可以将现有的文档添加到主控文档中，使之成为子文档。在工作组中，可以将它保存在网络上，并将其划分为能供不同用户同时处理的子文档，从而共享文档的所有权。

1．创建新的主控文档

（1）单击“常用”工具栏中的“新建空白文档”按钮，创建一个新的空白文档。

（2）单击“视图”菜单中的“大纲”命令切换到大纲视图下，并单击“主控文档视图”按钮，进入主控文档视图。输入如图 7.2 所示的文档大纲。

（3）选择“文件”菜单中的“另存为”命令，文件名为“Word 实用教程.doc”。

（4）选定要划分到子文档中的标题和文本。选定内容的第一个标题必须是每个子文档开头要使用的标题级别。例如，选中图 7.2 所示第一章中所有的大纲。

（5）单击“大纲”工具栏中的“创建子文档”按钮，如图 7.3 所示，可以看到，

Word 把子文档放在一个虚线框中，并且在虚线框的左上角显示子文档图标。

图 7.3　创建主控文档和子文档

（6）单击“大纲”工具栏中的“折叠子文档”按钮，在主控文档中将只显示子文档的名称和位置，如图 7.4 所示。并将选定的内容自动创建子文档并保存在主控文档所在的文件夹中，生成的子文档将以子文档的第一行文本作为文件名。

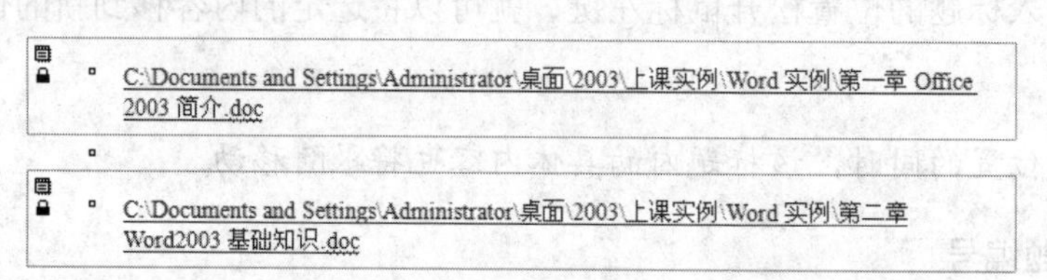

图 7.4　折叠后的子文档

2．将已有文档转换为主控文档

（1）打开要转换为主控文档的文档。

（2）切换到大纲视图下的主控文档视图。

（3）使用“大纲”工具栏上的“分级显示”按钮，显示要作为子文档的标题。如果文档中的标题没有使用标准样式，应改为标准标题样式。

（4）单击“文件”菜单中的“另存为”命令，输入主控文档的文件名及保存位置，单击“保存”按钮。

（5）选定要划分到子文档中的标题和内容。

（6）单击“大纲”工具栏上的“创建子文档”按钮。

7.1.5　操作子文档

创建了主控文档及其子文档后，还可以对子文档进行操作。例如，重新命名、重新排列、联合、删除、设置格式和打印子文档等。

1．展开或折叠子文档

打开主控文档时，默认折叠所有子文档，即每个子文档以一个超级链接的方式出现，如图 7.4 所示。单击某个超级链接可打开对应的子文档进行工作。

在主控文档中，可以展开或折叠子文档。单击“大纲”工具栏中的“展开子文档”按钮展开子文档，显示文档的全部内容；单击“大纲”工具栏中的“折叠子文档”按钮折叠子文档，则只显示子文档的保存位置和文档名称。

2．在主控文档中插入子文档

（1）打开要插入 Word 文档的主控文档。

（2）将插入点移到要插入文档的位置。

（3）单击“大纲”工具栏中的“插入子文档”按钮，打开“插入子文档”对话框，如图 7.5 所示。

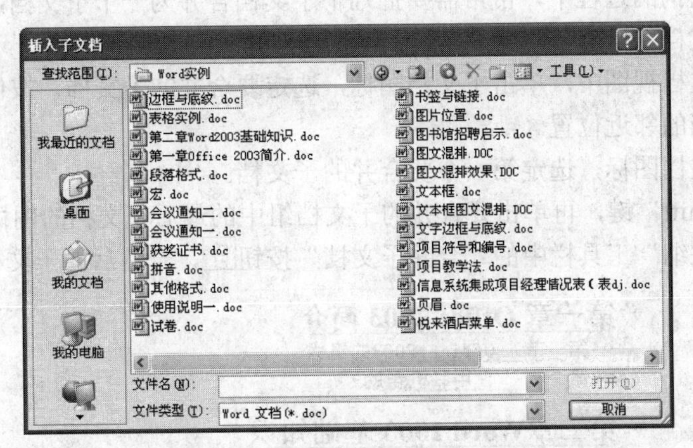

图 7.5 “插入子文档”对话框

（4）选择要插入的文档“第三章 编辑功能”，单击“打开”按钮，则该文档作为一个子文档插入到主控文档中。

注意

子文档和主控文档可以不在同一个文件夹中，子文档只是以链接的形式存储在主控文档中。

3．重新命名子文档

在主控文档中，还可对子文档重新命名，以使原来用不同方式命名的几个子文档采用相同的命名约定，以便于查看和进行其他子文档的操作。

【实例】将上例中的第三个子文档重新存储在桌面上的“我的文档”文件夹中。

（1）在主控文档视图中显示主控文档。

（2）折叠要重新命名的子文档。

（3）单击要重新命名的子文档的超级链接，打开该子文档。

（4）单击“文件”菜单中的“另存为”命令，打开“另存为”对话框。

（5）输入子文档的新文件名或保存位置，单击“保存”按钮。

（6）单击“文件”菜单中的“关闭”命令，关闭子文档并返回主控文档。

在重新命名子文档时，原版本的子文档仍保留在原来的位置。

4．删除子文档

（1）在主控文档视图中单击要删除的子文档前面的图标。

（2）按“Delete”键。

注意

删除主控文档中的子文档后，只是删除了在主控文档中该子文档的链接，而原文件仍保留在原位置。

5．合并子文档

在组织文档结构的过程中，常常需要把几个子文档合并为一个子文档，或者把一个子文档拆分为几个子文档。

（1）在主控文档视图中，单击子文档图标，选定要合并的子文档，按住鼠标左键拖动到其他要合并子文档的邻近位置。

（2）单击子文档图标，选定第一个要合并的子文档。

（3）按下“Shift”键，再单击要合并的子文档组中的最后子文档的图标。

（4）单击“大纲”工具栏中的“合并子文档”按钮，合并后的子文档如图 7.6 所示。

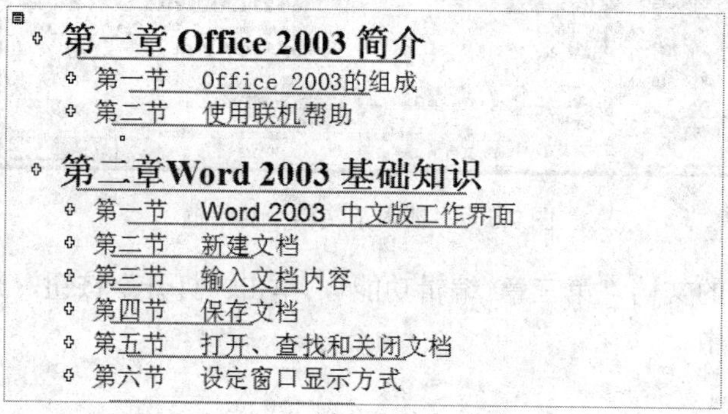

第一章 Office 2003 简介
第一节 Office 2003的组成
第二节 使用联机帮助
第二章Word 2003 基础知识
第一节 Word 2003 中文版工作界面
第二节 新建文档
第三节 输入文档内容
第四节 保存文档
第五节 打开、查找和关闭文档
第六节 设定窗口显示方式

图 7.6 合并后的子文档

执行以上操作后，即可将选定的几个子文档合并为一个子文档。在保存主控文档时，合并后的子文档将以第一个子文档的文件名保存。

6．拆分子文档

（1）在主控文档视图中展开要拆分的子文档。

（2）将光标置于拆分处，使用内置的标题样式或大纲级别，为新的子文档创建标题后，选定该标题。

（3）单击“大纲”工具栏中的“拆分子文档”按钮。

（4）保存拆分后的文档。

在保存主控文档时，Word 将根据子文档标题给新的子文档指定文件名。

7．将子文档转换为主控文档的一部分

当在主控文档中创建或插入了子文档之后，这些子文档被保存在一个独立的文件中。

（1）在主控文档视图中展开子文档。

（2）单击要转换的子文档图标。

（3）单击“主控文档”工具栏上的“删除子文档”铵钮，则该子文档的内容转化为主控文档的内容。

在将子文档转换为主控文档的一部分时，该子文档仍保留在其原来的位置。

7.2 邮件合并

利用邮件合并功能，可以将标准文件与单一信息的列表链接产生文档，包括套用信函、

邮件标签和信封等，可以快速合成大量内容相同或相似的信函。

邮件合并的过程是先创建一个基本文档，也称主文档，在主文档中加入合并域，告诉 Word 从哪儿获取不同的信息。当执行邮件合并命令时，Word 会自动从数据源检索出不同的信息来取代域名填充合并域。

主文档就是信函的主体部分，包括套用信函的正文和格式等。数据源所包含的是要合并到文档中的信息，可以指定一个已存在的表或数据库作为数据源，也可以创建新的数据源，这里只介绍常用的方式，即打开已有的数据源。创建了主文档和数据源之后，需要将数据源以合并域的形式插入到主文档中。

7.2.1 邮件合并

（1）新建一个如图 7.7 所示的文档，保存在 D 盘“Word 实例”文件夹中，命名为“获奖证书”。

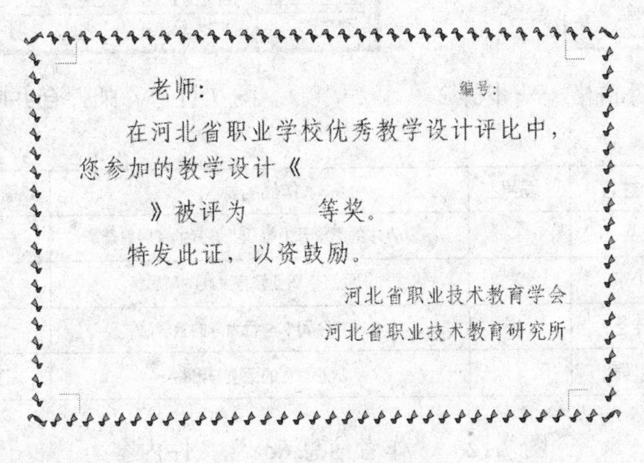

老师： 编号：

在河北省职业学校优秀教学设计评比中，您参加的教学设计《 》被评为 等奖。

特发此证，以资鼓励。

河北省职业技术教育学会

河北省职业技术教育研究所

图 7.7 主文档示例

（2）单击“工具”菜单中的“信函与邮件”命令，再单击“邮件合并”，打开如图 7.8 所示的“邮件合并”任务窗格。

（3）在任务窗格中单击“下一步：正在启动文档”，进入步骤 2，如图 7.9 所示，在“选择开始文档”选项组中选中“使用当前文档”，即用当前文档作为套用信函的文档。

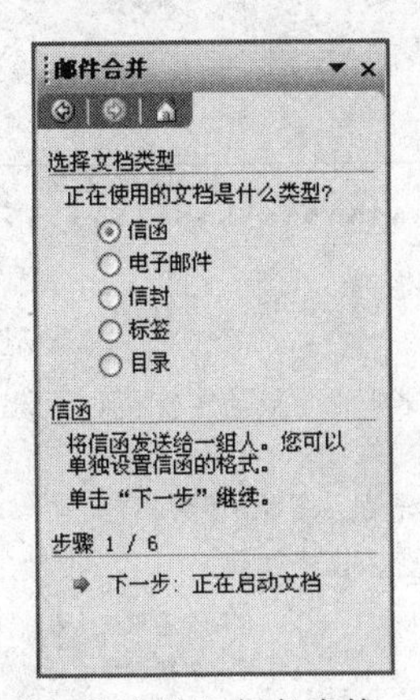

图 7.8 “邮件合并”任务窗格——步骤 1

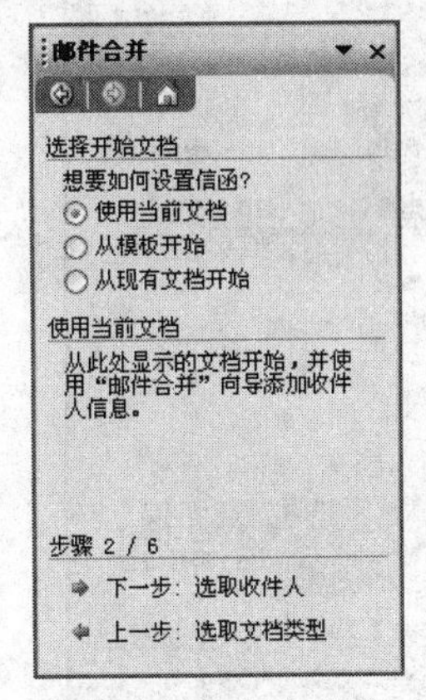

图 7.9 “邮件合并”任务窗格——步骤 2

（4）在任务窗格中单击“下一步：选取收件人”，进入步骤 3，如图 7.10 所示，在“选择收件人”选项组中选中“使用现有列表”；单击“浏览”按钮，打开“选取数据源”窗口，选择“Word 实例”文件夹中的“作者信息.doc”，作为数据源文件，打开“邮件合并收件人”对话框，如图 7.11 所示，单击“全选”按钮，单击“确定”按钮关闭对话框。“作者信息.doc”文件的具体内容如图 7.12 所示。

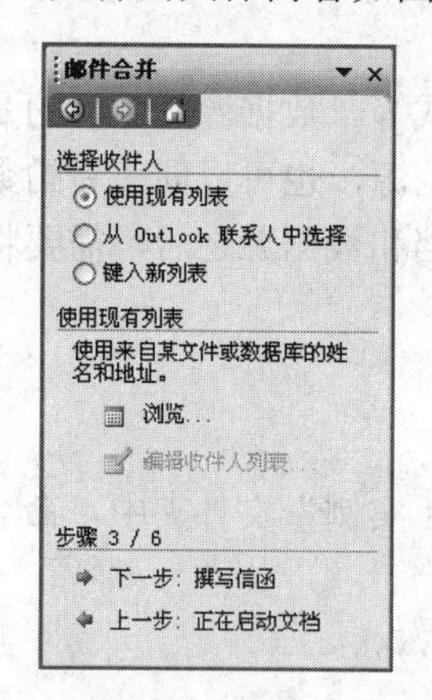

图 7.10 “邮件合并”任务窗格——步骤 3

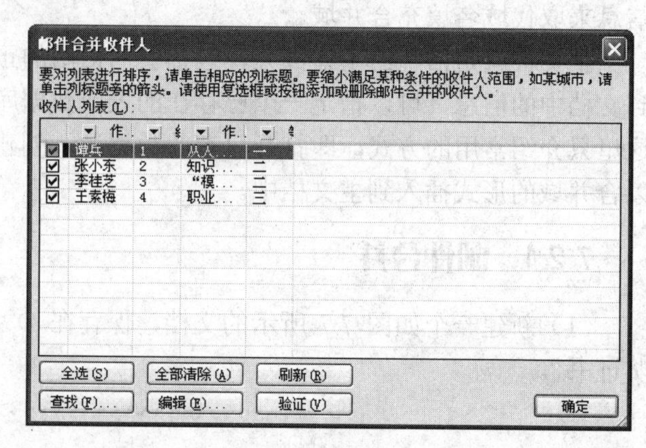

图 7.11 “邮件合并收件人”对话框

作者姓名	编号	作品名称	等级
谭兵	1	从人才的需求看中等职业教育的发展前景	一
张小东	2	知识经济下职业教育发展的新思路	二
李桂芝	3	“模拟公司”与行为导向教学法	二
王素梅	4	职业教育的困境与出路	三

图 7.12 “作者信息.doc”文件内容

（5）在任务窗格中单击“下一步：撰写信函”，进入步骤 4，如图 7.13 所示，将插入点光标移至当前文档的第一行“老师”两个字的前面，单击“其他项目”按钮，选择“作者姓名”。重复移动插入点光标和插入合并域的操作，将 4 个合并域全部插入当前文档的指定位置，效果如图 7.14 所示。

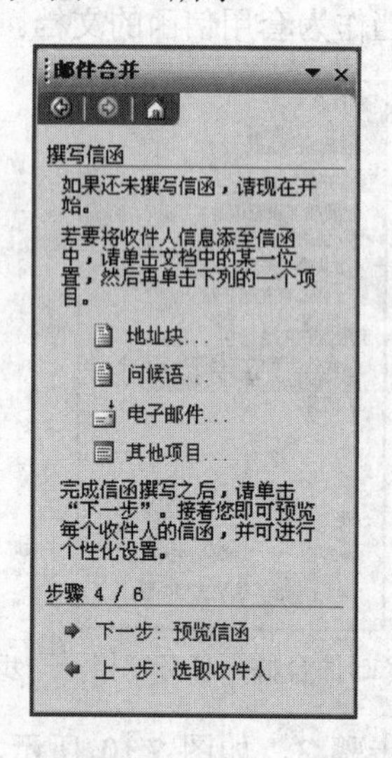

图 7.13 “邮件合并”任务窗格——步骤 4

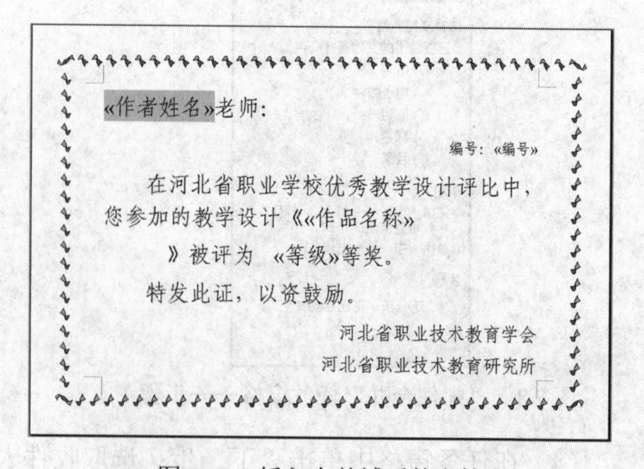

«作者姓名»老师：

编号：«编号»

在河北省职业学校优秀教学设计评比中，您参加的教学设计《«作品名称»》被评为 «等级»等奖。

特发此证，以资鼓励。

河北省职业技术教育学会

河北省职业技术教育研究所

图 7.14 插入合并域后的文档

（6）在任务窗格中单击“下一步：预览信函”，进入步骤 5，如图 7.15 所示，单击“下一步：完成合并”，进入步骤 6，直接选择“打印”，将弹出“合并到打印机”对话框，可以选择打印的范围。合并后将生成新的文档“套用信函 1.doc”，每条信息都存储在一个单独的页面中。

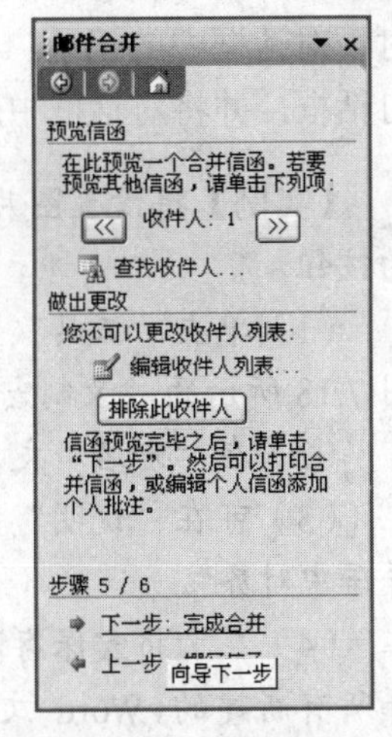

图 7.15　“邮件合并”任务窗格——步骤 5

7.2.2　邮件合并工具栏

“邮件合并”工具栏如图 7.16 所示，单击“邮件合并”工具栏中的“查看合并数据”按钮，则 Word 将用第一个记录中的数据取代相应的域名，效果如图 7.17 所示。

单击“邮件合并”工具栏中的“首记录”、“上一记录”、“下一记录”和“尾记录”按钮，可以查看用数据源文件中其他记录合并的结果，也可以直接在“定位至记录”文本框中输入一个记录号，用该记录的数据来取代主文档中的域名。

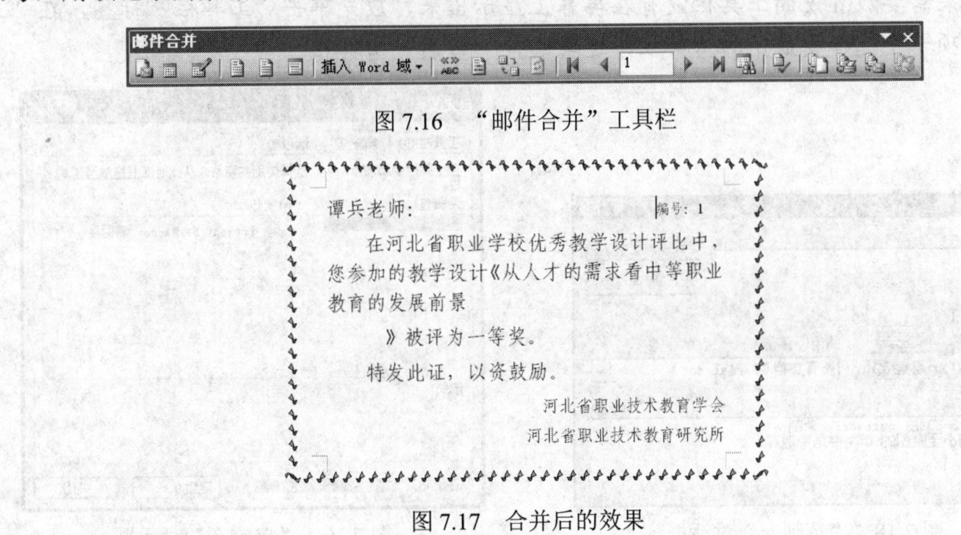

图 7.16　“邮件合并”工具栏

谭兵老师：　　　　　　　　　　　　编号：1

在河北省职业学校优秀教学设计评比中，您参加的教学设计《从人才的需求看中等职业教育的发展前景

》被评为一等奖。

特发此证，以资鼓励。

河北省职业技术教育学会

河北省职业技术教育研究所

图 7.17　合并后的效果

7.3　宏

宏是将一系列的 Word 命令或指令组合在一起形成一个命令，以实现任务执行的自动化。使用宏功能可以简化排版操作，加快排版速度。就本书而言，每一章中都有若干个图片，一本书就有几百个图片。如果在排版时每一个图片都要打开“设置图片格式”对话框来调整，不仅烦琐而且容易前后格式不统一。而应用宏功能，就可以轻松解决这些问题。

Word 提供了两种创建宏的方法：宏录制器和 Visual Basic 编辑器。使用宏录制器可以快速创建宏；在 Visual Basic 编辑器中可打开已经录制的宏，修改完善其中的指令。

7.3.1　录制宏

录制宏的过程实际就是将一系列需要重复使用的操作记录下来。但是，宏录制器不能录制文档中的鼠标操作。如果要录制滚动文档、选定文本等操作，必须使用键盘进行。另外，对于对话框中的记录，只有选择对话框中的“确定”按钮或“关闭”按钮时，Word 才记录对话框，并将对话框中所有选项的设置均记录在内。

【实例】将设置图片大小为原有 50%的操作录制为宏，并将其指定为“常用”工具栏中的按钮。

（1）单击“工具”菜单中的“宏”命令，从其子菜单中选择“录制新宏”命令，打开如图 7.18 所示的“录制宏”对话框。

（2）在“宏名”文本框中输入要录制宏的名称，例如，“缩图”。

（3）可在“说明”框中输入文本以说明宏的用途，例如，“将图片缩小至原图的 50%，并居中对齐”。

（4）在“将宏保存在”列表框中指定要保存宏的模板或文档，默认是 Normal 模板，这样所有新建的 Word 文档都能使用这个宏。还可以只将宏保存在当前文档中，这里选择当前文档。

（5）在“将宏指定到”框中单击“工具栏”按钮，打开如图 7.19 所示的“自定义”对话框。如果需要放置宏的工具栏没有在屏幕上显示出来，应先单击“工具栏”标签，在“工具栏”选项卡中选择要显示的工具栏，这里选择“常用”工具栏。

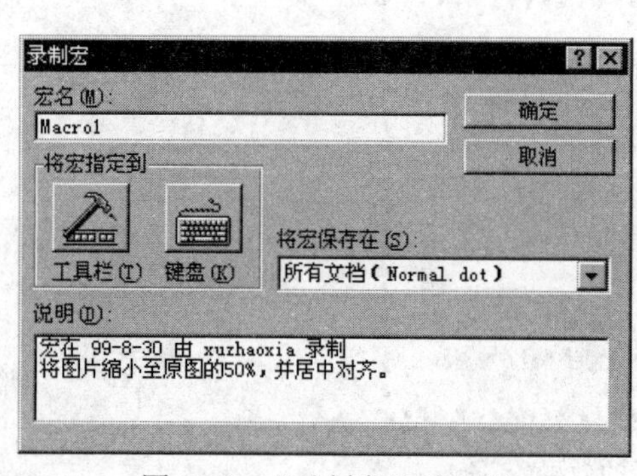

图 7.18 “录制宏”对话框

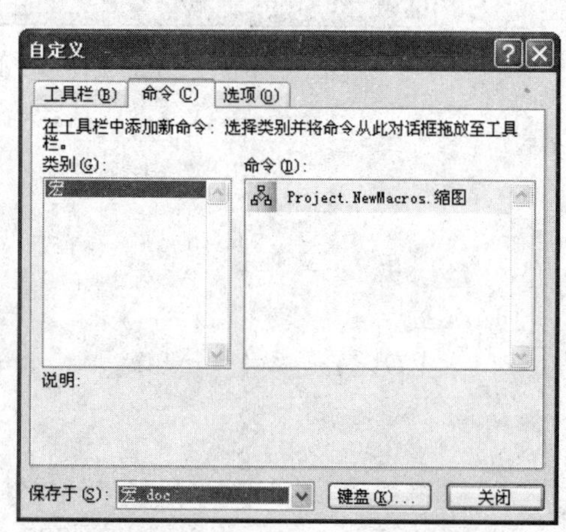

图 7.19 “自定义”对话框

（6）在“命令”选项卡中，从“命令”列表框中选择宏名“缩图”，按住鼠标左键将其拖到“常用”工具栏或菜单栏中。

（7）松开鼠标左键，就会在工具栏或菜单栏上添加一个文字按钮 Project.NewMacros.缩图。同时“自定义”对话框中将增加“更改所选内容”和“重排命令”两个按钮，单击“更改所选内容”按钮，在弹出的菜单中选择“更改按钮图标”命令，再从其子菜单中选择所需要的图标，可指定按钮的图标。

（8）单击“自定义”对话框中的“关闭”按钮，即进入宏的录制状态。启动宏录制器之后，将出现“停止录制”工具栏，其中只有两个按钮：“停止录制”和“暂停录制”按钮。同时，鼠标指针将变成带有盒式磁带图标的箭头，状态栏中的“录制”字样变黑。

（9）执行要加入宏中的操作：单击“格式”菜单中的“图片”命令，打开“设置图片格式”对话框，在“大小”选项卡的“缩放”选项组中分别设定高度和宽度的缩放比例为 50%，完成设定后，单击“确定”按钮。再单击“常用”工具栏中的“居中”按钮。

（10）在录制的过程中，如果不想录制某些操作，可以单击“停止录制”工具栏上的“暂停录制”按钮。再次单击该按钮，将恢复宏的录制。

（11）录制完毕后，单击“停止录制”按钮。

7.3.2　运行宏

选定要应用宏的对象，再单击被指定在“常用”工具栏中的“缩图”按钮，就可以直接运行刚创建的宏。

如果要删除某个宏，可按“Alt+F8”组合键打开如图 7.20 所示的“宏”对话框，在“宏名”列表框中选中该宏，单击“删除”按钮。如果将宏指定在工具栏中，要删除工具栏中该宏的图标，应单击“工具”菜单中的“自定义”命令，打开“自定义”对话框中的“工具栏”选项卡，在“工具栏”列表框中选中该工具栏，单击“重新设置”按钮。

7.3.3　宏的安全性

宏病毒是一种寄存在文档或模板的宏中的计算机病毒。一旦打开这样的文档，宏病毒就会被激活，并驻留在内存中的 Normal 模板中。这样，所有自动保存的文档都会感染上这种宏病毒，而且如果网络上其他用户打开感染了宏病毒的文档，宏病毒又会转移到该用户的计算机上。

Word 具有检测宏病毒的功能，单击“工具”菜单中的“宏”命令，再从其子菜单中选择“安全性”命令，可打开如图 7.21 所示的“安全性”对话框。

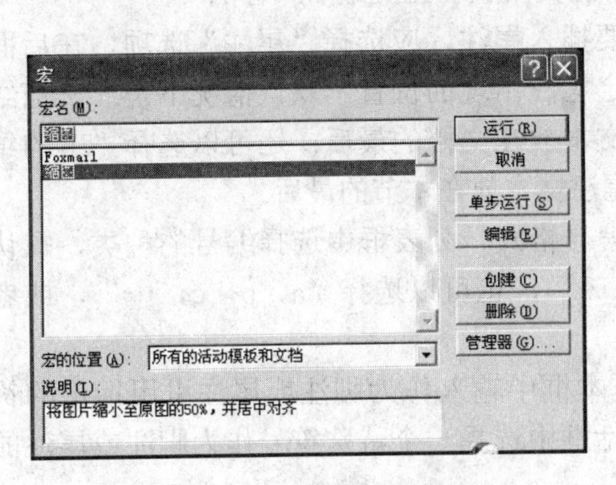

图 7.20　“宏”对话框

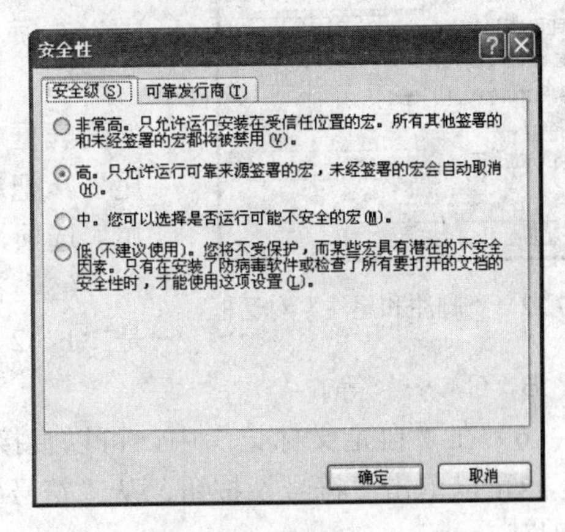

图 7.21　“安全性”对话框

在“安全级”选项卡中，可选择一种安全级别。

- “非常高”：只允许运行安装在受信任位置的宏。
- “高”：只允许运行可靠来源签署的宏，未经签署的宏会自动取消。
- “中”：用于打开一个包含宏的文档时，如果该宏不是来自可靠的来源，Word 将显示一个警告框，提示是“带宏打开文档”还是“不带宏打开文档”。
- “低”：确信文档和加载项都是安全的，可以关掉宏检查。

在“可靠发行商”选项卡，Word 将列出所有已安装的模板和加载项，可以指定其中哪些是确信可靠的。

7.4 高级编排技巧

本节介绍一些高级编排技巧，例如，在文档中插入脚注和尾注、题注、索引和目录、交叉引用及文本框等，以便帮助用户建立专业化的文档。

7.4.1 脚注和尾注

脚注和尾注是对文本的补充说明。脚注一般位于页面的底部，作为文档某处内容的注释；尾注一般位于文档的末尾，用于列出引文的出处等。脚注和尾注由两个关联的部分组成：注释引用标记和其对应的注释文本。可以让 Word 自动为标记编号，也可以创建自定义的标记。在添加、删除或移动自动编号的注释后，Word 将对注释引用标记重新编号。

1. 插入脚注或尾注

（1）将插入点移至要插入脚注或尾注引用标记的位置。

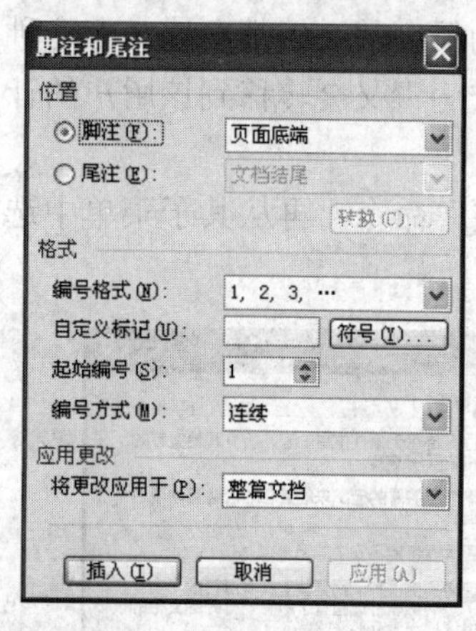

图 7.22 “脚注和尾注”对话框

（2）单击“插入”菜单中的“脚注和尾注”命令，打开如图 7.22 所示的“脚注和尾注”对话框。

（3）如果要插入脚注，应选择“脚注”选项，在后面的列表框中指定脚注出现的位置。默认情况下是“页面底端”，把脚注文本放在页底的边缘处；还可以选择“文字下方”选项，把脚注文本放在正文最后一行的下面。

（4）如果要插入尾注，应选择“尾注”选项，在后面的列表框中指定尾注出现的位置。默认情况下是“文档结尾”，把尾注文本放在文档的最后；还可以选择“节的结尾”选项，把尾注文本放在本节的最后。

（5）在“编号格式”列表框中选择编号的种类，默认是“1，2，3，…”，也可以选择“a，b，c，…”，或者“A，B，C，…”等。

（6）在“自定义标记”中，可以直接在文本框中输入作为脚注或尾注引用标记的符号，也可以单击“符号”按钮，从“符号”对话框中选择一个特殊符号作为脚注或尾注的引用标记。

（7）在“编号方式”框中有三个选择：连续、每节重新编号、每页重新编号。

（8）单击“插入”按钮，就可以开始输入脚注或尾注文本。

（9）输入完成后，在文本编辑区域单击。

2. 查看脚注和尾注

将鼠标指针指向文档中的注释引用标记，注释文本将出现在标记之上。如果没有获得屏幕提示，可以单击“工具”菜单中的“选项”命令，在“视图”选项卡中选中“屏幕提示”复选框。在页面视图中双击注释引用标记时，插入点会自动移至对应的注释区，在注释区中可以编辑或查看注释文本。

3．编辑脚注和尾注

注释包含两个相关联的部分：注释引用标记和注释文本。当用户要移动或复制注释时，可以对文档窗口中的注释引用标记进行相应的操作。如果移动或复制自动编号的注释引用标记，Word 将按照新顺序对注释重新编号。具体操作步骤如下：

（1）在文档窗口中选定注释引用标记，按“Ctrl+C”组合键复制或按“Ctrl+X”组合键剪切。

（2）将光标移至文档中的新位置，按“Ctrl+V”组合键粘贴。

如果要删除某个注释，可以在文档中选定相应的注释引用标记，然后按 Delete 键删除。Word 会自动删除对应的注释文本，并对文档后面的注释重新编号。

如果要删除所有自动编号的脚注或尾注，应按如下步骤操作：

（1）单击“编辑”菜单中的“替换”命令，打开“查找和替换”对话框，选定“替换”标签。

（2）单击“高级”按钮，单击“特殊字符”按钮，从“特殊字符”列表中选择“脚注标记”或者“尾注标记”选项。

（3）删除“替换为”文本框中的所有内容。

（4）单击“全部替换”按钮。

4．自定义注释分隔符

默认情况下，Word 用一条水平短线将文档正文与脚注或尾注文本分开，该线称为注释分隔符。如果注释太长或太多，一页的底部放不下，Word 会自动把放不下的部分放到下一页。为了说明两页中的这些注释是连续的，Word 将水平线加长。

修改或删除注释分隔符必须在普通视图下才能完成。如果要编辑注释分隔符，应按如下步骤操作：

（1）单击“视图”菜单中的“普通”命令，切换到普通视图中。

（2）单击“视图”菜单中的“脚注”命令，打开注释编辑窗口。

（3）在注释编辑窗口顶部的下拉列表框中包含了 3 个可以改变的分隔符：“脚注分隔符”或“尾注分隔符”、“脚注延续分隔符”或“尾注延续分隔符”、“脚注延续标记”或“尾注延续标记”。选择要修改的选项，Word 会把对应项的当前格式显示在脚注区中。例如，选择“脚注分隔符”选项，则会在脚注区中显示一条水平短线。如果要在分隔符的前后增加一些文字说明，可以把插入点定位到分隔符的前后，然后输入适当的文字。如果想删除该水平线，可以选定它，然后按 Delete 键删除，这样在正文区和脚注区之间就没有分隔符。

（4）单击“关闭”按钮，关闭脚注编辑窗口。

7.4.2　题注

在文档中可能经常要插入图片、表格或图表等项目，为了便于查阅，通常要在图片、表格或图表的上方或下方加入“图 1.1”或“表 1.1”等文字。使用“题注”功能可以保证长文档中图片、表格或图表等项目能够按顺序自动编号，尤其是移动、添加或删除带题注的某一项目时，Word 将自动更新题注的编号。

1．添加题注

以给本章中的图片添加题注为例，即每个图片的下面编号为“图 7.X”，编号后有图片的相关说明。操作步骤如下：

（1）选定要添加题注的图片。

（2）单击鼠标右键，在快捷菜单中选择“题注”命令，打开“题注”对话框，如图 7.23 所示。

（3）在“题注”文本框中显示系统默认所选项的题注标签和编号，这里要单击“新建标签”按钮，在打开的如图 7.24 所示的“新建标签”对话框里，在“标签”列表框中输入自己设计的标签名称“图 7.”，单击“确定”按钮。

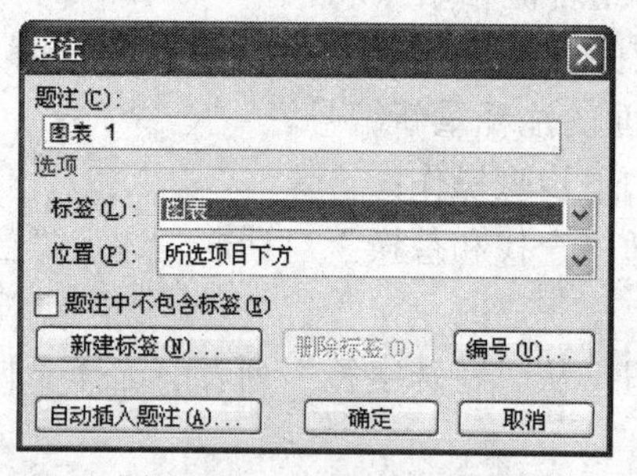

图 7.23 “题注”对话框

图 7.24 “新建标签”对话框

（4）在“位置”列表框中选择“所选项目下方”。

（5）单击“确定”按钮，关闭“题注”对话框。

则该图片被添加了如本章所示的题注编号，系统会自动编号，即第一个被添加题注的图片的题注为“图 7.1”，后面再添加题注的图片自动编号为“图 7.2”等。

2. 自动添加题注

当在文档中插入图片、分式或图表等项目时，可以让 Word 自动给插入的项目加上题注。

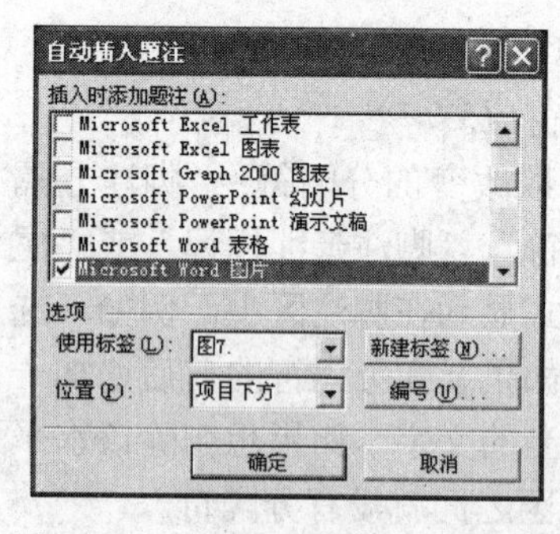

图 7.25 “自动插入题注”对话框

（1）在“题注”对话框中单击“自动插入题注”按钮，打开“自动插入题注”对话框，如图 7.25 所示。

（2）在“插入时添加题注”列表框中选择要自动添加题注的项目“Microsoft Word 图片”。

（3）在“使用标签”列表框中选择需要的标签“图 7.”。

（4）在“位置”列表框中选择题注出现的位置“项目下方”。

（5）单击“确定”按钮。

这样，每次在文档中插入图片之后，Word 就会自动对其进行编号。在文档中的题注编号之后输入文字，就可对 Word 自动添加的题注加上说明文字。

3. 更新题注标签顺序

当我们将文档中的图片进行移动后，所添加的题注标签的顺序就发生了错误，例如，“图 7.20”移到了“图 7.15”的前面，用传统的方法，要一个一个地进行修改，但 Word 中有快捷的方法。

（1）按“Ctrl+A”组合键，选择全部文档。

（2）单击鼠标右键，打开如图 7.26 所示的快捷菜单，单击其中的“更新域”命令，则所有的题注编号将重新排序为正确的编号。

7.4.3　交叉引用

创建一篇长文档时，经常遇到类似“如图 7.21 所示”这样的文字，但是当在图 7.21 之前插入或者删除了其他图片后，该图的编号可能不再是 7.21，就需要在所有提及该图的地方作相应的修改，Word 中的“交叉引用”功能可以很好地解决这个问题。

一旦文档中使用了标题样式或插入了脚注、书签、题注或带编号的段落，就可以创建“交叉引用”来引用它们。

以本章的图片编号和正文的引用为例，说明其操作：

（1）前面已经对图片添加了题注编号。

（2）在文档正文中输入说明性文字“如所示”，将插入点移至说明性文字“如”的后面。

（3）单击“插入”菜单中的“引用”命令，再选择“交叉引用”，打开如图 7.27 所示的“交叉引用”对话框。

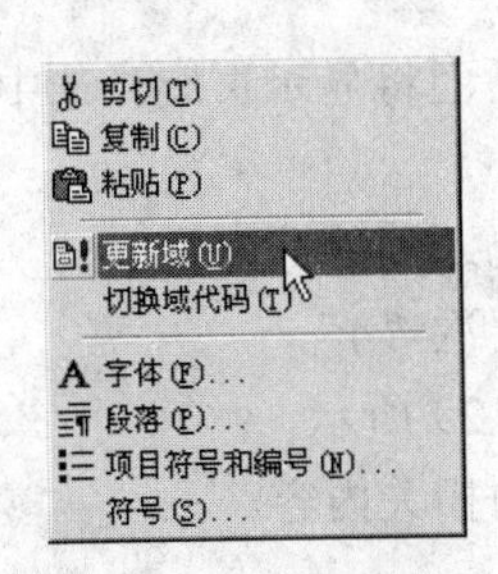

图 7.26　快捷菜单

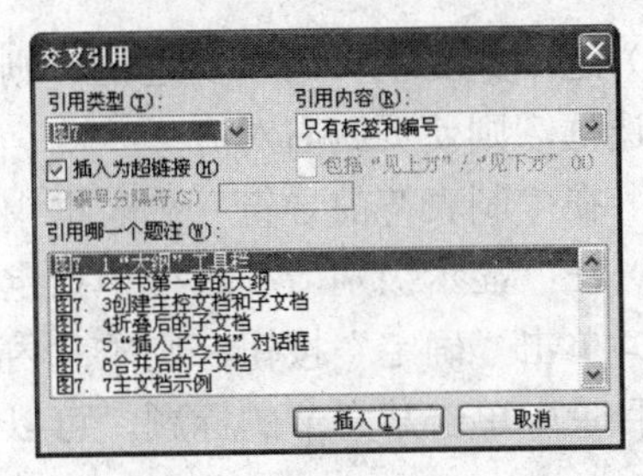

图 7.27　“交叉引用”对话框

（4）在“引用类型”列表框中选择要引用的项目类型“图 7.”。

（5）在“引用内容”列表框中单击文档中所要插入的信息：“只有标签和编号”。

（6）在“引用哪一个题注”框中单击所要引用的题注。

（7）选中“插入为超链接”复选框，这样当读者单击交叉引用的内容“图 7.1”时，就能跳转到该图片的位置。

（8）单击“插入”按钮。

这样，说明性的文字就和图片建立了联系，当图片的位置发生变化而导致编号错误时，选择全文档后按功能键“F9”或在快捷菜单中选择“更新域”就可以全部更新，从而将题注编号和说明性文字同时修改为正确的编号。

7.4.4　制作目录

目录的作用是列出文档中的各级标题以及每个标题所在的页码。Word 具有自动创建目录的功能。创建了目录之后，只要单击目录中的某个页码，就可以跳转到该页码所对应的标题。

1. 从标题样式创建目录

在创建目录之前，应确保对文档的标题应用了样式（标题 1 到标题 9），以本章内容为例，从标题样式创建目录的操作步骤如下：

（1）把插入点置于要放置目录的位置。

（2）单击“插入”菜单中的“引用”命令，再选择“索引和目录”命令，打开“索引和目录”对话框。单击“目录”标签，打开“目录”选项卡，如图 7.28 所示。

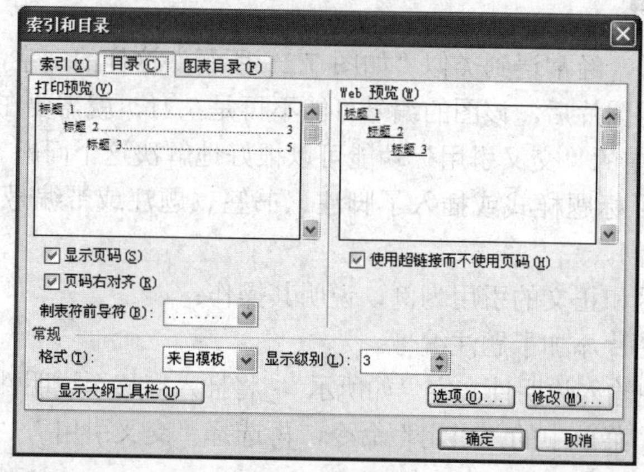

图 7.28 “索引和目录”对话框中的“目录”选项卡

（3）选中“显示页码”复选框，则在目录中每个标题后面将显示页码。选中“页码右对齐”复选框，则使页码右对齐。

（4）在“制表符前导符”列表框中可以指定标题与页码之间的分隔符。

（5）在“显示级别”列表框中指定目录中显示的标题层次“4”。

（6）单击“确定”按钮，则本章内容的部分目录如图 7.29 所示。

在目录中单击某章节的标题，可以直接跳转到文档中的相关内容。

2．更新目录

更新目录的方法很简单，把鼠标指针移到目录中，然后单击鼠标右键，从弹出的快捷菜单中选择“更新域”命令，打开如图 7.30 所示的“更新目录”对话框。在“更新目录”对话框中，如果选择“只更新页码”选项，则仅更新现有目录项的页码，不会影响目录项的增加或修改；如果选择“更新整个目录”选项，则将重新创建目录。

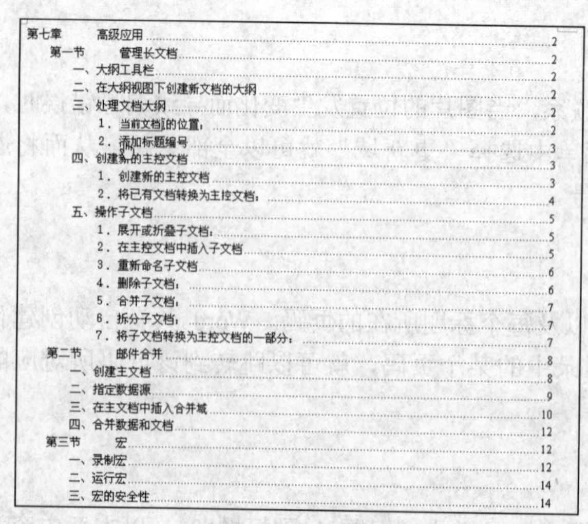

图 7.29 目录实例

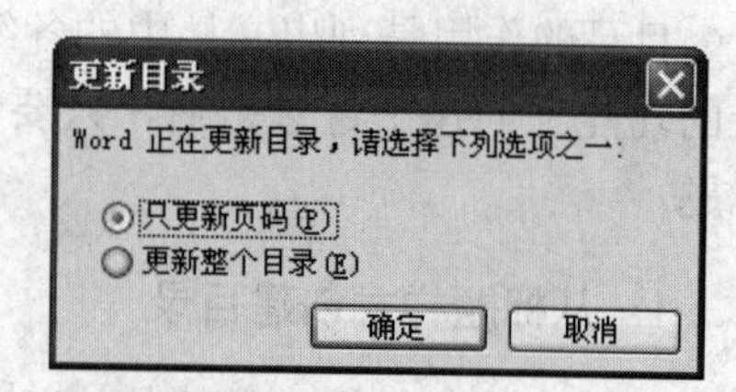

图 7.30 “更新目录”对话框

7.5　Word 2003 的网络功能

Word 把创建普通文档与创建网页完全统一起来。Office 中集成的 Microsoft Internet Explore 是浏览网页的专用工具。

7.5.1　“Web”工具栏

“Web”工具栏是浏览包含超级链接文档的便利工具。使用“Web”工具栏可快速地打开、查找和浏览 Web 文档。单击“视图”菜单中的“工具栏”命令，再选择“Web”命令，即可打开“Web”工具栏，如图 7.31 所示。

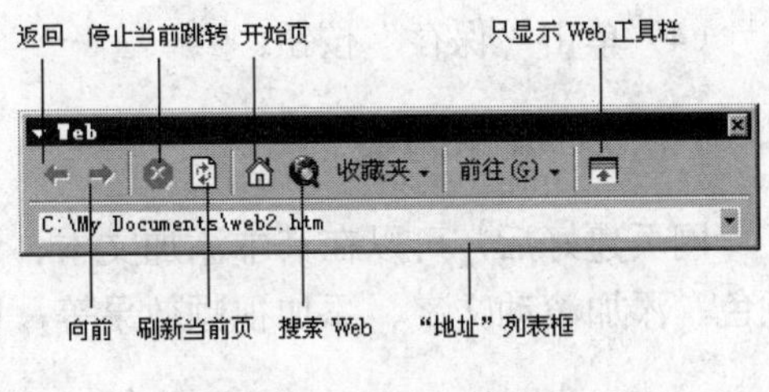

图 7.31　“Web”工具栏

“Web”工具栏中的按钮功能如下。

- “返回”：在网页之间进行跳转浏览时，单击该按钮则返回前一个网页。
- “向前”：打开下一个网页。
- “停止当前跳转”：停止当前网页的装载。该按钮只在打开并跳转到某个网页时有效，而对硬盘和网络上的文档无效。
- “刷新当前页”：通过重新装载，更新当前所选网页。
- “开始页”：在 Web 浏览器中显示第一个网页。
- “搜索 Web”：打开当前默认的 Web 搜索页。
- “收藏夹”：和其他浏览器中的收藏夹作用相同，用于保存用户收藏的一些网址。
- “前往”：这是一个菜单式按钮，使用该菜单中的命令可以设置开始页和搜索页等。
- “只显示 Web 工具栏”：单击该按钮后，将隐藏除“Web”工具栏以外的其他当前可见工具栏。再次单击此按钮可显示隐藏的工具栏。
- “地址”列表框：可以单击其右侧的向下箭头来选择前面用过的地址，或者输入所需的 Web 地址。

7.5.2　创建网页

在 Word 中由于 HTML 已经是一种内置的文件格式，所以创建网页变得非常简单，既可以用 Word 提供的模板和向导创建一个新的网页，也可以将一个普通的 Word 文档转换为网页格式。

1．新建网页

（1）单击“文件”菜单中的“新建”命令，打开“新建”任务窗格。

（2）选择“网页”，新建一个空白网页。

（3）输入网页内容，单击“保存”按钮。打开“另存为”对话框，在对话框中设定文件名和文件位置，单击“保存”按钮。

执行以上操作后，Word 就会根据设置，建立好网页的基本框架，并自动进入“Web 版式”。

2. 将 Word 文档转换为网页

（1）打开要转换为网页的 Word 文档。

（2）单击“文件”菜单中的“另存为网页”命令，打开“另存为”对话框。

（3）在“保存位置”列表框中选择一个存放文件的位置，在“文件名”框中输入文件名称，在“保存类型”列表框中选中文件的类型，有以下几个选项。

- “xml 文档”：保存为用可扩展标记语言代码编写的网页文件。
- “单个文件网页（.mht）”：Web 档案文件，将页面和与它相关的图片之类的东西打包成一个单独的文件，在浏览器中可以直接查看，比较方便。
- “网页（.htm）”：网页文件中只有网页的内容，所包含的图片等其他素材将存放在“文件名.files”文件夹中。

（4）单击“保存”按钮。

7.5.3 编辑网页

网页建好后，可以在其中添加文本、设置文本的字符格式，还可以添加横线、设置背景颜色、添加滚动文字、添加视频效果等，以美化网页。

1. 添加水平线

在网页中经常用水平线将网页中的标题和正文分割成不同的逻辑部分，以便于阅读。

（1）把插入点移至要插入横线的位置。

（2）单击“格式”菜单中的“边框和底纹”命令，打开“边框和底纹”对话框。

（3）单击“横线”按钮，打开如图 7.32 所示的“横线”对话框。

（4）双击一种水平线的图标，水平线即出现在插入点光标处。

对于插入到网页中的横线，也可以像对图片那样来改变横线的属性（如颜色、大小、宽度和对齐方式等）。在横线上单击鼠标右键，在快捷菜单中选择“设置横线格式”命令，打开“设置横线格式”对话框，如图 7.33 所示，可以精确设置横线的属性。

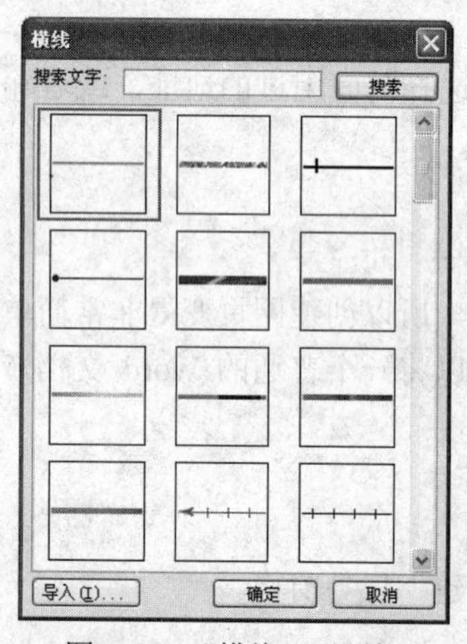

图 7.32 “横线”对话框

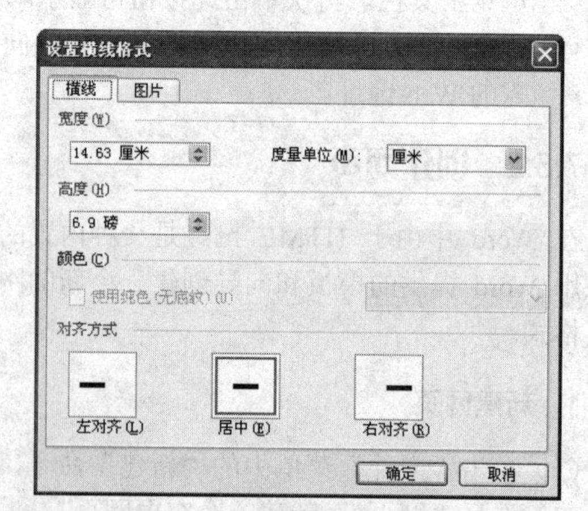

图 7.33 “设置横线格式”对话框

2. 给网页添加背景

在 Web 版式视图中可以设置文档背景色和填充效果，具体操作步骤如下：

（1）单击“格式”菜单中的“背景”命令，再单击“背景”子菜单中的“颜色”命令，打开调色板，选择一种颜色。

（2）选择其中的“填充效果”命令，打开“填充效果”对话框，选择“纹理”选项卡，可以指定一种纹理作为背景；选择“图片”选项卡，可以指定一个图片作为背景。

3．在网页中添加背景声音

（1）单击“视图”菜单中的“工具栏”命令，单击其子菜单中的“Web 工具箱”命令，打开“Web 工具箱”工具栏，如图 7.34 所示。

（2）单击其中的“声音”按钮，Word 将打开“背景声音”对话框，如图 7.35 所示。

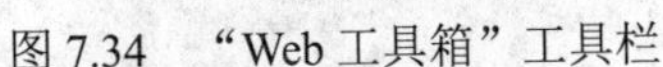
图 7.34 “Web 工具箱”工具栏

图 7.35 “背景声音”对话框

（3）在“声音”框内输入声音文件所在的地址，也可以单击“浏览”按钮定位一个声音文件。

（4）在“循环次数”框内指定要重复演奏的次数。选择“不限”选项可让声音在网页打开期间一直不停地播放，而且以后每次访问这个网页时都会一直自动播放声音。

4．在网页中添加一段影片

（1）单击“Web 工具箱”工具栏中的“影片”按钮，打开“影片剪辑”对话框，如图 7.36 所示。

（2）在“影片”框内输入视频剪辑文件所在的位置和名称，单击“浏览”按钮可对文件进行选择；在“循环次数”框内指定重复播放的次数。

（3）单击“确定”按钮。

5．在网页中添加“滚动文字”

由于编写网页所用的 HTML（超文本标记）语言不支持文字的动态效果，所以不能直接在网页中设置文字的动态效果。但是可以利用“Web 工具箱”工具栏在网页中添加“滚动文字”，具体操作步骤如下：

（1）单击“Web 工具箱”工具栏中的“滚动文字”按钮，打开“滚动文字”对话框，如图 7.37 所示。

（2）在“请在此键入滚动文字”框内输入要滚动显示文字的内容，在“方向”框内指定滚动方向，在“背景颜色”框内指定一种背景颜色，在“循环次数”框内指定滚动的次数。在“方式”列表框中指定滚动方式：“滚动”，表示从右到左依次滚动，周而复始；“滑行”，表示从右到左滚动，当第一个字符触及左边界时就停止滚动；“摇摆”，表示像钟摆那样在左右边界内荡来荡去。

（3）在“预览”框中观察效果，满意后单击“确定”按钮，关闭对话框。

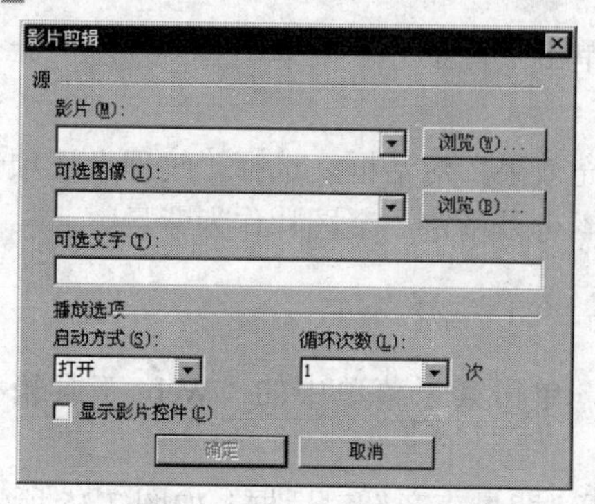

图 7.36 “影片剪辑”对话框

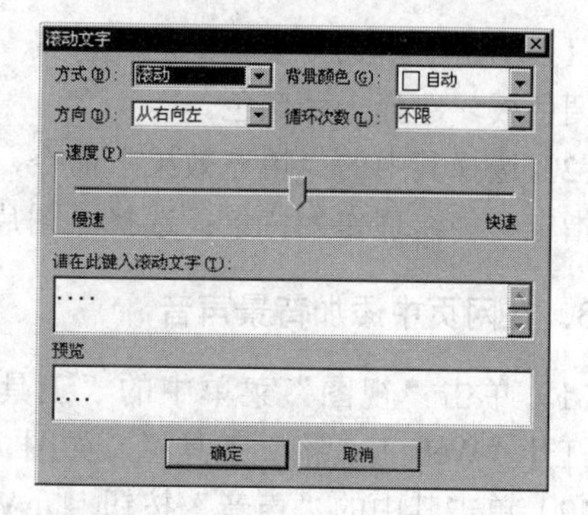

图 7.37 “滚动文字”对话框

习题 7

一、单选题

1．便于组织和维护长文档的视图是（　　）。

A. 普通视图　　B. 大纲视图　　C. 页面视图　　D. 主控文档视图

2．（　　）功能可以将一系列的 Word 命令或指令组合成一个命令，以实现任务执行的自动化。

A. 邮件合并　　B. 宏　　C. 网络功能　　D. 主控文档

3．在编辑状态下，给当前文档的某一词加上尾注时，应使用的下拉菜单是（　　）。

A. 编辑　　B. 插入　　C. 格式　　D. 工具

二、上机练习

1. 利用邮件合并工具，制作 300 份信封，要求如下。

- 信封尺寸：21.6cm×11cm。
- 与收信人有关的信息有：邮编、地址、单位名称、姓名。
- 寄信人地址自设。

2. 录制名为 hello 的宏，使用 Alt+S 组合键，内容为画一个圆，填充红色，宏保存在当前文档。

3. 录入以下文本，保存文件名为“脚注和尾注.doc”，并完成以下操作。

- 将所有“Application Program”替换为“应用程序”，字体颜色为青色。
- 为“DOS”添加脚注：Disk Operation System。
- 为本文添加尾注：Windows 新功能。

Windows 能够方便有效地管理 Application Program 和文件，具有同时运行多个 Application Program 的能力，并且利用内部功能可在 Application Program 之间交换信息。其图形界面提供了比 DOS 系统更加直观、更加有效的工作环境，提供了一种充分利用计算机性能的优良方法。窗口是屏幕上与一个 Application Program 相关联的矩形区域，它是用户与产生该窗口的 Application Program 之间的可视界面。

Word 练习题

按要求完成以下操作。

- 将文档命名为“Word 练习题”，并保存在 D 盘根目录下的“Word 考试”文件夹中。

- 设置页面。纸张大小：自定义，宽度 20 厘米，高度 18 厘米，页边距：上、下 2.6 厘米，左、右 3.2 厘米。
- 设置艺术字。将文字“这是考试”设置为艺术字，样式：第 1 行第 1 列；字体：隶书；艺术字形状：左牛角形；阴影：阴影样式 5；艺术字填充：预设，心如止水；艺术字大小：宽 6.35 厘米，高 4.03 厘米；艺术字位置：水平距页边距 3.6 厘米，垂直距页边距 2 厘米，上下环绕。
- 录入样文 1 并分 4 栏，加分隔线。

【样文 1】

一些应用程序用生成对象应用程序的菜单和工具栏替换当前文档的菜单和工具栏。例如，在 Word 文档中编辑 Excel 的数据表时，Word 的菜单和工具栏会暂时被 Excel 替换。完成 Excel 的编辑后，单击待编辑的其他内容，菜单和工具栏就会复原。应用程序界面的一致性，使得用户觉察不出进入了另一个工作程序（工作环境），而只是觉得 Office 理解了要做的工作，提供了编辑数据表的特别功能。

- 录入样文 2 并设置底纹为红色，式样 10%，边框设置阴影，宽度 0.5 磅。

【样文 2】

Microsoft Office 管理器在屏幕上显示一个工具栏。工具栏包含 Office 各主要成员的图标。单击相应的图标，可以迅速启动需要的应用程序或在已启动的应用程序间进行切换；或者启动当前应用程序的第二个实例；或者在屏幕平铺、排列两个应用程序。通过 Office 管理器的自定义功能，可以根据日常工作的需要，将计算机中常用软件的图标（例如，文件管理器、MS-DOS 提示符、计算器、游戏或图形处理软件等）加到工具栏，使操作更加便捷。

- 插入一幅图片，宽度 6.4 厘米，高度 3.5 厘米，位置水平距页面 6.8 厘米，垂直距页面 18 厘米，四周环绕。
- 给样文 1 中的“Microsoft Office”四个字添加尾注“应用最广的办公自动化集成软件”。
- 添加页眉“行星、恒星和星系”，字体隶书，右对齐。
- 查找替换：先录入以下文本，再将所有“file”替换为“FILE”。

在计算机没有 file 管理系统的时期，file 的使用是相当复杂、极为烦琐的工作。特别是用户 file 的组织和管理常常要用户亲自干预，稍不小心，就会破坏已存入介质的 file 信息。为了方便用户使用 file，当然也为了操作系统本身的需要，现代计算机的操作系统中都配备了 file 系统，由它负责存取和管理 file 信息。

- 表格制作。按样表制作表格，并完成以下操作：在“二月”一行上方插入一行空白表格；将表格右对齐；表格中的文字居中对齐；在“111”列前插入一列；将表格的第一列移至第三列之后；表格外框线为双线 3 磅，内框线为红色，第一行与第二行之间为三线 0.75 磅；“二月”一行加黄色底纹，“333”单元格只有文字加蓝色底纹；表格套用格式“网格 8”；设表格第一行的行高为 25 磅，第二列的列宽为 4 厘米；将最终表格做一个备份，并将备份表格转换为文本，以“/”分隔。

【样表】

一月	11324	111	
二月	22456	222	
三月	3567	333	

第 8 章 Excel 2003 基础知识

学习目标

- 了解 Excel 的启动、退出方法、功能、窗口布局及菜单系统
- 掌握 Excel 文档的创建、打开、保存和关闭操作
- 了解 Excel 工作簿、工作表、单元格、行、列等基本概念及基本操作
- 掌握编辑 Excel 工作表数据的基本方法
- 掌握设置数据字符格式、行高和列宽、数据对齐方式、数字格式、边框和底纹的方法

Excel 是应用范围非常广的电子表格软件。

8.1 Excel 2003 简介

8.1.1 功能介绍

Excel 中文版的强大功能主要表现在以下几个方面：友好的用户界面，操作简单、易学易用；引入公式和函数后的数据计算；能自动绘制数据统计图；能有效管理、分析数据；网络功能、宏功能和内嵌的 VBA（Visual Basic for Application）等。

8.1.2 Excel 2003 中文版的工作界面

启动 Excel 中文版后，将打开 Excel 中文版的工作簿窗口，如图 8.1 所示。

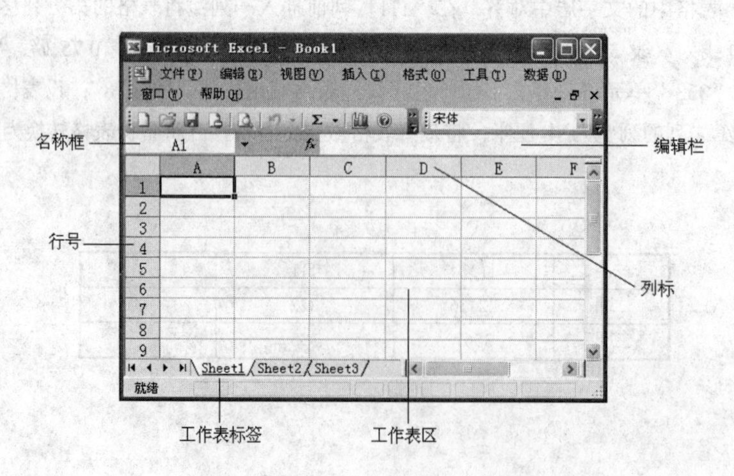

图 8.1 Excel 中文版的工作簿窗口

可以发现和 Word 的窗口非常相似，Excel 的工作窗口中也有标题栏、菜单栏、工具栏。Excel 特有的编辑栏、列标、行号、工作表区、状态栏等功能说明见表 8.1。

表 8.1　Excel 窗口结构

名　称	功 能 说 明
名称框	用于指示当前选定的单元格、图表项或绘图对象。在“名称”下拉列表框中输入名称，再按 Enter 键可快速命名选定的单元格或区域。单击“名称”列表框中相应的名称，可快速移动至已命名的单元格
编辑栏	用于显示活动单元格中的常数或公式。当输入数据时编辑栏中将显示 3 个工具按钮：叉号为取消按钮，对号为输入按钮，等号为编辑公式按钮
列标	位于编辑栏下方的灰色字母编号区。单击列标可选定工作表中的整列单元格。如果右击列标，将显示相应的快捷菜单；如果要改变某一列的宽度，拖动该列列标右端的边线即可
行号	位于各行左侧的灰色编号区。单击行号可选定工作表中的整行单元格。右击行号，将显示相应的快捷菜单。拖动行号下端的边线，可改变该行的高度
工作表区	用于记录数据的区域
工作表标签	用于显示工作表的名称。单击工作表标签将激活相应的工作表；在标签上右击鼠标，可显示与工作表操作相关的快捷菜单；单击标签栏左端的滚动按钮，可滚动显示工作表标签

Excel“常用”工具栏中的部分按钮如图 8.2 所示，“格式”工具栏中的部分按钮如图 8.3 所示。按钮功能将在后面的章节中介绍。

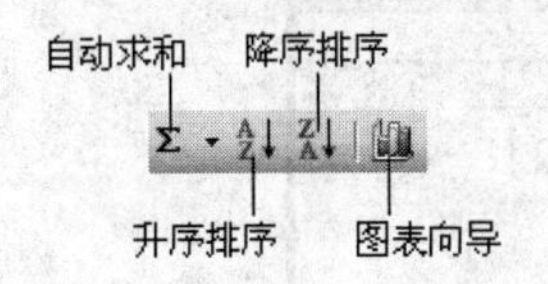

图 8.2　“常用”工具栏中的部分按钮

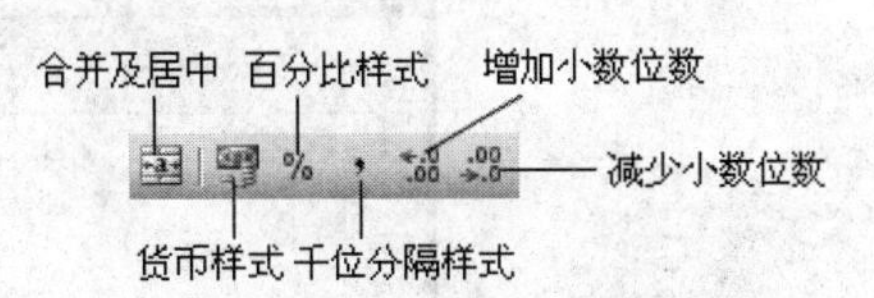

图 8.3　“格式”工具栏中的部分按钮

8.1.3　工作簿和工作表

1. 工作簿

Excel 中的文档就是工作簿，一个工作簿由一个或多个工作表组成。由于每个工作簿可以包含多张工作表，因此可在一个文件中管理多种类型的数据信息。Excel 启动后，显示的是名称为“Book 1”的工作簿，如图 8.1 所示，工作簿文件的扩展名是“.xls”。默认情况下，工作簿由 3 个工作表组成，即 Sheet1、Sheet2 和 Sheet3，当前的活动工作表是 Sheet1。

2. 工作表

一个工作簿文件中可以有多个工作表，我们主要在工作表中分析和处理数据，图 8.1 中显示的即是“Book 1”中的“Sheet1”工作表。工作表由单元格组成，纵向称为列，由列号区的字母分别加以命名（A、B、C、…）；横向称为行，由行号区的数字分别加以命名（1、2、3、…）。每一张工作表最多可以有 65 536 行 256 列数据。

工作表中可以输入字符串、数字、公式、图表等丰富信息。每张工作表都有一个工作表标签与之对应（如 Sheet1、Sheet2、Sheet3），单击工作表标签，相应的工作表就显示到屏幕上。

Excel 中工作簿与工作表的关系，就像日常生活中的账簿与账页之间的关系一样。一个账簿由许多账页组成，一个账页用来描述一个月或一段时间的账目，一个账簿则用来说明一年或更长时间的账目。

【实例】创建一个新的工作簿文件，文件名为“08 级 7 班成绩单.xls”，保存在 D 盘的“Excel 实例”文件夹中。

8.2 单元格

8.2.1 单元格的基本概念

单元格是 Excel 工作表的基本元素，是整体操作的最小单位，单元格中可以存放文字、数字和公式等信息，如图 8.4 所示。单元格的高度和宽度及单元格内数据的对齐方式和字体大小都可以根据需要进行调整。

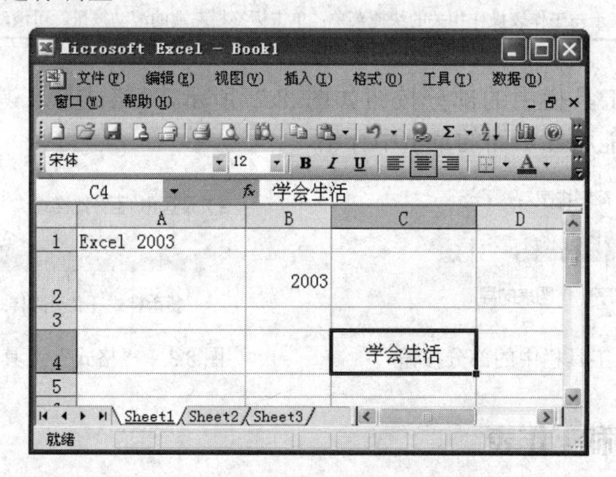

图 8.4 单元格

单元格由它在工作表中的位置所标识，行用数字标识，列用字母标识。如图 8.4 所示，单元格“A1”中的内容是“Excel 2003”，单元格“B2”中的内容是“2003”，当前单元格是黑框显示的“C4”单元格，对应的行号和列标都用粗体显示，且该单元格的引用出现在“名称”框中。

A1、B2、C4 等就是单元格的地址。如果要表示一个连续的单元格区域，可以用该区域左上角和右下角的单元格表示，中间用冒号隔开。例如，A1:D5 表示一个从 A1 单元格到 D5 单元格的区域。

8.2.2 单元格的选定

在单元格中输入数据和进行编辑之前要先选定该单元格。

1. 选定一个单元格

在 Excel 工作表区中鼠标箭头变成✚，用鼠标指针指向需要选定的单元格，单击该单元格后即已选定，变为当前单元格，其边框以黑色粗线标识。

2．选定连续单元格区域

（1）将鼠标指针指向需要连续选定的单元格区域的第一个单元格。
（2）拖动鼠标至最后一个单元格，选定的区域变为蓝色。
（3）释放鼠标左键，该连续单元格区域已被选定，如图 8.5 所示。

3．选定不连续单元格区域

（1）单击需选定的不连续单元格区域中的任意一个单元格。
（2）按住“Ctrl”键，单击需选定的其他单元格。
（3）重复上一步，直到选定最后一个单元格。选定的不连续单元格区域如图 8.6 所示。

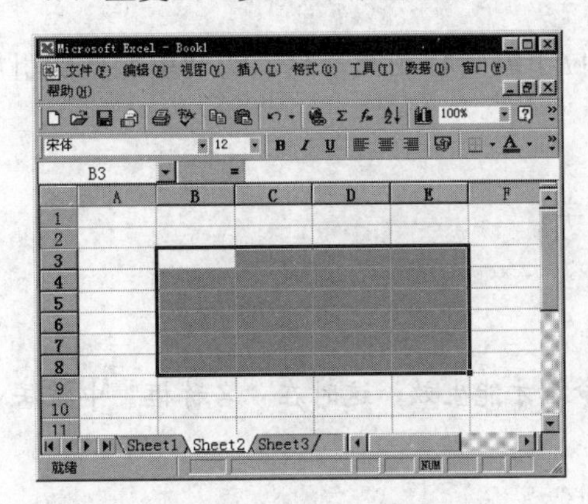

图 8.5　选定连续单元格区域

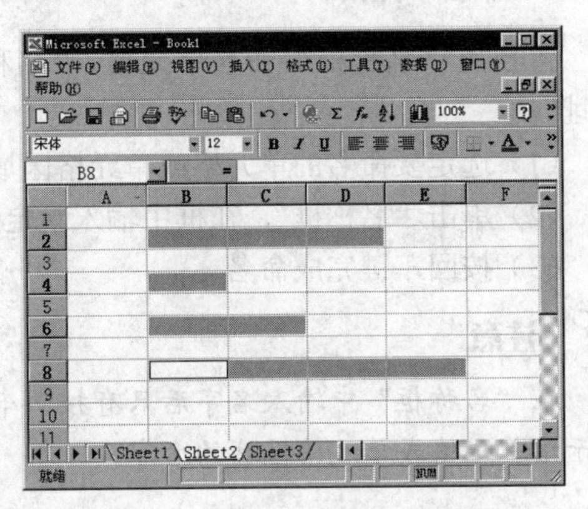

图 8.6　选定不连续单元格区域

4．选定行

可以选定单行、连续行或局部连续总体不连续的行。

- 单击行号选定单行。
- 单击连续行区域第一行的行号，按住“Shift”键，然后单击连续行区域最后一行的行号，选定连续行。
- 若要选定局部连续总体不连续的行，只要按住“Ctrl”键，然后依次选定需要选定的行即可。

5．选定列

选定列区域的操作与选定行区域的操作方法基本相同，只是将行换为列。

6．选定工作表的所有单元格

有两种方法可以选定所有单元格：

- 单击工作表左上角行号与列号相交处的“选定全部”按钮。
- 按“Ctrl+A”组合键。

8.2.3　命名单元格

默认情况下，单元格的地址就是它的名字，如 A1、B2 等。也可以给单元格或单元格区域另外命名，而且记忆单元格的名字远比记忆单元格的地址更为方便，这样能提高单元格引用的正确性。

1. 命名时应注意的规则

- 名字的第一个字符必须是字母或文字。
- 在命名中不可使用除下画线（_）和点（.）以外的其他符号。
- 不区分英文字母大小写。
- 名字不能使用类似地址的形式，如 A3、B4、C6 等。
- 避免使用 Excel 的固定词汇，如 DATEBASE 等。

2. 命名单元格

可使用“名称框”命名单元格，“名称框”位于编辑栏左侧，显示活动单元格的引用地址。

（1）选定要命名的单元格或单元格区域。

（2）单击“名称框”，在框中输入新定义的名字。

（3）按回车键完成命名。

注意

在“名称框”中输入名字后只有按回车键，命名才能生效，这时在“名称框”中将居中显示该单元格或单元格区域的名字。

3. 删除命名

单元格的命名不能在名称框中直接删除，要执行以下操作：

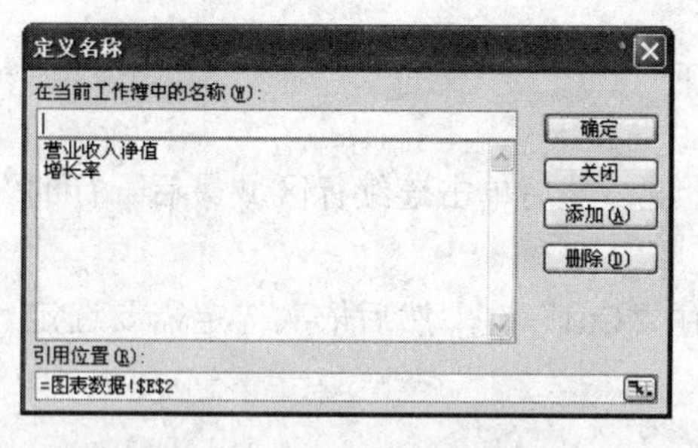

图 8.7 “定义名称”对话框

（1）单击“插入”菜单中的“名称”命令，再单击“定义”命令，打开“定义名称”对话框，如图 8.7 所示。

（2）在“在当前工作簿中的名称”下面的命名列表框中选中要删除的命名，单击“删除”按钮。

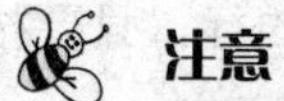

注意

在删除命名前要确定该命名是否被其他单元格或公式引用，否则在引用它的单元格中将显示“#NAME?”错误值。

8.3 在单元格中输入数据

在工作表中可以向单元格中输入的数据分为常量和公式两种。常量包括数字、文字和日期、时间等，其中数字、日期和时间可以参加各种运算；公式是以“=”开头的，此部分内容将在后面的章节学习。

8.3.1 常用输入法

双击要输入或修改数据的单元格后即可直接输入数据。

1．文字的输入

文字可以包括字母、数字和符号。

（1）在工作表中单击某一单元格，以选定该单元格，例如，选定 T1 单元格。

（2）输入“期末考试成绩单”，按回车键，结果如图 8.8 所示。文本型数据在单元格中自动左对齐。

2．数字的输入

在 Excel 中，数字是仅包含下列字符的常数值：

0 1 2 3 4 5 6 7 8 9 + -（ ），/ $ % . E e

数值型数据在单元格中自动右对齐，数字项最多只能有 15 位数字，若输入的数字太长以致无法在单元格中全部显示出来，Excel 会将其转化为科学记数形式。即当单元格中以科学记数法表示数字或填满了“＃”符号时，就表示这一列没有足够的宽度来正确显示这个数字，如图 8.9 所示，在这种情况下，需要改变数字格式或改变列宽度。在 Excel 中，把在单元格中显示的数值称为显示值；而在单元格中存储的值在编辑栏显示时被称为原值。单元格中显示的数字位数取决于该列宽度和使用的显示格式。

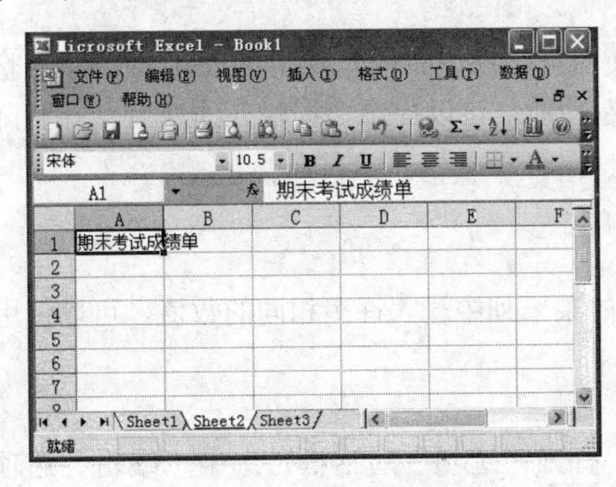

图 8.8　输入文字

	A	B	C	D	E
1	某地区十公司产品销售统计				
2	名次	公司	(百	市场份额	增长率
3	1	ITL	#####	9%	37%
4	2	NEC	#####	7%	43%
5	3	TCB	#####	7%	35%
6	4	NAL	#####	6%	42%
7	5	MTA	#####	6%	27%
8	6	STA	#####	5%	73%
9	7	BTI	#####	5%	44%
10	8	FUT	#####	4%	42%
11	9	MSU	#####	3%	37%
12	10	PHP	#####	3%	38%

图 8.9　输入数字

输入数字时应注意以下几点：

- Excel 将忽略数字前面的正号“+”，并将单一的“.”视做小数点，而其他数字与非数字的组合将被视为文本。
- 在负数前应冠以减号“-”，或将其置于括号“()”中。
- 可以像平时一样使用小数点，还可以利用千位分隔符（逗号）在千位、百万位等处加上逗号。

3．输入日期和时间

Excel 能够识别出很大一部分用普通表示法输入的日期和时间格式。例如，为输入日期 1993 年 12 月 1 日，可先选择单元格并按照下面任意一种格式输入：

93-12-1

93/12/1

1-dece-93

12-1-93

如果 Excel 识别出输入的是一个有效的日期或时间格式，就能在屏幕上看到这个日期或时间。但无论在单元格中是按哪一种格式输入的，出现在编辑栏里的输入日期总是 1993-12-1。

可以用下面的任何一种格式输入时间：

16:15

16:15:15

4:15 PM

4:15:15 A

99-7-14 16:15

A 或 AM 表示上午，P 或 PM 表示下午。最后一种时间表示格式可以把日期和时间组合在一起输入。

实用技巧

按“Ctrl+;”组合键可以输入系统当前日期；按“Ctrl+Shift+;”组合键可以输入系统当前时间。

8.3.2 提高输入效率

数据输入尤其是重复数据的输入是十分烦琐而且容易出错的。使用 Excel 中的“记忆式输入”功能、“选择列表”功能和“自动更正”功能，可以提高数据输入的速度，并且降低错误率。

1. 记忆式输入

创建一个电子表格时，如果要在一个工作表的某一列中输入许多相同的数值，可以使用 Excel 的“记忆式输入”功能。

启动“记忆式输入”功能的操作步骤如下：

（1）单击“工具”菜单中的“选项”命令，打开“选项”对话框，选中“编辑”选项卡，如图 8.10 所示。

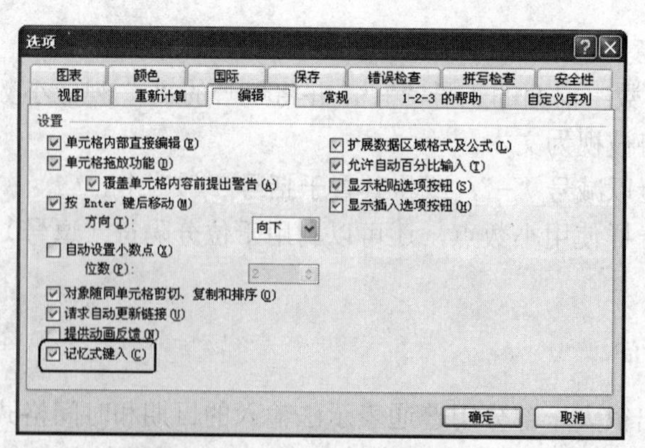

图 8.10 “编辑”选项卡

（2）选中“记忆式键入”复选框，单击“确定”按钮。

例如，“石家庄市第二职业中专学校”，第一次把这些文字完整地输入进去，第二次又要在本列输入这些文字时，只需在单元格中输入第一个字，Excel 会用所输入的字与在这一列

里所有的输入项进行匹配，如果相符，Excel 就会自动填写其余的字符，如图 8.11 所示。根据需要可进行以下几种选择：

- 按回车键：接受建议的输入项。
- 继续输入：不采用自动提供的字符。
- 按“Backspace”键：删除自动提供的字符。

2．使用选择列表

“选择列表”是另一种输入重复文字项的方法，使用该功能可以从当前列的所有输入项中选择一个填入单元格。

“选择列表”的原理是从一个列表中进行检索，这样就能够确保在输入数据时前后一致。例如，如果直接输入，可能会将同一个单位输入为不同的名字，如二职、二职专、市二职专或石家庄市第二职业中专，而实际上这些都是同一单位名称的不同叫法。如果利用“选择列表”功能，就不会发生这样的事情，还可以避免多次重复输入同一个名字。

使用“选择列表”的文字项列表，只需右击一个列表底部的单元格以显示快捷菜单，再从快捷菜单列表里选择“选择列表”命令，或者按“Alt+↓”组合键。Excel 会显示一个输入列表，如图 8.12 所示，这个列表包括所有在这一列中的值，单击选择需要的数据项即可。

	A	B	C	D	E
1					
2					
3	石家庄市第二职业中专学校				
4	石家庄市第二职业中专学校				
5					
6					

图 8.11 “记忆式输入”功能

	A	B	C	D	E
1	某地区十公司产品销售统计				
2	名次	公司	（百	市场份额	增长率
3	1	ITL	#####	9%	37%
4	2	NEC	#####	7%	43%
5	3	TCB	#####	7%	35%
6	4	NAL	#####	6%	42%
7	5	MTA	#####	6%	27%
8	6	STA	#####	5%	73%
9	7	BTI	#####	5%	44%
10	8	FUT	#####	4%	42%
11	9	MSU	#####	3%	37%
12	10	PHP	#####	3%	38%
13					
14		BTI			
15		FUT			
16		ITL			
17		MSU			
18		MTA NAL NEC PHP			

图 8.12 “选择列表”示例

3．使用“自动更正”功能

利用“自动更正”功能，不但可以更正输入中偶然的“笔误”，还可以使其成为一个方便的辅助输入功能。例如，可以把一段经常使用的文字定义为一条短语，当输入这条短语时，“自动更正”将把它扩展成定义的文字。设置“自动更正”功能和定义“自动更正”项目的操作同 Word 中的相关内容，这里不再赘述。

4．使用填充功能

填充是指在 Excel 表格中按一定的规则或变化趋势自动对某一区域填入数据或公式。

【实例】在数据表中制作如图 8.13 所示的数据序列。

（1）在“A1”单元格单击，输入文本“学生”，将鼠标移至该单元格右下角的填充柄，鼠标指针变为黑十字形，按住鼠标左键拖动至第十行，完成第一列的复制填充。

（2）在“B1”单元格单击，输入数值“1”，将鼠标移至该单元格右下角的填充柄，鼠标指针变为黑十字形，按住鼠标左键拖动至第十行，完成第二列的复制填充。

（3）在“C1”单元格单击，输入数值“1”，将鼠标移至该单元格右下角的填充柄，鼠标指针变为黑十字形，按住 Ctrl 键拖动鼠标至第十行，完成第三列数值逐行加 1 的等差序列填充。

（4）在“D1”单元格单击，输入数值“2”，拖动鼠标选中 D1:D10 单元格区域，单击“编辑”菜单中的“填充”命令，在其子菜单中选择“序列”，打开“序列”对话框，设置序列产生在“列”，类型为“等差序列”，步长值为“2”，如图 8.14 所示，完成第四列数值逐行加 2 的等差序列填充。

	A	B	C	D	E
1	学生	1	1	2	2
2	学生	1	2	4	4
3	学生	1	3	6	8
4	学生	1	4	8	16
5	学生	1	5	10	32
6	学生	1	6	12	64
7	学生	1	7	14	128
8	学生	1	8	16	256
9	学生	1	9	18	512
10	学生	1	10	20	1024

图 8.13 自动填充序列示例

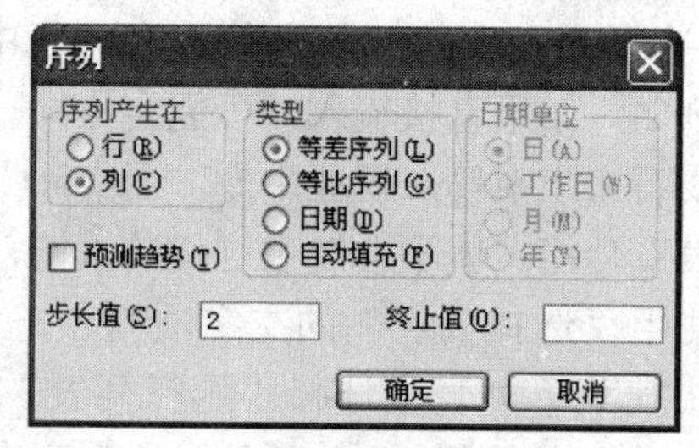

图 8.14 “序列”对话框

（5）在“E1”单元格单击，输入数值“2”，拖动鼠标选中 E1:E10 单元格区域，单击“编辑”菜单中的“填充”命令，在其子菜单中选择“序列”，打开“序列”对话框，设置序列产生在“列”，类型为“等比序列”，步长值为“2”，完成第五列数值逐行以 2 为底的等比序列填充。

8.3.3 提高输入有效性

为了提高单元格中输入数据的正确性，可以为单元格或单元格区域指定输入数据的有效范围。例如，将数据限制为特定的类型，如整数、小数或文本，并且限制其取值范围。此外，还可以通过工作表中的数据序列来指定有效数据的范围，或限定允许输入的字符数。还可以使用公式，根据其他单元格中的计算值来判定当前单元格中输入值的有效性。

【实例】指定 B 列输入的数据在 0～100 之间。

（1）选定 B 列。

（2）单击“数据”菜单上的“有效性”命令，打开“数据有效性”对话框中的“设置”选项卡，如图 8.15 所示。

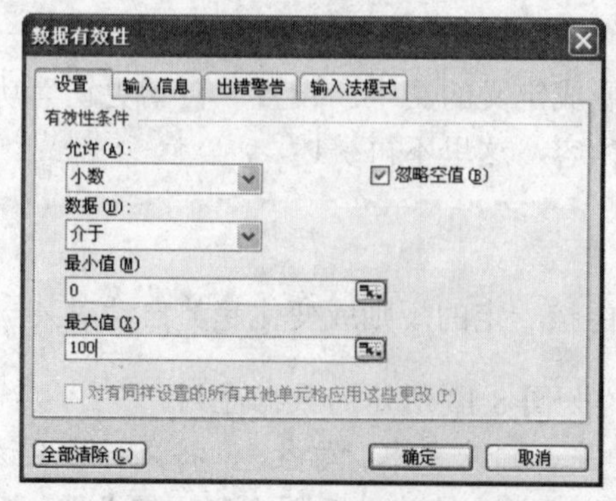

图 8.15 “设置”选项卡

(3) 在“允许”下拉列表框中选择“小数”选项。

(4) 在“数据”列表框中选择“介于”选项，在“最小值”文本框中输入“0”，在“最大值”文本框中输入“100”，单击“确定”按钮。

8.4　编辑单元格

单元格的基本编辑操作包括编辑单元格中的数据、移动和复制单元格、在工作表中清除、插入和删除单元格、查找和替换等内容。

8.4.1　编辑单元格中的数据

选定要编辑的单元格后，直接输入数据，按 Enter 键确认，这样将使单元格中已有的数据被新的数据代替。而双击要编辑的单元格后，单元格中的数据被激活，可以直接在单元格中对数据进行编辑或修改，但是必须在如图 8.10 所示的“编辑”选项卡中选中“单元格内部直接编辑”复选框后，这种方法才有效。

8.4.2　移动和复制单元格

移动和复制单元格是指移动和复制单元格中的内容。使用“常用”工具栏中的“复制”、“剪切”和“粘贴”按钮可以快捷方便地移动和复制数据。

(1) 选定要移动或复制的单元格。

(2) 单击“常用”工具栏上的“剪切”或“复制”按钮。

(3) 单击要粘贴到的单元格。

(4) 单击“常用”工具栏上的“粘贴”按钮。

在移动和复制的过程中，选定的单元格区域被一个闪烁的虚线框包围着，如图 8.16 所示，被称为“活动选定框”，按 Esc 键可取消“活动选定框”。

	A	B	C	D	E
1	某地区十公司产品销售统计				
2	名次	公司	营收（百万）	市场份额	增长率
3	1	ITL	13,828.00	9%	37%
4	2	NEC	11,360.00	7%	43%
5	3	TCB	10,185.00	7%	35%
6	4	NAL	9,422.00	6%	42%
7	5	MTA	9,173.00	6%	27%
8	6	STA	8,344.00	5%	73%
9	7	BTI	8,000.00	5%	44%
10	8	FUT	5,511.00	4%	42%
11	9	MSU	5,154.00	3%	37%
12	10	PHP	4,040.00	3%	38%

图 8.16　活动选定框

8.4.3　清除、插入和删除单元格

1. 清除单元格内容

在 Excel 中，要清除单元格中的内容时，可以清除一个单元格中所有的内容，也可以只

清除单元格中的格式或公式，或者只清除单元格的批注。

清除一个单元格所含内容的快速方法是：选定这个单元格，然后按“Delete”键。但是采用这种操作方法，只能清除单元格的内容，它的格式和批注都还保留着。

精确清除一个单元格内容的操作步骤如下：

（1）选定要清除的单元格或者单元格区域。

（2）单击“编辑”菜单中的“清除”命令，打开“清除”子菜单，如图 8.17 所示。

（3）根据需要选定一个清除的命令。

注意

“编辑”菜单中的“删除”命令是把单元格从工作表中连同位置一起删除掉，并且邻接的单元格将填补其空位；而“编辑”菜单中的“清除”命令将单元格留在原位置，只是把单元格中的内容删除掉。

2．插入和删除单元格

在工作表中可以插入或删除一个单元格，也可以插入或删除一行、一列单元格。

插入单元格的操作步骤如下：

（1）选定需要插入单元格的区域，插入单元格的个数应与选定的个数相等。

（2）单击“插入”菜单中的“单元格”命令，或在选定单元格区域单击鼠标右键，在弹出的快捷菜单中单击“插入”命令，打开“插入”对话框，如图 8.18 所示。

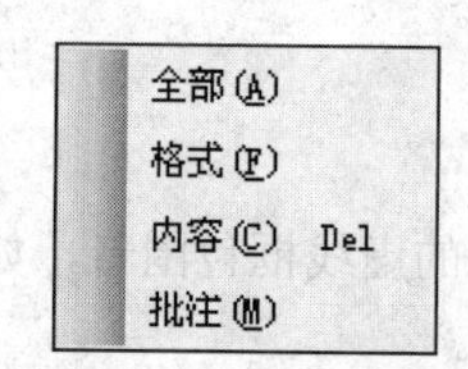

图 8.17 “清除”子菜单

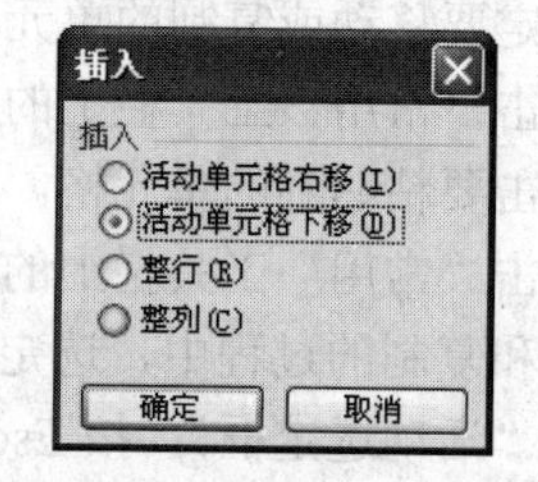

图 8.18 “插入”对话框

（3）在“插入”对话框内选择单元格的插入方式。

- “活动单元格右移”：将选定的单元格向右移。
- “活动单元格下移”：将选定的单元格向下移。

（4）单击“确定”按钮。

插入整行、整列和删除单元格的方法与 Word 相似，这里不再赘述。

8.4.4 查找与替换

使用查找与替换功能可以在工作表中快速定位，还可以有选择地进行替换。在 Excel 中，可以在一个工作表或多个工作表中进行查找与替换。

1．在查找前选定区域

在进行查找、替换操作之前，应该先选定一个搜索区域。

- 如果只选定一个单元格，则在当前工作表内进行搜索。
- 如果选定一个单元格区域，则只在该区域内进行搜索。

- 如果已选定多个工作表，则在多个工作表中进行搜索。

选定多个工作表的方法如下：

① 按住“Shift”键，单击工作表标签，将选定连续的工作表。

② 按住“Ctrl”键，单击工作表标签，将选定工作表或取消选定。

2．查找与替换

【实例】将当前工作表中的数值型数据“100”，全部替换为文本型数据“满分”。

（1）单击“Ctrl+F”组合健，打开“查找和替换”对话框，如图 8.19 所示。

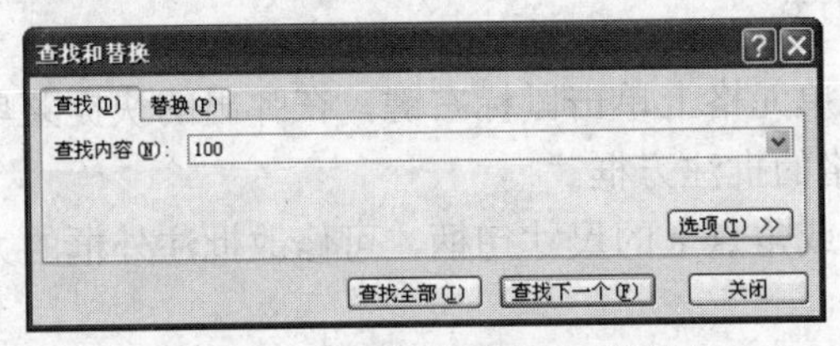

图 8.19　“查找和替换”对话框

（2）在“查找内容”文本框中输入要查找的信息“100”。

（3）单击“选项”按钮，打开“查找”选项界面，如图 8.20 所示。在“范围”列表中选择“工作表”，在“搜索”列表中选择默认的“按行”，在“查找范围”列表中选择“值”。

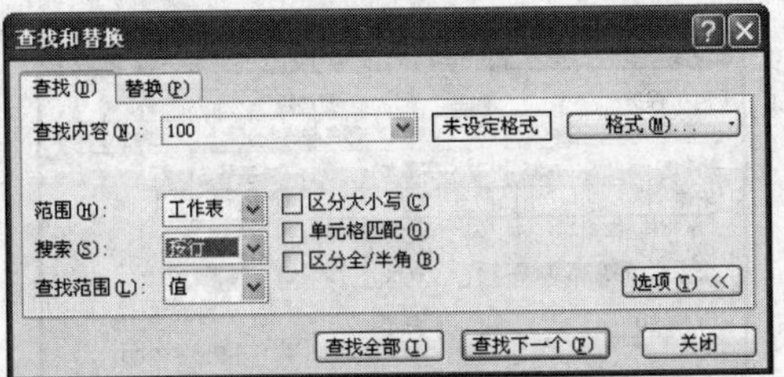

图 8.20　“查找”选项界面

（4）单击“替换”标签，打开“替换”对话框，在“替换值”框中输入“满分”。

（5）单击“全部替换”按钮，则替换整个工作表中所有符合搜索条件的单元格数据。

和 Word 一样，Excel 中也可以使用通配符*和？代替不能确定的部分信息。？代表一个字符，*代表一个或多个字符。单击“格式”按钮可以查找和替换指定格式的内容。

8.4.5　给单元格加批注

1．添加批注

给单元格添加批注，可以突出单元格中的数据，使该单元格中的信息更具易读性。

（1）在要添加批注的单元格上单击鼠标右键，在弹出的快捷菜单中选择“插入批注”命令。

（2）在批注方框中输入注释文本，如图 8.21 所示。

（3）完成文本输入后，单击批注方框外部的工作表区域，关闭批注方框。

添加了批注的单元格的右上角有一个小红点，提示该单元格已经添加了注释，只要将鼠标移至该单元格上，就会显示批注的内容。

	A	B	C	D	E	F
1	姓名	班级	语文	数学	英语	网页编程
2	李亚杰	班干部	60	62	65	78
3	高宇		61	76	80	66
4	张宇	一班	62	82	87	72
5	褚晓燕	二班	65	70	80	84
6	张世毅	三班	70	80	80	66

图 8.21　在批注方框中输入注释文本

2．设置批注的显示方式

（1）在已插入批注的单元格上单击鼠标右键，在弹出的快捷菜单中选择“编辑批注”命令，Excel 将显示该单元格的批注方框。

（2）拖动批注框边上或角点上的尺寸句柄，可修改批注外框的大小；拖动批注框的边框可移动批注。

（3）在批注框内可对内容进行修改。

（4）双击批注框的边框，在弹出的快捷菜单中选择“设置批注格式”命令，打开“设置批注格式”对话框，如图 8.22 所示，可以设置批注的位置、字体、字号、填充颜色等多个选项。在“颜色与线条”选项卡中拖动“透明度”滑块，或输入具体的值，可以使批注以半透明状态显示，而不是完全覆盖下面的内容。

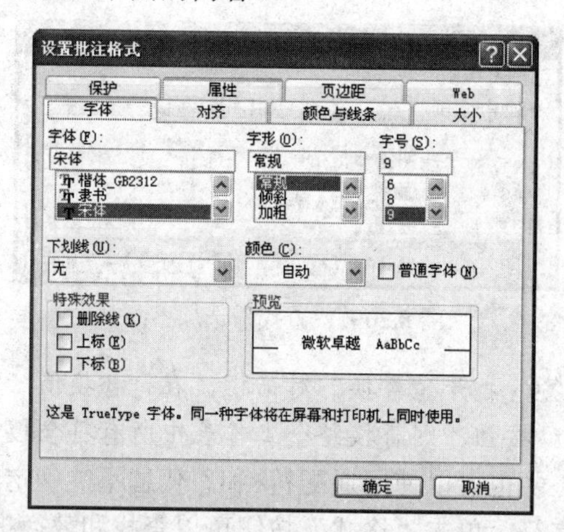

图 8.22　“设置批注格式”对话框

（5）再次用鼠标右键单击包含批注的单元格，从弹出的快捷菜单中选择“隐藏批注”命令，可以隐藏添加的批注。

3．清除单元格中的批注

选定单元格后使用快捷菜单中的“删除批注”命令可清除批注。如果选定单元格后按“Delete”键或“Backspace”键，将只清除单元格中的内容，而其中的批注和单元格格式继续保留。

如果要删除工作表中的所有批注，可单击“编辑”菜单上的“定位”命令，打开“定位”对话框，再单击“定位条件”按钮，在打开的如图 8.23 所示的“定位条件”对话框中选择“批注”选项。回到工作表后，单击“编辑”菜单下“清除”命令子菜单中的“批注”命令即可。

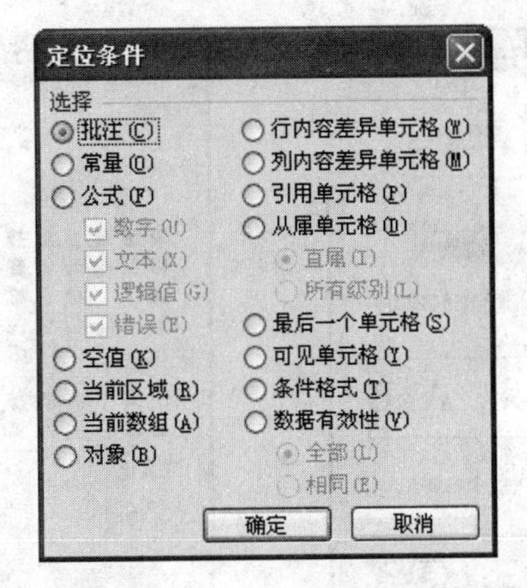

图 8.23 “定位条件”对话框

8.5 单元格的基本操作

单元格格式包括单元格中文本的字体、对齐方式、单元格中数字的类型、单元格的边框、图案和单元格保护等内容。

8.5.1 设置单元格格式

下面用如图 8.24 所示的成绩表来介绍如何设置单元格中的常用格式。

	A	B	C	D	E	F
1	2008-2009学年度08级7班期末考试成绩					
2						
3	课目 姓名	语文	数学	英语	网页编程	编程基础
4	李亚杰	60	62	65	78	95
5	张飞飞	74	82	84	64	86
6	褚晓燕	65	70	80	84	80
7	王瑞铎	73	62	63	88	60
8	王鹏飞	73	72	87	68	88
9	郑科	74	78	90	62	76
10	高宇	61	76	80	66	60
11	彭晓龙	74	78	84	64	78
12	张宇	62	82	87	72	80
13	张世毅	70	80	80	66	70
14	许鹏飞	74	60	89	88	65

图 8.24 数据示例

（1）打开前面实例中创建的工作簿文件“08 级 7 班成绩单.xls”，在“A1”单元格中输入“2008-2009 学年度 08 级 7 班期末考试成绩”。

（2）按“Ctrl+1”组合键，打开“单元格格式”对话框，在如图 8.25 所示的“字体”选项卡中设置“字体”为华文楷体，“字形”为加粗，“字号”为 22。

（3）从 A3 单元格开始输入图 8.24 中的其余数据。

（4）拖动选中第三行中的所有数据，按“Ctrl+1”组合键，打开如图 8.26 所示的“单元格格式”对话框“图案”选项卡，设置单元格背景色为“浅灰色”。

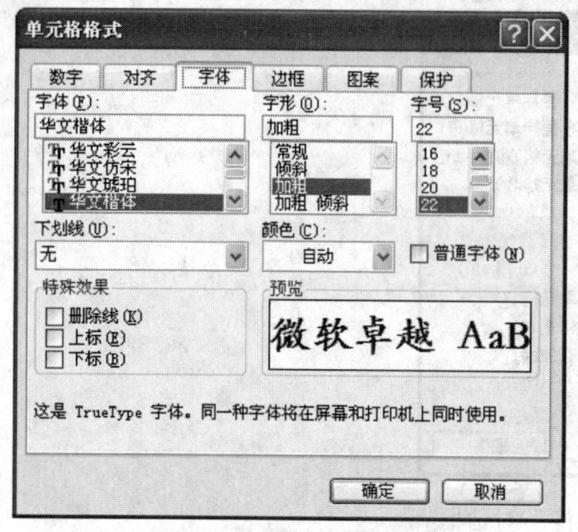

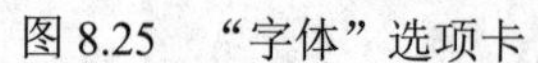
图 8.25 “字体”选项卡

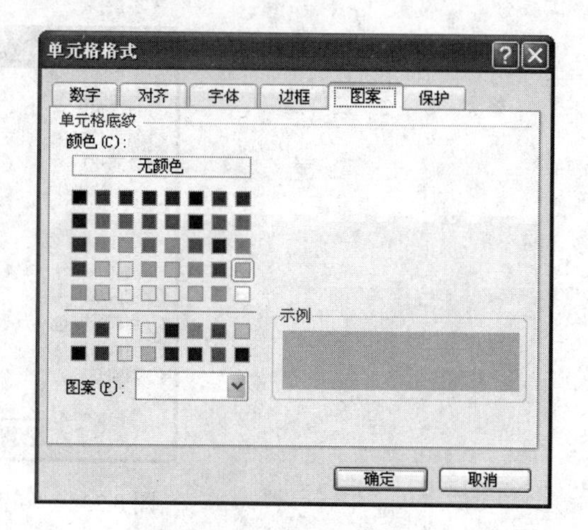

图 8.26 “图案”选项卡

（5）拖动选中 A1:F1 单元格区域，按“Ctrl+1”组合键，打开如图 8.27 所示的“单元格格式”对话框“对齐”选项卡，在“文本对齐方式”区中，设置“水平对齐”为“跨列居中”，设置 A1 单元格中的内容在 A1:F1 区域中居中显示。注意：虽然文字跨列居中显示，但内容仍然存储在 A1 单元格中。

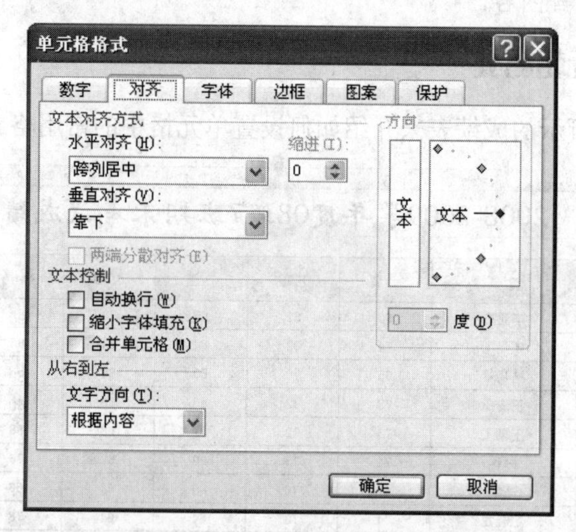

图 8.27 “对齐”选项卡

（6）拖动选中 A3:F14 单元格区域，按“Ctrl+1”组合键，打开如图 8.27 所示的“单元格格式”对话框“对齐”选项卡，在“文本对齐方式”区中，设置“水平对齐”为“居中”、“垂直对齐”为“居中”，即数据在单元格中部显示。

（7）单击选中第 1 行，单击右键，在快捷菜单中选择“行高”命令，打开如图 8.28 所示的“行高”对话框，在“行高”文本框中输入“32”，行高的单位是“磅”。

（8）单击选中第 3 行，设置行高为 30 磅。

（9）单击选中“A”列，单击右键，在弹出的快捷菜单中选择“列宽”命令，打开如图 8.29 所示的“列宽”对话框，设置“列宽”为“16”，列宽的单位为“字符”。

（10）单击选中 B～F 列，设置列宽为 10 个字符。

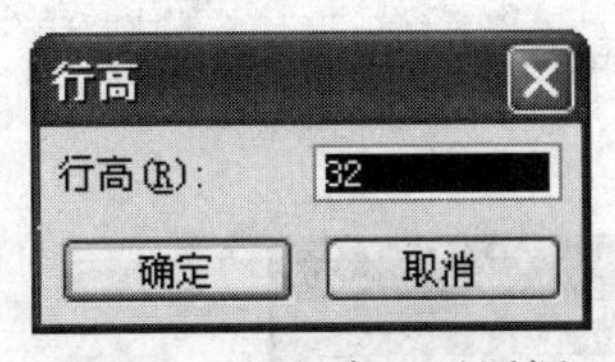

图 8.28　“行高”对话框

图 8.29　“列宽”对话框

（11）拖动选中 A3:F14 单元格区域，按“Ctrl+1”组合键，打开如图 8.30 所示的“单元格格式”对话框“边框”选项卡，选择线条样式和颜色后，单击“外边框”和“内部”按钮，给选中的每一个单元格添加边框。

（12）单击 A3 单元格，单击“左斜线”按钮，添加单元格内分隔线。

（13）单击第 3 行，按“Ctrl+1”组合键，打开如图 8.27 所示的“单元格格式”对话框“对齐”选项卡，选中“文本控制”区中的“自动换行”复选框，按空格键调整“课目”、“姓名”至图 8.24 所示位置。

（14）选定 B4:F14 单元格区域，按“Ctrl+1”组合键，打开“单元格格式”对话框中的“数字”选项卡，如图 8.31 所示。

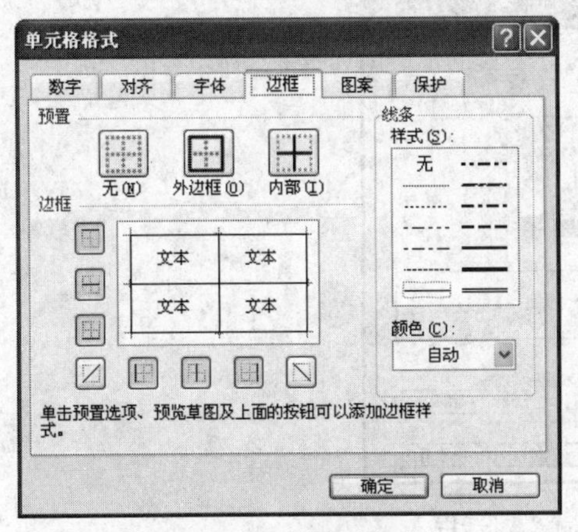

图 8.30　“边框”选项卡

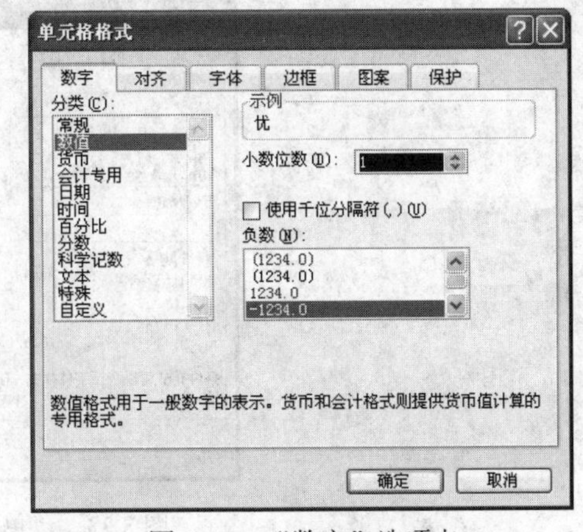

图 8.31　“数字”选项卡

（15）在“分类”列表框中选择“数值”，在“小数位数”框中输入“1”，即最多只能有一位小数。

实用技巧

分类中的“特殊”格式可用于追踪数据清单和数据库中的值；在这种格式中，增加了“邮政编码”、“中文小写数字”和“中文大写数字”等日常生活中常用到的数字类型。

在 Excel 中也可以使用格式刷快速复制单元格格式。

8.5.2　设置条件格式

使用条件格式可以根据指定的公式或数值确定搜索条件，然后将格式应用到选定工作范围中符合搜索条件的单元格，并突出显示要检查的动态数据。

【实例】将图 8.24 所示成绩单中 90 分以上的成绩用红色显示，60 分以下的单元格加上蓝色背景。

（1）拖动选中图 8.24 中的 B4:F14 单元格区域。

（2）单击“格式”菜单中的“条件格式”命令，打开“条件格式”对话框，如图 8.32 所示。

图 8.32 “条件格式”对话框

（3）在“条件 1”栏的第一个列表框中选中“单元格数值”选项，在第二个列表框中选中“大于或等于”选项，在第三个文本框中输入“90”。

（4）单击“格式”按钮，打开如图 8.33 所示的“单元格格式”对话框，在“字体”选项卡中将颜色设为“红色”，在“图案”选项卡中将颜色设为“无”，单击“确定”按钮，返回“条件格式”对话框。

图 8.33 “单元格格式”对话框

（5）单击“添加”按钮，为条件格式添加另一个条件，如图 8.34 所示。

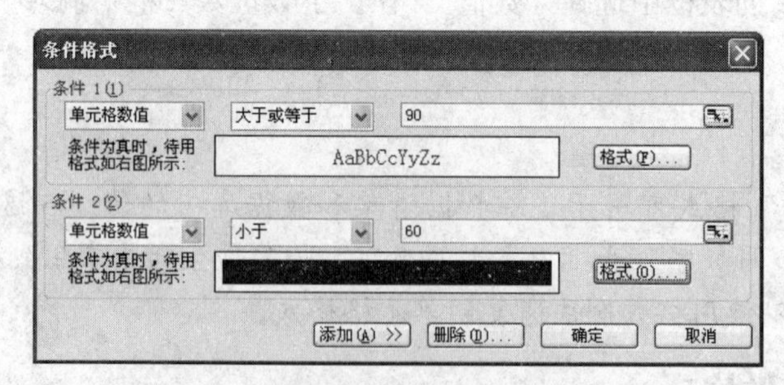

图 8.34 为条件格式添加一个新的条件

（6）在“条件 2”栏的第一个列表框中选择“单元格数值”选项，在第二个列表框中选择“小于”选项，在第三个文本框中输入“60”。

（7）单击“格式”按钮，弹出“单元格格式”对话框，在“图案”选项卡中将背景设为“浅蓝色”，单击“确定”按钮，返回“条件格式”对话框。

（8）单击“条件格式”对话框中的“确定”按钮，关闭对话框，结果如图 8.24 所示。

在一个条件格式的设置中，最多可设定 3 个条件。当在设置了条件格式的工作范围中，单元格的值发生更改、不再满足设定的条件时，Excel 会恢复这些单元格中以前的格式。

在“条件格式”对话框中单击“删除”按钮，在弹出的“删除条件格式”对话框中选择要删除的条件，即可删除一个或多个条件，如图 8.35 所示。

8.5.3　设置单元格的保护

设置单元格的保护可锁定单元格，防止对单元格进行移动、修改、删除及隐藏等操作；还可隐藏单元格中的公式。

【实例】对图 8.24 中的成绩进行数据保护。

（1）拖动选中图 8.24 中的 B4:F13 单元格区域。

（2）按“Ctrl+1”组合键，打开如图 8.36 所示的“单元格格式”对话框“保护”选项卡。

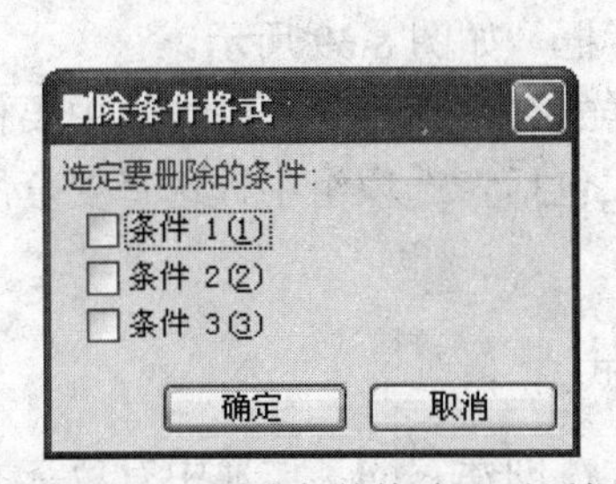

图 8.35　“删除条件格式”对话框

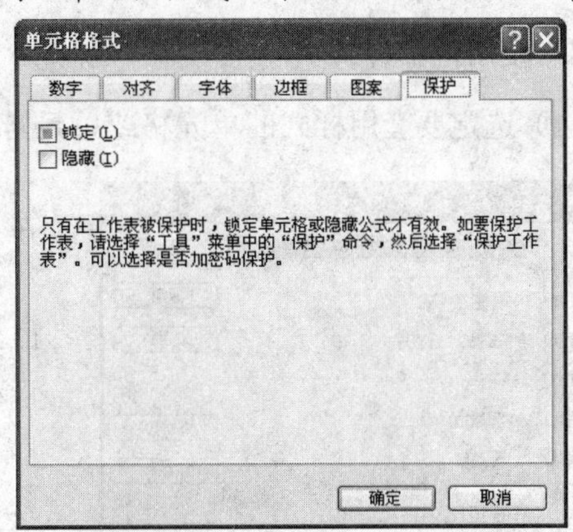

图 8.36　“保护”选项卡

（3）根据需要设定保护方式为“锁定”，防止成绩被改动、移动或删除，但是只有在工作表被保护时，锁定单元格或隐藏公式才有效。

（4）单击“确定”按钮，完成单元格保护的设置。

（5）单击“工具”菜单中的“保护”命令，选择“保护工作表”，打开如图 8.37 所示的“保护工作表”对话框。

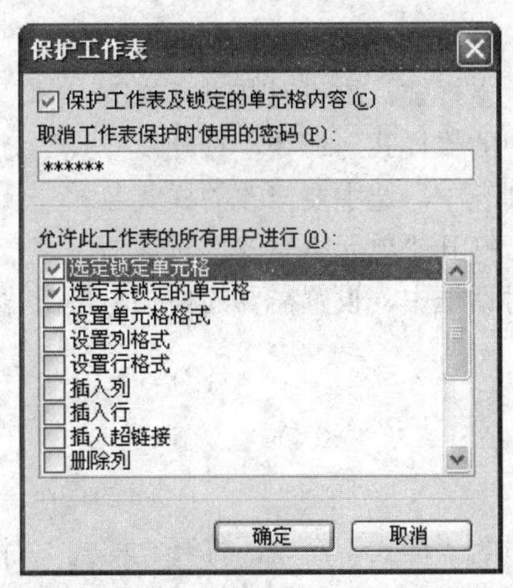

图 8.37　“保护工作表”对话框

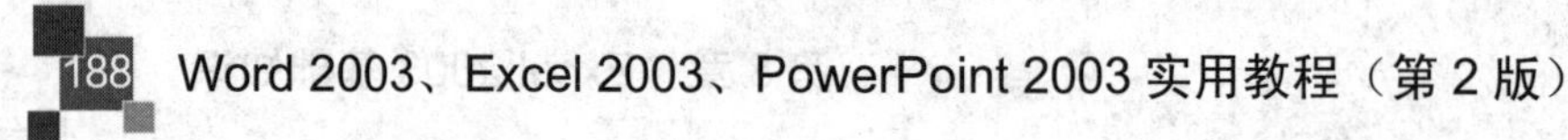

（6）设置保护工作表中的“内容”，并在“密码”框中输入自己设计的密码，单击“确定”按钮后，再“确认”一次密码，这样当以后要修改这些被保护的数据时，就会弹出如图 8.38 所示的对话框，要求用户先撤销保护。

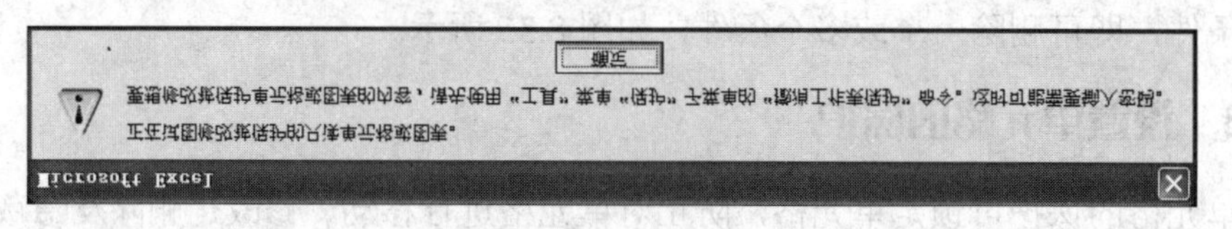

图 8.38　Excel 提示框

8.5.4　使用样式设置单元格格式

同 Word 一样，在 Excel 中使用样式也可减少重复的格式设置，大大提高工作效率。

1．使用内部样式

（1）选定要套用样式的单元格或单元格区域。

（2）单击“格式”菜单中的“样式”命令，打开“样式”对话框，如图 8.39 所示。

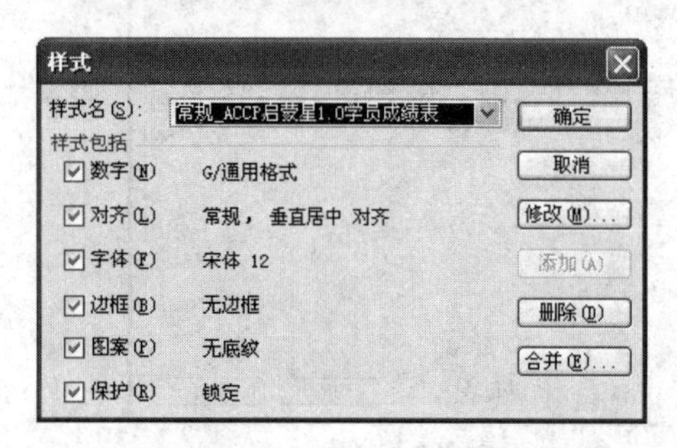

图 8.39　“样式”对话框

（3）在“样式名”下拉列表中，选中要使用的样式；在“样式包括”选项组中，选择要套用的样式类型。

2．创建样式

自定义样式在创建它的工作簿中有效，并可像内置样式一样使用。

（1）选中包含新样式的单元格。

（2）单击“格式”菜单中的“样式”命令，打开“样式”对话框。

（3）在“样式名”框中，输入新样式的名称，选定单元格的样式将在“样式”对话框中显示出来。

3．修改样式

无论是内部样式还是自定义样式，均可对其进行修改。

（1）单击“格式”菜单中的“样式”命令，打开“样式”对话框。

（2）在“样式名”下拉列表中，选中要修改的样式名。

（3）单击“修改”按钮，打开“单元格格式”对话框。

（4）在“单元格格式”对话框中，设置需要的格式。单击“确定”按钮，返回“样式”对话框。

4．删除样式

只能删除自定义样式。

（1）单击“格式”菜单中的“样式”命令，打开“样式”对话框。

（2）在“样式名”下拉列表中，选中要删除的样式名。

（3）单击“删除”按钮，将该样式删除。

5. 合并样式

如果在当前活动工作簿中使用另一个工作簿中创建的样式，可通过样式合并来实现。

（1）打开包含所需样式的源工作簿文件后，再回到当前文档中。

（2）单击“格式”菜单中的“样式”命令，打开“样式”对话框。

（3）在“样式”对话框中，单击“合并”按钮，弹出“合并样式”对话框，如图 8.40 所示。

（4）在“合并样式来源”列表框中，选定要合并的源工作簿，单击“确定”按钮。

执行以上操作后，就将源工作簿中的样式合并到目标工作簿中，在“样式名”下拉列表中，可以观察到目标工作簿中样式的变化。

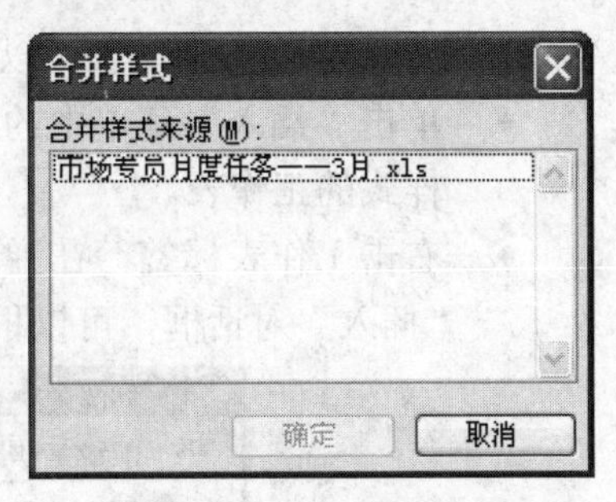

图 8.40 “合并样式”对话框

8.6 工作表的基本操作

默认情况下，一个工作簿包含 3 个工作表，根据需要可以添加或删除工作表。

8.6.1 设定默认工作表数目

（1）单击“工具”菜单中的“选项”命令，打开“选项”对话框的“常规”选项卡，如图 8.41 所示。

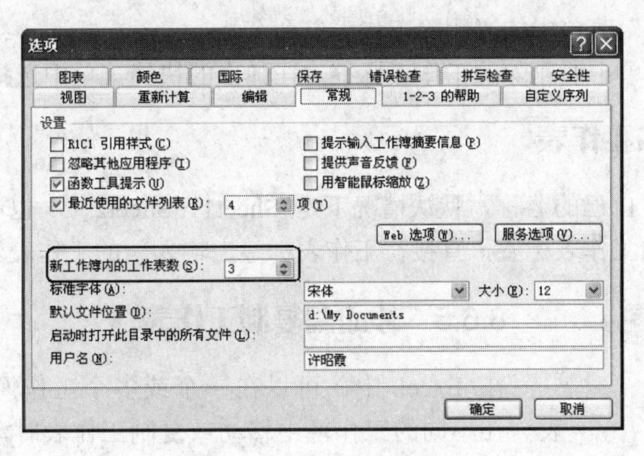

图 8.41 “常规”选项卡

（2）在“新工作簿内的工作表数”增量框中输入工作表的数目。

8.6.2 激活工作表

如果要在工作表中进行工作，必须先激活相应的工作表，使之成为当前工作表。常用的方法有以下两种：

- 用鼠标单击工作簿底部的工作表标签。

- 使用键盘激活工作表。

① 按“Ctrl+PgUp”组合键，激活当前工作表的前一页工作表。

② 按“Ctrl+PgDown”组合键，激活当前工作表的后一页工作表。

8.6.3 插入和删除工作表

在工作簿中插入工作表可以用以下两种方法：

- 单击“插入”菜单中的“工作表”命令，Excel 将在当前工作表之前插入一个默认样式的工作表。
- 右击工作表标签，在弹出的快捷菜单中单击“插入”命令，打开如图 8.42 所示的“插入”对话框，可以根据需要选择不同的模板。

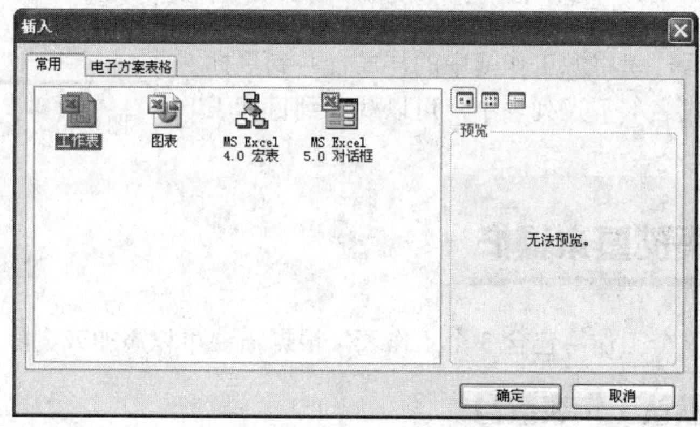

图 8.42 “插入”对话框

删除工作表的常用方法有以下两种：

- 单击“编辑”菜单中的“删除工作表”命令。
- 用鼠标右键单击要删除的工作表标签，在弹出的快捷菜单中选择“删除”命令。

8.6.4 重命名工作表

每个工作表都有自己的名称，默认情况下是 Sheet1、Sheet2、…也可以对工作表重新命名。双击要重命名的工作表标签，直接在工作表标签上输入新的工作表名称即可。

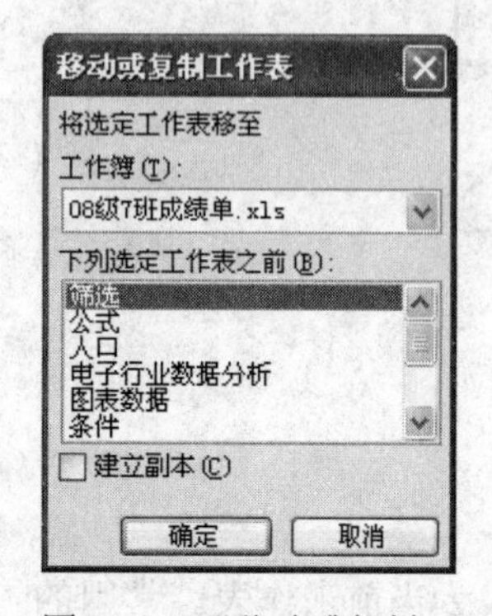

图 8.43 “移动或复制工作表”对话框

8.6.5 移动和复制工作表

在 Excel 中，可以在一个或多个工作簿中移动或复制工作表。在不同的工作簿中移动或复制工作表时，这些工作簿都必须是打开的。

1. 移动工作表

（1）激活要移动的工作表。

（2）单击“编辑”菜单中的“移动或复制工作表”命令，打开“移动或复制工作表”对话框，如图 8.43 所示。

（3）在对话框中选择要移至的工作簿和插入位置。

（4）单击“确定”按钮。

使用鼠标可快速在同一工作簿中移动工作表的位置，只需将它拖到所希望的位置，然后释放鼠标左键即可。

2. 在一个或多个工作簿中复制工作表

（1）激活要复制的工作表。

（2）单击“编辑”菜单中的“移动或复制工作表”命令。

（3）在打开的“移动或复制工作表”对话框中选择好要移至的工作簿和插入位置后，选中“建立副本”复选框。

（4）单击“确定”按钮。

用鼠标也可快速复制工作表，只需先按住“Ctrl”键，然后单击需复制的工作表标签，将其拖至所希望的位置，再释放鼠标右键即可。

8.6.6 设置工作表的显示方式

当需要尽可能多地看到工作表中的数据而不用工具栏和状态栏时，可以将它们隐藏起来。

单击“视图”菜单中的“全屏显示”命令，可去掉所有工作簿窗口上的窗口元素，即去掉大多数的屏幕元素，用最大的屏幕空间显示工作表中的数据。在进入“全屏显示”状态后，Excel 会显示“全屏显示”工具栏，单击其中的“关闭全屏显示”按钮可还原窗口中其他被隐藏的元素。

8.6.7 隐藏和取消隐藏工作表

1. 隐藏工作表

（1）激活要隐藏的工作表。

（2）单击“格式”菜单中的“工作表”命令，在弹出的子菜单中单击“隐藏”命令。

2. 取消隐藏工作表

（1）单击“格式”菜单中的“工作表”命令，在弹出的子菜单中单击“取消隐藏”命令。

（2）在打开的“取消隐藏”对话框中选择要取消隐藏的工作表，如图 8.44 所示。

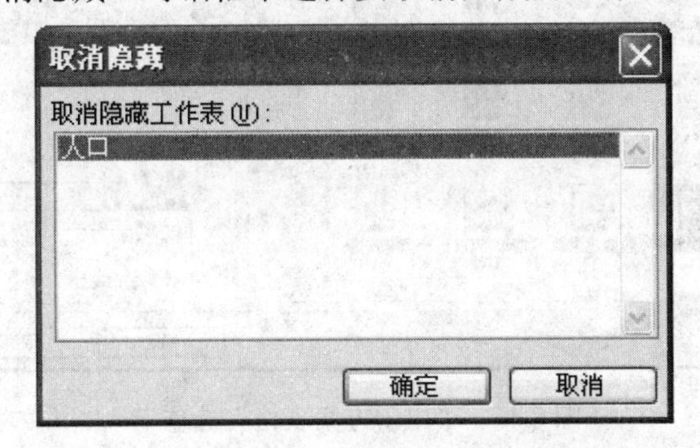

图 8.44 “取消隐藏”对话框

（3）单击“确定”按钮。

3．只隐藏工作表中的某些行或列

（1）选定需要隐藏的行或列。

（2）单击鼠标右键，在弹出的快捷菜单中选择“隐藏”命令。

4．取消对行或列的隐藏

单击“格式”菜单中的“行”或“列”命令，然后单击其子菜单中的“取消隐藏”命令。

8.7 工作簿的基本操作

8.7.1 新建工作簿

启动 Excel 后，Excel 将自动生成一个新的工作簿，名称为“工作簿 1”，在编辑过程中可以用下面的方法创建新的工作簿。

图 8.45 “新建工作簿”任务窗格

1．新建空白的工作簿

单击“常用”工具栏中的“新建”按钮，或按“Ctrl+N”组合键，即可新建一个空白的工作簿。

2．使用模板创建新的工作簿

除了“工作簿”模板以外，Excel 还提供工业企业报表、改扩建基础上报表和金融企业财务报表等常用任务的模板。

（1）单击“文件”菜单中的“新建”命令，打开“新建工作簿”任务窗格，如图 8.45 所示。

（2）选中“本机上的模板”，打开如图 8.46 所示“模板”对话框的“电子方案表格”选项卡，单击“报销单”图标，就可创建一个加载了模板的工作簿。

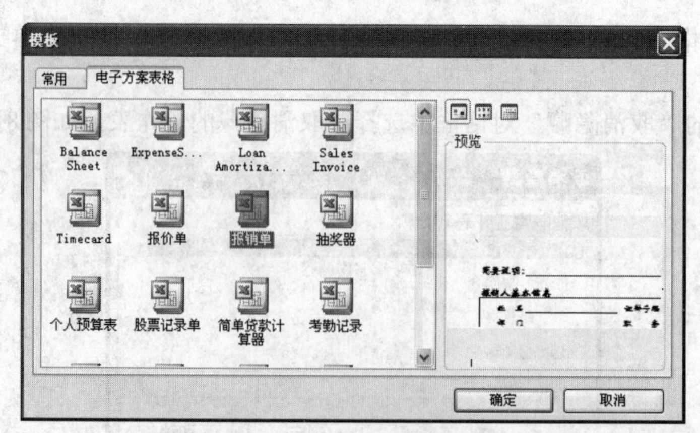

图 8.46 “电子方案表格”选项卡

8.7.2 保存工作簿

完成一个工作簿的编辑后，应将工作簿保存在磁盘上以备使用。保存工作簿、以新文件名保存工作簿，以及在新文件夹中保存工作簿的方法，与 Word 程序中保存文档的方法相同，这里不再赘述。

1. 设置自动保存功能

（1）单击“工具”菜单中的“选项”命令，打开如图 8.47 所示“选项”对话框的“保存”选项卡。

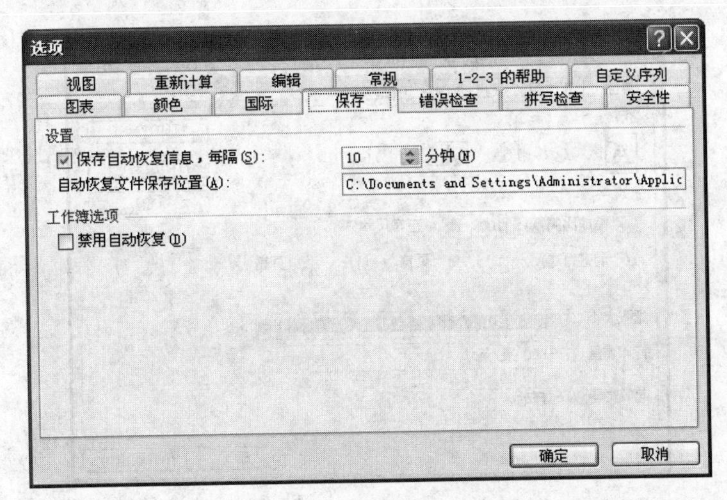

图 8.47 “选项”对话框

（2）选中“保存自动恢复信息，每隔”复选框，指定每隔多少分钟自动保存一次。

2. 保存工作区文件

保存工作区文件就是将打开的一组工作簿窗口的大小和位置等信息保存到一个文件中。

（1）单击“文件”菜单中的“保存工作区”命令，打开“保存工作区”对话框，如图 8.48 所示。

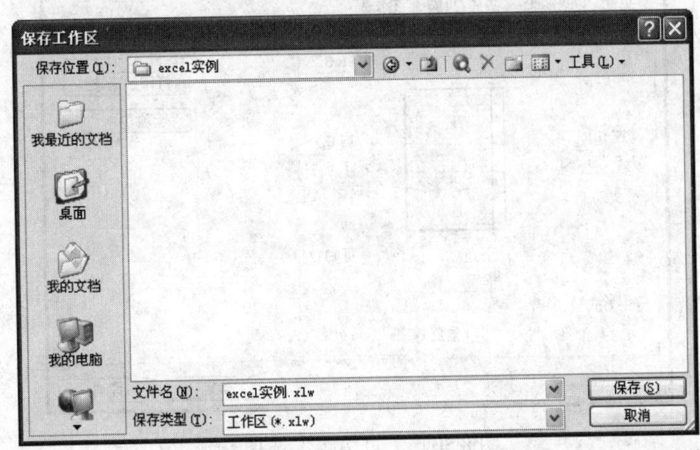

图 8.48 “保存工作区”对话框

（2）为工作区选择文件夹并命名。

（3）单击“保存”按钮。

执行以上操作后，当重新进入 Excel 并打开该工作区文件时，将看到屏幕上显示的是使用保存工作区时的那一组工作簿，并且按当时的方式排列。

8.7.3 打印工作簿

下面以前面实例中的成绩单为例，介绍如何打印高质量的 Excel 文件。

（1）单击“文件”菜单中的“页面设置”命令，打开“页面设置”对话框，如图 8.49 所示。

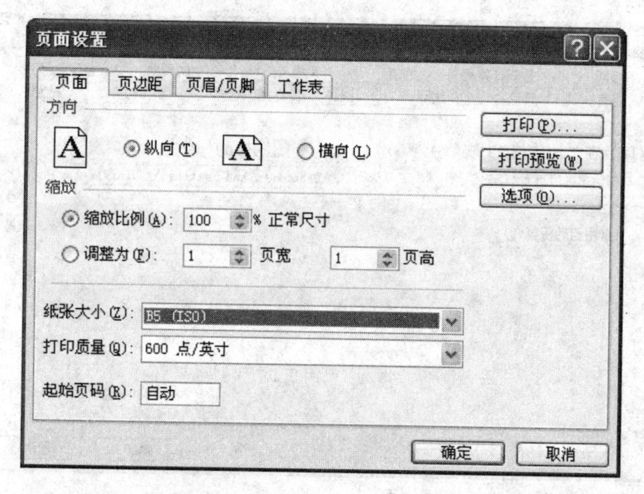

图 8.49 “页面设置”对话框

（2）在“页面”选项卡中选择纸张的方向为“横向”，“纸张大小”为“B5”，“打印质量”为“600 点/英寸”。

（3）在如图 8.50 所示的“页边距”选项卡中，设置“左”页边距为“5 厘米”，使成绩单在页面的中部打印。

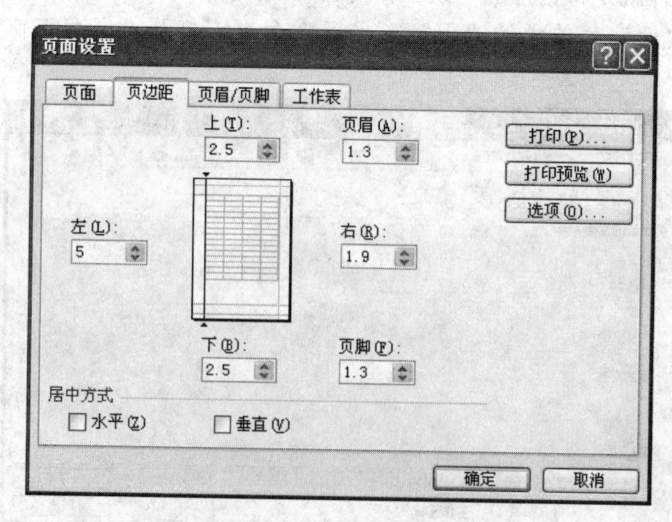

图 8.50 “页边距”选项卡

（4）在如图 8.51 所示的“页眉/页脚”选项卡中，可以添加页脚“第 1 页，共?页”，即插入页码。

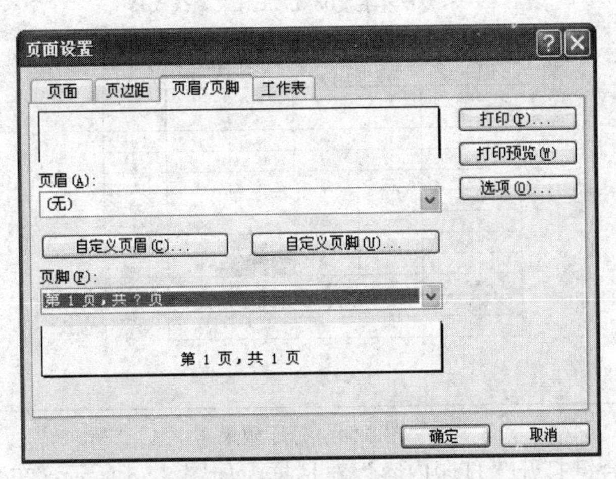

图 8.51　“页眉/页脚”选项卡

（5）在如图 8.52 所示的“工作表”选项卡的“打印区域”框中，单击右侧的“压缩对话框”按钮，折叠“页面设置”对话框，如图 8.53 所示。在显示出来的工作窗口中，手动鼠标选中 A1:G28 单元格区域，再次单击“展开对话框”按钮，展开“页面设置”对话框。

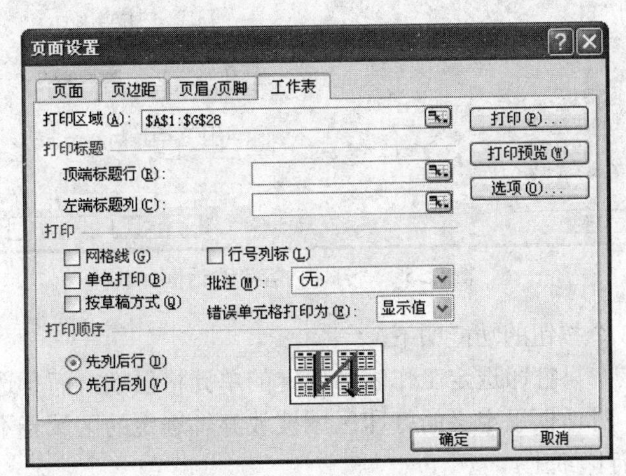

图 8.52　“工作表”选项卡

图 8.53　折叠后的“页面设置”对话框

（6）单击“打印标题”区中“顶端标题行”框右侧的“压缩对话框”按钮，折叠“页面设置”对话框，在显示出来的工作窗口中单击选中第一行，返回对话框。

（7）单击“打印预览”按钮，打印效果如图 8.54 所示。

实用技巧

如果只需要打印部分工作表，可在“打印区域”中设置要打印的单元格区域。

2008-2009学年度08级7班期末考试成绩

课目 / 姓名	语文	数学	英语	网页编程	编程基础
李珊	84	64	86	72	60
王英坤	81	70	65	74	65
王瑞铎	73	62	63	88	60
许腾飞	74	60	89	88	65
戚萌	89	72	68	60	80
李成业	93	60	92	88	70
褚晓燕	65	70	80	84	80
李亚杰	60	62	65	78	95
孙成龙	81	64	60	60	85
孙建虎	92	60	42	60	60
高宇	61	76	80	66	60
张世毅	70	80	80	66	70
赵冲	83	74	87	60	62

第 1 页，共 2 页

图 8.54　打印效果

按“Ctrl+P”组合键打开“打印内容”对话框，如图 8.55 所示，在“打印内容”选项组中可进行更具体的打印设置。

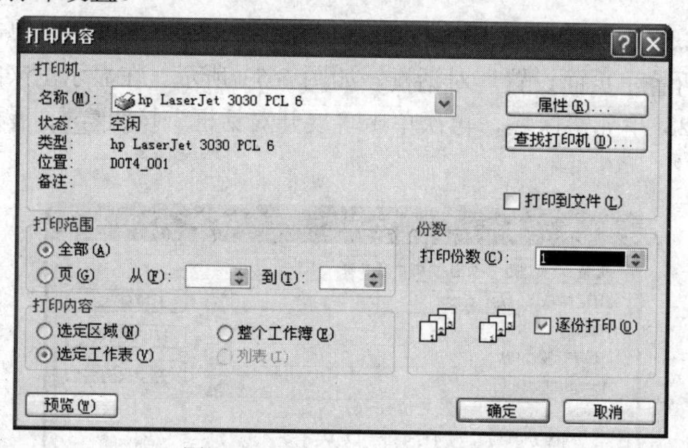

图 8.55　“打印内容”对话框

“打印内容”中 3 个按钮的功能如下。

- “选定区域”：只打印选定工作表时选定的单元格区域，而且选定这个选项后，在“页面设置”对话框里定义的打印区域被放弃。选定的区域若不相邻，则被分别打印在不同的打印纸上。
- “选定工作表”：打印第一个选定工作表里定义的打印区域，如果工作表中没有定义打印区域，将打印整个表。
- “整个工作簿”：打印工作簿里所有表的所有打印区域，如果工作簿中某个表没有定义打印区域，则打印整个表。

8.7.4 保护工作簿

设置对工作表和工作簿的保护可以防止他人因误操作造成对工作表数据的损害，可以保护工作簿的结构及窗口，防止对工作簿进行插入、删除、移动、隐藏及重命名工作表等操作，还可以保护窗口不被移动和改变大小。

（1）激活需要保护的工作簿。

（2）单击“工具”菜单中的“保护”命令，选择“保护工作簿”命令，打开“保护工作簿”对话框，如图 8.56 所示。

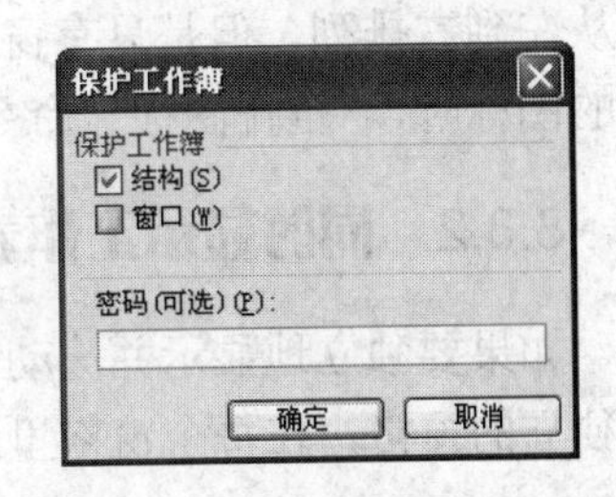

图 8.56　“保护工作簿”对话框

（3）根据需要进行设置。

- “结构”：保护工作簿的结构，防止删除、移动、隐藏、取消隐藏、重命名工作表或插入工作表。
- “窗口”：防止工作表的窗口被移动、缩放、隐藏、取消隐藏或关闭。
- “密码（可选）”：输入密码后可以防止别人取消对工作簿的保护。

8.8 管理工作簿窗口

Excel 是一个多文档界面，可以为多个工作簿打开多个窗口，还可以为一个工作簿文件打开多个窗口同时显示多个工作表，甚至可以打开多个窗格以观察同一个工作表的不同部分。

如果已经打开了多个窗口，则可以通过“窗口”菜单在这些窗口之间切换以选择不同的活动窗口。在 Excel 中还可以通过 Windows 的任务栏在不同的窗口间切换，因为 Office 的所有多文档界面组件对所有已打开的窗口都在 Windows 的任务栏中设计了相应按钮。

8.8.1 同时显示多张工作表

用多窗口显示同一工作簿的方法，可以同时观察同一工作簿里的多个工作表。

（1）单击“窗口”菜单中的“新建窗口”命令。

（2）在新建窗口中单击需要显示的工作表标签，则屏幕上的两个窗口中显示两个工作表的内容。

图 8.57　“重排窗口”对话框

对于打开的多个文档窗口，可以重新选择它们在屏幕上的排列方式。

（1）单击“窗口”菜单中的“重排窗口”命令，打开“重排窗口”对话框，如图 8.57 所示。

（2）在“排列方式”选项组中选择所需的选项。如果只是要同时显示活动工作簿中的工作表，则选中“当前活动工作簿的窗口”复选框。

单击工作簿窗口右上角的“最大化”按钮，可以将工作簿窗口还原成整屏显示。此外，还可以根据需要对工作簿窗口进行下面几项操作。

- 最小化工作簿窗口

单击当前工作簿菜单栏中的“窗口最小化”按钮，工作簿窗口在程序窗口的左下角显示为最小化图标。

- 恢复最小化的工作簿窗口

在“窗口”菜单中，单击希望恢复其窗口大小的工作簿名称，或单击最小化图标中的“还原”按钮。

- 在 Excel 窗口中排列最小化的工作簿图标

在“窗口”菜单中，单击“重排图标”命令，最小化的工作簿在 Excel 程序窗口的底部从左到右排列。但是只有窗口中的所有工作簿都被最小化后，或者在单击某个最小化工作簿的图标时，“重排图标”命令才有效。

8.8.2 同时显示工作表的不同部分

如果要独立地显示并滚动工作表中的不同部分，可以将工作表按照水平或垂直方向分割成独立的窗格，在每个窗格里都可以使用滚动条来显示工作表的一部分内容。

1．将工作表分割成窗格

- 使用菜单命令进行拆分

（1）选定单元格，该单元格所在的位置将成为拆分的分割点。

（2）单击“窗口”菜单中的“拆分”命令，在选定单元格处工作表将拆分为 4 个独立的窗格，如图 8.58 所示。

	A	B	C	D	E	F	G
1	2008-2009学年度08级7班期末考试成绩						
2							
3	课目 姓名	学号	语文	数学	英语	网页编程	编程基础
4	李亚杰	8	60	62	65	78	95
5	高宇	11	61	76	80	66	60
6	张宇	17	62	82	87	72	80
7	褚晓燕	7	65	70	80	84	80
8	张世毅	12	70	80	80	66	70
9	王瑞铎	3	73	62	63	88	60
10	王鹏飞	20	73	72	87	68	88
11	许腾飞	4	74	60	89	88	65
12	彭晓龙	21	74	78	84	64	78
13	郑科	16	74	78	90	62	76
14	张飞飞	27	74	82	84	64	86
15	李洋	25	76	94	84	64	72
16	马旭	15	78	88	93	70	60
17	肖子超	24	78	90	84	64	96

图 8.58 拆分窗口示例

- 使用鼠标进行拆分

在水平滚动条的右端和垂直滚动条的顶端各有一个小方块，即拆分框。用鼠标拖动拆分框可分别上下、左右拆分工作表。

（1）将鼠标移到水平滚动条或垂直滚动条的拆分框上。

（2）按下鼠标左键，拖动拆分框至拆分工作表的分割处，释放鼠标左键。

2．窗格的调整与切换

当工作表被拆分成几个窗格后，在工作表中会出现分割条，可以用鼠标拖动分割条或拆分框调整窗格的大小，并用鼠标在各个窗格中单击进行切换；也可以使用键盘在窗格间切换，每按一次 F6 键，活动单元格以顺时针方向依次出现在下一个窗格中，被激活的单元格为每个窗口中最近被选定的单元格。

3．撤销拆分

要撤销拆分的窗口，常用的方法有以下几种：

- 单击“窗口”菜单中的“撤销拆分窗口”命令。
- 在分割条上双击。

8.8.3　在滚动时保持行、列标志可见

Excel 的冻结拆分窗口功能可以将工作表的上窗格和左窗格冻结在屏幕上，使行标题和列标题在滚动工作表时一直显示在屏幕上。

【实例】将成绩单中的前三行冻结，始终显示在屏幕上方。

（1）单击选中 A4 单元格。

（2）单击“窗口”菜单中的“冻结窗格”命令，这样前三行将一直显示在窗口上方，结果如图 8.59 所示。

Microsoft Excel - 08级7班成绩单.xls

A4　李亚杰

2008-2009学年度08级7班期末考试成绩

课目/姓名	学号	语文	数学	英语	网页编程	编程基础
许鹏飞	4	74	60	89	88	65
彭晓龙	21	74	78	84	64	78
郑科	16	74	78	90	62	76
张飞飞	27	74	82	84	64	86
李洋	25	76	94	84	64	72
马旭	15	78	88	93	70	60
肖子超	24	78	90	84	64	96

图 8.59　冻结拆分窗口

单击“窗口”菜单中的“撤销窗口冻结”命令，可撤销窗口冻结。

实用技巧

在被冻结的工作表中按“Ctrl+Home”组合键，活动单元格的指针将回到冻结点所在的单元格。

习题 8

一、单选题

1. 用鼠标单击第一张表标签，再按住“Shift”键后单击第五张表标签，则选中（　　）。
   A. 0　　B. 1　　C. 2　　D. 5
2. 某区域由 A1、A2、A3、B1、B2、B3 六个单元格组成，不能使用的区域标识是（　　）。
   A. A1:B3　　B. A3:B1　　C. B3:A1　　D. A1:B1
3. 若在 A1 单元格中输入（13），则 A1 单元格的内容为（　　）。
   A. 字符串 13　　B. 字符串（13）　　C. 数字 13　　D. 数字−13
4. 删除单元格与清除单元格操作（　　）。
   A. 不一样　　B. 一样　　C. 不确定

5．Excel 工作簿文件的扩展名是（　　）。

A. .xls　　B. .exe　　C. .wal　　D. .doc

6．在 Excel 某个单元格中输入分数 1/4 时，其正确的输入方法是（　　）。

A. 1/4　　B. 01/4　　C. 0 1/4　　D. 1/4 0

7．Excel 中默认的对齐方式是（　　）。

A. 文字、数值在单元格左对齐　　B. 文字在单元格左对齐，数值右对齐

C. 文字、数值在单元格右对齐　　D. 居中

二、上机练习

1．新建“职员登记表”工作簿，保存在 D 盘“Excel 实例”文件夹中，并完成以下设置。

- 在 Sheet1 中录入样表中的数据。
- 设置工作表行、列：将“部门”一列移到“员工编号”一列之前；在“部门”一列之前插入一列，并输入“序号”及 1～18 的数字；清除表格中序号为 9 这一行的内容。
- 设置单元格格式。标题格式：字体为隶书，字号 20，跨列居中；表头格式：字体为楷体，加粗；底纹：黄色；字符颜色：红色；表格对齐：“工资”一列的数据右对齐；表头和其余各列居中；“工资”一列的数据单元格区域应用货币格式；将“部门”一列中所有值为“市场部”的单元格设置底纹：灰色 25%。
- 设置表格边框线：外框为粗线，内框为细线。
- 定义单元格名称：将“年龄”一列中数据单元格区域的名称定义为“年龄”。
- 添加批注：为“员工编号”一列中的 K12 单元格添加批注“优秀员工”。
- 重命名工作表：将 Sheet1 工作表重命名为“职员表”。
- 复制工作表：将“职员表”工作表复制到 Sheet2 工作表中。

【样表】

职员登记表

员工编号	部门	性别	年龄	籍贯	工龄	工资（元）
K12	开发部	男	30	陕西	5	
C24	测试部	男	32	江西	4	1600
W24	文档部	女	24	河北	2	1200
S21	市场部	男	26	山东	4	1800
S20	市场部	女	25	江西	2	1900
K01	开发部	女	26	湖南	2	1400
W08	文档部	男	24	广东	1	1200
C04	测试部	男	22	上海	5	1800
K05	开发部	女	32	辽宁	6	2200
S14	市场部	女	24	山东	4	1800
S22	市场部	女	25	北京	2	1200
C16	测试部	男	28	湖北	4	2100
W04	文档部	男	32	山西	3	1500
K02	开发部	男	36	陕西	6	2500
C29	测试部	女	25	江西	5	
K11	开发部	女	25	辽宁	3	1700
S17	市场部	男	26	四川	5	1600
W18	文档部	女	24	江苏	2	1400

2．新建“硬件部”工作簿，保存在 D 盘“Excel 实例”文件夹中，并完成以下设置。

- 在 Sheet1 中按样表录入数据。
- 设置工作表行、列：在标题下插入一行，行高为 12；将“合计”一行移到“便携机”一行之前，设置“合计”一行字体颜色为深红。
- 设置单元格格式。标题及表格底纹：浅黄色；标题格式：字体为隶书，字号 20，加粗，跨列居中；字体颜色：深蓝；表格中的数据单元格区域设置为会计专用格式，应用货币符号；其他各单元格内容居中。
- 设置表格边框线：为表格设置相应的边框格式。
- 定义单元格名称：将“便携机”一行“总计”单元格的名称定义为“销售额最多”。
- 添加批注：为“类别”单元格添加批注“各部门综合统计”。
- 重命名工作表：将 Sheet1 工作表重命名为“销售额”。
- 复制工作表：将“销售额”工作表复制到 Sheet2 表中。

【样表】

硬件部 1995 年销售额

类别	第一季	第二季	第三季	第四季	总计（元）
便携机	515500	82500	340000	479500	1417500
工控机	68000	100000	68000	140000	376000
网络服务器	75000	144000	85500	37500	342000
微机	151500	126600	144900	91500	514500
合计	810000	453100	638400	748500	2650000

第9章 管理数据清单

学习目标

◆ 掌握编辑Excel数据清单的基本方法
◆ 能够熟练使用自动筛选和条件筛选显示符合条件的数据
◆ 掌握数据排序的一般方法，能够自定义排序序列
◆ 掌握数据分类汇总的一般方法
◆ 能够使用数据透视表追踪数据

Excel中，数据清单是包含相关数据的一系列数据行，如成绩单、工资报表等。数据清单可以像数据库一样使用，其中行表示记录，列表示字段，并且数据清单的第一行是列标题，或称为字段名。在Microsoft Excel中，对数据清单也可以执行类似于查询、排序或分类汇总数据等操作。

9.1 创建与编辑数据清单

9.1.1 输入字段名

“成绩单”中的“语文”、“数学”等就是数据清单中的字段名。输入字段名时，需注意以下几点：

- 在一个数据清单中，字段数最好不要超过32个。
- 不要出现重名的字段。
- 尽可能使用简明扼要的字段名称。
- 标题行和数据之间不要出现空行。

所有字段输入完毕后，就可以在字段名下直接输入数据，创建的“期末考试成绩单”数据清单如图9.1所示。

9.1.2 使用记录单在数据清单中添加或编辑数据

Excel 提供了一个小巧方便的实用工具即记录单，有利于向数据清单中录入数据的工作更加简单易行。只要数据清单中有了字段名，Excel便自动建立相应类似于FoxPro中的Edit命令界面的记录单，而且它还包含了一些常用数据浏览功能，使编辑数据更为容易。

1. 编辑记录

（1）单击需要向其中添加记录的数据清单中的任一单元格。

	A	B	C	D	E	F
1	2008-2009学年度08级7班期末考试成绩					
2						
3	课目 姓名	语文	数学	英语	网页编程	编程基础
4	戚萌	89	72	68	60	80
5	王英坤	81	70	65	74	65
6	褚晓燕	65	70	80	84	80
7	李珊	84	64	86	72	60
8	孙成龙	81	64	60	60	85
9	王瑞铎	73	62	63	88	60
10	李亚杰	60	62	65	78	95
11	许腾飞	74	60	89	88	65
12	李成业	93	60	92	88	70
13	孙建虎	92	60	48	60	60

图 9.1　“期末考试成绩单”数据清单

（2）单击“数据”菜单中的“记录单”命令，打开以当前工作表名为标题的“记录单”对话框，如图 9.2 所示。

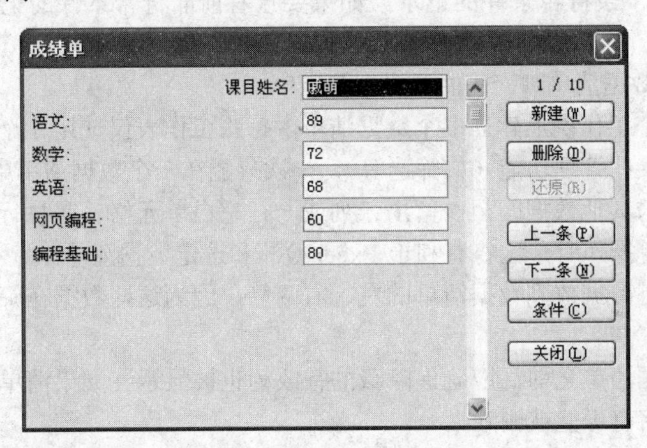

图 9.2　“记录单”对话框

（3）单击“新建”按钮。

（4）输入新记录所包含的信息，按“Tab”键移到下一字段，按“Shift＋Tab”组合键可移至上一字段。

（5）完成一条记录数据输入后，按回车键确认添加记录，然后重复输入，新建的数据将存放在成绩表的尾部。

（6）输入全部结束后，单击“关闭”按钮完成新记录的添加并关闭“记录单”对话框。

（7）按“上一条”、“下一条”按钮以显示要修改的记录，可以在相应的编辑框中进行修改。

（8）按“上一条”、“下一条”按钮显示要删除的记录，单击“删除”按钮可删除记录。

2．查找记录

（1）在要查找的数据清单中单击任一单元格。

（2）单击“数据”菜单中的“记录单”命令，打开“记录单”对话框。

（3）单击“条件”按钮，在记录单中输入查找条件，查找条件可以是字符串，也可以是条件表达式，例如，在“网页编程”文本框中输入查找条件“>80”，如图 9.3 所示。

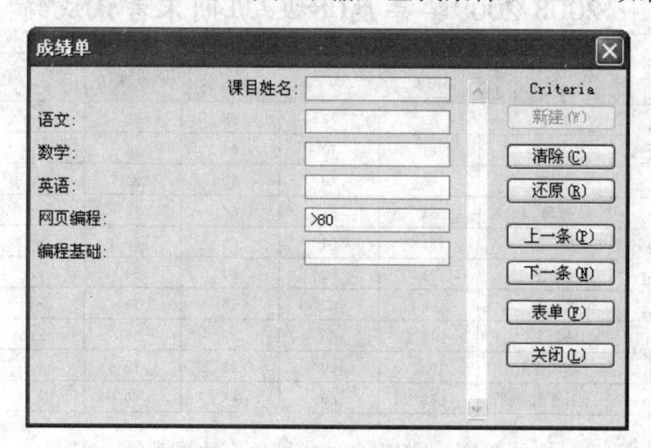

图 9.3 输入查找条件

（4）按回车键，在对话框中将显示第一条符合条件的记录，单击“下一条”按钮，或按回车键将查找到下一条符合条件的记录。如果要查看前面符合条件的记录，可单击“上一条”按钮。

在创建和维护数据清单时，需注意以下几点：

- 避免在一个工作表上建立多个数据清单，每张工作表仅使用一个数据清单，因为数据清单的某些管理功能（如筛选等），一次只能在一个数据清单中使用。
- 数据清单与其他数据间至少留出一列或一行空白单元格。在执行排序、筛选或插入自动汇总等操作时，这将有利于 Excel 检测和选定数据清单。
- 避免将关键数据放到数据清单的左、右两侧，因为这些数据在筛选数据清单时可能会被隐藏。
- 在修改数据清单之前，应确保隐藏的行或列也被显示。如果清单中的行和列未被显示，数据将有可能被删除。
- 不要在单元格中文本的前面或后面输入空格，单元格开头和末尾的多余空格会影响排序与搜索。可以用缩进来代替输入空格。

9.2 筛选数据

“筛选”就是一种用于快速查找数据清单中数据的方法，经过筛选的数据清单中只显示符合指定条件的记录，以供浏览、分析和打印之用。

在 Excel 中，可以使用两种方式来查找或筛选数据：自动筛选器和高级筛选。自动筛选器是一种非常容易操作的压缩数据清单的方法，它可以方便地显示满足条件的记录；“高级筛选”的操作稍微复杂一些，但它能满足多重的甚至是需要计算的条件。

9.2.1 自动筛选

自动筛选提供了快速访问大量数据的管理功能。

【实例】使用“自动筛选”功能在数据清单中只显示语文成绩为 92 分的学生。

（1）在数据清单内选定任一单元格。

（2）单击“数据”菜单中的“筛选”命令，在其子菜单中单击“自动筛选”命令。

（3）在每个字段名的右侧都出现一个下拉箭头按钮，单击“语文”字段右侧的下拉箭头按钮。

（4）在下拉列表中单击“92”，如图 9.4 所示。

	A	B	C	D	E	F
1	2008-2009学年度08级7班期末考试成绩					
2						
3	课目 / 姓名	语文	数学	英语	网页编程	编程基础
4	戚萌	升序排列 降序排列	72	68	60	80
5	王英坤	(全部)	70	65	74	65
6	褚晓燕	(前 10 个...) (自定义...)	70	80	84	80
7	李珊	60 65	64	86	72	60
8	孙成龙	73 74	64	60	60	85
9	王瑞铎	81 84	62	63	88	60
10	李亚杰	89 92 93	62	65	78	95
11	许腾飞	99 74	60	89	88	65
12	李成业	93	60	92	88	70
13	孙建虎	92	60	48	60	60
14	郝乐欣	99	99	100	100	90

图 9.4　设置筛选条件

图 9.5 就是经过筛选后的数据清单，只显示了语文成绩为 92 分的学生，其他的记录都被隐藏起来了。使用了“自动筛选”功能的字段，其字段名右侧的下拉箭头变成蓝色。使用“自动筛选”功能可以设置多个筛选条件，每个字段都可自动筛选。

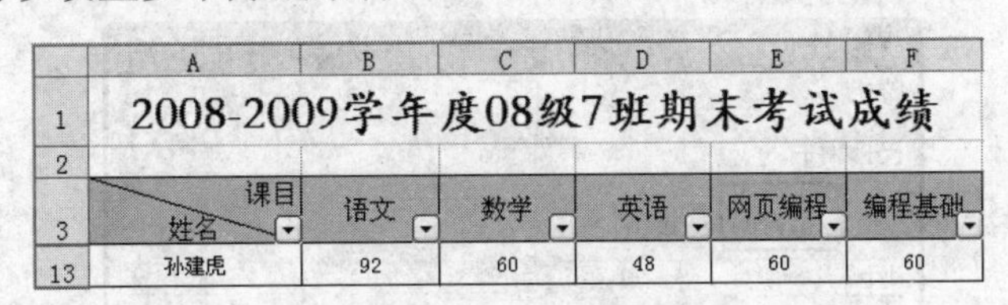

	A	B	C	D	E	F
1	2008-2009学年度08级7班期末考试成绩					
2						
3	课目 / 姓名	语文	数学	英语	网页编程	编程基础
13	孙建虎	92	60	48	60	60

图 9.5　自动筛选后的数据清单

如果要显示最大的或最小的几项，还可以使用自动筛选的“前 10 个”功能来筛选。

【实例】 筛选出语文分最高的 3 个学生。

（1）单击数据清单中的任一单元格。

（2）单击“数据”菜单中的“筛选”命令，在其子菜单中单击“自动筛选”命令。

（3）单击“语文”字段右侧的下拉箭头，在下拉列表中单击“前 10 个”，打开“自动筛选前 10 个”对话框。

（4）在“自动筛选前 10 个”对话框中设置筛选条件。因为要筛选出最高分，所以选择“最大”，在筛选个数中输入 3，如图 9.6 所示。

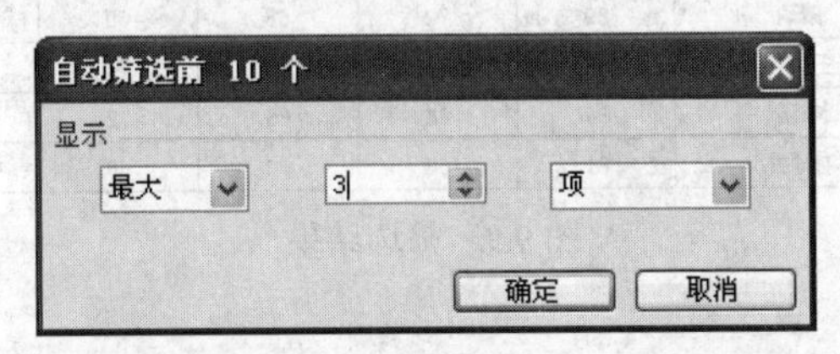

图 9.6　“自动筛选前 10 个”对话框

（5）单击“确定”按钮，筛选结果如图 9.7 所示。

	A	B	C	D	E	F
1	2008-2009学年度08级7班期末考试成绩					
2						
3	课目 姓名	语文	数学	英语	网页编程	编程基础
12	李成业	93	60	92	88	70
13	孙建虎	92	60	48	60	60
14	郝乐欣	99	99	100	100	90

图 9.7　筛选结果

如果要取消自动筛选，只需单击“数据”菜单中的“筛选”命令，再次单击“自动筛选”命令即可。

【实例】筛选出语文成绩在 80～89 分的学生记录。

（1）单击数据清单中的任一单元格。

（2）单击“数据”菜单中的“筛选”命令，在其子菜单中单击“自动筛选”命令。

（3）单击“语文”字段右侧的下拉箭头，在下拉列表中单击“自定义”选项，弹出“自定义自动筛选方式”对话框。

（4）在对话框第一行的条件选项中选择“大于或等于”，在后面的文本框中输入“80”，选择“与”按钮，表示两个条件要同时成立，在第二行的条件选项中选择“小于”，在后面的文本框中输入“90”，如图 9.8 所示。

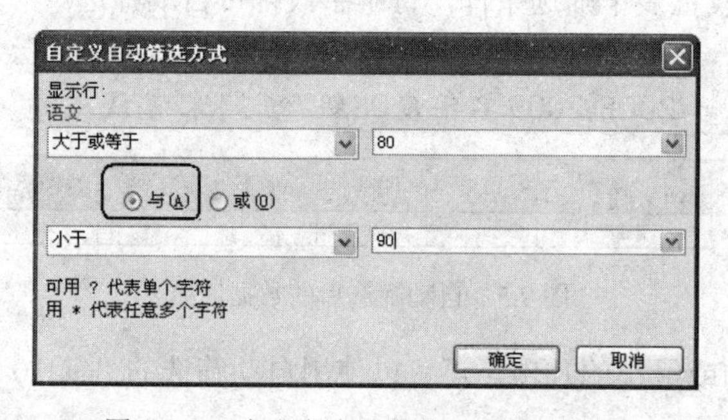

图 9.8　“自定义自动筛选方式”对话框

（5）单击“确定”按钮，关闭对话框，则只显示语文成绩在 80～89 分的记录，如图 9.9 所示。

	A	B	C	D	E	F
1	2008-2009学年度08级7班期末考试成绩					
2						
3	课目 姓名	语文	数学	英语	网页编程	编程基础
4	戚萌	89	72	68	60	80
5	王英坤	81	70	65	74	65
7	李珊	84	64	86	72	60
8	孙成龙	81	64	60	60	85

图 9.9　筛选结果

注意

“与”表示条件要同时成立，“或”表示条件中只要有一个成立就可以。

9.2.2　高级筛选

如果要设置更多的复合条件，应使用高级筛选。先建立一个条件区域，用来指定筛选的数据必须满足的条件。在条件区域的首行包含所有作为筛选条件的字段名，在条件区域的字段名下面输入筛选条件，建成条件区域后用一个空行将条件区域和数据区域分开。

【实例】 使用高级筛选的方法，只显示各科成绩在 70 分以上的学生。

（1）建立条件区域，复制各个学科的名称，粘贴在数据清单的下面，并在条件区域“语文”单元格的下面输入“>70”，将鼠标指针移到该单元格的右下角，当鼠标指针变为黑十字形时，按住“Ctrl”键的同时拖动鼠标，用该单元格的内容填充其他的条件值，效果如图 9.10 所示。

	A	B	C	D	E	F
1	2008-2009学年度08级7班期末考试成绩					
2						
3	课目 姓名	语文	数学	英语	网页编程	编程基础
4	戚萌	89	72	68	60	80
5	王英坤	81	70	65	74	65
6	褚晓燕	65	70	80	84	80
7	李珊	84	64	86	72	60
8	孙成龙	81	64	60	60	85
9	王瑞铎	73	62	63	88	60
10	李亚杰	60	62	65	78	95
11	许鹏飞	74	60	89	88	65
12	李成业	93	60	92	88	70
13	孙建虎	92	60	48	60	60
14	郝乐欣	99	99	100	100	90
15						
16		语文	数学	英语	网页编程	编程基础
17		>70	>70	>70	>70	>70

图 9.10　“条件区域”

（2）单击数据清单中的任一单元格。

（3）单击“数据”菜单中的“筛选”命令，选择“高级筛选”命令，打开“高级筛选”对话框，如图 9.11 所示。

（4）在“列表区域”文本框中将自动显示数据清单区域的地址，如果不正确可单击“数据区域”文本框右侧的“折叠对话框”按钮，回到工作表用鼠标重新选定。

（5）单击“条件区域”文本框右侧的“折叠对话框”按钮，回到工作表用鼠标拖动选定刚创建的条件区域，再单击“展开对话框”按钮，回到对话框。

（6）单击“确定”按钮，筛选结果如图 9.12 所示。

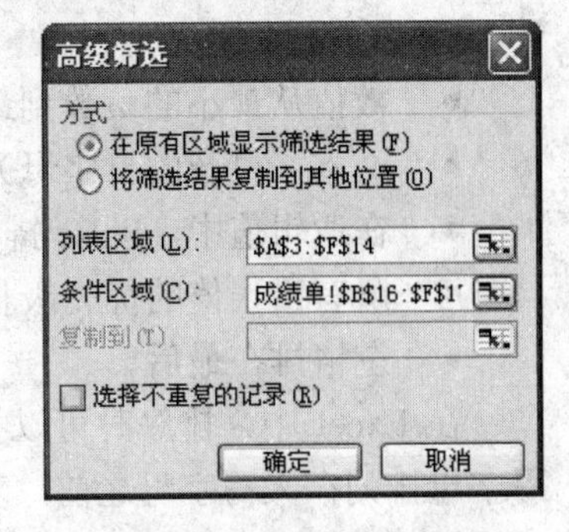

图 9.11　“高级筛选”对话框

	A	B	C	D	E	F
1	2008-2009学年度08级7班期末考试成绩					
2						
3	课目 姓名	语文	数学	英语	网页编程	编程基础
14	郝乐欣	99	99	100	100	90
15						
16		语文	数学	英语	网页编程	编程基础
17		>70	>70	>70	>70	>70

图 9.12　筛选结果

在高级筛选中还可以把筛选结果复制到工作表的其他位置，也就是在工作表中既显示原始数据，又显示筛选后的结果。操作步骤如下：

（1）单击数据区域的任一单元格。

（2）单击“数据”菜单的“筛选”命令，在子菜单中单击“高级筛选”命令，打开“高级筛选”对话框。

（3）单击“将筛选结果复制到其他位置”单选按钮。

（4）选择“列表区域”和“条件区域”。

（5）单击“复制到”文本框右侧的“工作表”按钮，回到工作表区域，弹出“高级筛选－复制到”对话框，如图 9.13 所示，在工作表数据区域外单击任一单元格。

图 9.13 “高级筛选－复制到”对话框

（6）单击“高级筛选－复制到”对话框中文本框右侧的按钮，返回“高级筛选”对话框。

（7）单击“确定”按钮。

9.3 数据排序

为了使数据清单中的数据更具易读性，Excel 提供了多种方式对工作表区域的数据进行排序，既可以按一般升序、降序的方式，也可以按自定义的数据序列进行排序。

9.3.1 默认排序顺序

Excel 在默认升序排序时，采用如下顺序：

- 数值从最小的负数到最大的正数排序。
- 文本（拼音的首字母）按 A～Z、数字文本按 0～9 的顺序排序。
- 在逻辑值中，False 排在 True 之前。
- 所有错误值的优先级相同。
- 空格排在最后。

在 Excel 中，排序时可以指定是否区分大、小写，如果区分大、小写，则在升序时，小写字母排列在大写字母之前。对汉字的排序，既可以设置为根据汉语拼音的字母排序，也可以设置为根据汉字的笔画排序。

9.3.2 按一列排序

按一列排序是指根据数据清单中某一列的数据对整个数据清单进行升序或降序排列。

【实例】按照成绩表中“语文”成绩由高到低（降序）的顺序对成绩进行排序。

（1）单击数据清单中存放“语文”成绩的列中的任一单元格。

（2）单击“常用”工具栏中的“降序”按钮，排序结果如图 9.14 所示。

	A	B	C	D	E	F
1	2008-2009学年度08级7班期末考试成绩					
2						
3	课目 姓名	语文	数学	英语	网页编程	编程基础
4	郝乐欣	99	99	100	100	90
5	李成业	93	60	92	88	70
6	孙建虎	92	60	48	60	60
7	戚萌	89	72	68	60	80
8	李珊	84	64	86	72	60
9	王英坤	81	70	65	74	65
10	孙成龙	81	64	60	60	85
11	许腾飞	74	60	89	88	65
12	王瑞铎	73	62	63	88	60
13	褚晓燕	65	70	80	84	80
14	李亚杰	60	62	65	78	95

图 9.14　排序结果

9.3.3　按多列排序

若按一列进行排序，当遇到相同值时，就需要按其他列的值继续排序，Excel 允许同时对不超过 3 列的数据进行排序，即最多可以有 3 个排序关键字。

【实例】将成绩单中的数据先按语文成绩升序排序，当语文成绩相同时再按数学成绩升序排序，如果数学成绩仍相同则按英语成绩升序排序。

（1）单击数据区域的任一单元格。

（2）单击“数据”菜单中的“排序”命令，打开“排序”对话框，如图 9.15 所示。

（3）在“主要关键字”下拉列表中选择“语文”作为第一关键字，在“次要关键字”下拉列表中选择“数学”作为第二个排序的依据，在“第三关键字”下拉列表中选择“英语”作为第三个排序的依据，并为每一个关键字都选择相应的排序方式“升序”。

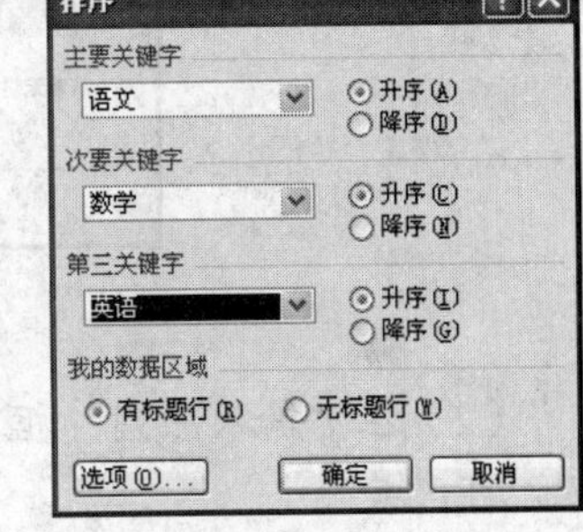

图 9.15　“排序”对话框

（4）单击“确定”按钮，排序结果如图 9.16 所示。

	A	B	C	D	E	F
1	2008-2009学年度08级7班期末考试成绩					
2						
3	课目 姓名	语文	数学	英语	网页编程	编程基础
4	李亚杰	60	62	65	78	95
5	褚晓燕	65	70	80	84	80
6	王瑞铎	73	62	63	88	60
7	许腾飞	74	60	89	88	65
8	孙成龙	81	64	60	60	85
9	王英坤	81	70	65	74	65
10	李珊	84	64	86	72	60
11	戚萌	89	72	68	60	80
12	孙建虎	92	60	48	60	60
13	李成业	93	60	92	88	70
14	郝乐欣	99	99	100	100	90

图 9.16　多重排序的结果

9.3.4 自定义排序

自定义排序是根据需要自行定义的排序方式。例如，按照星期日、星期一、星期二，或者低、中、高等顺序排序。

1. 创建自定义排序序列

通过工作表中现有的数据项或者临时输入的方式，都可以创建自定义序列。

【实例】对成绩单中的量化考核成绩进行排序，该成绩的值为优、良、可、差四项，自定义排序顺序。

（1）单击“工具”菜单中的“选项”命令，打开“选项”对话框中的“自定义序列”选项卡，如图 9.17 所示。

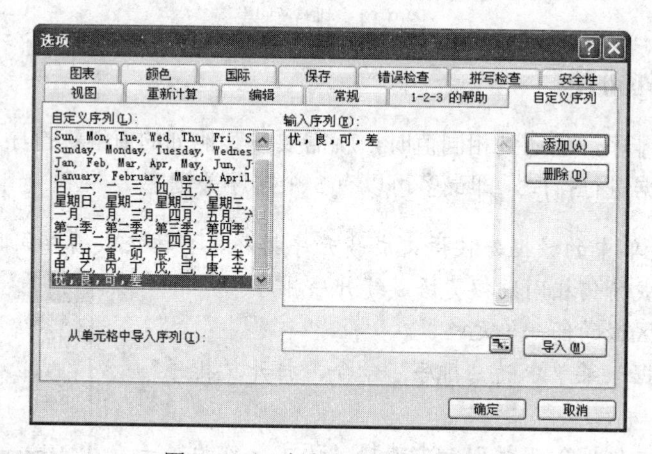

图 9.17 “自定义序列”选项卡

（2）在“输入序列”框中，从第一个序列元素开始、按递增顺序输入新的序列“优，良，可，差”。

（3）单击“添加”按钮，将新定义的次序加入左侧的“自定义序列”列表框中。

（4）单击“确定”按钮完成自定义序列。

2. 使用“自定义序列”排序

【实例】在成绩单中，对“量化考核”列按“优，良，可，差”进行降序排序。

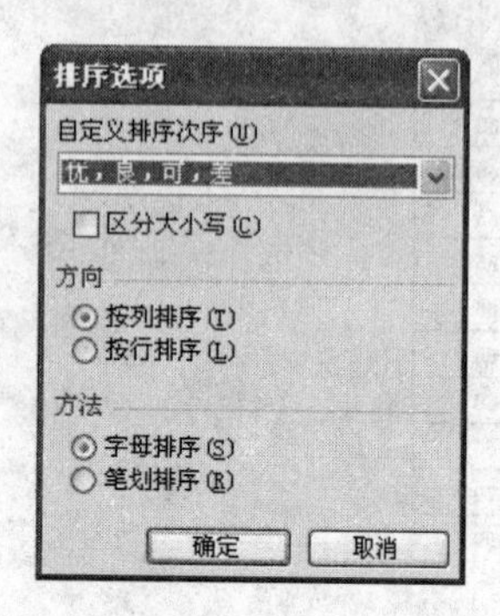

图 9.18 “排序选项”对话框

（1）在“量化考核”列中单击任一单元格。

（2）单击“数据”菜单中的“排序”命令，打开“排序”对话框，在“主要关键字”中选择“量化考核”，并选择“降序”方式。

（3）单击“选项”按钮，打开“排序选项”对话框，在“自定义排序次序”列表中选择自定义的序列“优，良，可，差”，如图 9.18 所示。

（4）单击“确定”按钮，关闭“排序选项”对话框。

（5）单击“排序”对话框中的“确定”按钮，关闭对话框，排序效果如图 9.19 所示。

	A	B	C	D	E	F	G
1	2008-2009学年度08级7班期末考试成绩						
2							
3	课目 姓名	量化考核	语文	数学	英语	网页编程	编程基础
4	李亚杰	优	60	62	65	78	95
5	郝乐欣	优	99	99	100	100	90
6	许腾飞	良	74	60	89	88	65
7	王英坤	良	81	70	65	74	65
8	李珊	良	84	64	86	72	60
9	李成业	良	93	60	92	88	70
10	褚晓燕	可	65	70	80	84	80
11	孙建虎	可	92	60	48	60	60
12	王瑞铎	差	73	62	63	88	60
13	孙成龙	差	81	64	60	60	85
14	戚萌	差	89	72	68	60	80

图 9.19　自定义排序结果

9.4　分类汇总

利用 Excel 进行数据分析和数据统计时，分类汇总是分析数据的一项有力工具。在 Excel 中使用分类汇总，可以十分轻松地完成以下任务：

- 显示整个数据清单的分类汇总及总和。
- 显示每一个数据组的分类汇总及总和。
- 在数据组上执行各种计算，如求和、求平均值等。

9.4.1　创建简单的分类汇总

在 Excel 中，只需指定需要进行分类汇总的数据项、待汇总的数值和用于计算的函数，如“求和”函数，就可在数据清单中自动计算分类汇总及总和值。下面以建立如图 9.20 所示的数据清单为例，进行介绍。

	A	B	C	D	E	F
1	定货日期	售货单位	产品	数量	单价	合计
2	01/2003	人民商场	冰箱	50	2300	115000
3	01/2003	人民商场	彩电	20	4050	81000
4	02/2003	北国商城	彩电	40	4000	160000
5	02/2003	人民商场	冰箱	20	2250	45000
6	03/2003	北国商城	冰箱	40	2290	91600
7	03/2003	人民商场	彩电	30	3980	119400
8	04/2003	北国商城	冰箱	35	2310	80850
9	04/2003	人民商场	彩电	15	4000	60000

图 9.20　数据清单

【实例】对“产品”进行分类汇总，并求出“合计”字段的总和值。

（1）对需要进行分类汇总的字段“产品”进行排序。

（2）在要进行分类汇总的数据清单区域内，单击任一单元格。

（3）单击“数据”菜单中的“分类汇总”命令，打开“分类汇总”对话框，如图 9.21 所示。

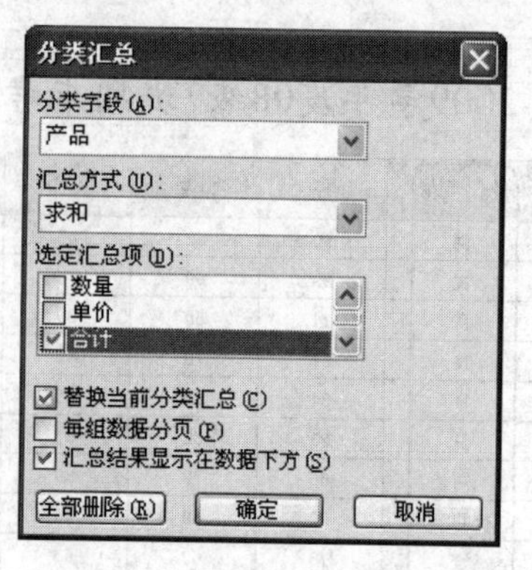

图 9.21 “分类汇总”对话框

（4）在“分类字段”列表中选择需要分类汇总的数据项“产品”，在“汇总方式”列表中选择用于计算分类汇总的函数“求和”。

（5）在“选定汇总项”列表框中选择需要对其汇总计算的字段“合计”。

（6）单击“确定”按钮，关闭对话框，分类汇总结果如图 9.22 所示。

	A	B	C	D	E	F
1	定货日期	售货单位	产品	数量	单价	合计
2	01/2003	人民商场	冰箱	50	2300	115000
3	02/2003	人民商场	冰箱	20	2250	45000
4	03/2003	北国商城	冰箱	40	2290	91600
5	04/2003	北国商城	冰箱	35	2310	80850
6			冰箱 汇总			332450
7	01/2003	人民商场	彩电	20	4050	81000
8	02/2003	北国商城	彩电	40	4000	160000
9	03/2003	人民商场	彩电	30	3980	119400
10	04/2003	人民商场	彩电	15	4000	60000
11			彩电 汇总			420400
12			总计			752850

图 9.22 分类汇总结果

9.4.2 分级显示数据

在建立了分类汇总的工作表中，数据是分级显示的。图 9.22 所示的工作表是对“产品”字段进行分类汇总后的结果。第 1 级数据是汇总项的总和，第 2 级数据是产品分类汇总数据组各汇总项的和，第 3 级数据是数据清单的原始数据。利用分级显示，可以快速显示汇总信息。

分级视图中各个按钮的名称和功能如下。

- 一级数据按钮 1：显示一级数据，如图 9.23 所示。

	A	B	C	D	E	F
1	定货日期	售货单位	产品	数量	单价	合计
12			总计			752850

图 9.23 显示一级数据

- 二级数据按钮 2：显示一级和二级数据，如图 9.24 所示。

	A	B	C	D	E	F
1	定货日期	售货单位	产品	数量	单价	合计
6			冰箱 汇总			332450
11			彩电 汇总			420400
12			总计			752850

图 9.24　显示一级和二级数据

- 三级数据按钮3：显示前三级数据。
- 显示明细数据按钮+：显示该级的明细数据，如图 9.25 所示。

	A	B	C	D	E	F
1	定货日期	售货单位	产品	数量	单价	合计
2	01/2003	人民商场	冰箱	50	2300	115000
3	02/2003	人民商场	冰箱	20	2250	45000
4	03/2003	北国商城	冰箱	40	2290	91600
5	04/2003	北国商城	冰箱	35	2310	80850
6			冰箱 汇总			332450
11			彩电 汇总			420400
12			总计			752850

图 9.25　显示明细数据

- 隐藏明细数据按钮-：单击该按钮，可隐藏明细数据。

明细数据是相对汇总数据而言的，它位于汇总数据的上面，是数据清单中的原始记录。建立分类汇总后，如果修改明细数据，汇总数据将会自动更新。

9.4.3　清除分类汇总

（1）单击分类汇总数据清单中的任意单元格。

（2）单击“数据”菜单中的“分类汇总”命令，打开“分类汇总”对话框。

（3）单击“全部删除”按钮。

9.4.4　创建多级分类汇总

在 Excel 中可以创建多级的分类汇总，前面建立了“产品”的分类汇总，可以称之为一级分类汇总，还可以在此基础上对“销售单位”进行分类汇总，称为二级分类汇总，即汇总出每个销售单位每种产品的销售额。

（1）在进行一级分类汇总前，对数据清单按一、二级分类汇总的字段“产品”、“售货单位”进行多列排序。

（2）建立一级分类汇总后，再次单击“数据”菜单中的“分类汇总”命令，打开“分类汇总”对话框。

（3）在“分类字段”列表框中选择“售货单位”，表示按“销售单位”再次进行分类汇总。

（4）在“汇总方式”列表框中选择“求和”。

（5）在“选定汇总项”列表框中选择“合计”。

（6）清除“替换当前分类汇总”复选框，如图 9.26 所示。

（7）单击“确定”按钮，建立两级的分类汇总，结果如图 9.27 所示。

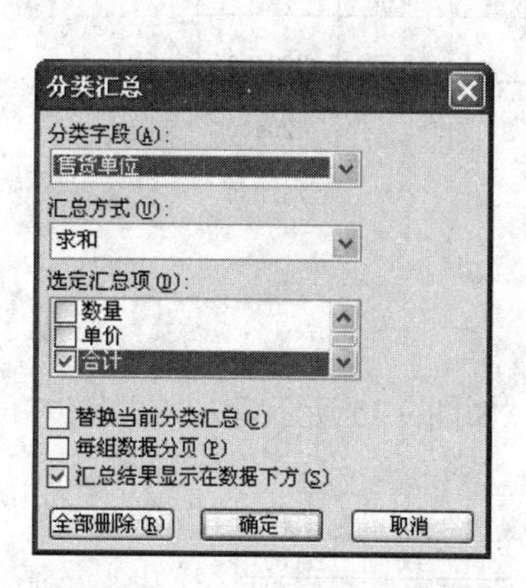

图 9.26 “分类汇总”对话框

	A	B	C	D	E	F
1	定货日期	售货单位	产品	数量	单价	合计
2	03/2003	北国商城	冰箱	40	2290	91600
3	04/2003	北国商城	冰箱	35	2310	80850
4		北国商城 汇总				172450
5	01/2003	人民商场	冰箱	50	2300	115000
6	02/2003	人民商场	冰箱	20	2250	45000
7		人民商场 汇总				160000
8	02/2003	北国商城	彩电	40	4000	160000
9		北国商城 汇总				160000
10	01/2003	人民商场	彩电	20	4050	81000
11	03/2003	人民商场	彩电	30	3980	119400
12	04/2003	人民商场	彩电	15	4000	60000
13		人民商场 汇总				260400
14		总计				752850

图 9.27 两级分类汇总

9.5 使用数据透视表

数据透视表是一种特殊形式的表，它能对数据清单中的数据进行综合分析，如图 9.28 所示。

班级	数据	汇总
二班	平均值项:语文	78.25
	平均值项:数学	77.75
	平均值项:英语	82.625
	平均值项:网页编程	71.75
	平均值项:编程基础	75.5
三班	平均值项:语文	78.1
	平均值项:数学	79
	平均值项:英语	79.3
	平均值项:网页编程	66.4
	平均值项:编程基础	74
一班	平均值项:语文	79.33333333
	平均值项:数学	74
	平均值项:英语	79.88888889
	平均值项:网页编程	70.66666667
	平均值项:编程基础	77.11111111
平均值项:语文 的求和		78.55555556
平均值项:数学 的求和		76.96296296
平均值项:英语 的求和		80.48148148
平均值项:网页编程 的求和		69.40740741
平均值项:编程基础 的求和		75.48148148

图 9.28 数据透视表示例

9.5.1 数据透视表简介

数据透视表一般由 7 部分组成。

（1）页字段：数据透视表中被指定为页方向的源数据清单或表格中的字段。

（2）页字段项：源数据清单或表格中的每个字段、列条目或数值都成为页字段列表中的一项。

（3）数据字段：含有数据的源数据清单或表格中的字段项。

（4）行字段：数据透视表中被指定为行方向的源数据清单或表格中的字段。

（5）列字段：数据透视表中被指定为列方向的源数据清单或表格中的字段。

（6）数据区域：含有汇总数据的数据透视表中的一部分。

（7）数据项：数据透视表中的各个数据。

9.5.2　创建简单的数据透视表

数据透视表的数据源可以是 Excel 的数据清单或表格，也可以是外部数据清单和 Internet 上的数据源，还可以是经过合并计算的多个数据区域及另一个数据透视表。

下面介绍创建如图 9.29 所示的数据清单，添加班级字段。

姓名	班级	语文	数学	英语	网页编程	编程基础
李亚杰	一班	60	62	65	78	95
高宇	二班	61	76	80	66	60
张宇	一班	62	82	87	72	80
褚晓燕	二班	65	70	80	84	80
张世毅	三班	70	80	80	66	70
王瑞锋	三班	73	62	63	88	60
王鹏飞	一班	73	72	87	68	88
许鹏飞	二班	74	60	89	88	65
彭晓龙	三班	74	78	84	64	78
郑科	三班	74	78	90	62	76
张飞飞	三班	74	82	84	64	86
李洋	一班	76	94	84	64	72
马旭	二班	78	88	93	70	60

图 9.29　数据清单

（1）单击数据清单中的任一单元格。

（2）单击“数据”菜单中的“数据透视表和图表报告”命令，打开“数据透视表和数据透视图向导—3 步骤之 1”对话框，如图 9.30 所示。

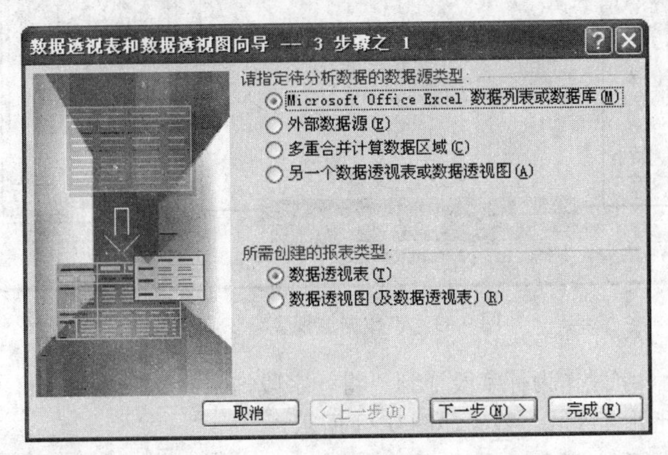

图 9.30　“数据透视表和数据透视图向导—3 步骤之 1”对话框

（3）指定数据源类型“Microsoft Office Excel 数据列表或数据库”，指定创建的报表类型“数据透视表”，单击“下一步”按钮打开“数据透视表和数据透视图向导—3 步骤之 2”对话框，如图 9.31 所示。

（4）Excel 会自动选中当前单元格所在的数据清单，如果有误可单击“选定区域”框右侧的“折叠对话框”按钮，返回工作表中重新进行选择。单击“下一步”按钮，打开“数据透视表和数据透视图向导—3 步骤之 3”对话框，如图 9.32 所示。

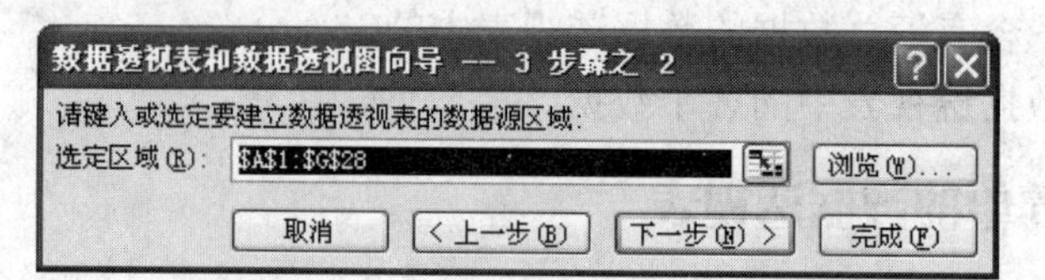

图 9.31 “数据透视表和数据透视图向导—3 步骤之 2”对话框

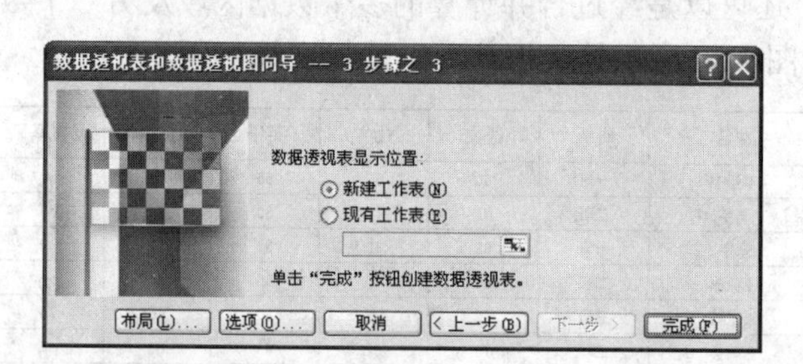

图 9.32 “数据透视表和数据透视图向导—3 步骤之 3”对话框

（5）单击“新建工作表”单选按钮，将数据透视表显示在新工作表上。单击“完成”按钮，在新建的工作表上弹出“数据透视表”工具栏，如图 9.33 所示。

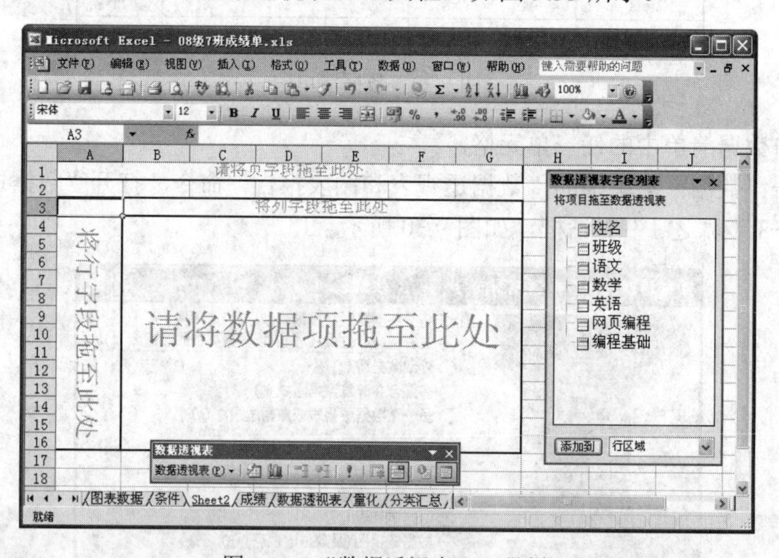

图 9.33 “数据透视表”工具栏

（6）将“班级”字段作为行字段拖到“将行字段拖至此处”区域，将“语文”字段拖到“请将数据项拖至此处”区域，效果如图 9.34 所示。

（7）在汇总列的任一数值上单击，如在值为“626”的单元格单击，再单击“数据透视表”工具栏上的“字段设置”按钮，打开如图 9.35 所示的“数据透视表字段”对话框，在“汇总方式”列表框中选择“平均值”，单击“确定”按钮，将汇总方式由默认的“求和”方式改为“平均值”汇总方式。

（8）将“数学”字段拖到汇总列，效果如图 9.36 所示，重复上面步骤将其改为“平均值”汇总。

求和项:语文	
班级	汇总
二班	626
三班	781
一班	714
总计	2121

图 9.34　以班级为单位汇总语文成绩

数据透视表字段
源字段：　语文
名称(N)：平均值项:语文
汇总方式(S)：
求和
计数
平均值
最大值
最小值
乘积
数值计数
确定
取消
隐藏(H)
数字(N)...
选项(O) >>

图 9.35　“数据透视表字段”对话框

班级	数据	汇总
二班	平均值项:语文	78.25
	求和项:数学	622
三班	平均值项:语文	8.1
	求和项:数学	790
一班	平均值项:语文	79.33333333
	求和项:数学	666
平均值项:语文 的求和		78.55555556
求和项:数学 的求和		2078

图 9.36　将“数学”字段拖到汇总列

（9）重复上面的步骤，设置其他字段。

现在已经创建了一张简单的数据透视表，源数据清单中的数据是没有组织的零乱的数据，人们很难看出其中的特点，而刚刚建立的数据透视表则是能一目了然的有组织的数据，可以很清楚地看到各个班每科的平均成绩及三个班的总平均成绩。

还可以使用数据透视表来筛选数据，例如，单击图 9.36 中“班级”字段的下拉按钮，如图 9.37 所示，清除“一班”、“二班”的选项，单击“确定”按钮后，则只显示“三班”的汇总成绩。

	A	B	C
1			
2			
3	班级	数据	汇总
4	三班	平均值项:语文	78.1
5		平均值项:数学	79
6		平均值项:英语	79.3
7		平均值项:网页编程	66.4
8		平均值项:编程基础	74
9	平均值项:语文汇总		78.1
10	平均值项:数学汇总		79
11	平均值项:英语汇总		79.3
12	平均值项:网页编程汇总		66.4
13	平均值项:编程基础汇总		74

图 9.37　筛选数据

添加了页字段项的数据透视表如同一叠卡片，每张数据透视表如同一张卡片，选不同的页字段项就会选出不同的卡片。在图 9.38 所示的透视表中，“日期”是页字段，页字段项列表中选择了“01/01/99”。默认情况下，页字段项显示的是“全部”日期，此时的数据项是各种产品所有日期销售额的求和项，而且在行的方向给出了每个销售员销售各种产品的总计，在列的方向给出了每种产品所有销售员销售额的总计。

1	日期	01/01/99	
2			
3	求和项:销售额	产品	
4	销售员	产品二	产品一	总计
5	甲	1789	1800	3589
6	乙	1956	1200	3156
7	总计	3745	3000	6745

图 9.38 添加了页字段的数据透视表

习题 9

一、单选题

1. 在 Excel 中，关于记录的筛选，下列说法中正确的是（ ）。

A. 筛选是将不满足条件的记录从工作表中删除

B. 筛选是将满足条件的记录放在一张新工作表中供查询

C. 高级筛选可以在保留原数据库显示的情况下，根据给定条件，将筛选出来的记录显示到工作表的其他空余位置

D. 自动筛选显示满足条件的记录，但无法恢复显示原数据库

2. Excel 提供了（ ）两种筛选方式。

A. 人工筛选和自动筛选　　B. 自动筛选和高级筛选

C. 人工筛选和高级筛选　　D. 一般筛选和特殊筛选

3. Excel 在排序时（ ）。

A. 按主关键字排序，其他不论

B. 首先按主关键字排序，主关键字相同则按次关键字排序，依此类推

C. 按主要、次要、第三关键字的组合排序

D. 按主要、次要、第三关键字中的数据项排序

4. 在 Excel 中，通过“排序选项”对话框，可选择（ ）。

A. 按关键字排序　　B. 可定义新的排序序列

C. 按某单元格排序　　D. 按笔画排序排序

二、上机练习

新建工作簿“数据清单练习”，并完成以下操作。

- 在 Sheet1 中录入样表 1，并以“成绩 1”为关键字，以递增方式排序。
- 复制工作表 1 中的数据到 Sheet2 中，并筛选出“成绩 1”大于 80 且“成绩 4”大于 85 的记录。
- 在 Sheet3 中录入样表 2，并以“课程名称”为分类字段，将“人数”和“课时”进行“求和”分类汇总。
- 在 Sheet 4 中录入样表 3，并以“课程名称”和“授课班级”为分页，以“姓名”为列字段，以“课时”为求和项，建立数据透视表。

【样表 1】

学号	姓名	成绩 1	成绩 2	成绩 3	成绩 4
90220010	张成祥	97	94	93	93
90220013	唐来云	81	73	69	87
90213009	张雷	85	71	67	77
90213022	韩文歧	88	81	73	81
90213003	郑俊霞	89	62	77	85
90213013	马云燕	91	68	76	82

【样表 2】

课程安排表

课程名称	班级	人数	课时
大学语文	7	44	21
大学语文	5	75	26
大学语文	3	44	63
离散数学	7	44	21
离散数学	5	75	36
离散数学	1	44	62
微积分	3	67	21
微积分	4	57	21
微积分	7	50	46
微积分	8	51	49
英语	2	66	31
英语	8	48	33
英语	8	66	70
政经	6	51	30
政经	2	67	61
政经	6	43	71

【样表 3】

姓名	授课班级	授课班数	课程名称	授课人数	课时
祁　红	94 管理-2	3	英语	88	34
杨　明	95 财经-3	3	哲学	88	25
江　华	96 英语-4	3	线性代数	57	30
成　燕	97 行管-1	4	微积分	57	21
张　志	95 国贸-3	6	英语	44	45
建　军	96 交法-4	3	哲学	58	54
玉　甫	97 计算-1	3	线性代数	58	36
成　智	94 管理-2	7	微积分	50	46
莉　军	96 路桥-4	8	英语	66	70

第 10 章　完成复杂计算

学习目标

◆ 能够准确引用单元格地址
◆ 掌握使用公式计算的一般方法
◆ 掌握 Excel 常用函数的使用方法
◆ 了解 Excel 中数组的使用特点
◆ 能够通过审核公式核对计算结果

公式是对单元格中数值进行计算的等式，使用公式可以进行数据计算。函数是 Excel 中预定的内置公式，使用函数可以提高公式计算的效率。数组是一种计算工具，可用来建立产生多个数值或对一组数据进行操作的公式。综合使用公式、函数和数组可以在 Excel 中完成复杂计算。

10.1　创建与编辑公式

使用公式可以进行简单的加减计算，也可以完成复杂的财务、统计及科学计算，还可以进行比较或操作文本。公式以等号开头，后面紧接着运算数和运算符，运算数可以是常数、单元格引用、单元格名称和工作表函数，例如，

=sum（A1:B7）

=收入−支出

10.1.1　创建公式

1. 公式中的运算符

在 Excel 中数据是分类型的，如数字型、文本型、逻辑型等。在公式中，每个运算符都只能连接特定类型的数据。Excel 的运算符有以下 4 类。

- 算术运算符：如加、减、乘、除等。
- 比较运算符：用来比较两个数值大小关系的运算符，它们返回逻辑值 TRUE 或 FALSE。
- 文本运算符：用来将多个文本连接成组合文本。
- 引用运算符：可以将单元格区域合并运算。

各种运算符的含义及示例见表 10.1。

表 10.1　Excel 公式中的运算符及其含义

运算符		含义	示例
算术运算符	+（加号）	加	1+2
	–（减号）	减	2–1
	–（负号）	负数	–1
	*（星号）	乘	2*2
	/（斜杠）	除	4/2
	%（百分比）	百分比	12%
	^（脱字符）	乘幂	3^2
比较运算符	=（等号）	等于	A1=A2
	>（大于号）	大于	A1>A2
	<（小于号）	小于	A1<A2
	>=（大于等于号）	大于等于	A1>=A2
	<=（小于等于号）	小于等于	A1<=A2
	<>（不等号）	不等于	A1<>A2
文本运算符	&（连字符）	将两个文本连接起来产生连续的文本	“学会”&“求知”产生“学会求知”
引用运算符	:（冒号）	区域运算符，对两个引用之间包括这两个引用在内的所有单元格进行引用	A1:D1（引用 A1～D1 的所有单元格）
	,（逗号）	联合运算符，将多个引用合并为一个引用	SUM（A1:D1,A2:C2）将 A1:D2 和 A2:C2 两个区域合并为一个
	（空格）	交叉运算符，产生同时属于两个引用的单元格区域的引用	SUM（A1:F1 B1:B4）（B1 同时属于两个引用 A1:F1 和 B1:B4）

在 Excel 中，不仅可以对数字和字符进行计算，也可以对日期和时间进行计算。

日期的计算中经常用到两个日期之差，例如，公式=“98/10/20”–“98/10/5”，计算结果为 15。

在 Excel 中输入日期时如果以短格式输入年份（年份输入两位数），Excel 将做如下处理：

（1）如果年份在 00—至 29，Excel 将作为至 2029 年处理。例如，输入 10/10/20，Excel 认为这个日期是 2010 年 10 月 20 日。

（2）如果年份在 30—99，Excel 将其作为 1930—1999 年处理。例如，输入 73/3/23，Excel 认为这个日期是 1973 年 3 月 23 日。

2．公式的运算顺序

每个运算符都有自己的运算优先级，表 10.2 列出了各种运算符的优先级，对于不同优先级的运算，按照优先级从高到低的顺序进行。对于同一优先级的运算，按照从左到右的顺序进行。使用括号把公式中优先级低的运算括起来，可以改变运算的顺序。

表 10.2　各种运算符的优先级

运算符（优先级从高到低）	说　明
:（冒号）	区域运算符
,（逗号）	联合运算符
（空格）	交叉运算符
–（负号）	–5
%（百分号）	百分比
^（脱字符）	乘幂
* 和 /	乘和除
+ 和 –	加和减
&	文本运算符
=、>、<、>=、<=、<>	比较运算符

10.1.2　输入公式

1．在编辑栏中输入公式

可在编辑栏中像输入数字或文本一样输入公式，再按回车键或单击“输入”按钮。

2．在单元格里直接输入公式

双击要输入公式的单元格，或者先选中单元格再按“F2”键后，在单元格中输入公式，最后按回车键。

【实例】在成绩表中计算每个同学的总成绩。

（1）在如图 10.1 所示的成绩单中单击单元格 H4。

	A	B	C	D	E	F	G	H	I
1	2008-2009学年度08级7班期末考试成绩								
2									
3	课目姓名	学号	语文	数学	英语	网页编程	编程基础	总分	平均分
4	李亚杰	1	60	62	65	78	95		
5	高宇	2	61	76	80	66	60		
6	张宇	3	62	82	87	72	80		
7	褚晓燕	4	65	70	80	84	80		
8	张世毅	5	70	80	80	66	70		
9	王瑞铎	6	73	62	63	88	60		
10	王鹏飞	7	73	72	87	68	88		
11	许腾飞	8	74	60	89	88	65		
12	彭晓龙	9	74	78	84	64	78		
13	郑科	10	74	78	90	62	76		
14	张飞飞	11	74	82	84	64	86		

图 10.1　工作表示例

（2）在编辑栏中输入“=”后，再单击“C4”单元格，在编辑栏中继续输入“+”，再单击“D4”单元格，输入“+”，再单击“E4”单元格，输入“+”，再单击“F4”单元格，输入“+”，再单击“G4”单元格，最后按回车键，效果如图 10.2 所示。

实用技巧

可以用前面学过的填充方法，快速计算成绩单中其他同学的成绩。将鼠标移至单元格 H4 右下角的填充柄上，拖动鼠标至单元格 H30，则 Excel 会用公式填充被选中的单元格。

H4 =C4+D4+E4+F4+G4

	A	B	C	D	E	F	G	H	I
1	2008-2009学年度08级7班期末考试成绩								
2									
3	课目姓名	学号	语文	数学	英语	网页编程	编程基础	总分	平均分
4	李亚杰	1	60	62	65	78	95	360	
5	高宇	2	61	76	80	66	60		
6	张宇	3	62	82	87	72	80		
7	褚晓燕	4	65	70	80	84	80		
8	张世毅	5	70	80	80	66	70		
9	王瑞铎	6	73	62	63	88	60		

图 10.2　用公式计算总分

10.1.3　编辑公式

单元格中的公式也可以像单元格中的其他数据一样进行编辑，如修改、复制、移动等。双击含有公式的单元格后，就可以直接编辑公式，按回车键确认。

公式也可以复制到其他单元格中。选中并复制含有公式的单元格后，单击“编辑”菜单中的“选择性粘贴”选项，弹出如图 10.3 所示的“选择性粘贴”对话框，选择“公式”单选按钮。

图 10.3　“选择性粘贴”对话框

移动公式时先选中含有公式的单元格，再将鼠标移到单元格边框上，当鼠标变为白色箭头时按下左键，拖动鼠标到目标单元格。也可以用菜单命令或“常用”工具栏上的剪切按钮像移动单元格一样来移动公式。

10.1.4　公式返回的错误值和产生原因

在数据表中有时会看到“#NAME?”、“#VALUE?”等信息，这些都是公式使用错误后返回的错误值，产生原因见表 10.3。

表 10.3　公式返回的错误值及其产生原因

返回的错误值	产生的原因
#####!	公式计算的结果太长，单元格容纳不下，增加单元格的列宽可以解决这个问题
#DIV/0	除数为零
#N/A	公式中无可用的数值或缺少函数参数
#NAME?	使用了 Excel 不能识别的名称
#NULL!	使用了不正确的区域运算或不正确的单元格引用
#NUM!	在需要数字参数的函数中使用了不能接受的参数，或者公式计算结果的数字太大或太小，Excel 无法表示
#REF!	公式中引用了无效单元格
#VALUE!	需要数字或逻辑值时输入了文本

10.2 单元格的引用

单元格的引用就是指单元格的地址，其作用是将单元格中的数据和公式联系起来。在创建和使用复杂公式时，单元格的引用是非常有用的。单元格引用的作用在于标识工作表上的单元格和单元格区域，并指明使用数据的位置。通过引用可以在公式中使用单元格中的数据。单元格引用有相对引用、绝对引用、混合引用三种方式。

10.2.1 相对引用

相对引用是指单元格引用会随公式所在单元格的位置变更而改变，如图 10.2 中总分的计算填充用的就是相对引用，即引用在被复制到其他单元格时，其单元格引用地址自动发生改变。

10.2.2 绝对引用

绝对引用是指引用特定位置的单元格。如果公式中的引用是绝对引用，那么复制后的公式引用不会改变。绝对引用的样式是在列字母和行数字之前加上美元符号“$”，例如，$A$2、$B$5 都是绝对引用。

10.2.3 混合引用

除了相对引用和绝对引用之外，还有混合引用。当需要固定某行引用而改变列引用，或者需要固定某列引用而改变行引用时，就要用到混合引用。例如，$B5、B$5 都是混合引用。在 Excel 中，使用 F4 键可以快速改变单元格引用的类型。

【实例】修改引用的类型。

（1）选择单元格 A1，然后输入“=B2”。

（2）按 F4 键将引用变为绝对引用，该公式变为“=$B$2”。

（3）按 F4 键将引用变为混合引用（绝对行，相对列），公式变为“=B$2”。

（4）按 F4 键将引用变为另一种混合形式（绝对列，相对行），公式变为“=$B2”。

（5）按 F4 键返回原来的相对引用形式。

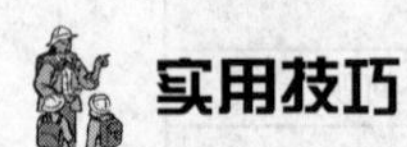

若滚动工作表后活动单元格不再可见，按“Ctrl+Backspace”组合键可快速重新显示活动单元格。

10.2.4 引用其他工作表中的单元格

在 Excel 中，可以引用工作簿中其他工作表中的单元格地址。其方法是：在公式中同时包括工作表引用和单元格引用。例如，要引用工作表 Sheet9 中的 B2 单元格，输入“=”后，单击工作表标签“Sheet9”打开该工作表，再单击单元格“B2”。如果还要引用其他单元格，可继续输入公式，否则按 Enter 键回到当前工作表中，编辑框中显示“Sheet9！B2”，感叹号将工作表引用和单元格引用分开。

10.2.5 引用其他工作簿中的单元格

在 Excel 中，还可以引用不同工作簿中的单元格。其方法是：同时打开相关的工作簿文件，输入公式时，选择需要引用的工作簿文件，单击选中要引用的单元格，再重新选择输入公式的文件。例如，

=[成绩]汇总!$A$1-[量化考核]出勤!$B$1

在上面的公式中，[成绩]和[量化考核]是两个不同工作簿的名称，“汇总”和“出勤”是分别属于两个工作簿的工作表的名称。$A$1 和$B$1 表示单元格的绝对引用。

10.3 函数

函数是一些已经定义好的公式，函数通过参数接收数据，输入的参数应放到函数名后并且用括号括起来。各函数使用特定类型的参数，如数字、引用、文本或编辑值等。函数大多数情况下返回的是计算的结果，也可以返回文本、引用、逻辑值、数组或者工作表的信息。

在 Excel 中，不仅提供了大量的内置函数，还可以根据需要使用 Visual Basic 自定义函数。使用公式时应尽可能使用内置函数，它可以节省输入时间，减少错误发生。

10.3.1 Excel 内置函数

Excel 提供了大量的内置函数，按照功能进行分类，见表 10.4。

表 10.4 内置函数分类

分 类	功 能 简 介
数据库函数	分析数据清单中的数值是否符合特定条件
日期与时间函数	在公式中分析和处理日期值和时间值
信息函数	确定存储在单元格中数据的类型
财务函数	进行一般的财务计算
逻辑函数	进行逻辑判断或者进行复合检验
统计函数	对数据区域进行统计分析
查找和引用函数	在数据清单中查找特定数据或者查找一个单元格的引用
文本函数	在公式中处理字符串
数学和三角函数	进行数学计算

10.3.2 常用函数

Excel 提供了几百个内置函数，下面只介绍常用的函数，有关其他函数的用法，可以使用 Excel 的帮助进行学习。

1. SUM 函数

功能：SUM 函数用于计算多个参数值的总和。

语法：SUM（数值 1，数值 2，…）

数值 1，数值 2，…为 *n* 个需要求和的参数。

参数：逻辑值、数字、数字的文本形式、单元格的引用。

【实例】本章 10.1.2 节实例中计算“总分”的值，用内置函数更快捷方便。

（1）在如图 10.1 所示的成绩单中单击单元格 H4。

（2）单击“常用”工具栏上的“自动求和”按钮Σ·，如图 10.4 所示。

	A	B	C	D	E	F	G	H	I	J
1	2008-2009学年度08级7班期末考试成绩									
2										
3	课目姓名	学号	语文	数学	英语	网页编程	编程基础	总分	平均分	
4	李亚杰	1	60	62	65	78		=SUM(B4:G4)		
5	高宇	2	61	76	80	66	60	SUM(number1, [number2], ...)		
6	张宇	3	62	82	87	72	80			
7	褚晓燕	4	65	70	80	84	80			

图 10.4　使用“自动求和”函数

（3）在 H4 单元格中自动显示“=SUM（B4:G4）”，即第 4 行中 B4～G4 单元格区域中的值相加求和。但是 B 列中存放的是学号，是文本型数据，并不是学生的成绩，相加是没有意义的，这时只需要单击 C4 单元格并拖动选中至 G4 单元格，就可以将参数区域修改正确，如图 10.5 所示。

	A	B	C	D	E	F	G	H	I	J
1	2008-2009学年度08级7班期末考试成绩									
2										
3	课目姓名	学号	语文	数学	英语	网页编程	编程基础	总分	平均分	
4	李亚杰	1	60	62	65	78		=SUM(C4:G4)		
5	高宇	2	61	76	80	66	60	SUM(number1, [number2], ...)		
6	张宇	3	62	82	87	72	80			
7	褚晓燕	4	65	70	80	84	80			

图 10.5　修改后的参数区域

2．SUMIF 函数

功能：SUMIF 函数对符合指定条件的单元格求和。

语法：SUMIF（存储判断条件的单元格区域，计算条件，要计算的单元格区域）

【实例】设 A1:A4 中的数据是（10,20,30,40），而 B1:B4 中的数据是（100,200,300,400），那么 SUMIF（A1:A4，“>15”，B1:B4）等于 900，因为只有 A2、A3、A4 中的数据满足条件“>15”，所以只对 B2、B3、B4 进行求和。

3．AVERAGE 函数

功能：AVERAGE 函数对所有参数计算算术平均值。

语法：AVERAGE（数值 1，数值 2，…）

参数应该是数字或包含数字的单元格引用、数组或名字。

【实例】求成绩单中每位同学的平均成绩。

（1）单击 I4 单元格。

（2）单击“常用”工具栏上的“自动求和”按钮Σ·右侧的下拉箭头，打开如图 10.6 所示的常用函数列表。

（3）选择“平均值”函数，在 I4 单元格中显示“=AVERAGE（B4:H4）”，参数区域中包含了不应该求值的“学号”和“总分”项，用上面的方法将参数区域修改为“C4:G4”，运算结果如图 10.7 所示。

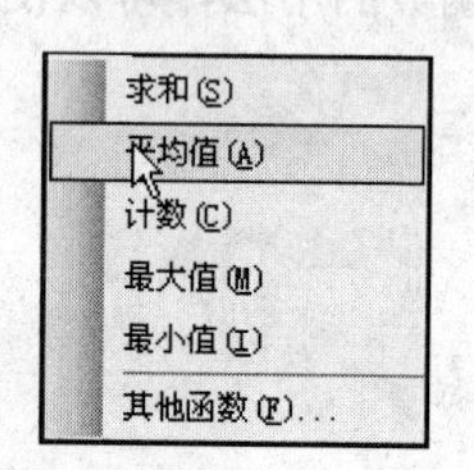

图 10.6　常用函数列表

2008-2009学年度08级7班期末考试成绩

课目姓名	学号	语文	数学	英语	网页编程	编程基础	总分	平均分
李亚杰	1	60	62	65	78	95	360	72
高宇	2	61	76	80	66	60	343	68.6
张宇	3	62	82	87	72	80	383	76.6
褚晓燕	4	65	70	80	84	80	379	75.8
张世毅	5	70	80	80	66	70	366	73.2
王瑞铎	6	73	62	63	88	60	346	69.2

图 10.7 平均分运算结果

（4）在每个存放平均值的单元格的左上角都出现了一个绿色三角形的错误提示，这是因为在使用 AVERAGE 函数时所选的单元格区域没有包含相临的 H4 单元格，Office 因此给出错误信息。而我们不需要这个错误提示，可单击“工具”菜单中的“选项”命令，打开如图 10.8 所示“选项”对话框“错误检查”选项卡，取消“公式在区域内省略单元格”的选中状态。

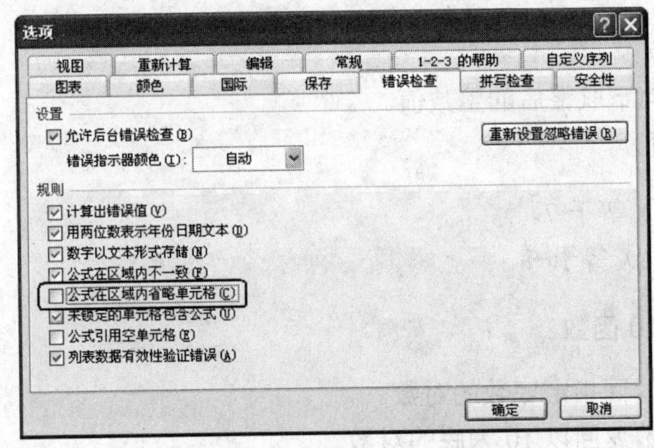

图 10.8 “错误检查”选项卡

4．DAY 函数

功能：DAY 函数将某一日期的表示方法从日期序列数形式转换成它所在月份中的序数（某月的第几天），用整数 1～31 表示。

语法：DAY（日期值）

日期值是用于日期和时间计算的日期时间代码，可以是数字或文本，如“98/10/20”。

【实例】单元格 L4 的值为日期“2010-1-29”，则“=DAY（L4）”的值是 29。

5．TODAY 函数和 NOW 函数

功能：TODAY 函数返回当前日期。
NOW 函数返回当前日期和时间。

语法：TODAY( )
NOW()

 **注意**

这两个函数都不需要输入参数。

6. LEFT 和 RIGHT 函数

功能：LEFT 函数从字符串最左端截取子字符串。
RIGHT 函数从字符串最右端截取子字符串。
语法：LEFT（字符串，截取子串的长度）

【实例】 LEFT（“Microsoft Excel”，9）等于“Microsoft”。
RIGHT（“I am a student”，7）等于“student”。

7. TRUNC 函数

功能：将数字截为整数或保留指定位数的小数。
语法：TRUNC（数值，小数位数）

【实例】 TRUNC（8.6）等于 8。
TRUNC（−8.67，1）等于−8.6。

8. INT 函数

功能：返回实数向下取整后的整数值。
语法：INT（数值）

【实例】 INT（7.6）等于 7。
INT（−7.6）等于−8。

9. LOG 和 LOG10 函数

功能：LOG 函数返回指定底数的对数。
LOG10 函数返回以 10 为底的对数。
语法：LOG（数值，底数）
LOG10（数值）
【实例】 LOG（8，2）等于 3。
LOG10（1000）等于 3。

10. TYPE 函数

功能：返回数据的类型。
语法：TYPE（数据）
TYPE 函数的返回值见表 10.5。

表 10.5 TYPE 函数的返回值

参数 Value 的类型	TYPE 函数的返回值
数字	1
文本	2
逻辑值	4
公式	8
错误值	16
数组	64

【实例】TYPE（10）等于 1

TYPE（EXCEL）等于 2

11. COUNT 函数

功能：统计数据的个数。

语法：COUNT（数值 1，数值 2，…）

12. COUNTIF 函数

功能：统计单元格区域中满足特定条件的单元格数目。

语法：COUNTIF（单元格区域，“条件”）

【实例】用 COUNTIF 函数分析图 10.1 所示成绩单，如图 10.9 所示。

90以上：	4	6	4	0	4
80-89：	8	5	17	4	7
70-79：	11	9	0	7	7
60-69：	4	7	5	16	9
不及格：	0	0	1	0	0
及格率：	100.00%	100.00%	96.30%	100.00%	100.00%

图 10.9　使用函数分析成绩单

（1）选定使用公式的单元格后，单击“插入”菜单中的“函数”命令，打开如图 10.10 所示的“插入函数”对话框，选择“常用函数”组中的“COUNTIF”函数，单击“确定”按钮。

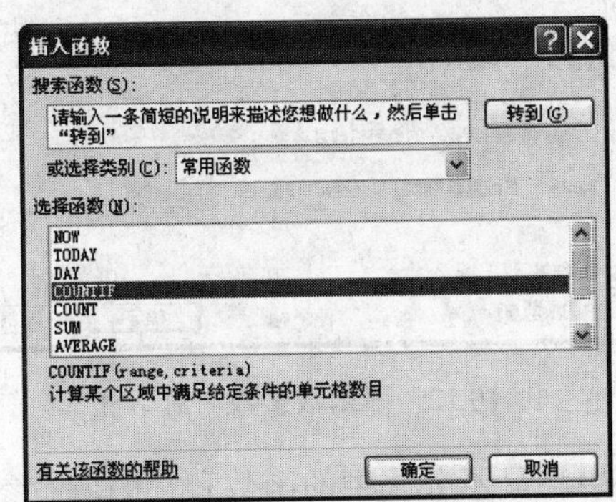

图 10.10　“插入函数”对话框

（2）在如图 10.11 所示的“函数参数”对话框中，选择统计范围为“C4:C30”，统计条件为“>=90”。

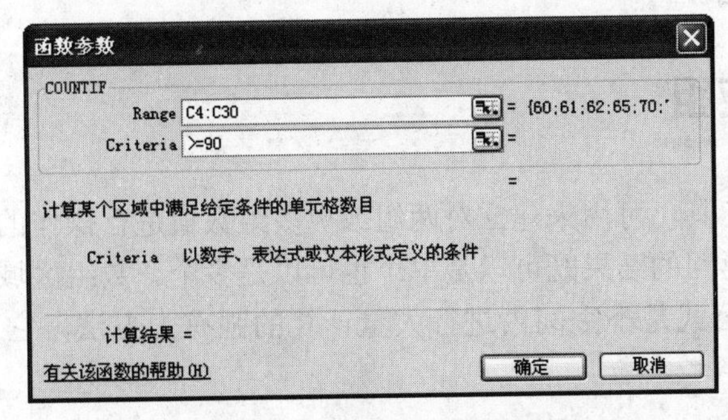

图 10.11　“函数参数”对话框

（3）单击“80-90:”单元格右侧的单元格，使用“COUNTIF 函数”，选择统计范围为“C4:C30”，统计条件为“>=80”，继续在编辑框中输入“-”，再单击存放 90 分段统计结果的单元格，则统计出 80～89 之间的人数，完整的公式为=COUNTIF（C4:C30,“>=80”）-C32。

（4）重复上面的操作，统计其他分数段。

（5）单击“及格率”右侧的单元格，使用 COUNTIF 函数统计及格人数后，输入除号“/”，再用 COUNT 函数统计所有考试人数，得出及格率，完整的公式为=COUNTIF（C4:C30,“>=60”）-COUNT（C4:C30）。

注意

“及格率”单元格要设置数字格式为“百分比”，小数位数为“2”位。

（6）用横向拖动填充柄的方法，计算其他科目的统计数据。

10.3.3 编辑函数

在编辑公式中的函数时，小的修改可以手工编辑，但是如果要对函数进行比较大的改动，应该使用“函数参数”对话框。

（1）选中要编辑函数的单元格。

（2）单击“编辑栏”左侧的“插入函数”按钮 *fx*，打开“函数参数”对话框，如图 10.12 所示。

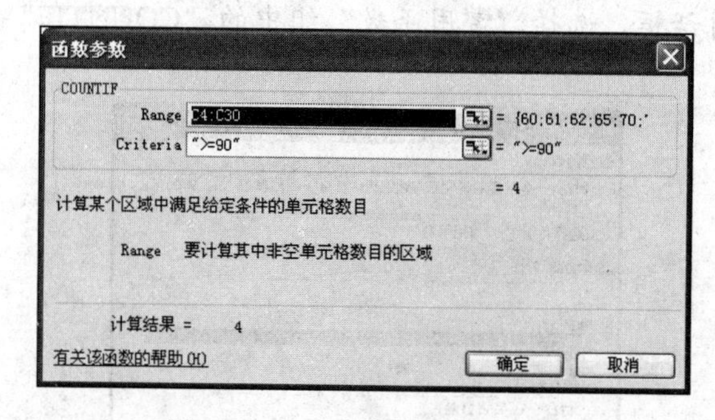

图 10.12 “函数参数”对话框

（3）“函数参数”对话框中将显示公式中的函数和它的所有参数。

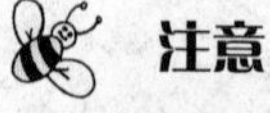
注意

如果公式中含有一个以上的函数，在编辑栏中单击某个函数的任意位置后，再执行以上的操作就可以编辑该函数。

10.4 使用数组

数组是一种计算工具，可用来建立对两组或更多组数值进行操作的公式，这些数值称为数组参数，数组公式返回的结果既可以是单个也可以是多个。数组区域是共享同一数组公式的单元格区域。数组公式是小空间内进行大量计算的强有力方法，它可以替代很多重复的公式。

10.4.1　数组公式的创建和输入

（1）如果希望数组公式返回一个结果，单击需要输入数组公式的单元格，如果希望数组公式返回多个结果，选定需要输入数组公式的单元格区域。

（2）输入公式的内容。

（3）按“Ctrl+Shift+Enter”组合键，锁定数组公式，Excel 自动在编辑栏中公式的两边加上大括号，表明它是一个数组公式。

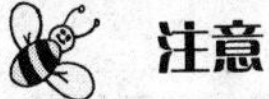

注意

不要自己输入大括号，否则 Excel 会认为输入的是一个正文标签。

【实例】用数组公式计算期末考试个人成绩总和。

（1）选定存放结果的单元格区域。

（2）输入“=B4:B11+C4:C11+D4:D11+E4:E11+F4:F11+G4:G11”。

（3）按“Ctrl+Shift+Enter”组合键结束输入，计算结果如图 10.13 所示。

H4　{=C4:C30+D4:D30+E4:E30+F4:F30+G4:G30}

	A	B	C	D	E	F	G	H
1	2008-2009学年度08级7班期末考试成绩							
2								
3	课目姓名	学号	语文	数学	英语	网页编程	编程基础	总分
4	李亚杰	1	60	62	65	78	95	360
5	高宇	2	61	76	80	66	60	343
6	张宇	3	62	82	87	72	80	383
7	褚晓燕	4	65	70	80	84	80	379
8	张世毅	5	70	80	80	66	70	366
9	王瑞铎	6	73	62	63	88	60	346
10	王鹏飞	7	73	72	87	68	88	388

图 10.13　数组公式的计算结果

10.4.2　使用数组常量

在数组公式中，通常使用单元格区域引用，也可以直接输入数值数组，即数组常量。数组常量可由数字、文本或逻辑值组成。使用数组常量时必须用大括号“{ }”括起来，并且用逗号或分号分隔元素。逗号分隔不同列的值，分号分隔不同行的值。

【实例】计算 1～9 九个数值的平方根并显示结果。

（1）选择一块 3 行 3 列的单元格区域。

（2）输入“=SQRT（{1,2,3;4,5,6;7,8,9}）”。

注意

必须输入大括号，表明括起来的值组成一个数组常量。

（3）按“Ctrl+Shift+Enter”组合键。计算结果如图 10.14 所示。

1	1.41421356	1.73205081
2	2.23606798	2.44948974
2.64575131	2.82842712	3

图 10.14　数组常量计算结果

10.4.3 编辑数组公式

编辑数组公式或函数时应注意以下几点：

- 在数组区域中不能编辑、清除和移动单个单元格，也不能插入或删除单元格，必须将数组区域的单元格作为一个整体然后同时编辑它们。
- 要移动数组区域的内容，需选择整个数组，并选择“编辑”→“剪切”命令，然后选择新的位置并选择“编辑”→“粘贴”命令。还可以使用鼠标拖动选择区域到新的位置。
- 不能剪切、清除或编辑数组的一部分，但可以为数组中的单个单元格定义不同的格式；还可以从数组区域中复制单元格，然后在工作表的其他区域粘贴它们。

编辑一个数组公式的操作步骤如下：

（1）移动插入点至数组范围中。

（2）单击编辑栏，或按 F2 键，或者双击数组区域的第一个单元格，这时公式两边的括号将消失。

（3）编辑数组公式，按“Shift+Ctrl+Enter”组合键，完成编辑修改。

10.5 审核公式

据有关调查结果显示，约有 30%的电子表格包含错误。这个统计数字虽然吓人，但是却是可信的。因为大多数的使用者都没有进行过系统的学习，也几乎无人接受过设计和审核工作表的训练。而在使用新工作表做关键决策之前，一定要确保准确无误，所以对工作表中的公式和数据进行审核是十分重要的。

Excel 提供了许多强大而又便捷的功能，可以很方便地处理审核工作表作秀。可用命令、宏和错误值帮助在工作表里发现错误，用追踪箭头说明工作表里公式和结果的流程，可以追踪引用单元格或从属单元格，出错追踪可以帮助追查公式中出错的起源。

10.5.1 基本概念

“引用”和“从属”这两个概念在审核公式中非常重要，用于表示包含公式的单元格与其他单元格的关系。

- 引用单元格：单元格中的值被选定单元格中的公式所使用（指明所选单元格中的数据是由哪几个单元格中的数据通过公式计算得出的），引用单元格通常包含公式。
- 从属单元格：是使用所选单元格值的单元格，从属单元格通常包含公式或常数。

10.5.2 “审核”工具栏

面对大的工作表时，使用 Excel 提供的“审核”工具栏可以很快把握公式和值的关联关系。单击“工具”菜单的“审核”命令，在其子菜单中单击“显示审核工具栏”命令，弹出“审核”工具栏，如图 10.15 所示，其按钮功能说明见表 10.6。

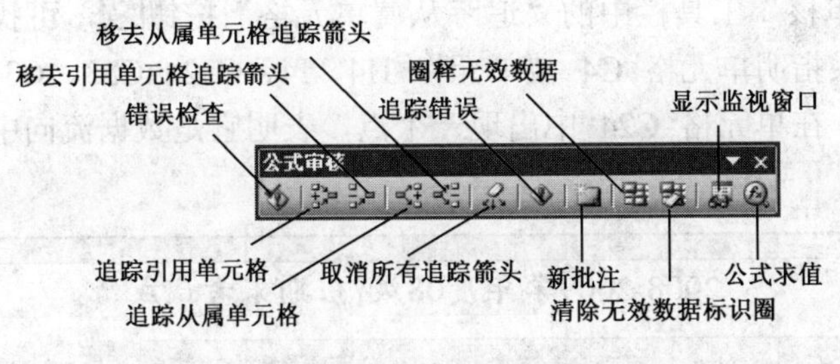

图 10.15　“审核”工具栏

表 10.6　“审核”工具栏按钮功能说明

名　称	功能说明
错误检查	对整个工作表进行错误检查
追踪引用单元格	用于显示直接引用单元格。再次单击，显示附加级的间接引用单元格
移去引用单元格追踪箭头	单击此按钮，从一级引用单元格删除箭头。若显示多级，则再次单击此按钮，删除下一级追踪箭头
追踪从属单元格	单击一次按钮，显示直接引用此单元格的公式。再次单击，显示附加级的间接从属单元格
移去从属单元格追踪箭头	单击此按钮，从一级从属单元格删除箭头。若显示多级，则再次单击此按钮，删除下一级追踪箭头
取消所有追踪箭头	单击此按钮，删除工作表里所有的追踪箭头
追踪错误	单击此按钮，显示指向出错误源的追踪箭头
新批注	单击此按钮，可以添加新的批注
圈释无效数据	单击此按钮，圈释包含超出限制的数值的单元格
清除无效数据标识圈	单击此按钮，当单元格包含超出限制的数值时，隐藏单元格外的环绕圆形
显示监视窗口	打开监视窗口，添加或删除公式的监视点
公式求值	打开公式求值窗口、显示公式及公式的值

10.5.3　追踪引用单元格

【实例】追踪成绩单中计算总分的公式中引用的单元格。

（1）选择单元格 H4。

（2）单击“审核”工具栏中的“追踪引用单元格”按钮，可找出该公式所引用的单元格，如图 10.16 所示，Excel 用纯蓝色的追踪线连接活动单元格与引用单元格。

	A	B	C	D	E	F	G	H	I
1	2008-2009学年度08级7班期末考试成绩								
2									
3	课目姓名	学号	语文	数学	英语	网页编程	编程基础	总分	平均分
4	李亚杰	1	60	62	65	78	95	360	72
5	高宇	2	61	76	80	66	60	343	68.6
6	张宇	3	62	82	87	72	80	383	76.6
7	褚晓燕	4	65	70	80	84	80	379	75.8
8	张世毅	5	70	80	80	66	70	366	73.2

图 10.16　追踪引用单元格示例

10.5.4　追踪从属单元格

追踪从属单元格就是追踪有哪些单元格使用了当前单元格中的数据。以一位同学的语文成绩为例，单击“审核”工具栏中的“追踪从属单元格”按钮，可找出使用该单元格数值的公式，追踪箭头指明单元格 C4 被单元格 H4、I4、C32、C33、C34、C35、C36、C37 中的公式直接引用。在单元格 C24 中出现一个点，表明它是数据流向中的从属单元格，如图 10.17 所示。

	A	B	C	D	E	F	G	H	I
1	2008-2009学年度08级7班期末考试成绩								
2									
3	课目姓名	学号	语文	数学	英语	网页编程	编程基础	总分	平均分
4	李亚杰	1	60	62	65	78	95	360	72
28	李成业	25	93	60	92	88	70	403	80.6
29	孙思勤	26	94	96	86	64	96	436	87.2
30	宋林	27.	96	96	90	74	64	420	84
31									
32		90以上：	4	6	4	0	4		
33		80-89：	8	5	17	4	7		
34		70-79：	11	9	0	7	7		
35		60-69：	4	7	5	16	9		
36		不及格：	0	0	1	0	0		
37		及格率：	100.00%	100.00%	96.30%	100.00%	100.00%		

图 10.17　追踪从属单元格示例

追踪箭头的一个方便功能是可以沿审核工具所画的路径移动，方法是双击箭头。例如，选中单元格 C4，双击 C4 和 H4 之间的追踪箭头，活动单元格将跳到箭头的另一端，即单元格 H4 变为活动单元格。利用本功能，可以沿着引用和被引用的关系路径切换活动单元格。

习题 10

一、单选题

1．在工作表的 D7 单元格内输入公式=A7+$B$4 并确定后，在第 3 行处插入一行，则插入后 D8 单元格中的公式为（　　）。

A. =A8+$B$4　　B. =A8+$B$5　　C. =A7+$B$4　　D. A7+$B$5

2．在工作表的 D7 单元格内输入公式=A7+$B$4 并确定后，在第 5 行处插入一行，则插入后 D8 单元格中的公式为（　　）。

A. =A8+$B$4　　B. =A8+$B$5　　C. =A7+$B$4　　D. A7+$B$5

3．在工作表的 D7 单元格内输入公式=A7+$B$4 并确定后，在第 3 行处删除一行，则删除后 D6 单元格中的公式为（　　）。

A. =A6+$B$4　　B. =A6+$B$3　　C. =A7+$B$4　　D. A7+$B$3

4．在 Excel 工作表中，单元格 D5 中有公式“=$B$2+C4”，删除第 A 列后 C5 单元格中的公式为（　　）。

A. =$A$2+B4　　B. =$B$2+B4　　C. =$A$2+C4　　D. =$B$2+C4

5．在 Excel 工作表中，正确的 Excel 公式形式为（　　）。

A. =B3*Sheet3!A2　　B. =B3*Sheet3$A2

C. =B3*Sheet3:A2　　D. =B3*Sheet3%A2

二、上机练习

1．打开工作簿“数据清单练习”，使用 Sheet1 中的数据，在“成绩 4”单元格的右侧分别输入两个字段名“总成绩”、“平均成绩”，并统计总成绩、计算平均成绩，结果分别放在相应的单元格中。

2．新建工作簿“公式练习一”，在 Sheet1 中录入样表 1，计算“预计高位”和“预计低位”（最大值和最小值），结果分别放在相应的单元格中。在 Sheet2 中录入样表 2，并设置好表格格式，计算“总计”，结果分别放在相应的单元格中。（注意：总计不是计算左侧数据的总和，不能用Σ，应该使用 SUM 函数）

【样表 1】

纽约汇市开盘预测　　(3/25/96)						
顺　序	价　位	英　镑	马　克	日　元	瑞　朗	加　元
第一阻力位	阻力位	1.486	1.671	104.25	1.4255	1.3759
第二阻力位	阻力位	1.492	1.676	104.6	1.4291	1.3819
第三阻力位	阻力位	1.496	1.683	105.05	1.433	1.384
第一支撑位	支撑位	1.473	1.664	103.85	1.4127	1.3719
第二支撑位	支撑位	1.468	1.659	103.15	1.408	1.368
第三支撑位	支撑位	1.465	1.655	102.5	1.404	1.365
预计高位						
预计低位						

【样表 2】

我国部分省市教育学院本专科学生数

地　区	毕　业　生			在　校　生			总　计
	会　计	本　科	专　科	会　计	本　科	专　科	
北京	1180	173	1007	1722	45	1677	
天津	287	181	106	1057	237	820	
河北	3404	172	3232	4001	299	3702	
山西	2826	452	2374	3710	1719	1991	
内蒙古	1634	14	1620	2418	0	2418	
辽宁	2031	702	1329	2674	881	1793	
吉林	370	119	251	588	497	91	
上海	659	547	112	1049	355	694	
江苏	1760	349	1411	2328	376	1952	

3. 新建工作簿文件“公式练习二”，在 Sheet1 中录入样表，并完成以下操作。

【样表 3】

学号	姓名	语文	数学	政治	数据库	平均分	总绩点分
1	兰丽娟	87	83	91	73		
2	胡海峰	69	93	75	89		
3	马浩昆	72	85	79	86		
4	聂丹丹	95	84	99	81		

- 计算 4 名学生 4 科成绩的平均分，填充在“平均分”下属各单元格中。
- 按公式“总绩点分=语文*0.3＋数学*0.3＋政治*0.2＋数据库*0.2”计算并填充“总绩点分”下属各单元格。

- 在“平均分”前插入一列，字段名为“总分”，并计算每个学生的总分。
- 在第一行上面插入一行，合并单元格 A1～I1，输入标题“学生成绩表”，字体为黑体、倾斜、字号 20 磅、水平居中。
- 除标题外的其余文字设为楷体、12 磅、右对齐。
- A～I 列设为“最合适列宽”。
- 设置输入数据有效性。成绩介于 0～100 之间，否则出现出错警告“对不起，你输错了！”。
- 按总分从低到高排序。
- 筛选出总分最大的前两位同学的成绩，把结果保存到 Sheet2 中。
- 筛选出各科成绩均大于 80 分的记录，把结果保存到 Sheet3 中，并给记录所在的姓名单元格添加批注，批注的内容是“各科成绩均大于 80 分”。

第11章 图表与图形对象

学习目标

- ◆ 了解Excel中各种图表的适用情况
- ◆ 能够正确创建、编辑、修改图表
- ◆ 熟悉图表各个部分的名称及作用
- ◆ 能够精确设置图表的各种格式

当需要对工作表或数据清单进行分析，并直观地表示出结果时，使用Excel提供的多种图表格式可以迅速生成图表，还可以对图表进行进一步的修饰。

11.1 创建图表

11.1.1 图表类型

Excel提供了14种内置图表类型，每一种图表类型还有若干种子类型，还可以根据需要自定义合适的图表类型。

在学习图表类型前，应先理解数据系列和分类项这两个术语。

- 数据系列：指用图形表示的数值集合。
- 分类项：是图表中安排数值的标题。

以下是几种常见的图表类型。

1. 柱形图和条形图

柱形图和条形图都可以比较相交于类别轴上的数值大小。图11.1就是一张柱形图，分类项“时间”水平排列，数据系列“人口增长率”垂直组织。柱形图适用于显示一段时间内数据的变化或者各项之间的比较，通常用来强调数据随时间的涨落变化。

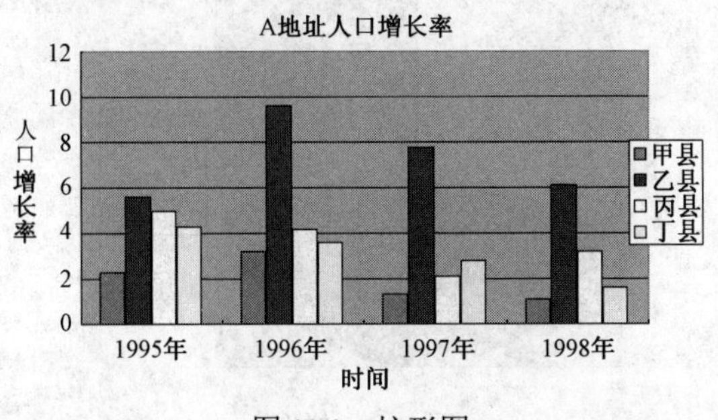

图11.1 柱形图

图 11.2 是条形图。条形图适用于描述各项数据之间的差别情况，分类项垂直排列，数据系列水平显示。

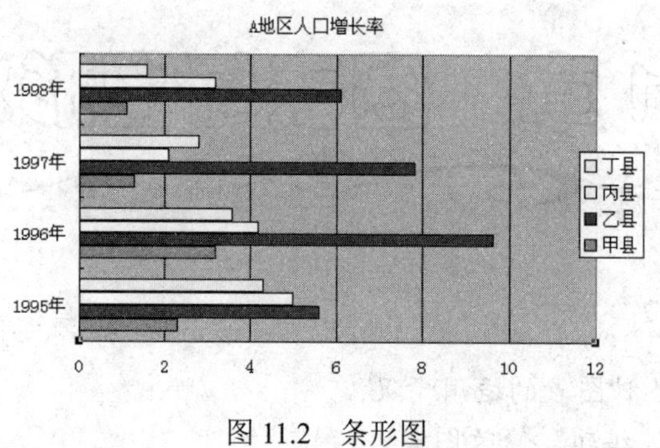

图 11.2　条形图

2．折线图

图 11.3 是折线图，适用于描述各种数据随时间变化的趋势。折线图以等间隔显示数据的变化趋势。

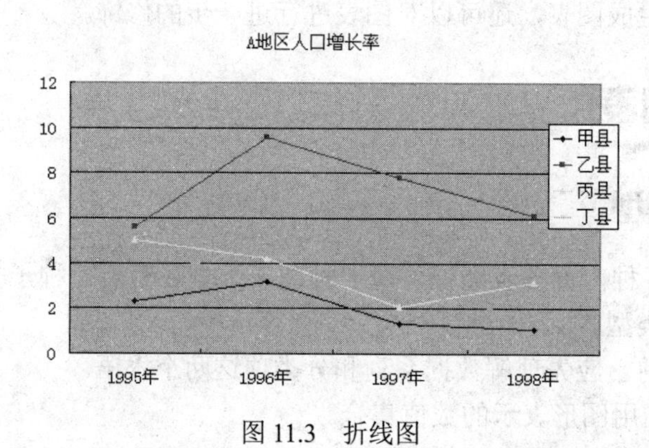

图 11.3　折线图

3．饼图和圆环图

图 11.4 是饼图，一般只显示一个数据系列。饼图适合表示数据系列中每一项占该系列总值的百分比，但是无法分析多个数据序列。

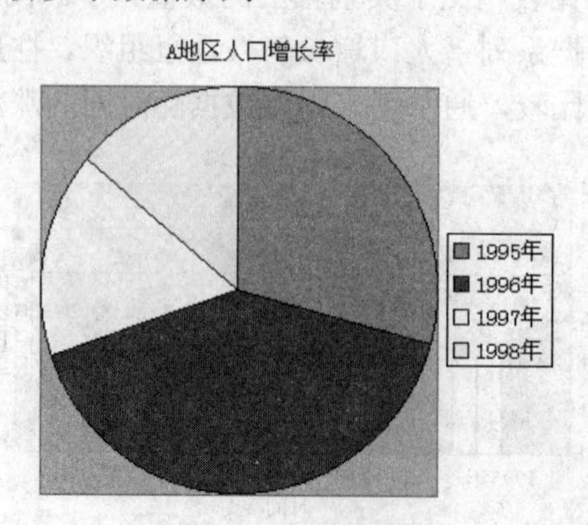

图 11.4　饼图

图 11.5 是圆环图，它的作用类似于饼图，但它可以显示多个数据系列，每个圆环都代表一个数据系列。

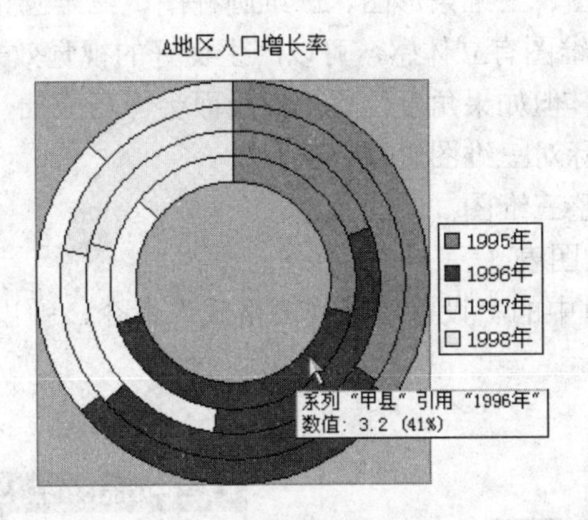

图 11.5　圆环图

4.（XY）散点图

图 11.6 是（*X*，*Y*）散点图，适用于比较绘在分类轴上不均匀时间或测量间隔上的趋势。当分类数据为均匀间隔时，应使用折线图。

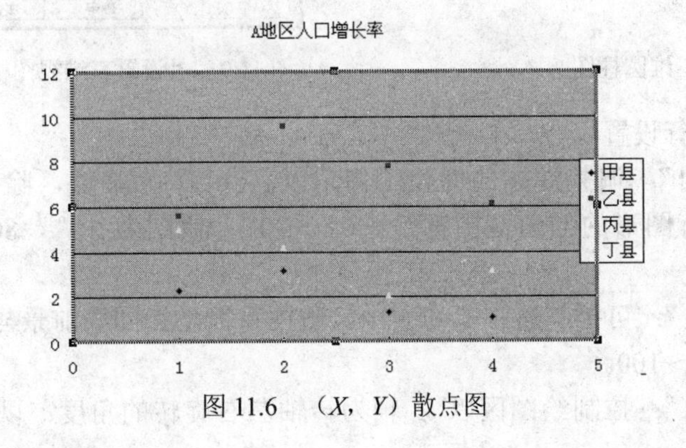

图 11.6　（*X*，*Y*）散点图

5．面积图

图 11.7 是面积图，显示每个数值所占大小随时间或类别而变化的趋势线，适用于比较多个数据系列在幅度上连续的变化情况，可以直观地看到部分与整体的关系。因此，面积图强调幅度随时间变化的情况。

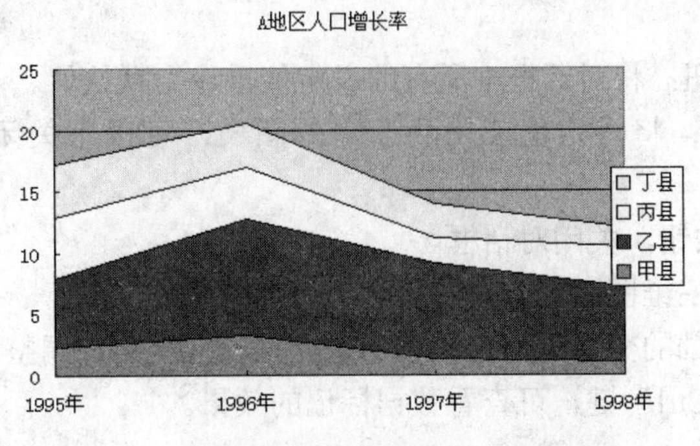

图 11.7　面积图

6. 三维图

三维图包括三维柱形图、三维条形图、三维圆柱图、三维圆锥图和三维棱锥图等类型。图 11.8 是三维圆柱图。三维图有立体感，可以产生良好的视觉效果。

虽然三维图有立体感，但如果角度位置不对反而会弄巧成拙，让人看不明白，这时可以使用菜单命令，或使用鼠标对三维图进行调整。

（1）使用菜单命令调整三维图

① 选择要调整的三维图表。

② 单击“图表”菜单中的“设置三维视图格式”命令，弹出“设置三维视图格式”对话框，如图 11.9 所示。

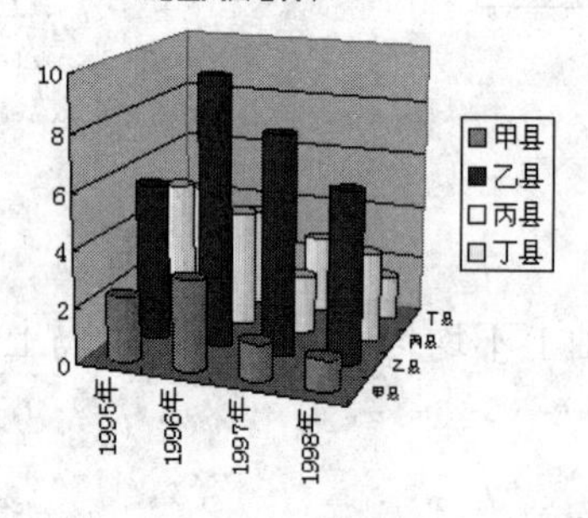

图 11.8　三维圆柱图

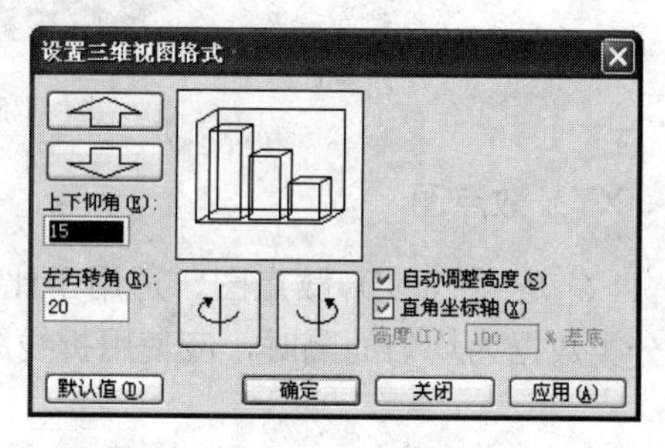

图 11.9　“设置三维视图格式”对话框

③ 根据需要进行设置。

- “上下仰角”：调整视图的仰角。仰角以度（°）为单位，除了饼图和三维条形图外，所有图形的仰角范围都是-90°～90°；饼图为 10°～80°，三维条形图为 0°～44°。
- “透视系数”：可控制透视率的大小。透视系数是指图表前景与图表背景的比率，其范围为 0～100。
- “左右转角”：控制绘图区以 *Z* 轴为转轴左右旋转的角度；以度为单位，范围为 0°～360°。
- “自动调整高度”：只有选中“直角坐标轴”复选框时才可选中该项。当把平面图改为三维图后，图表有时会变小，选中此项可以自动调整三维图的大小，使其接近平面图的大小。
- “高度”：高度以 *X* 轴长度的百分比为单位。例如，200%表示图表的高度为 *X* 轴长度的 2 倍。
- “默认值”按钮：将对话框中所有的设定值重设为默认值。
- “应用”按钮：将设定值应用到选定的图表，可以不关闭此对话框观察设定的效果。

④ 单击“确定”按钮，关闭对话框。

（2）使用鼠标修改三维图表的左右转角和上下仰角

单击任何两条坐标轴的交界处选定图表的角点，再拖动角点调整图表的左右转角和上下仰角。在拖动时按住“Ctrl”键，可查看数据标记的效果。

7. 自定义图表类型

除了标准类型之外，Excel 还提供了几十种内部自定义图表类型。在创建图表时，应选择最能直观表达数据的图表类型。图 11.10 是自定义图表类型中的“蜡笔图”，即简单的彩色三维面积图，可以更生动地比较各数据系列。

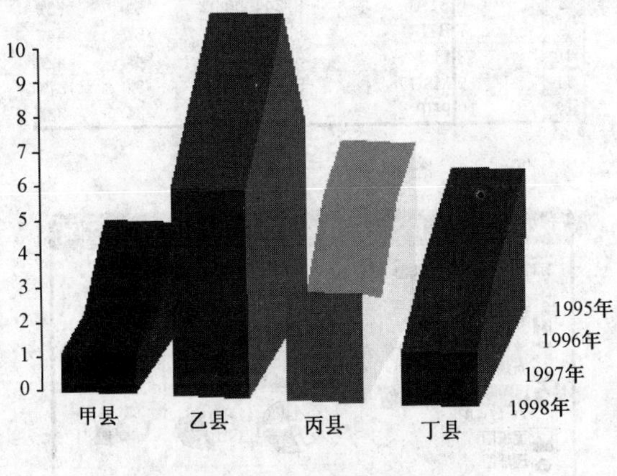

图 11.10　蜡笔图

11.1.2　创建图表

在 Excel 中，可以利用“图表”工具栏或“图表向导”两种方法来创建图表。用“图表”工具栏可以快捷地创建简单的图表，而用“图表向导”可以创建 Excel 提供的所有图表，这两种方式在实际工作中往往综合使用。

【实例】制作如图 11.11 所示的饼图。

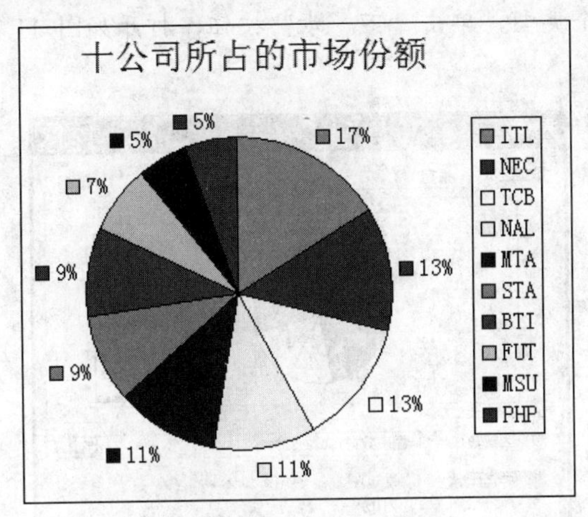

图 11.11　饼图示例

（1）建立如图 11.12 所示的工作表，并在数据区内单击任一单元格。

（2）单击“常用”工具栏中的“图表向导”按钮，打开如图 11.13 所示的“图表向导-4 步骤之 1-图表类型”对话框。

	A	B	C	D	E
1	某地区十公司产品销售统计				
2	名次	公司	营收（百万）	市场份额	增长率
3	1	ITL	13,828.00	9%	37%
4	2	NEC	11,360.00	7%	43%
5	3	TCB	10,185.00	7%	35%
6	4	NAL	9,422.00	6%	42%
7	5	MTA	9,173.00	6%	27%
8	6	STA	8,344.00	5%	73%
9	7	BTI	8,000.00	5%	44%
10	8	FUT	5,511.00	4%	42%
11	9	MSU	5,154.00	3%	37%
12	10	PHP	4,040.00	3%	38%

图 11.12　工作表示例

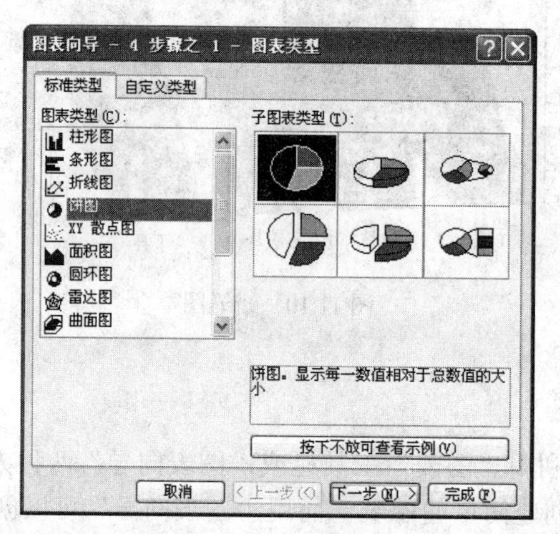

图 11.13　“图表向导-4 步骤之 1-图表类型”对话框

（3）在“标准类型”选项卡的“图表类型”列表框中选择“饼图”，再在“子图表类型”列表框中选择第一个类型，单击“下一步”按钮，打开如图 11.14 所示的“源数据”对话框。

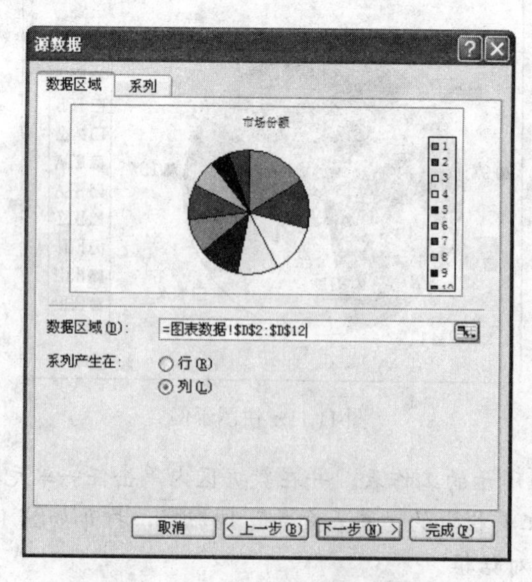

图 11.14　“源数据”对话框

（4）在“系列产生在:”选项组中选择“列”，单击“数据区域”框右侧的“折叠对话框”按钮，在工作表中拖动选中“市场份额”列（含字段名“市场份额”）。

（5）选择“源数据”对话框的“系列”选项卡，如图 11.15 所示，单击“分类标志”框右侧的“折叠对话框”按钮，在工作表中选择“公司”一列的数据（不含字段名）。

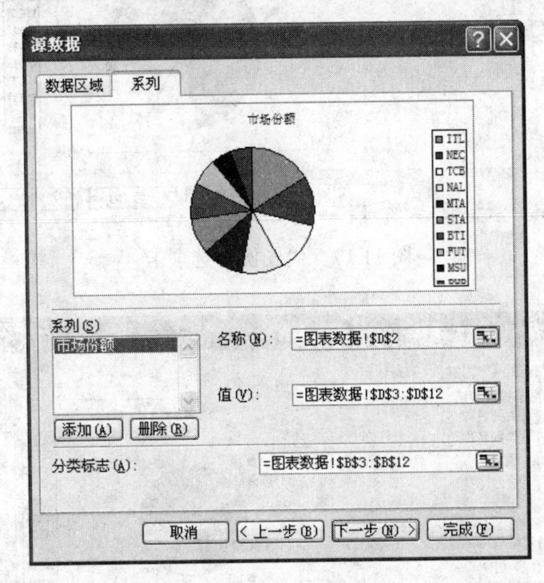

图 11.15 “系列”选项卡

（6）单击“下一步”按钮，打开如图 11.16 所示的“图表向导-4 步骤之3-图表选项”对话框，在“图表标题”框中输入“十公司所占的市场份额”。

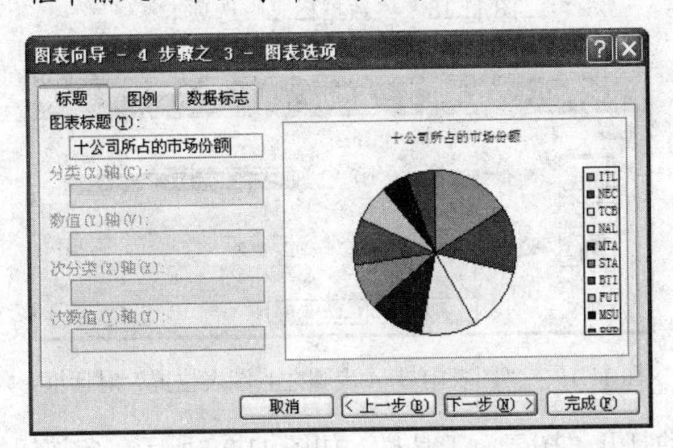

图 11.16 “图表向导-4 步骤之3-图表选项”对话框

（7）选择“图例”选项卡，如图 11.17 所示，选中“显示图例”，设置图例的位置为“右上角”。图例的位置也可以在生成图表后用鼠标直接拖动选择。

（8）选择“数据标志”选项卡，如图 11.18 所示，在“数据标签包括”项下选择“百分比”，选中“图例项标示”。

（9）单击“下一步”按钮，打开如图 11.19 所示的“图表向导-4 步骤之4-图表位置”对话框，选中“作为新工作表插入”单选按钮，并在右侧的名称框中输入“电子行业数据分析”作为新创建的工作表的名称，单击“完成”按钮，生成的图表工作表如图 11.11 所示。

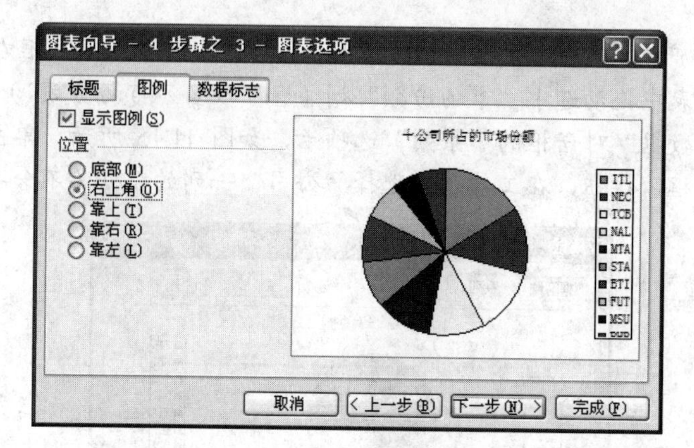

图 11.17 “图例”选项卡

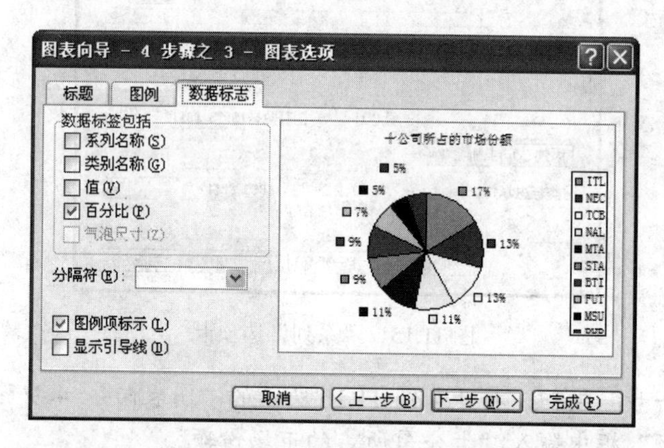

图 11.18 “数据标志”选项卡

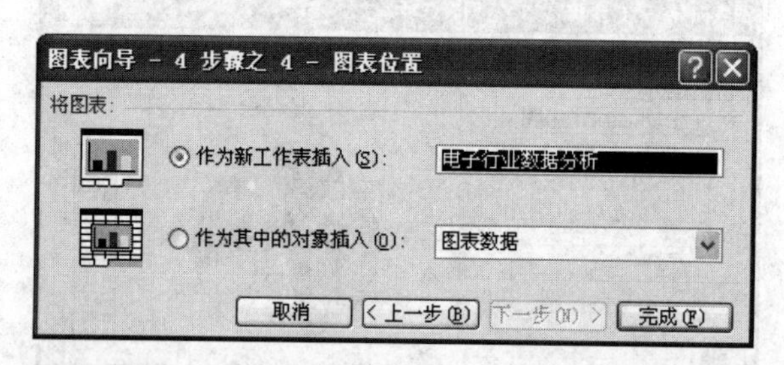

图 11.19 “图表向导-4 步骤之4-图表位置”对话框

创建图表后，自动打开“图表”工具栏，如图 11.20 所示，各按钮的功能在表 11.1 中简介，将在下面的实例中有具体的应用。

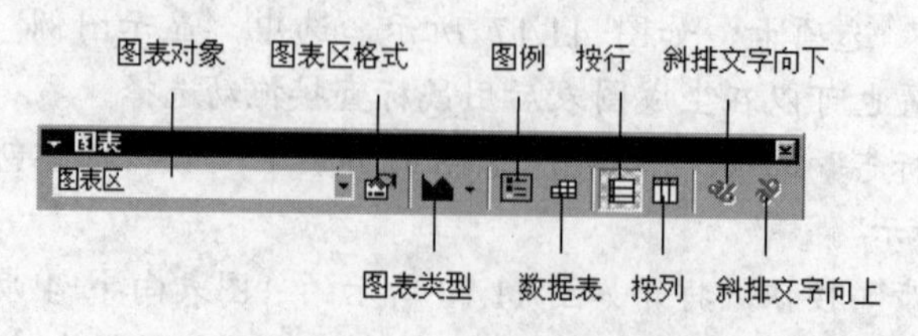

图 11.20 “图表”工具栏

表 11.1 “图表”工具栏各按钮的功能

按　钮	功　能
图表对象	单击右侧的下拉箭头，可在列表中选择各种图表中需要修改的元素
图表区格式	可以设置所选图表项的格式
图表类型	单击该按钮右侧的下拉箭头，可选择不同的图表类型
图例	可在绘图区右侧添加图例，并改变绘图区大小，为图例留出空间。如果图表已有图例，单击该按钮将删除图例
数据表	可在图表下面显示工作表中数据系列的值。如果已显示数据系列的值，单击该按钮将取消显示
按行	根据多行数据绘制图表的数据系列
按列	根据多列数据绘制图表的数据系列
斜排文字向下	单击该按钮可以使所选文字向下旋转 45°
斜排文字向上	单击该按钮可以使所选文字向上旋转 45°

11.2 编辑图表

11.2.1 调整图表的位置和大小

将图表作为嵌入对象移至工作簿的任一工作表中，操作步骤如下：

（1）选中要移动位置的图表。

（2）单击“图表”菜单中的“位置”选项，打开“图表位置”对话框，如图 11.21 所示。

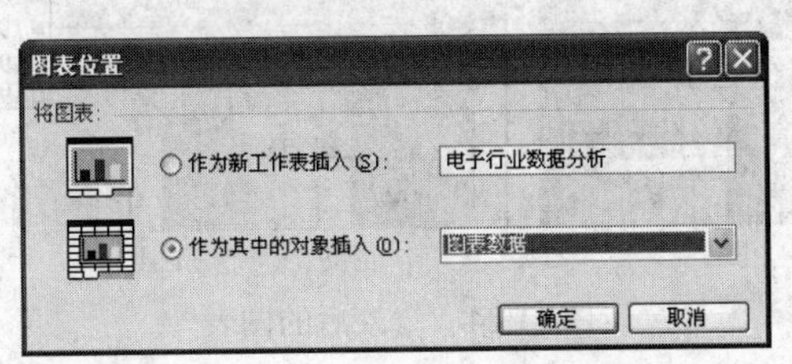

图 11.21 “图表位置”对话框

（3）在“作为其中的对象插入”列表框中选择要将图表嵌入到的工作表。

调整图表大小的操作步骤如下：

（1）单击选中图表。

（2）将鼠标指针置于 8 个控制句柄中的某一个上，等指针变为双向箭头形状时，按住鼠标左键拖动。

11.2.2 更改图表类型

如果创建后的图表不能直观地表达工作表中的数据，还可以更改图表类型。

（1）在需要更改类型的图表上单击。

（2）单击“图表”工具栏上“图表类型”按钮右侧的下拉箭头，打开如图 11.22 所示的“图表类型”列表。

（3）单击所需的图表类型。

图 11.22 “图表类型”列表

11.2.3 更改数据系列的产生方式

图表中的数据系列既可以横向显示，也可以纵向显示，有时更改数据系列的产生方式可以使图表更加直观。

（1）选定“按列”生成的图表，如图 11.23 所示。

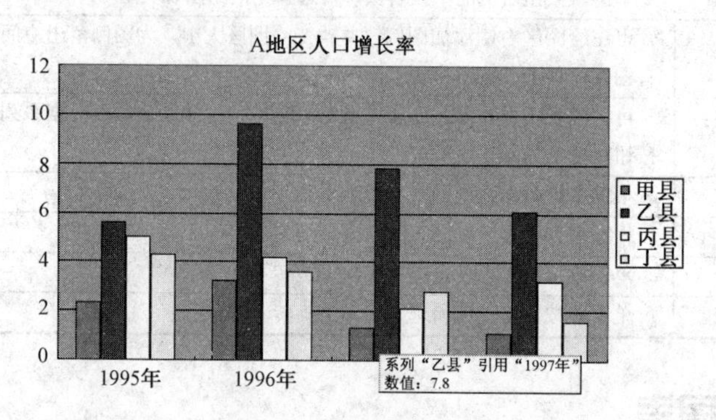

图 11.23 要修改的图表

（2）单击“图表”工具栏中的“按行”按钮▤，修改后的图表如图 11.24 所示。

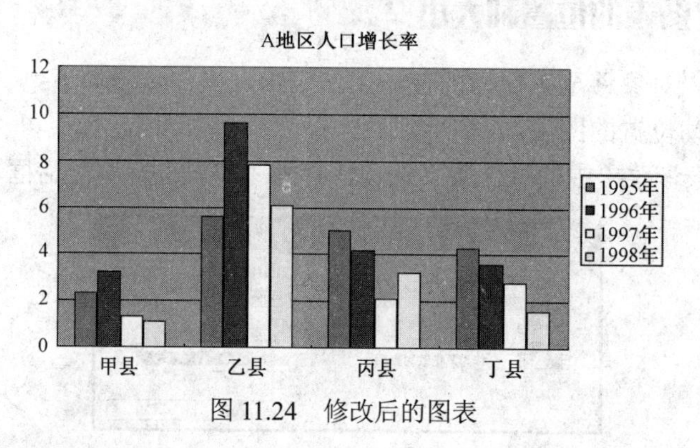

图 11.24 修改后的图表

11.2.4 添加或删除数据系列

向已经建立了图表的工作表中添加数据系列后，同样需要在图表中添加该数据系列。

【实例】在如图 11.25 所示的工作表中添加名称为“1999 年”的数据系列，并将该数据系列添加到图表中。

	A	B	C	D	E	F
1	A地区人口增长率 (%)					
2						
3		1995年	1996年	1997年	1998年	1999年
4	甲县	2.3	3.2	1.3	1.1	0.9
5	乙县	5.6	9.6	7.8	6.1	5.1
6	丙县	5	4.2	2.1	3.2	2.6
7	丁县	4.3	3.6	2.8	1.6	1.5

图 11.25 添加了数据系列的工作表

（1）选定要添加数据系列的图表。

（2）单击“图表”菜单中的“数据源”命令，打开“数据源”对话框的“系列”选项卡，如图 11.26 所示。

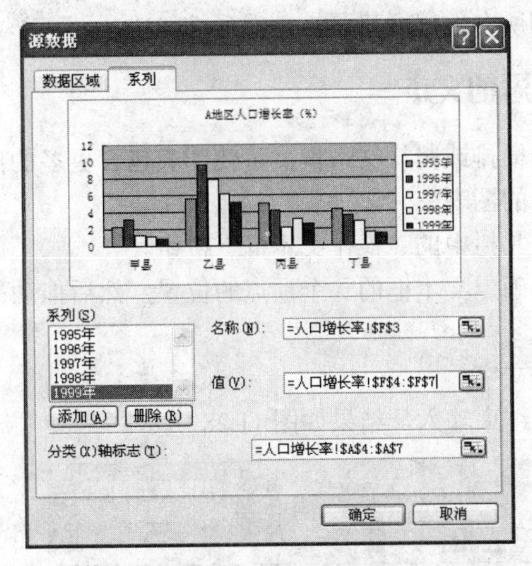

图 11.26　“系列”选项卡

（3）单击“添加”按钮，单击“名称”文本框后面的按钮，在图 11.25 中选择单元格 F3，添加到对话框。

（4）单击“值”文本框右侧的“折叠对话框”按钮，在工作表中选定要添加的数据系列（不包含字段名），然后选中图 11.25 中的单元格区域 F4:F7，添加到对话框中。

（5）单击“确定”按钮完成添加。名为“1999 年”的数据系列被添加到图表中，如图 11.27 所示。

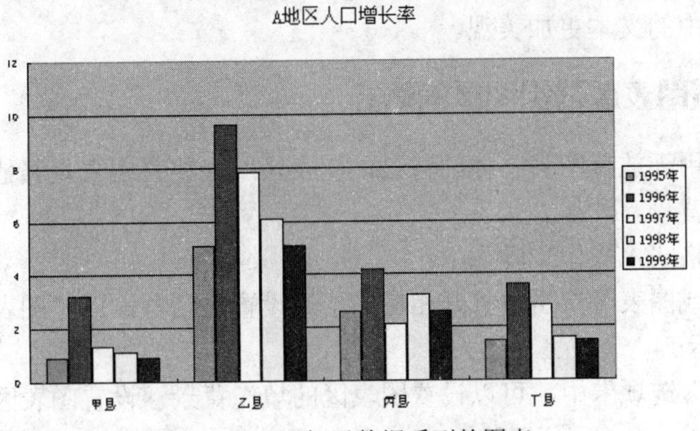

图 11.27　添加了数据系列的图表

实用技巧

用复制的方法向图表中添加数据系列是添加数据系列最方便的方法，不过新添加的数据序列将显示在最后。

（1）选择要添加的数据所在的单元格区域。

（2）单击“编辑”菜单中的“复制”命令。

（3）单击要添加数据的图表。

（4）单击“编辑”菜单中的“粘贴”命令。

删除数据系列的操作很简单。如果仅删除图表中的数据系列，可单击选定图表中要删除的数据系列，然后按“Delete”键。如果要一起删除工作表中与图表中的某个数据系列，则选定工作表中该数据系列所在的单元格区域，然后按“Delete”键。

11.2.5 向图表中添加文本

向生成的图表中添加横排或竖排文本框，可使图表包含更多的信息。

（1）单击要添加文本的图表。

（2）单击“绘图”工具栏中的“横排文本框”按钮。

（3）在图表中单击以确定文本框的一个顶点的位置，然后拖动鼠标至合适大小后松开鼠标左键。

（4）在文本框内输入文字。

（5）在文本框外单击结束输入，结果如图 11.28 所示。

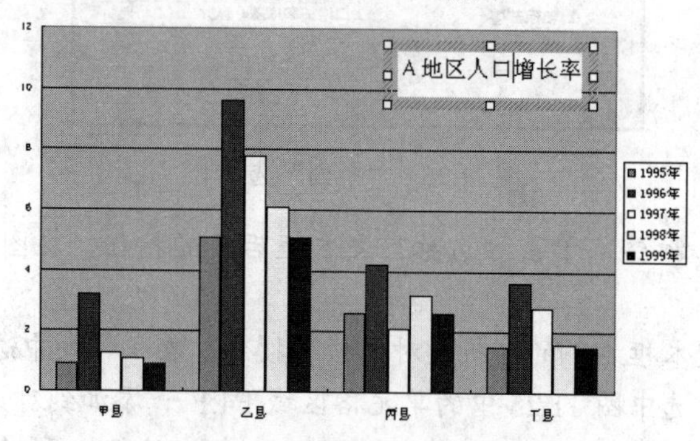

图 11.28 添加了文本框的图表

文本框的大小和位置可以像在 Word 中一样根据需要随时调整，还可以设置和修改文本框的格式，使图表中的文本更加美观。

11.2.6 设置图表区和绘图区的格式

图表的绘图区用于放置图表主体的背景，图表区用于放置图表及其他元素，包括标题、图例和数据表的大背景。

设置图表区的格式，操作步骤如下：

（1）在绘图区或图表区双击，打开相应的格式设置对话框，以“图表区格式”对话框为例，如图 11.29 所示。

（2）在“图案”选项卡中，可以设置图表区的填充背景，设置图表区的边框样式及是否使用“阴影”效果。

（3）在“字体”选项卡中，可以设置图表区中所有文本（图表标题、图例、坐标轴上的标志文本）的字体。

（4）在“属性”选项卡中，可以设置图表对象的大小和位置是否随着单元格而变化。

实用技巧

修改图表有两种方法：

（1）在图表上直接修改。例如，标题的字号大小、字体，数据标志的字号大小、字体，坐标轴的刻度等，只要选中后右击，在弹出的快捷菜单中可以非常灵活地进行设置。标题、数据标志等的位置可以选中后直接拖动到目的地。

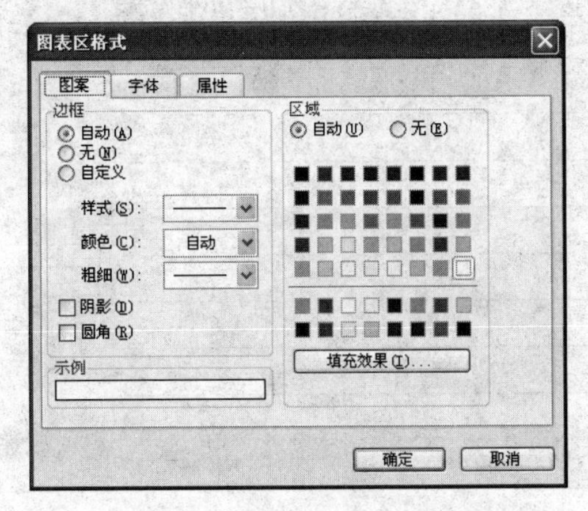

图 11.29　“图表区格式”对话框

（2）用生成步骤进行高级修改。生成的图表不理想，不必重新创建，如果方法（1）不能解决问题，可在选中该图表后，单击“图表向导”按钮，将生成图表时的各操作步骤重新操作一次。修改完毕后，单击“完成”按钮，不必再操作余下步骤。

综合应用以上两种方法，可快速创建专业化图表。

11.3　数据分析

使用趋势线或误差线可以对图表中的数据作进一步分析。

11.3.1　使用趋势线

趋势线以图形的方式显示某个系列中数据的变化趋势，它多用于预测研究。

1．添加趋势线

（1）用于制作趋势线的数据如图 11.30 所示。

	A	B	C	D
1	2006年某区中小学男生统计数据			
2				
3		年龄	平均值（CM）	
4		6岁	117	
5		7岁	123.8	
6		8岁	130.3	
7		9岁	135.6	
8		10岁	141.9	
9		11岁	146.5	
10		12岁	156.4	
11		13岁	160.3	
12		14岁	166.2	
13		15岁	170.4	
14		16岁	174.9	

图 11.30　用于制作趋势线的数据

（2）用上图数据制作的折线图，如图 11.31 所示。

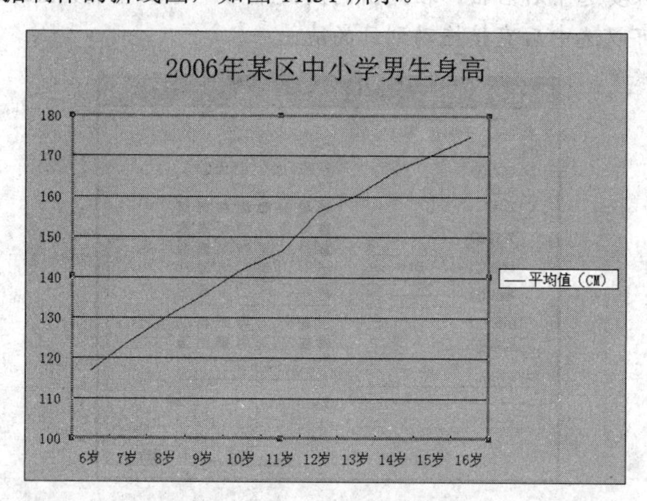

图 11.31　用于显示随时间变化趋势的图表——折线图

（3）单击“图表”菜单中的“添加趋势线”命令，打开“添加趋势线”对话框，如图 11.32 所示。

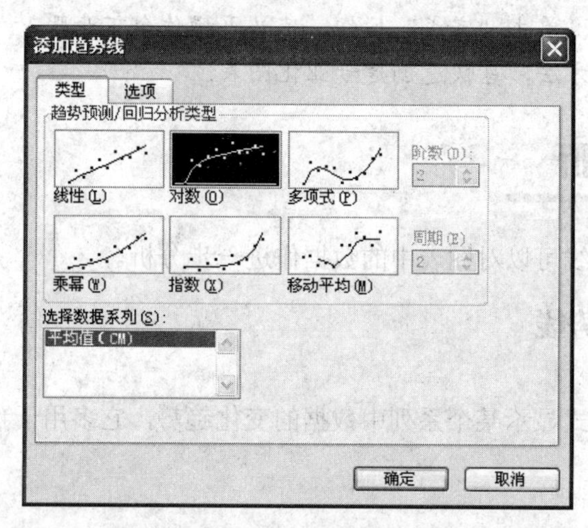

图 11.32　“添加趋势线”对话框

（4）在“类型”选项卡中，单击所需的趋势线类型“对数”。其余 5 种类型都可以进行数据的预测，其各自的特点介绍如下。

- 线性：适用于数据增长或降低比较平稳的情况。
- 对数：适用于数据增长或降低一开始比较快、逐渐趋于平缓的情况。
- 多项式：适用于数据增长或降低波动较多的情况。
- 乘幂：适用于数据增长或降低持续增加且增加幅度比较稳定的情况。
- 指数：适用于数据增长或降低持续增加且增加幅度越来越大的情况。

（5）在“选项”选项卡中，可以对趋势线的名称、趋势预测周期和截距等进行设置，如图 11.33 所示，选中“显示公式”，单击“确定”按钮。

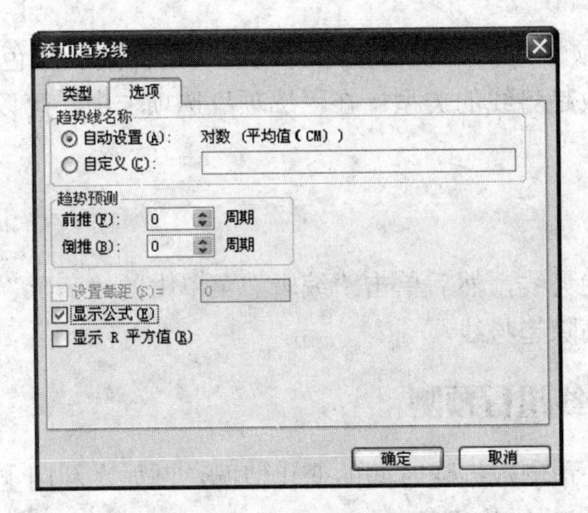

图 11.33　“选项”选项卡

（6）添加的趋势线如图 11.34 所示。

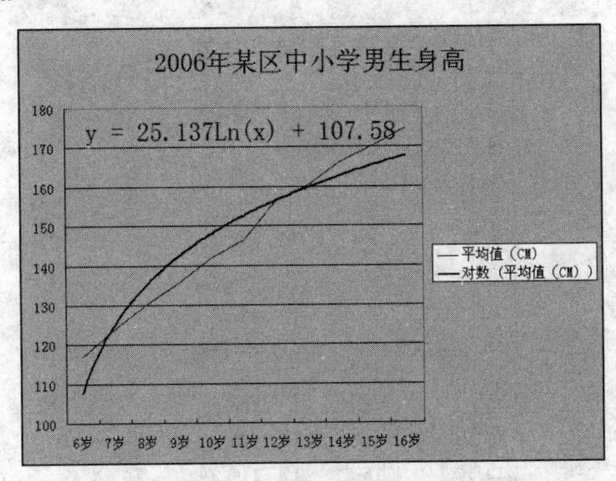

图 11.34　“对数”趋势线

2. 修改趋势线

添加趋势线之后，根据需要还可以更改趋势线的格式。

（1）双击需要更改格式的趋势线，打开“趋势线格式”对话框，如图 11.35 所示。

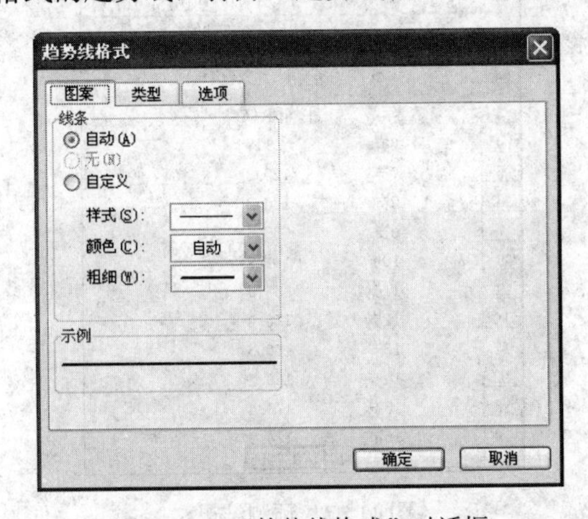

图 11.35　“趋势线格式”对话框

（2）在“图案”选项卡中，可以设置趋势线的线条样式、颜色和粗细等格式；在“类型”选项卡中，可以更改趋势线的类型；在“选项”选项卡中，可以设置趋势线的名称、趋势预测周期等。

3．删除趋势线

在图表中单击选定趋势线，然后单击“编辑”菜单中的“清除”命令，在其子菜单中单击“趋势线”命令，可删除趋势线。

11.3.2 使用趋势线进行预测

趋势线的主要功能是预测数据随时间的变化情况，例如，利用上面制作的身高随时间变化的趋势线预测男生 17 岁的平均身高。

（1）在如图 11.36 所示的单元格 B15 中输入“17”。

	A	B	C	D
1	2006年某区中小学男生统计数据			
2				
3		年龄	平均值（CM）	
4		6岁	117	
5		7岁	123.8	
6		8岁	130.3	
7		9岁	135.6	
8		10岁	141.9	
9		11岁	146.5	
10		12岁	156.4	
11		13岁	160.3	
12		14岁	166.2	
13		15岁	170.4	
14		16岁	174.9	
15		17		

图 11.36 输入需要预测的年龄

（2）在 C15 单元格中输入图 11.34 中显示的预测公式“=25.137*Ln（B15）+107.58”，按回车键，预测结果如图 11.37 所示。

C15 =25.137*LN(B15) + 107.58

	A	B	C	D	E
1	2006年某区中小学男生统计数据				
2					
3		年龄	平均值（CM）		
4		6岁	117		
5		7岁	123.8		
6		8岁	130.3		
7		9岁	135.6		
8		10岁	141.9		
9		11岁	146.5		
10		12岁	156.4		
11		13岁	160.3		
12		14岁	166.2		
13		15岁	170.4		
14		16岁	174.9		
15		17	178.7985		

图 11.37 预测结果

11.3.3　使用误差线

代表数据系列中每一数据标记潜在误差或不确定程度的图形线条称为误差线。误差线可以作为对同一问题的统计或测算的准确度的参考依据，常用于统计和工程数据的绘图。可以给二维图表如面积图、条形图、柱形图、折线图、（*X*，*Y*）散点图和气泡图中的数据系列添加误差线，不能向三维图表、雷达图、饼图或圆环图的数据系列中添加误差线。

【实例】为图 11.31 中的“身高”数据系列添加误差线。

（1）单击图表中要添加误差线的数据系列，这里直接单击图表中的折线图。

（2）单击“格式”菜单中的“数据系列”命令，或按“Ctrl+1”组合键，打开“数据系列格式”对话框的“误差线 Y”选项卡，如图 11.38 所示。

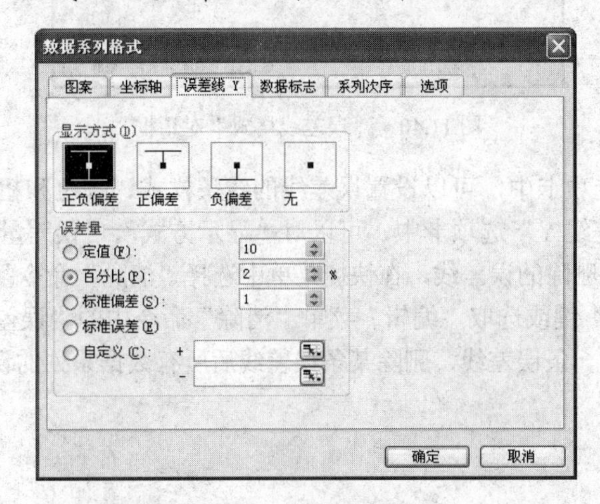

图 11.38　“误差线 Y”选项卡

（3）在“显示方式”栏中选择“正负偏差”选项。

（4）在“误差量”栏中单击“百分比”单选按钮，并在其后的增量框中输入数值“2”。

（5）单击“确定”按钮，添加了误差线的图表如图 11.39 所示。

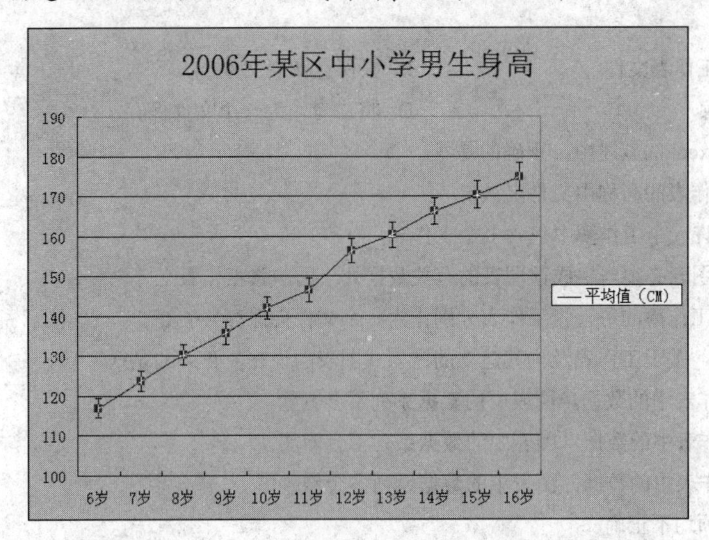

图 11.39　添加了误差线的图表

添加误差线之后，根据需要也可以修改误差线的格式。

（1）双击需要修改格式的误差线，打开“误差线格式”对话框，如图 11.40 所示。

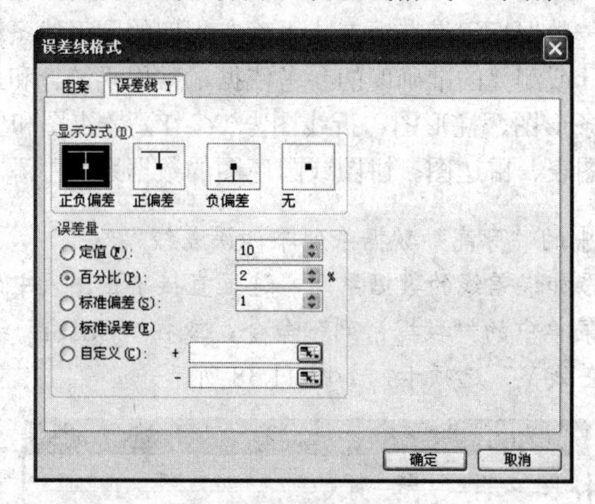

图 11.40　“误差线格式”对话框

（2）在“图案”选项卡中，可以设置误差线的线条样式、颜色和粗细，以及“刻度线标志”等格式；在“误差线 Y”选项卡中，可以对“显示方式”、“误差量”进行重新设置。

用鼠标右键单击要删除的误差线，在快捷菜单中选择“清除”命令；或者单击要删除的误差线，然后按“Delete”键或选取“编辑”菜单“清除”命令中的“误差线”子命令，可删除误差线。不能单独删除一条误差线，删除某条误差线后所有数据系列的误差线都将被删除。

习题 11

一、单选题

1．Excel 工作簿中既有一般工作表又有图表，当执行“文件”菜单中的“保存文件”命令时，则（　）。

A. 只保存工作表文件　　B. 只保存图表文件

C. 分别保存　　D. 将二者作为一个文件保存

2．下列关于 Excel 的叙述中，正确的是（　）。

A. Excel 工作表的名称由文件名决定

B. Excel 允许一个工作簿中包含多个工作表

C. Excel 的图表必须与生成该图表的有关数据处于同一张工作表上

D. Excel 将工作簿的每一张工作表分别作为一个文件夹保存

3．在 Excel 中，关于工作表及为其建立的嵌入式图表的说法，正确的是（　）。

A. 删除工作表中的数据，图表中的数据系列不会删除

B. 增加工作表中的数据，图表中的数据系列不会增加

C. 修改工作表中的数据，图表中的数据系列不会修改

D. 以上三项均不正确

4．用 Excel 可以创建各类图表，如条形图、柱形图等。为了显示数据系列中每一项占该系列数值总和

的比例关系，应该选择的图表是（　　）。

A. 条形图　　B. 柱形图　　C. 饼图　　D. 折线图

二、上机练习

1. 打开工作簿“硬件部”，用 Sheet1 中第 1～4 季度各种商品销售额的数据创建一个簇状柱形图，最终样图见样图 1。

【样图 1】

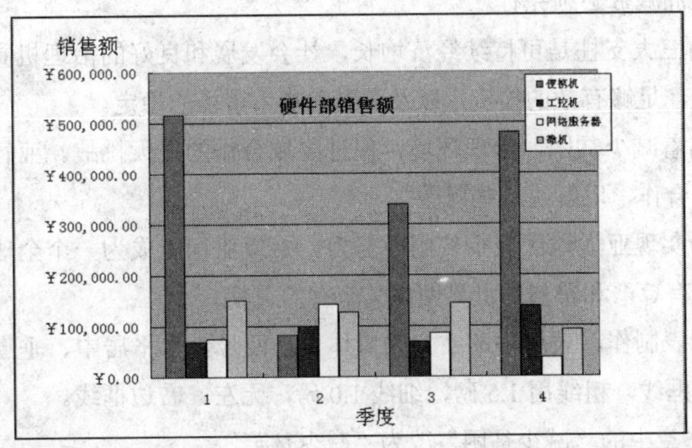

2. 新建工作簿“消费水平.xls”，并在 Sheet1 中录入以下样表，使用“城市”、“食品”和“服装”在列数据创建一个三维柱形图，最终样图见样图 2。

【样表】

部分城市消费水平抽样调查（以京沪两地综合评价指数为 100）

地区	城市	食品	服装	日常生活用品	耐用消费品	应急支出
东北	沈阳	90	98	91	93	/
东北	哈尔滨	90	98	92	96	99
东北	长春	85	97	91	93	/
华北	天津	84	93	89	90	97
华北	唐山	83	92	89	87	80
华北	郑州	84	93	91	90	71
华北	石家庄	83	93	89	90	/
华东	济南	85	93	94	90	85
华东	南京	87	97	96	94	85
西北	西安	86	90	89	90	80

【样图 2】

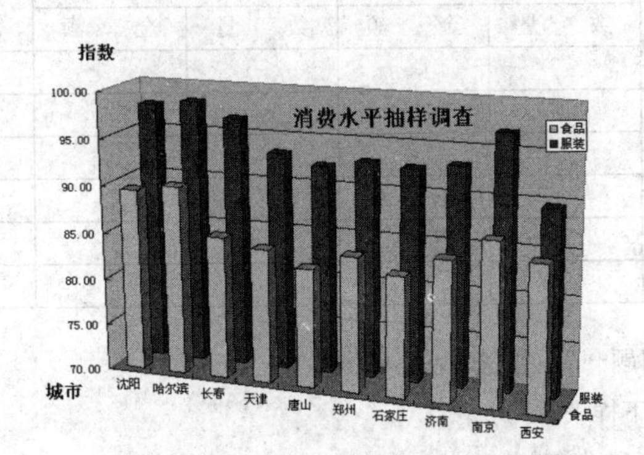

Word、Excel 练习题

一、录入以下样文，并完成相应操作。

【样文】

减少贫困是亚太发展中国家面临的一个最大的挑战。亚行的使命是要在一个最广泛的范围内，在一个可行的时间框架下减少贫困。目前，世界上三分之二的贫苦人口居住在亚太地区。要实现新千年发展目标中消除全球绝对贫苦，亚洲减贫必须先行。

亚行减少贫困战略的三大支柱是可持续经济增长，社会发展和良好的治理机制。为此，亚行需要进行经济结构改革、技术创新，足够有效的投资，以及金融和货币市场的稳定。

亚太发展中国家面临着减少贫困，治理环境，促进区域合作的三大挑战。亚行正与其发展中成员和其他发展援助伙伴一起紧密合作，以解决这些问题。

亚行将坚定不移地为实现亚太地区减少贫困而努力。希望亚行能成为一个全球减少贫困的中心，为建立一个能够让所有人都拥有尊严和希望的世界做出其应有的贡献。

二、表格制作：按样表制作，表格中的文字为黑体、小四号、水平居中、垂直居中；设置最后一行填充色为黄色；设置表格边框线，粗线用 1.5 磅，细线 1.0 磅，无左、右边框线。

- 查找替换，将文章中的“减少贫困”改为“减少贫苦”。
- 将第 2 自然段中的“亚行需要进行经济结构改革、技术创新，足够有效的投资”改为“亚行需要足够有效的投资”。
- 段落移动。将第 3 段，即“亚太发展中国家面临着减少贫困……”自然段，移动到第 1 自然段的前面。
- 在文档最前面插入空行，并在该行中输入“亚太银行的使命”作为标题行，水平居中，黑体三号字，倾斜，字体颜色为红色。
- 页面设置。设置页面为 A4 纸，页边距上、下各为 1.9 厘米，左、右各为 1.5 厘米。
- 将除标题行外的所有正文段落设置如下：首行缩进 2.5 字符，行距设为固定值、18 磅，对齐方式为左对齐，左缩进 0.5 字符，段前距 1 行。
- 图框操作：在文章中插入文本框，并进行如下设置。大小：宽 5.5 厘米，高 3 厘米；位置：相对页边距，水平 3 厘米，垂直 5 厘米；边框：边框线 2.5 磅，边框颜色为蓝色；填充色为黄色；环绕文字环绕方式为“四周型”，环绕位置为“两边”，文字：输入“退耕还林”，在文本框中水平居中。

【样表】

月　份	货物 A		货物 B		合　计
	数　量	金　额	数　量	金　额	

三、新建工作簿“综合习题一”，并完成以下操作。

- 在 Sheet1 中输入以下样表。
- 分别在 Sheet2、Sheet3 中复制 Sheet1。

- 在 Sheet1 中进行如下操作：按公式“应发工资=基本工资+附加工资–房租水电”计算“应发工资”列；分别计算“基本工资”、“附加工资”、“房租水电”三列的合计，并填写到第 13 行的对应单元格中；在表头上方插入一行，输入标题“工资发放情况表”，格式为黑体、14 磅，在 A～H 列跨列居中；设置表头部分的格式为黑体、倾斜，12 磅；设置第 3～9 行数据区域的格式为宋体、11 磅。
- 在 Sheet2 中制作嵌入图表，要求如下：数据源依次为“部门”、“基本工资”、“附加工资”，其中“部门”列为分类轴；图表类型为“簇状柱形图”，图表标题为“工资统计表”。
- 在 Sheet3 中自动筛选：所有数据列都进入筛选状态，筛选出部门是“数学系”且基本工资高于或等于 500 的记录。

【样表】

部　门	姓　名	性　别	基本工资	附加工资	房租水电	应发工资
数学系	张林	男	488.00	356.00	56.00	
物理系	王晓强	男	265.00	328.00	55.00	
数学系	文博	男	488.00	431.00	63.00	
物理系	刘冰丽	女	336.00	298.00	49.00	
化学系	李芳	女	521.00	380.00	39.00	
数学系	张红华	男	498.00	388.00	47.00	
数学系	曹雨生	男	680.00	398.00	57.00	

第12章 PowerPoint 2003基础知识

学习目标

- ◆ 能够使用向导创建专业的演示文稿
- ◆ 熟知6种视图窗口的功能特点
- ◆ 能够添加、编辑各种版式的幻灯片，能够添加各种对象
- ◆ 能够使用内置设计模板，能够对内置设计模板添加个性化元素
- ◆ 能够自制个性化设计模板
- ◆ 能够对幻灯片中的对象熟练设置各种放映幻灯片的特效
- ◆ 能够插入声音、影片剪辑，并设置播放效果
- ◆ 正确打包演示文稿
- ◆ 能够制作组织结构图并设置相应的样式

PowerPoint 中文版是一个非常受欢迎的多媒体演示软件。它可以把你的意图、方案和其他需要展示的内容，通过文字、数据、图表、图像、声音及视频片段等组成幻灯片，具有极为生动的演示效果。

12.1 PowerPoint 2003 简介

12.1.1 PowerPoint 2003 的工作界面

PowerPoint 2003 的工作界面如图12.1所示。

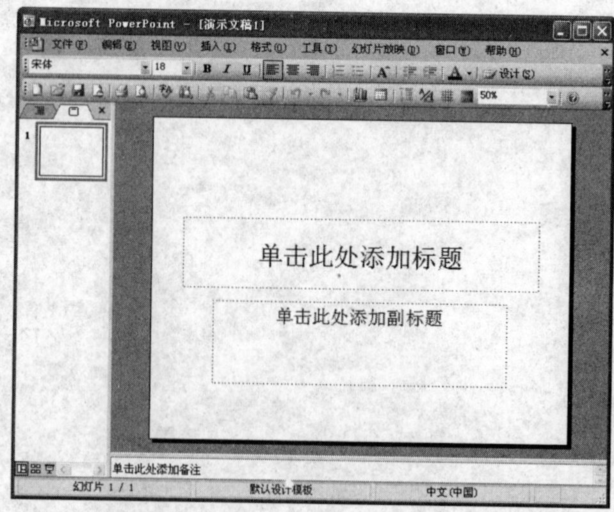

图12.1 PowerPoint 2003 工作界面

窗口中最上面是标题栏，从标题栏向下依次是菜单栏、“常用”工具栏、“格式”工具栏、幻灯片编辑区、“视图切换”工具栏、“绘图”工具栏和状态栏。

- 幻灯片编辑区：制作幻灯片的区域。
- “视图切换”工具栏：利用“视图切换”工具栏中的按钮，可以实现不同视图窗口之间的切换。PowerPoint 中有 6 种视图。
- 状态栏：显示当前幻灯片的序号、演示文稿所包含幻灯片的页数及演示文稿所用模板的信息。

12.1.2　三种视图窗口

PowerPoint 提供了三种不同的视图窗口，每种视图窗口都有自己的特点。

1. 普通视图

普通视图是系统默认的视图模式，由三部分构成：大纲栏（显示、编辑演示文稿的文本大纲，并列出演示文稿中每张幻灯片的页码、主题及相应的要点）、幻灯片栏（显示、编辑演示文稿中当前幻灯片的详细内容）和备注栏（用于为对应的幻灯片添加提示信息，对使用者起备忘、提示作用，在实际播放演示文稿时观众看不到备注栏中的信息），如图 12.2 所示。

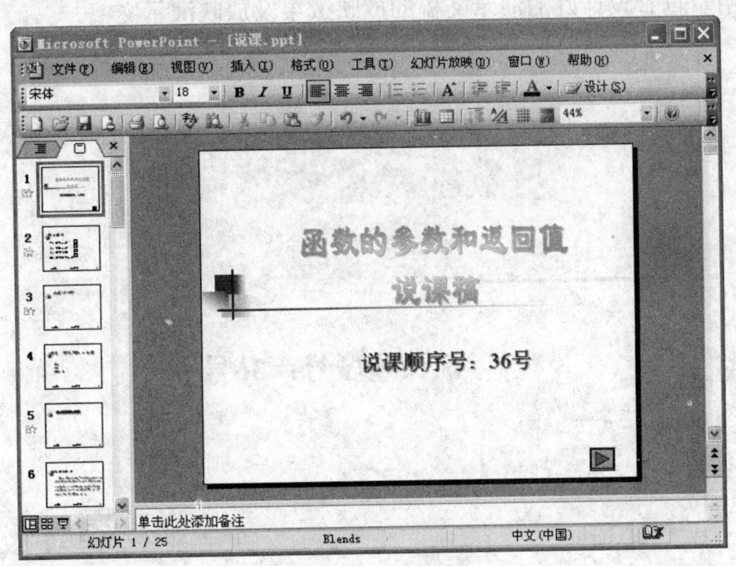

图 12.2　普通视图

普通视图多用于加工单张幻灯片，处理文本、图形，加入声音、动画和其他特殊效果。

大纲选项卡中，按幻灯片编号顺序和幻灯片层次关系，显示演示文稿中全部幻灯片的编号、图标、标题和主要文本信息。在此可以方便地输入演示文稿要介绍的一系列主题，且把主题自动设置为幻灯片的标题。

2. 幻灯片浏览视图

单击“视图切换”工具栏中的“浏览视图”按钮，可切换到幻灯片浏览视图，如图 12.3 所示。它以最小化的形式显示演示文稿中的所有幻灯片，在这种视图下可以进行幻灯片顺序的调整、幻灯片动画设计、幻灯片放映设置和幻灯片切换设置等。

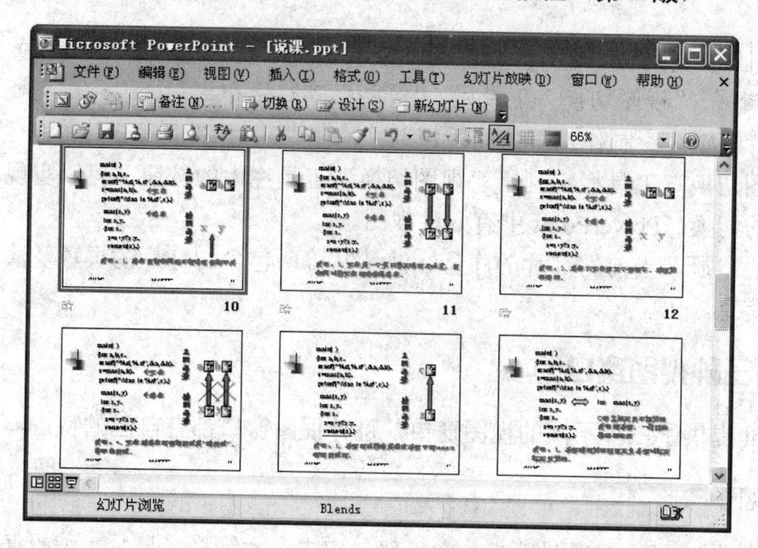

图 12.3　幻灯片浏览视图

3．幻灯片放映视图

单击“视图切换”工具栏中的“幻灯片放映”按钮，可切换到幻灯片放映视图，如图 12.4 所示，用于查看设计好的演示文稿的放映效果及放映演示文稿。

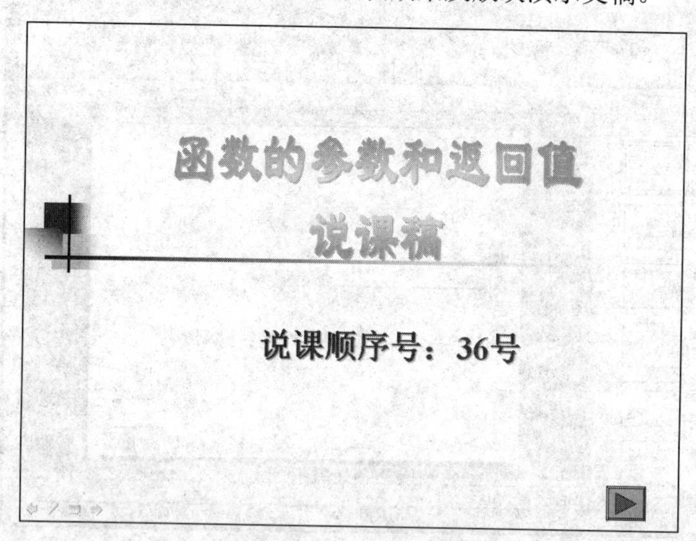

图 12.4　幻灯片放映视图

4．备注页视图

单击“视图”菜单中的“备注页”命令，可切换到备注页视图。这个视图分为上、下两部分，上面是一个缩小了的幻灯片，下面的方框中可以输入幻灯片的备注信息，记录演示所需要的一些提示重点。备注信息在幻灯片放映时可以通过快捷菜单中的“演讲者备注”命令，打开备注提示窗口显示出来，如图 12.5 所示。

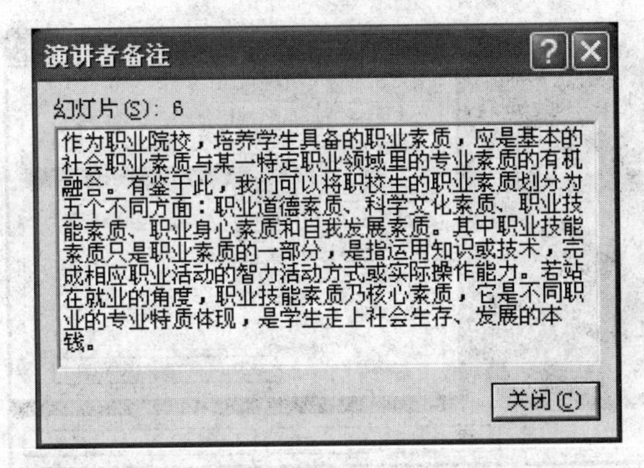

图 12.5　“演讲者备注”窗口

12.2　创建演示文稿

演示文稿是由一张或若干张幻灯片组成的，幻灯片是演示文稿中单独的“一页”，每张幻灯片通常至少包括两部分内容：幻灯片标题（用来表明主题）、若干文本条目（用来论述主题）。另外，还可以包括图形、表格等其他对论述主题有帮助的内容。

12.2.1　使用向导创建专业演示文稿

许多公司都会对新员工进行培训，这时往往会用 PowerPoint 课件来展示公司的历史、文化、理念等内容。下面以此为例，学习如何制作新员工培训课件。

（1）单击“文件”菜单中的“新建”命令，打开“新建演示文稿”任务窗格，如图 12.6 所示，选择“根据内容提示向导”选项。

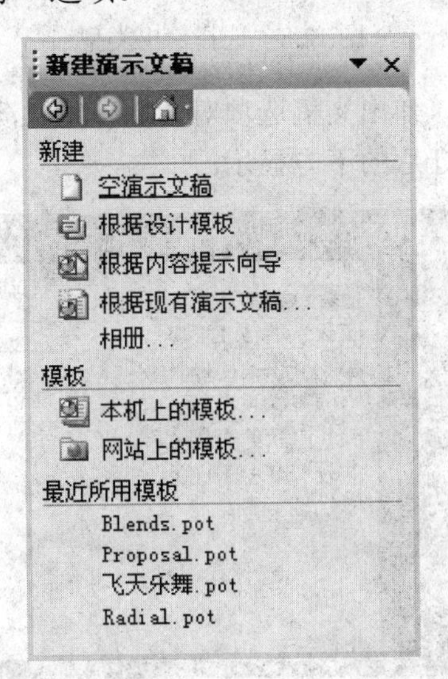

图 12.6　“新建演示文稿”任务窗格

（2）单击“确定”按钮，打开“内容提示向导”对话框，单击“下一步”按钮后，在如图 12.7 所示的演示文稿类型选择窗口中选择“企业”类中的“雇员任务”选项。

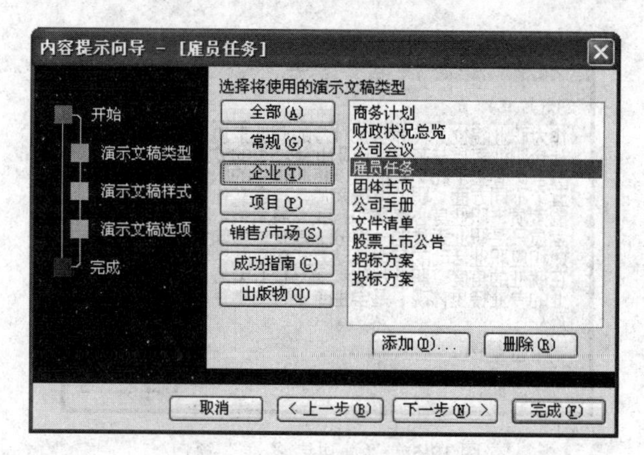

图 12.7　选择演示文稿类型

（3）单击“下一步”按钮，在如图 12.8 所示的窗口中选择输出类型为“屏幕演示文稿”。

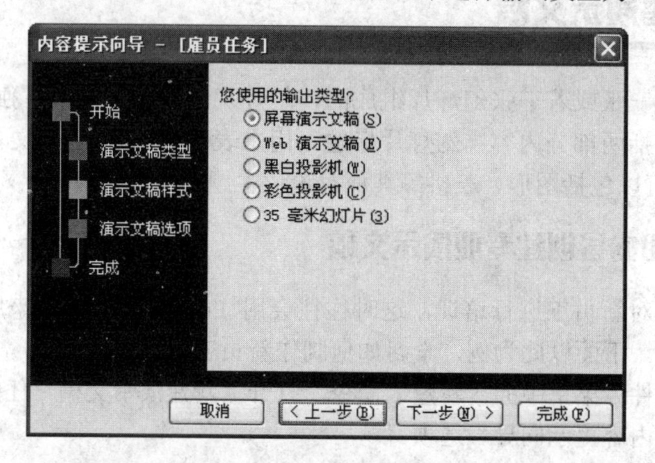

图 12.8　选择输出类型

（4）单击“下一步”按钮，弹出文稿选项对话框，输入演示文稿的标题信息，如图 12.9 所示，页脚的信息将在每张幻灯片的下方显示。

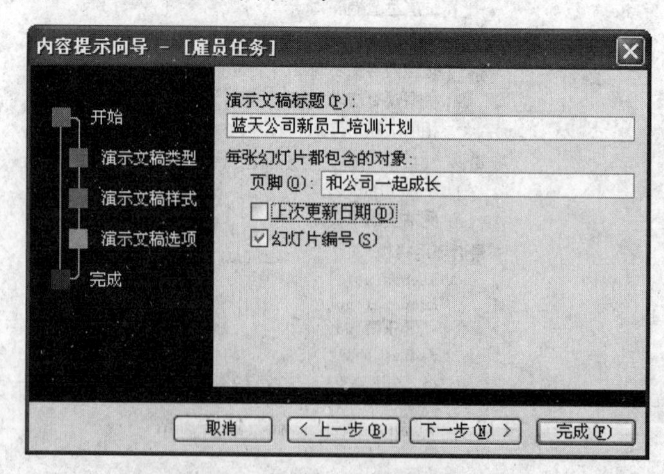

图 12.9　设置演示文稿的标题和页脚

（5）单击“完成”按钮，刚创建的演示文稿如图 12.10 所示。

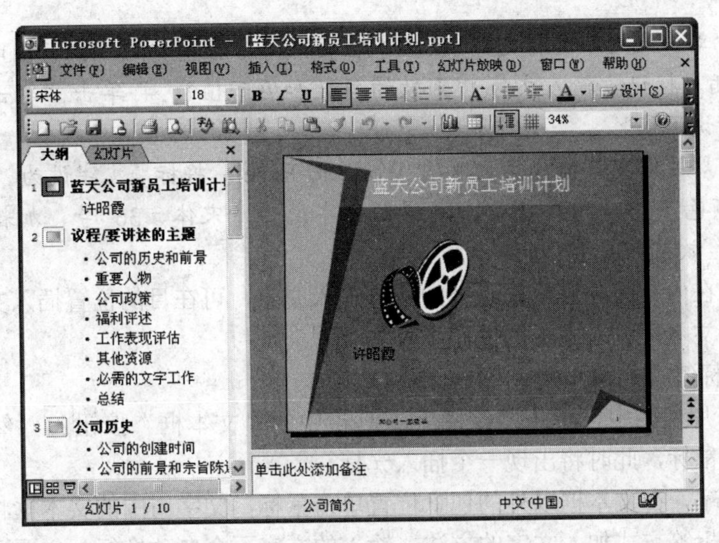

图 12.10　用向导创建的演示文稿

12.2.2　插入和编辑文本

在 PowerPoint 中，对于固定版式的幻灯片来说，标题文字、解释说明性文本都有固定的放置位置，根据各幻灯片中的提示信息可以在其中添加不同性质的文本，还可以选中文本后设置相应的文本格式。

【实例】单击“常用”工具栏上的“新建”按钮，创建一个空白演示文稿，命名为“说课稿.ppt”，并保存在 D 盘的“ppt 实例”文件夹中，制作如图 12.11 所示的标题幻灯片。

（1）在如图 12.12 所示的“幻灯片版式”任务窗格中选择“标题幻灯片”。

图 12.11　标题幻灯片

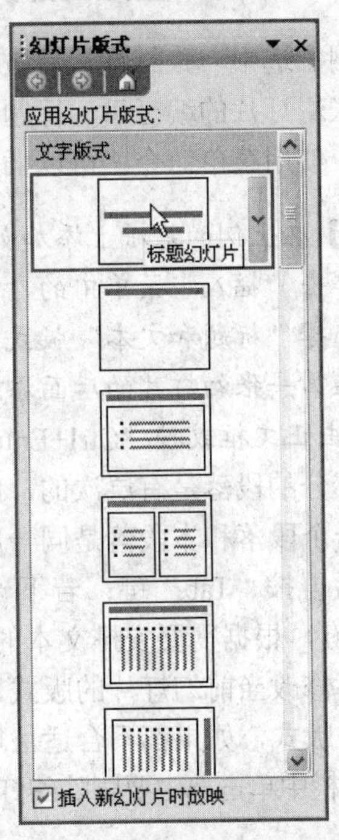

图 12.12　“幻灯片版式”任务窗格

（2）单击“单击此处添加标题”，使文本框变成一个空白的文本框，同时文本框中出现一个闪烁着的插入标记，输入文字“函数的参数和返回值”；再单击“单击此处添加副标题”框，输入“说课稿”。

（3）改变幻灯片中字符格式的方法同 Word 或 Excel。将标题文字设为“宋体、44 号、加粗、阴影、颜色（251，99，6）”，副标题文字设为“宋体、36 号、加粗、阴影、颜色（251，99，6）”，效果如图 12.11 所示。

另外，若要在内置版式提示框以外的位置输入文字，可在目的位置插入文本框，然后输入所需文本。用文本框输入文本的操作步骤如下。

- 以文字标签方式输入文字

（1）在幻灯片视图中，单击“绘图”工具栏中的“文本框”按钮，然后在需要输入文本的地方单击鼠标，此时将出现一个插入光标。

（2）输入文字，在文本框以外的任意位置单击鼠标，文字周围的文本框将消失。

这种以文字标签方式加入文字的方法，输入的文字不会自动换行，主要适合输入一段比较短的文字。

- 以字处理方式输入文字

（1）在幻灯片视图中，单击“绘图”工具栏中的“文本框”按钮，在需要输入文本的位置按下并拖动鼠标向右移动，可以拉出一个带控制点的虚线框，松开手后，在虚线框中可以看到文字输入光标。

（2）在文本框中输入文字。

使用字处理方式加入文本时，当输入的文字超过文本框的边界时，文字将自动换行。这种方式适合于在幻灯片中加入较长的一段文字。

12.2.3 添加、删除幻灯片

在大纲栏选中一张幻灯片后按回车键，将在该幻灯片的后面插入一张当前版式的新幻灯片；在该张幻灯片的编号后、标题前按回车键，则在当前幻灯片的前面插入一张前面版式的新幻灯片；使用菜单命令，可以插入一张新版式的幻灯片。

【实例】在上例的基础上添加如图 12.13 所示的第二张幻灯片。

（1）单击“插入”菜单中的“新幻灯片”命令，在如图 12.14 所示的“幻灯片版式”任务窗格中选择“标题和文本”版式。

（2）在第一张幻灯片的后面添加了一张新的幻灯片，在标题区域输入“函数的参数和返回值”，单击正文框或按“Ctrl+Enter”组合键进入正文框，输入相应的内容。

正文部分的段落是有层次的，PowerPoint 中文版中最多可以有 5 个层次。输入一个段落后，若下一个段落和本段落是同一层次的，按回车键；若下一个段落比本段落低一个层次，按回车键后再按“Tab”键；若下一个段落比本段落高一个层次，按回车键后再按“Shift＋Tab”组合键，根据需要安排文本的段落及层次。

如果要修改当前幻灯片的版式，可在如图 12.14 所示的“幻灯片版式”任务窗格中直接选择合适的版式，如果都不合适，可先选择“内容版式”中的空白幻灯片，再自行设计。

在大纲栏中单击选中要删除幻灯片的缩略图，按“Delete”键，可以快速删除该幻灯片。

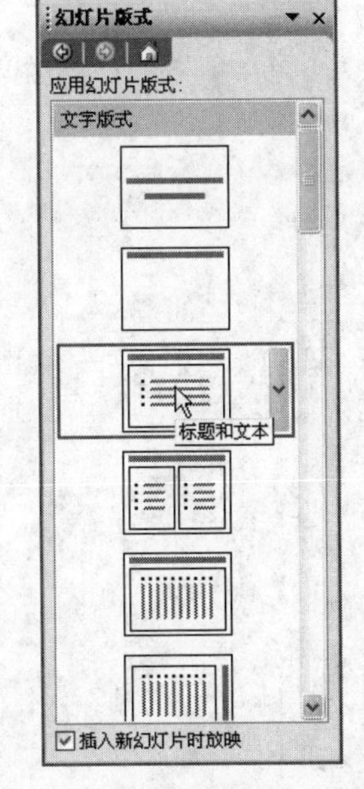

函数的参数和返回值
• 教材分析
• 学情分析
• 教学目标
• 教学过程分析

图 12.13　第二张幻灯片效果图

图 12.14　“幻灯片版式”任务窗格

12.2.4　应用设计模板

模板是一种设定了文字格式和相应图案的特殊文档，可以通过模板来创建新的演示文稿，也可以将模板添加到已存在的演示文稿中。使用了模板的演示文稿中的幻灯片将具有同样的格式，可以使演示文稿获得统一的外观和近似的风格。

【实例】在上例的基础上使用设计模板，制作如下所示的幻灯片，标题页如图 12.15 所示，正文页如图 12.16 所示。

图 12.15　应用设计模板后的标题页

图 12.16　应用设计模板后的正文页

在演示文稿的任一张幻灯片的空白处，单击鼠标右键，在快捷菜单中选择“幻灯片设计”，打开如图 12.17 所示的“幻灯片设计”任务窗格，在模板框中选择“Eclipse.pot”。内置的模板都如本例所示，有标题页和正文页两种相近的样式。

12.2.5　绘制图形

PowerPoint 的“绘图”工具栏提供了数量不多但非常有用的绘图工具，这里只介绍 PowerPoint 特有的两种工具：连接符和动作按钮。

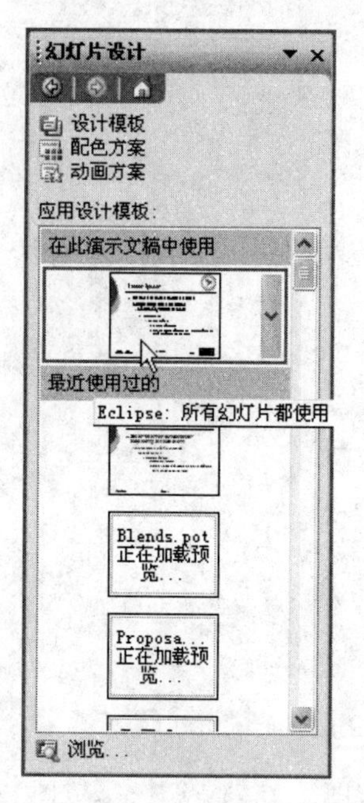

图 12.17 “幻灯片设计”任务窗格

1. 绘制连接符

单击“绘图”工具栏中的“自选图形”按钮，选择“连接符”命令，将显示如图 12.18 所示的 9 种连接符。这在一些工业流程图或者电路图、结构图中经常用到，合理地使用它们可以制作专业性很强的演示文稿。

2. 添加动作按钮

放映幻灯片时可以使用动作按钮来切换幻灯片、上下翻页等。单击“绘图”工具栏中的“自选图形”按钮，选择“动作按钮”命令，将显示如图 12.19 所示的 12 种动作按钮。

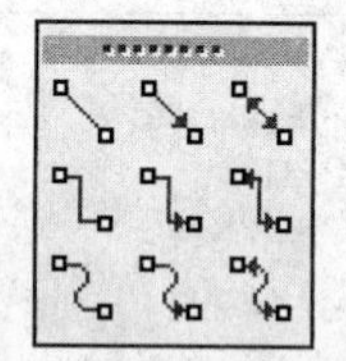

图 12.18 “连接符”菜单

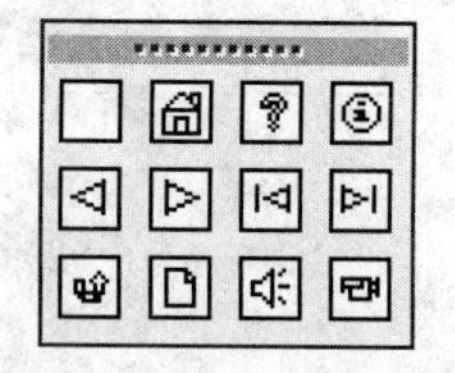

图 12.19 “动作按钮”菜单

【实例】在上例的基础上为标题页（第一页）添加鼠标单击后播放下一页的动作按钮，如图 12.20 所示。

（1）选择标题页为当前幻灯片。

（2）选择“动作按钮”菜单中第二行的第二个，在幻灯片的合理位置单击并拖动鼠标添加大小适宜的动作按钮后，将自动弹出“动作设置”对话框，如图 12.21 所示。该对话框由“单击鼠标”选项卡和“鼠标移过”选项卡两部分组成，在“单击鼠标”选项卡中可设置鼠标单击动作按钮时演示文稿的响应动作。

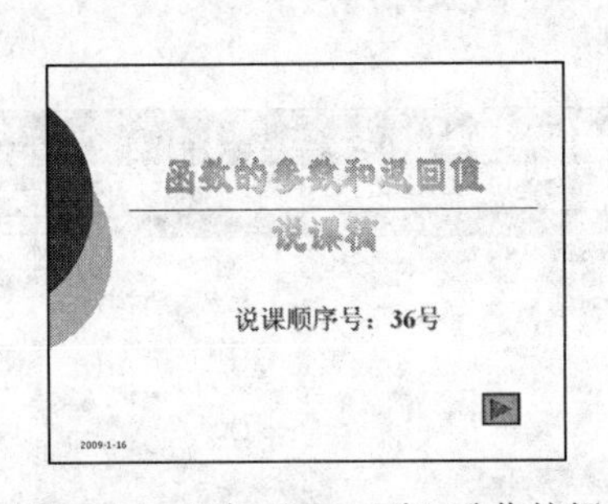

图 12.20 添加“下一页”动作按钮

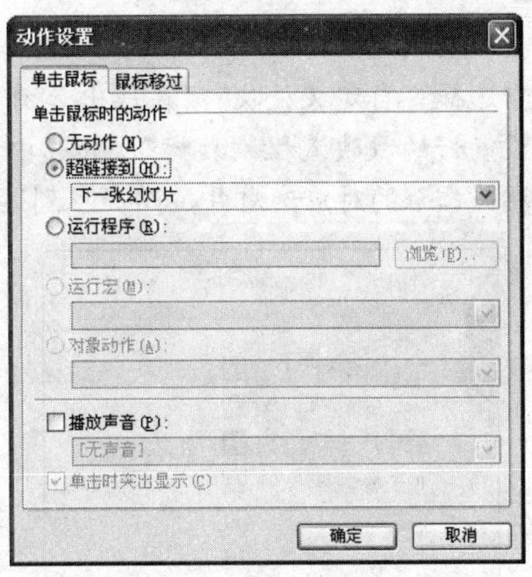

图 12.21 “动作设置”对话框

（3）在“超链接到”列表框中选择“下一张幻灯片”选项，这样单击刚创建的动作按钮就将播放下一张幻灯片。

在“超链接到”列表框中可根据需要选择“上一张幻灯片”、“第一张”、“最后一张幻灯片”等，还可以选择结束放映或自定义放映。

【实例】在上例的基础上为第二页的每个子标题添加单击鼠标起作用的动作按钮，在播放完每个子标题内容所包括的几张幻灯片后都自动返回目录页（第二页）。要达到这样的效果，需要先制作“自定义放映”的流程。

（1）单击“幻灯片放映”菜单中的“自定义放映”命令，打开“自定义放映”对话框，如图 12.22 所示。

（2）单击“新建”按钮，打开“定义自定义放映”对话框，在“幻灯片放映名称”文本框中输入自定义放映流程的名称“教材”，在“在演示文稿中的幻灯片”列表框中单击本放映流程的第一张幻灯片“3. 地位与作用”，单击“添加”按钮，将其添加到对话框右侧的“在自定义放映中的幻灯片”框中，再继续添加本放映流程的第二张幻灯片“4. 重点、难点和教学关键”，如图 12.23 所示。

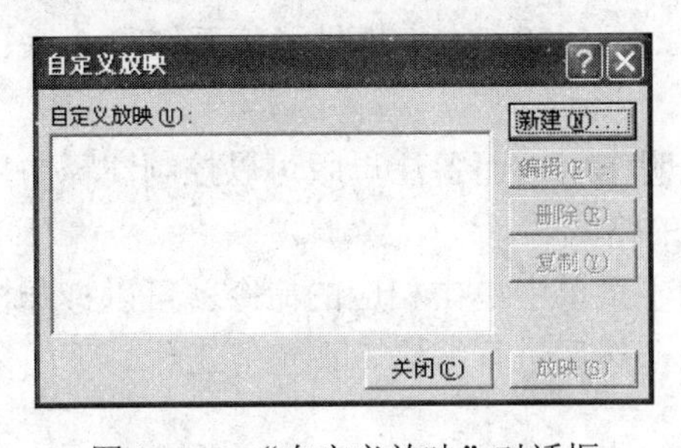

图 12.22 “自定义放映”对话框

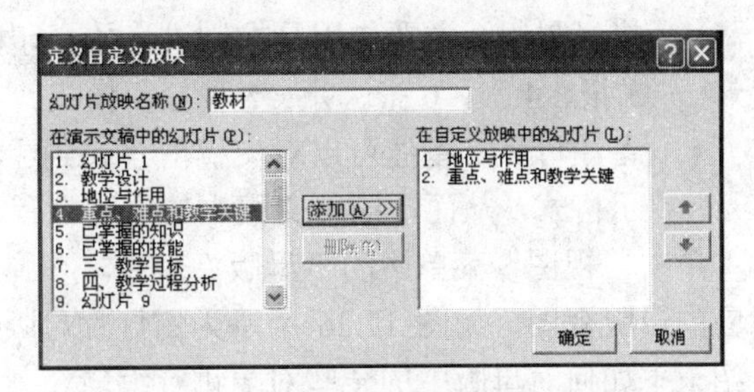

图 12.23 “定义自定义放映”对话框

（3）重复上面的步骤，制作“学情分析”、“教学目标”、“教学过程”自定义放映流程。

（4）单击“确定”按钮，回到“自定义放映”对话框，单击“关闭”按钮，关闭该对话框。

（5）选择第二页为当前幻灯片，选择“动作按钮”菜单中第一行的第一个，在幻灯片的合理位置单击并拖动鼠标，添加大小适宜的动作按钮，效果如图 12.24 所示。

（6）绘制完按钮后，在弹出的“动作设置”对话框“单击鼠标”选项卡的“超链接到”列表中选择“自定义放映”，在弹出如图 12.25 所示的“链接到自定义放映”对话框中，选择已设置好的放映流程“教材”，并选中“放映后返回”复选框，这样就可以非常方便地跳转到相关章节的对应幻灯片，而一旦到达章节末尾时，又可以自动返回目录。

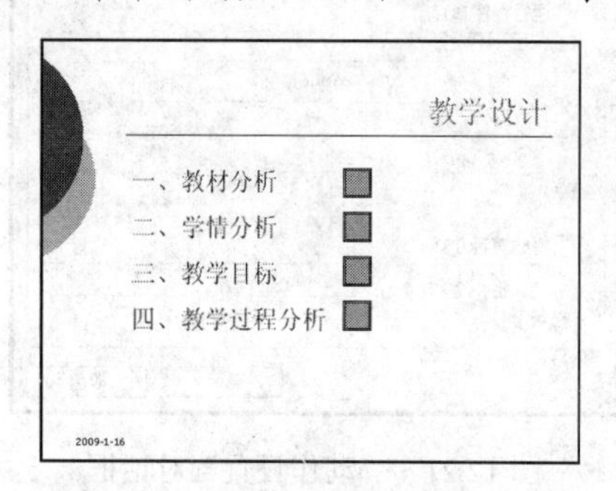

图 12.24 为目录页添加动作按钮

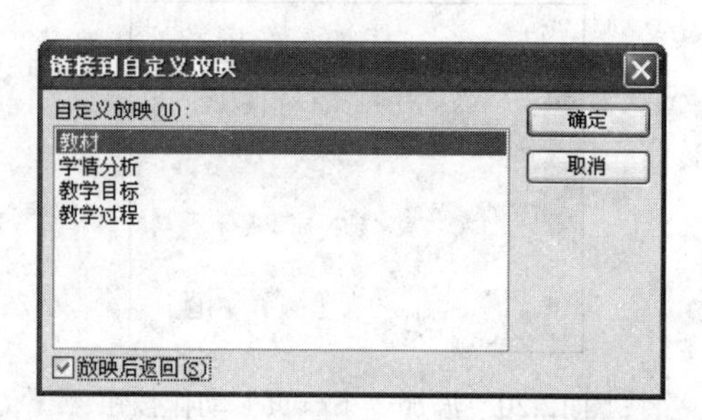

图 12.25 “链接到自定义放映”对话框

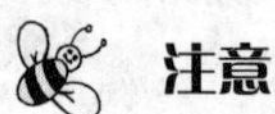

注意

在制作按钮的过程中为了整齐美观，可以制作一个后，再复制另外的三个，最后用“绘图”工具栏中的“对齐”和“纵向分布”工具来调整位置。

12.3 设置演示文稿的格式

演示文稿的格式主要包括母版、设计模板及配色方案三个方面。

12.3.1 母版

PowerPoint 中提供了 3 种母版。

- 幻灯片母版：可以调整除标题幻灯片以外的所有幻灯片，控制某些文本特征（如字体、字号和颜色等）；另外，它还控制了背景色和某些特殊效果（如阴影和项目符号样式等）。
- 讲义母版：主要作用是控制讲义的打印格式。PowerPoint 中提供了每页打印 2 张、3 张、4 张、6 张、9 张 5 种打印模式。
- 备注母版：备注可以对文稿内容起到注释说明作用，而备注母版可以控制注释的显示格式，从而使演示文稿中的注释具有统一的格式。

单击“视图”菜单中的“母版”命令，在弹出的子菜单中单击相应的命令就可以打开相对应的母版视图，如图 12.26 所示为幻灯片母版视图，然后进行编辑、调整等工作。下面来介绍一下如何对母版中的一些对象进行编辑。

注意

在母版中做的编辑与格式设置，在其他视图中都不能修改。

【实例】为除首页以外的幻灯片添加如图 12.27 所示的页脚信息。

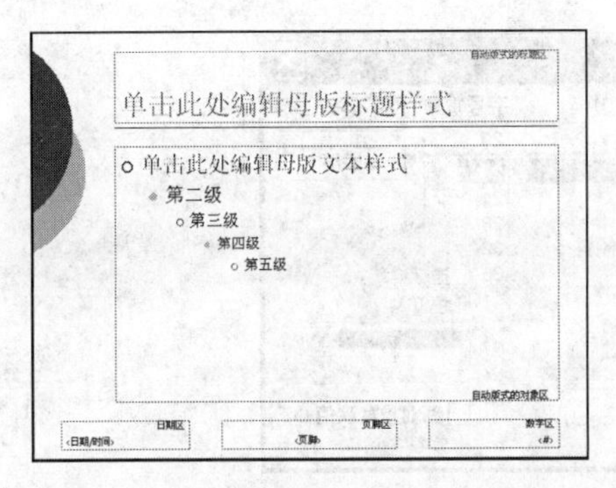

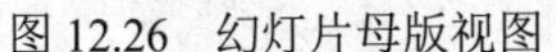
图 12.26 幻灯片母版视图

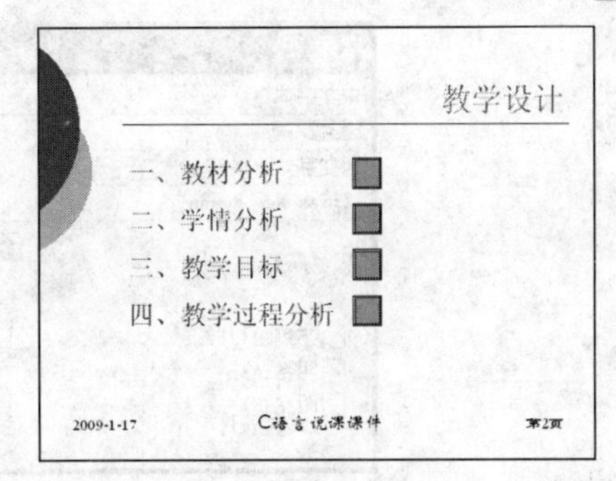

图 12.27 添加了页脚信息的幻灯片

（1）打开需要编辑的演示文稿。

（2）单击“视图”菜单中的“页眉和页脚”命令，打开“页眉和页脚”对话框，如图 12.28 所示，幻灯片母版中包含日期和时间、幻灯片编号和页脚三项内容。

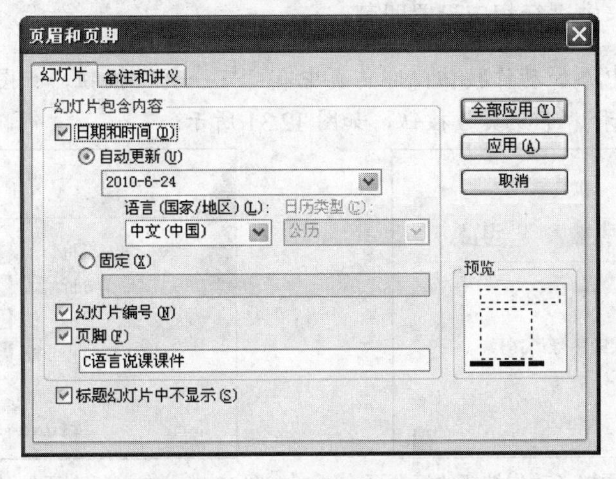

图 12.28 “页眉和页脚”对话框

（3）选中“日期和时间”复选框，并选择“自动更新”后，在下拉列表中选择时间和日期的样式，在“语言”栏中选择语种。如果要插入某个特定的日期，可选择“固定”。

（4）选中“幻灯片编号”复选框，给幻灯片添加编号。

（5）选中“页脚”复选框，并在文本框中直接输入页脚的文字“C 语言说课课件”。

（6）选中“标题幻灯片中不显示”复选框，设置标题幻灯片中不显示页脚信息。

（7）单击“全部应用”按钮将所设置的内容应用到每一张幻灯片中；单击“应用”按钮将所设置的内容只应用到当前幻灯片中。

（8）刚添加的页脚信息使用的是系统默认的样式，要调整就需要在母版中进行设置。单击“视图”菜单中的“母版”命令，选择“幻灯片母版”，打开“幻灯片母版”窗口。

（9）在“日期”区单击，通过工具栏设置字体为“Times New Roman”，字号为“20”；在“页脚”区单击，设置字体为“华文新魏”，设置字号为“24”；在“数字”区单击鼠标右键，在弹出的快捷菜单中选择“编辑文本”，在“#”的前面输入“第”、后面输入“页”，单击选中“数字”区后，打开“格式”菜单中的“字体”对话框，如图 12.29 所示，设置中文字体为“隶书”，数字字体为“Times New Roman”。

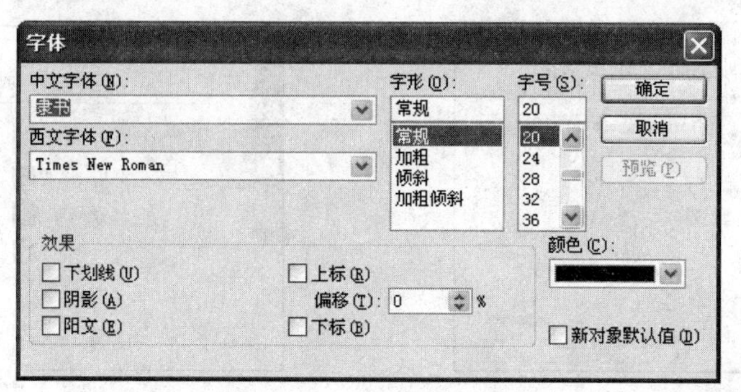

图 12.29 “字体”对话框

（10）单击“幻灯片母版视图”工具栏中的“关闭母版视图”按钮关闭母版视图(C)，切换回幻灯片视图，继续编辑当前演示文稿。

为备注和讲义添加页眉和页脚的过程与上述基本相同，只需在“页眉和页脚”对话框的“备注和讲义”选项卡中进行相应设置即可。

【实例】在母版中添加动作按钮，即首页中有“下一页”按钮，如图 12.30 所示；其余页面中有“上一页”和“下一页”按钮，如图 12.31 所示。

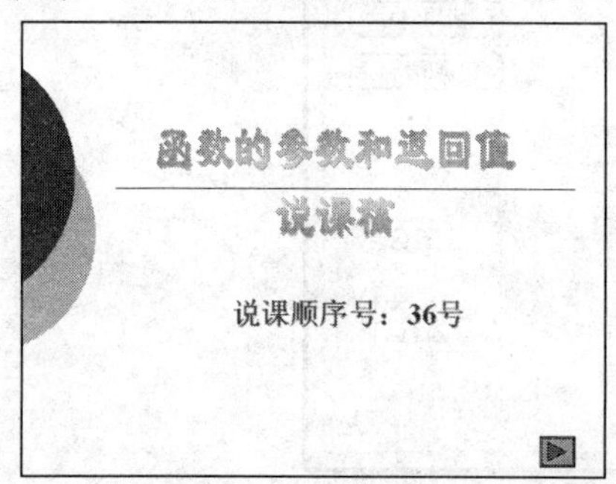

图 12.30 在母版中添加了动作按钮的标题页

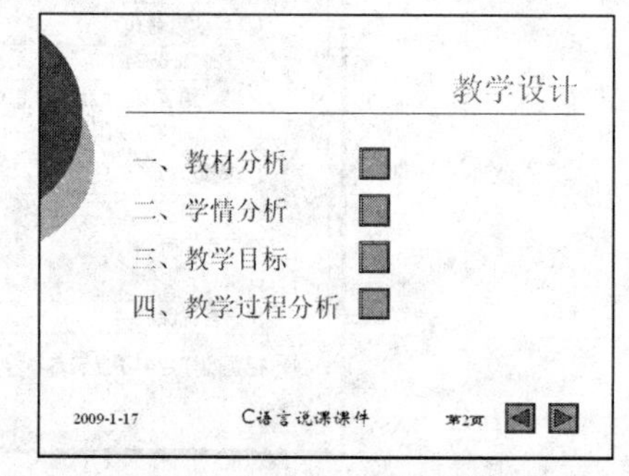

图 12.31 在母版中添加了动作按钮的正文页

（1）在“幻灯片视图”中删除前面添加的“下一页”按钮，单击“视图”菜单“母版”命令中的“幻灯片母版”，在左侧窗格中选择“标题母版”，在右侧的“标题母版”中，调整“数字”区的大小，在右下角绘制“下一页”动作按钮，如图 12.32 所示。

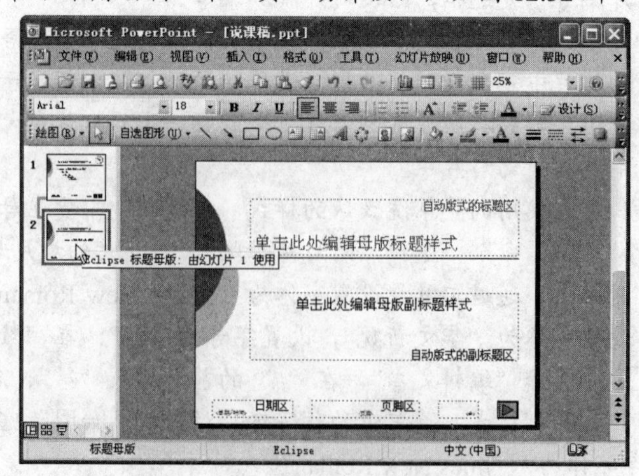

图 12.32 在标题母版中添加动作按钮

（2）在左侧窗格中选择“幻灯片母版”，在右侧的“幻灯片母版”中，调整“页脚”区和“数字”区的大小，在右下角绘制“上一页”和“下一页”动作按钮，如图 12.33 所示。

【实例】在制作演示文稿的过程中，经常需要在所有幻灯片中加入同一个对象，如会议的会标、工厂的厂标等，如图 12.34 所示，这可以通过给母版添加背景对象来实现。

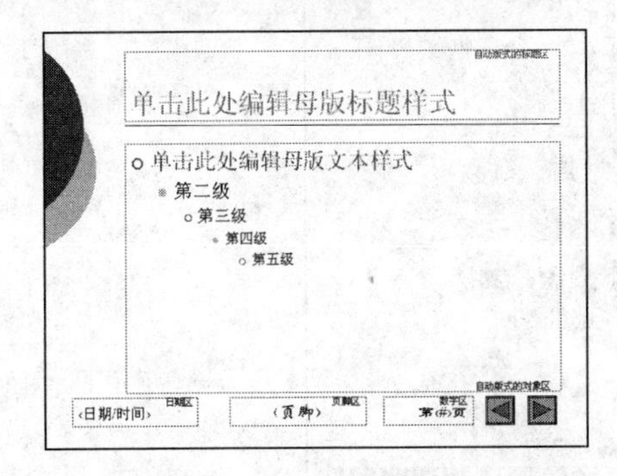

图 12.33　在幻灯片母版中添加动作按钮

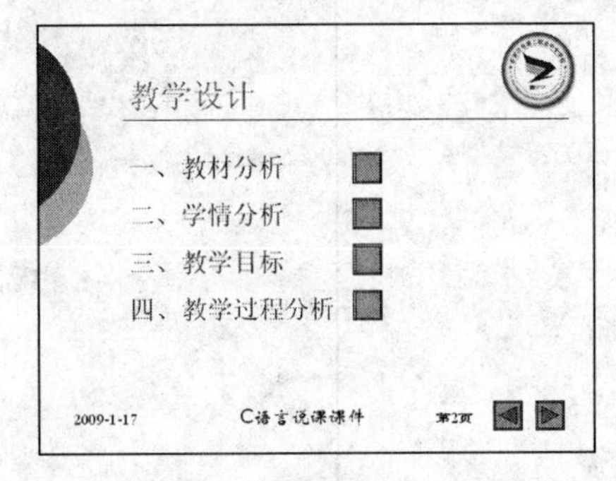

图 12.34　在母版中添加校徽

（1）打开要设置的演示文稿，按下“Shift”键的同时，用鼠标单击“视图切换”工具栏中的“普通视图”按钮，进入幻灯片母版的编辑状态。

（2）在左侧窗格选择“幻灯片母版”后，单击“插入”菜单中的“图片”命令，选择“来自文件”，在“插入图片”对话框中选择要插入的图片。

（3）使用“图片”工具栏对插入的图片进行调整，并将其移至幻灯片的右上角。

12.3.2　设计模板

PowerPoint 提供了两种模板：设计模板和内容模板。使用设计模板，可以将设计模板所定义的幻灯片外观应用到自己所创建的演示文稿中。内容模板是在设计模板的基础上增加了建议内容的一种模板，用这种模板，在有提示的地方输入文字，可以快捷地创建非常专业的演示文稿。前面已经介绍过如何对已有的演示文稿使用内置的设计模板，下面来了解如何用设计模板创建新的演示文稿，以及如何创建新的设计模板。

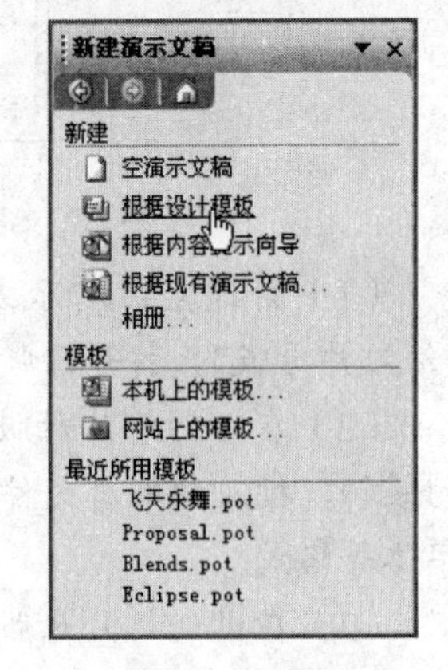

图 12.35　“新建演示文稿”任务窗格

1. 使用设计模板创建新的演示文稿

（1）单击“文件”菜单中的“新建”命令，在窗口右侧打开“新建演示文稿”任务窗格，如图 12.35 所示。

（2）选择“根据设计模板”选项，打开“幻灯片设计”任务窗格，从中选择所需的设计模板创建新的演示文稿。

2. 创建新的设计模板

虽然 PowerPoint 提供了大量专业的模板样式，但个性的模板还需要自己创建。

创建演示文稿模板，最有效的方法是创建个性化的母版，在母版中设置背景、自选图形、字体、字号、颜色、动画方法……为了充分展示自己的个性，创建模板之前，要先制作好背景图片、动画小图、装饰小图、声音文件等。制作背景图片时，图片的色调最好淡雅些，可以加上个性化的图形文字标志；为了让设计模板小一些，图片的格式最好用.jpg 格式。

【实例】 制作个性化设计模板，应用后如图 12.36 和图 12.37 所示。

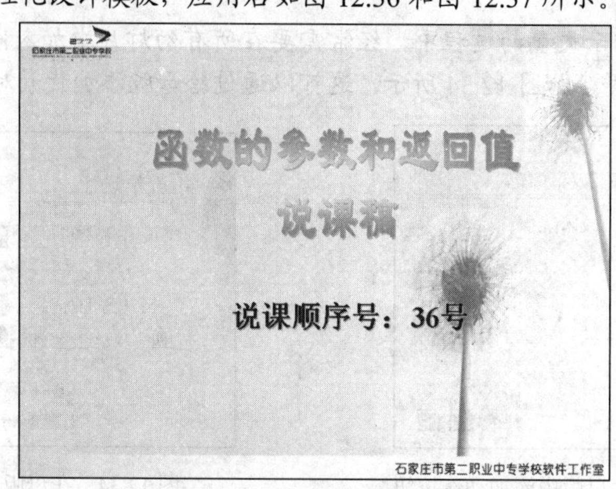

图 12.36　应用个性化设计模板的标题页

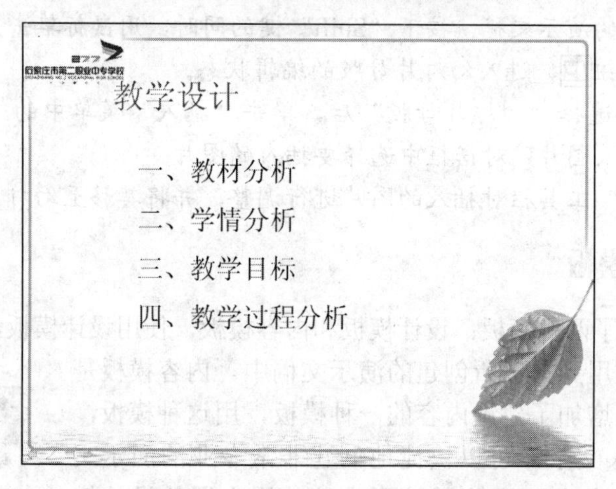

图 12.37　应用个性化设计模板的幻灯片

（1）新建空白演示文稿，选择任意一种版式，单击“视图”菜单中的“母版”，选择“幻灯片母版”，打开母版进行编辑。

（2）在“幻灯片母版”左侧窗格选择第一个“幻灯片母版”，删除原有的图片和不需要的装饰，插入“来自文件”的图片，制作好正文幻灯片的背景图片，并设置好标题及正文的字体等格式。

（3）在“幻灯片母版”左侧窗格选择第二个“标题母版”，删除原有的图片和不需要的装饰，插入“来自文件”的图片，制作好标题幻灯片的背景图片，并设置好标题及正文的字体等格式。

（4）单击“文件”菜单中的“另存为”命令，打开“另存为”对话框，在“文件名”框中输入新建设计模板的名称“个性化模板”，在“保存类型”框中选择“演示文稿设计模板（*.pot）”，则“保存位置”自动跳转到“Microsoft Office”文件夹下的“Templates”子文件夹，如图 12.38 所示。新建的设计模板会和系统提供的设计模板一同出现在“幻灯片设计”任务窗格中，如图 12.39 所示。

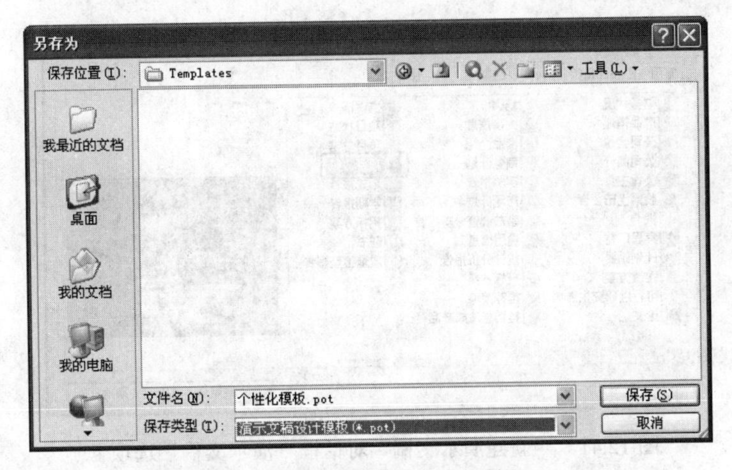

图 12.38　“另存为”对话框

3. 使用演示文稿内容模板

内容模板在样式上与设计模板基本相同，只不过是在设计模板的基础上添加了针对主题的示范内容幻灯片。

（1）单击“文件”菜单中的“新建”命令，在窗口右侧打开“新建演示文稿”任务窗格，如图 12.40 所示。

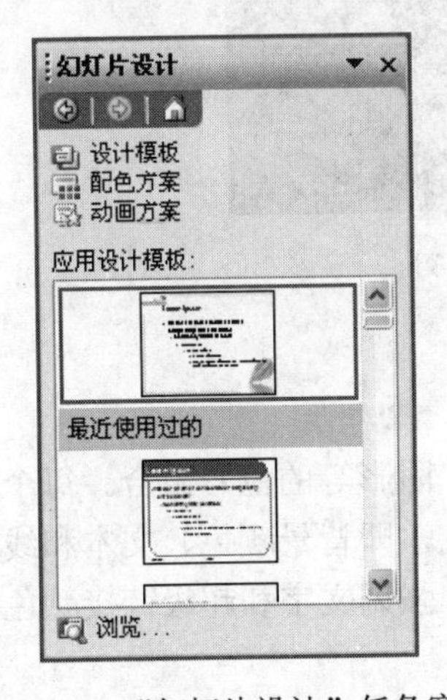

图 12.39　“幻灯片设计”任务窗格

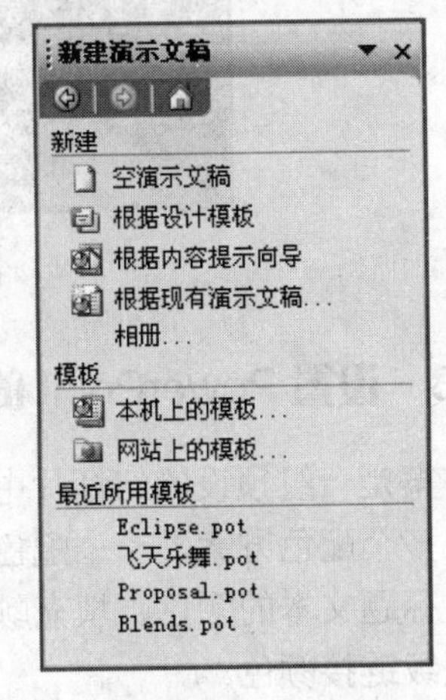

图 12.40　“新建演示文稿”任务窗格

（2）单击“本机上的模板”，打开“新建演示文稿”对话框的“演示文稿”选项卡，在内容模板列表中选择与要创建的演示文稿主题相同的模板，如“项目总览”，如图 12.41 所示。

（3）单击“确定”按钮，可发现本演示文稿共有 11 张幻灯片，用自己的文本代替幻灯片中的文本。

（4）在屏幕左侧单击第二张幻灯片图标，打开第二张幻灯片，如图 12.42 所示，在幻灯片中输入需要的文本内容。

（5）按同样的方法，制作出演示文稿的所有幻灯片。

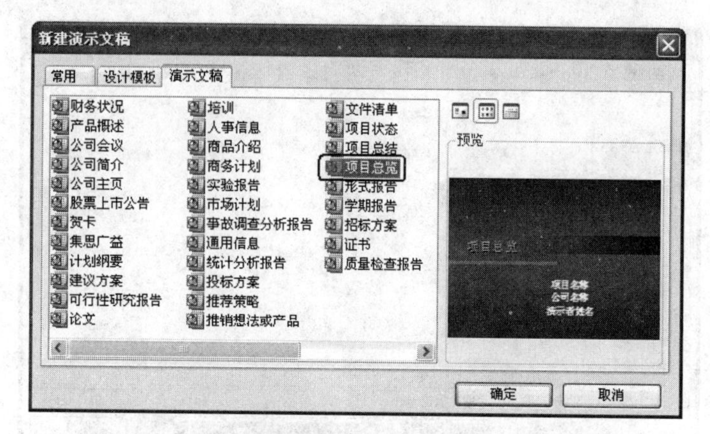

图 12.41 “新建演示文稿”对话框“演示文稿”选项卡

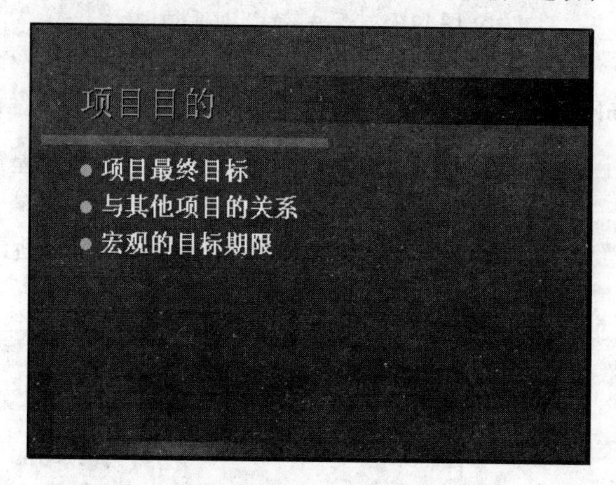

图 12.42 第二张幻灯片

12.3.3 设置 PowerPoint 的配色方案

配色方案是一组预设的幻灯片中背景、文本、填充、阴影等的色彩组合。每个设计模板都有一个或多个配色方案，一个配色方案中共有 8 种颜色，即背景颜色、文本和线条颜色、阴影颜色、标题文本的颜色、填充颜色、强调文字颜色、强调文字和超级链接颜色、强调文字和尾随超级链接颜色。

1. 选择和修改演示文稿的配色方案

（1）打开需要设置配色方案的演示文稿。

（2）单击“幻灯片设计”任务窗格中的“配色方案”命令，如图 12.43 所示，打开“配色方案”对话框。

（3）单击窗格下端的“编辑配色方案”命令，打开“编辑配色方案”对话框，如图 12.44 所示，在“标准”选项卡中共列出了 12 种配色方案，可从其中选择所需的配色方案。

（4）如果对所选的配色方案不满意，可以打开“自定义”选项卡，如图 12.45 所示。在“配色方案颜色”框中单击需要更改的颜色框，例如，选中“背景”框，然后单击“更改颜色”按钮，弹出“背景颜色”对话框，选择一种合适的颜色后，单击“确定”按钮，关闭“背景颜色”对话框。

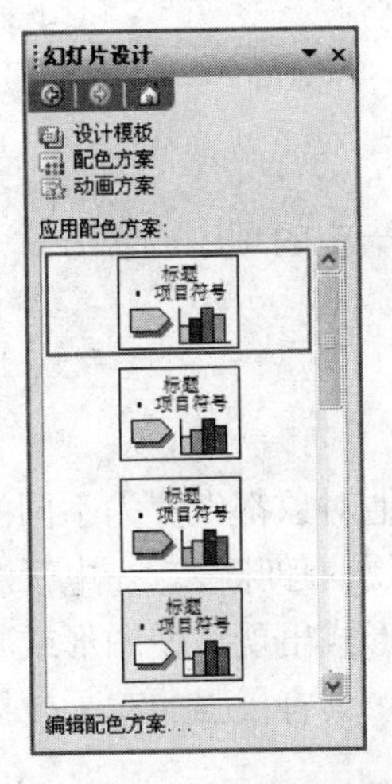

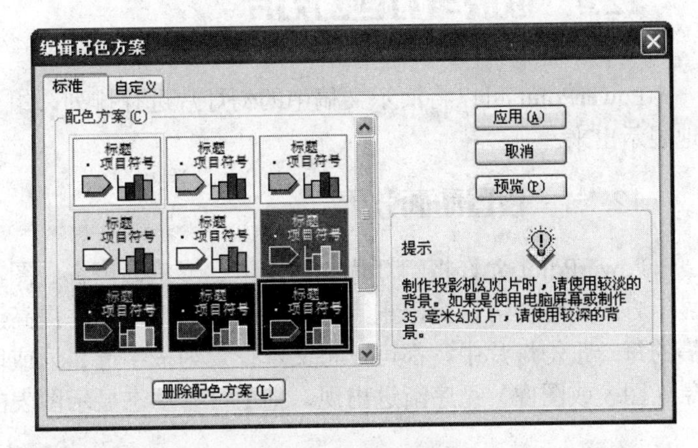

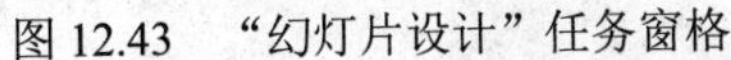

图 12.43　“幻灯片设计”任务窗格　　　图 12.44　“编辑配色方案”对话框“标准”选项卡

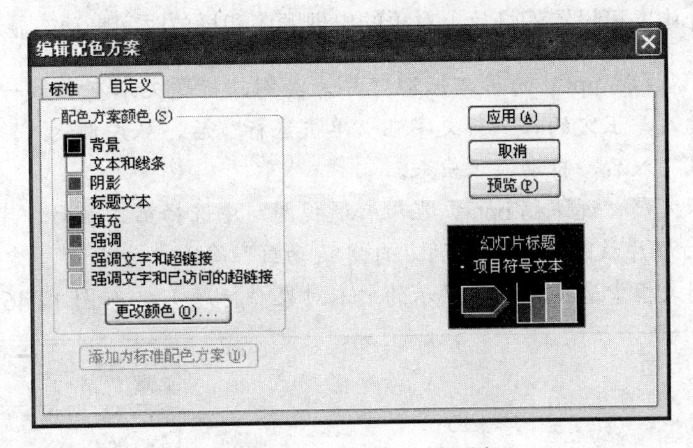

图 12.45　“自定义”选项卡

（5）如果只改变当前幻灯片的配色方案，单击“应用”按钮；如果需要改变演示文稿中所有幻灯片的配色方案，单击“全部应用”按钮。

2. 用“格式刷”改变幻灯片的配色方案

（1）打开需要编辑配色方案的演示文稿。

（2）单击“视图切换”工具栏中的“幻灯片浏览视图”按钮，将幻灯片切换到幻灯片浏览视图。

（3）在幻灯片浏览视图中，选中一张幻灯片，然后单击格式工具栏中的“格式刷”按钮，此时，光标旁边出现了格式刷的形状。

（4）将光标移到需要修改配色方案的幻灯片上，单击鼠标，则该幻灯片已应用新的配色方案。

（5）如果需要修改多张幻灯片的配色方案，可选中一张幻灯片后，双击格式工具栏中的“格式刷”按钮，然后分别单击所需改变配色方案的幻灯片。设置完成后，再次单击“格式刷”按钮或按键盘上的“Esc”键。

12.4 放映与打包幻灯片

PowerPoint 可以将演示文稿中的幻灯片进行排列、组合后按一定的顺序或者方式一张张地展示出来。

12.4.1 设置动画效果

PowerPoint 允许将幻灯片上的文本、形状、声音、图像和其他对象都设置为不同的动画显示方式，这样可以突出重点、控制信息的流程，并提高演示文稿的趣味性。在电子演示文稿的每一张幻灯片中，都可以将文本设置为按字母、词或段落的形式出现，使图形或其他对象（图表或图像）循序渐进出现，甚至可以动态显示图表的元素，具有极强的动画效果。

1. 动画显示文本和对象

在 PowerPoint 中，可设置幻灯片上对象的出现顺序和播放时间来动态显示文本和对象。

【实例】以“说课稿.ppt”的第二张幻灯片为实例，标题文本在从第一页切换过来后，从右侧非常快地飞入，正文的每一行文字在“单击鼠标”后，从左侧飞入，4 个动作按钮在最后一行正文文本飞入后，自动显示出来。

（1）打开演示文稿“说课稿.ppt”，在“普通视图”中选择第二张幻灯片。

（2）单击“幻灯片放映”菜单中的“自定义动画”命令，打开“自定义动画”任务窗格，在“对象”列表框中选择要动态显示的文本对象“标题 1”，如图 12.46 所示。

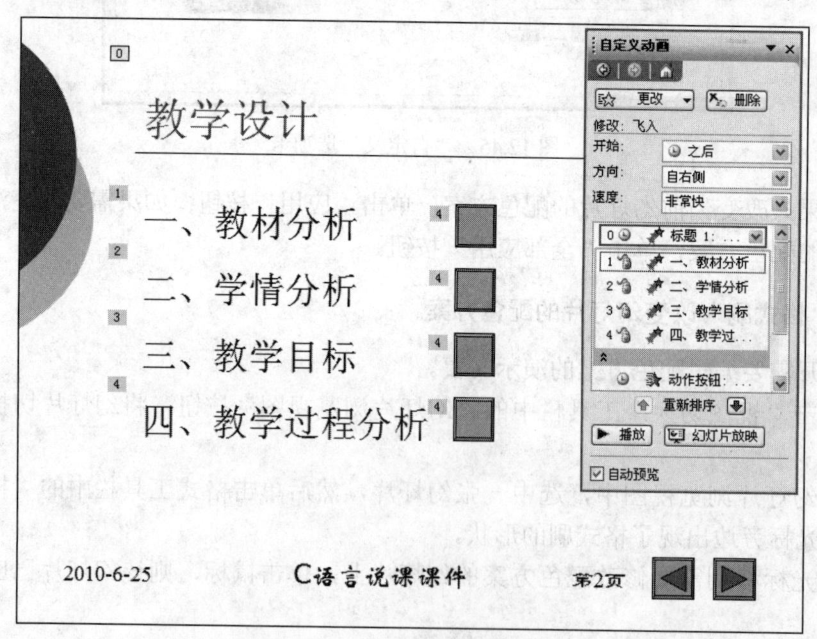

图 12.46 “自定义动画”任务窗格

（3）单击“更改”按钮，在下拉列表中选择“进入”，在如图 12.47 所示的列表中选择“飞入”。

（4）在“开始”列表中选择“之后”，表示在从第一页切换过来后，在“方向”列表中选择“自右侧”飞入，在“速度”列表中选择飞入的速度为“很快”。

（5）选择正文的第一行文字“一、教材分析”，设置为“单击时”、“自左侧”、“非常快”、“飞入”，其他三行文字重复该设置。

（6）在幻灯片视图中单击“绘图”工具栏中的“选择对象”按钮，拖动选中 4 个动作按钮，设置为：在正文显示“之后”、“自顶部”、“非常快”、“切入”，如图 12.48 所示。

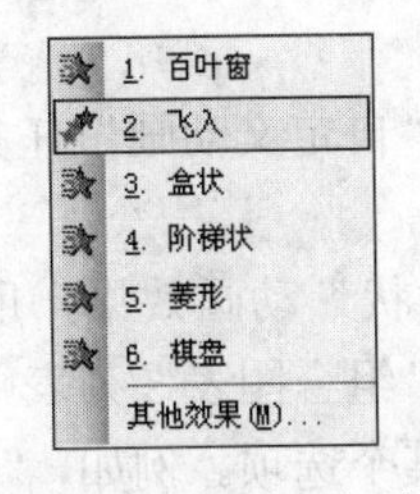

图 12.47　“进入”选项列表

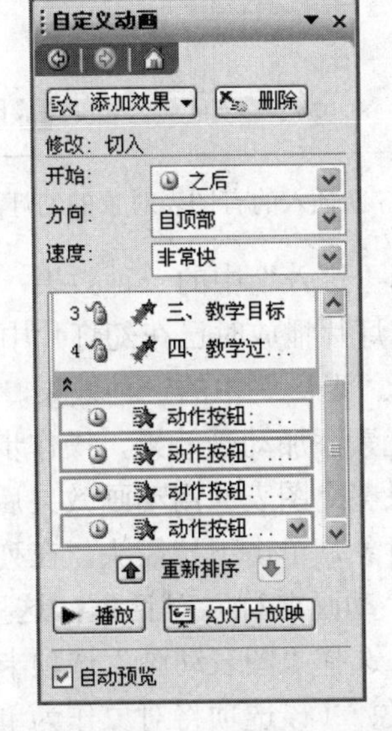

图 12.48　同时设置 4 个动作按钮的动画效果

（7）在“动画对象”列表框中选择要调整出场顺序的对象后，单击“重新排序”两旁的“上移”按钮或“下移”按钮，可以调整该对象在当前幻灯片中的出场顺序。

（8）单击“播放”按钮，可以观看当前幻灯片的动画效果。

2. 动画显示图表

在 PowerPoint 中，插入演示文稿中的各种图表、表格等是一种较为特殊的对象。默认时图表或者表格都作为一个独立的主体来处理，即只能一次性地进行动画播放，也可以进行设置后，将图表中的各元素分解开，从而分别应用动画效果，逐一显示。

注意

因为在 PowerPoint 中导入图表的技能将在下一章中学习，所以在本节中用 PowerPoint 默认的图表进行学习。

将图表作为一个整体添加动画效果，操作步骤如下：

（1）插入一张新的幻灯片，选用有图表对象的版式，效果如图 12.49 所示，双击右侧的图表缩略图，插入系统默认的图表样例。

（2）进行适当调整后，效果如图 12.50 所示。

（3）在普通视图中，选择该图表。

（4）在“自定义动画”任务窗格中，单击“添加效果”按钮，并执行以下一个或多个操作。

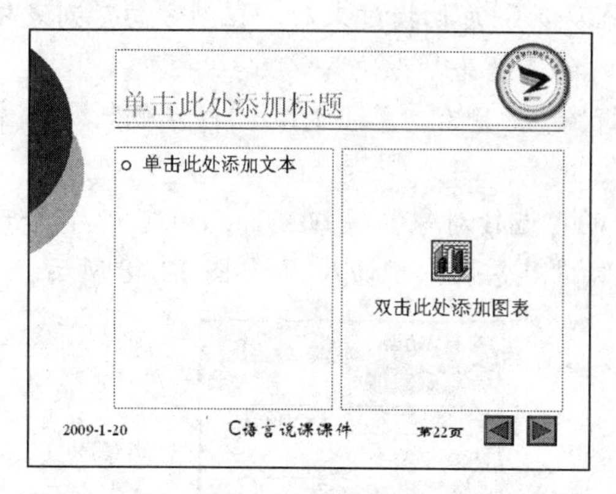

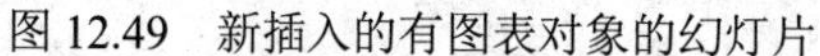

图 12.49 新插入的有图表对象的幻灯片

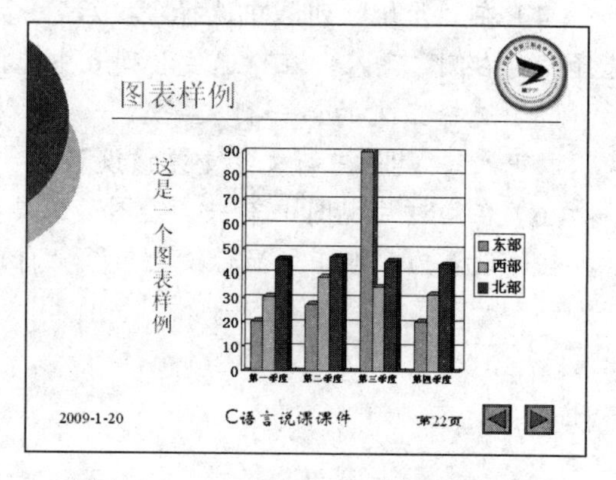

图 12.50 在幻灯片中插入默认图表

- 选择“进入”中的一种效果，使幻灯片播放时整个图表以某种动画效果出场。
- 使幻灯片播放时已在幻灯片中的图表具有某种动画效果。
- 选择“退出”中的一种效果，使图表在退出幻灯片时具有某种动画效果。

为图表元素添加动画效果，操作步骤如下：

（1）在对整个图表应用动画效果后，在如图 12.51 所示的“自定义动画”任务窗格中，选择该图表对象，单击下拉箭头，在列表中选择“效果选项”。

（2）在“动画名称”对话框，这里整个图表应用的是“盒状”动画效果，所以是“盒状”对话框，选择“图表动画”选项卡，如图 12.52 所示。在“组合图表”列表中，选择除“作为一个对象”（该选项将对象作为单个项目添加动画）外的某个选项。例如，“按序列”，并选择“网格线和图例使用动画”。

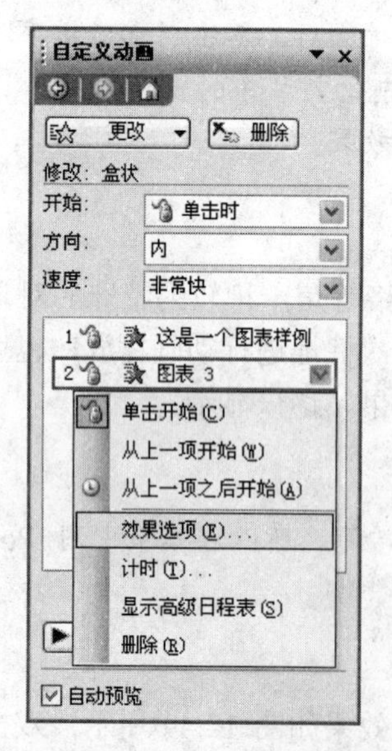

图 12.51 “自定义动画”任务窗格

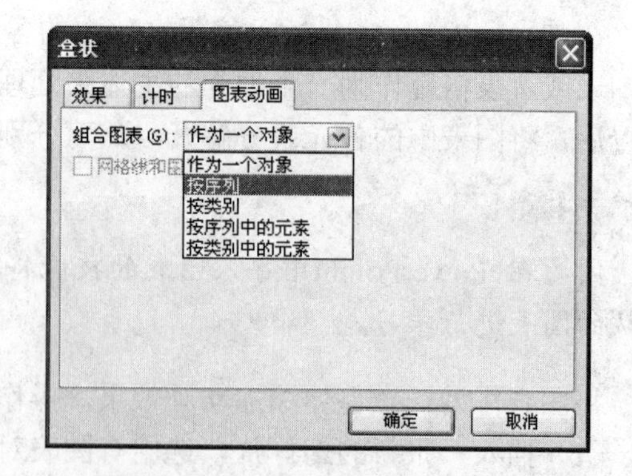

图 12.52 “图表动画”选项卡

12.4.2 设置幻灯片的切换效果

幻灯片的切换效果是指在放映演示文稿的过程中，切换两张幻灯片时所具有的动画效

果。在 PowerPoint 中提供了多种切换效果。

（1）切换到幻灯片浏览视图，单击要设置切换效果的幻灯片，在如图 12.53 所示的“幻灯片浏览”工具栏中，单击“切换”按钮，打开如图 12.54 所示的“幻灯片切换”任务窗格。

图 12.53　“幻灯片浏览”工具栏

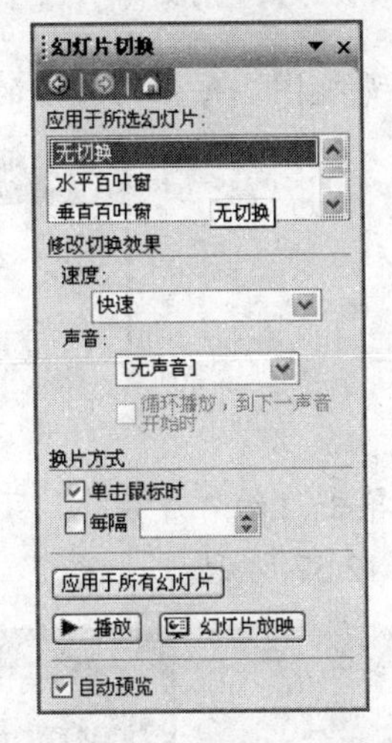

图 12.54　“幻灯片切换”任务窗格

（2）如果要将演示文稿中所有幻灯片的切换都设置成同一种效果，应在“应用于所选幻灯片”列表框中选择一种切换方式，再单击任务窗格中的“应用于所有幻灯片”按钮。

（3）如果要将多张幻灯片设置成不同的切换方式，选择某张幻灯片后，在“应用于所选幻灯片”列表框中选择一种切换方式，重复该操作就可以设置多种切换方式。

12.4.3　设置放映方式

在 PowerPoint 中，根据使用时的需要，有 3 种不同的放映方式。

- “演讲者放映”：以全屏方式放映幻灯片，并且可以在演示过程中暂停放映以添加会议细节或即席演讲，是最常用的放映方式。
- “观众自行浏览”：以小型窗口显示的方式放映幻灯片，观众可以对幻灯片进行移动、编辑、复制和打印等操作，并且可以通过使用垂直滚动条快速切换幻灯片。
- “在展台浏览”：在无人管理的全屏幕状态下自动运行演示文稿，适合于在展示会议上使用。但这种放映方式需要事先为幻灯片设定好自动导入的时间，并将切换幻灯片的方式设定为“如果存在排练时间，则使用它”。

下面在“设置放映方式”对话框中对幻灯片的“放映类型”、“放映范围”及“换片方式”等方面的内容进行设置。

【实例】使用排练计时功能对幻灯片的放映时间进行精确的计算后，设置展台自动播放方式，来控制幻灯片的放映进度。

（1）选择演示文稿的第一张幻灯片，单击“幻灯片放映”菜单中的“排练计时”命令，打开排练方式，这时会在放映窗口上出现一个“预演”对话框，如图 12.55 所示。

（2）在中间显示的是播放当前幻灯片所使用的时间，后面显示的是播放整个幻灯片所使用的时间。如果认为当前幻灯片中的对象所停留的时间合适，可以通过单击鼠标左键或单击“预演”对话框中的➡按钮来对下一个对象进行计时，单击↩按钮可以重新设置当前幻灯

图 12.55 “预演”对话框

片中对象的播放时间，还可以单击按钮暂停排练。

（3）当结束放映后，系统会自动弹出如图 12.56 所示对话框，显示放映当前幻灯片所需时间，并且询问是否按照排练的录制时间来放映幻灯片，单击“是”按钮，将会自动进入幻灯片浏览视图，每张幻灯片的左下角都显示了所录制的排练时间。

图 12.56 “排练计时”提示框

（4）单击“幻灯片放映”菜单中的“设置放映方式”命令，打开“设置放映方式”对话框，如图 12.57 所示。

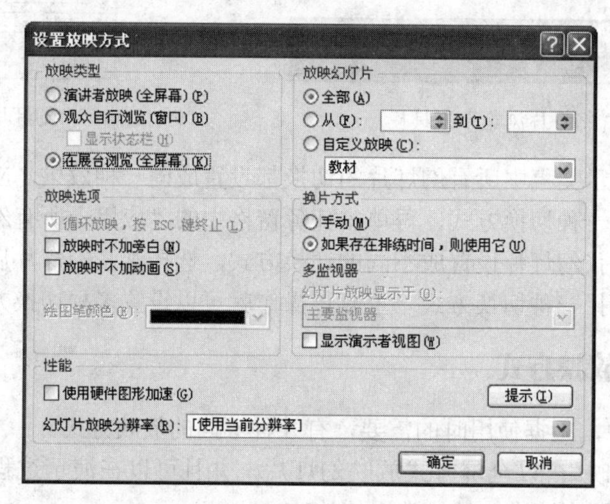

图 12.57 “设置放映方式”对话框

（5）在“放映类型”选项组中选择“在展台浏览（全屏幕）”。

（6）在“放映选项”选项组中：“放映时不加旁白”，将自动隐藏旁白部分的内容；“放映时不加动画”，将自动隐藏事先为幻灯片中的对象设定好的动画效果。

（7）在“放映幻灯片”选项组中设置放映范围为“全部”。系统默认的是放映全部的幻灯片，如果有特殊的要求，“从……到……”框中可以设置放映时的起始页码和终止页码。还可以在“自定义放映”中只播放事先选好的一组幻灯片。

（8）在“换片方式”选项组中可以设置放映时切换幻灯片的方式。选择“如果存在排练时间，则使用它”，可以按照先前每张幻灯片设定好的时间进行换片。

（9）按 F5 键开始放映后，将自动按照排练计时设定的进度播放，按 Esc 键可以退出播放。

12.4.4 幻灯片的放映

单击“视图切换”工具栏中的“幻灯片放映”按钮后，将会从当前幻灯片开始放映。单击“幻灯片放映”菜单中的“观看放映”命令、或单击“视图”菜单中的“幻灯片放映”命令，以及按功能键 F5，都将从第一张幻灯片开始放映。幻灯片的放映方式有“一般放映”、“控制放映”及“自定义放映”三种。

1. 一般放映

指按照预先设定的页码顺序，从第一张开始按顺序放映幻灯片，并且在放映过程中不受外界的干预。一般放映基本上可以分为“循环放映”和“由演讲者放映”两种情况。

2. 控制放映

一般是演讲人通过鼠标和键盘控制演示文稿内容的播放进程。鼠标和键盘在放映幻灯片中所起作用简介如下。

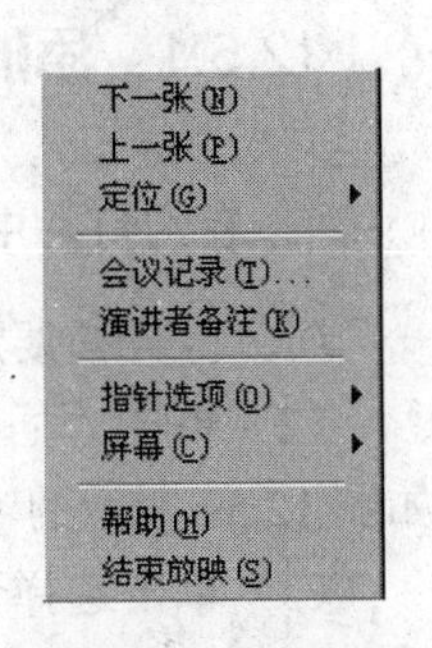

图 12.58 “控制放映”快捷菜单

（1）鼠标控制：在幻灯片放映过程中，单击鼠标右键会弹出“控制放映”快捷菜单，如图 12.58 所示。在该菜单中可以控制幻灯片的播放。

- “上一张”或“下一张”：可以跳转到当前幻灯片的上一页或下一页幻灯片。
- “定位”：将弹出下一级子菜单，可以对正在演示的幻灯片设置定位，这种方式比较适合篇幅较长的演示文稿。

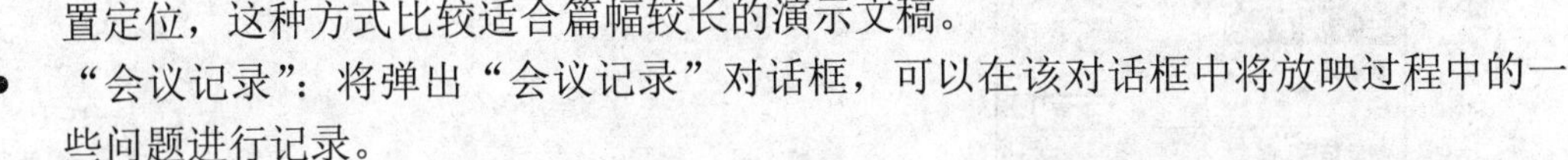

- “会议记录”：将弹出“会议记录”对话框，可以在该对话框中将放映过程中的一些问题进行记录。
- “演讲者备注”：将弹出“演讲者备注”对话框，演讲者可以在该对话框中进行记录。
- “指针选项”：将弹出下一级子菜单，可对鼠标指针的特征进行设置。
- “屏幕”：将弹出下一级子菜单，可对屏幕效果进行设置，例如黑屏，可以起到吸引观众注意的作用。
- “结束放映”：可以终止幻灯片的放映。

（2）键盘控制：在放映幻灯片时，同样可以用键盘来对演示文稿的全过程进行控制。

- 回车键或空格键：转到下一张幻灯片。
- Backspace：返回上一张幻灯片。
- B：黑屏或者从黑屏返回幻灯片放映。
- W：白屏或者从白屏返回幻灯片放映。
- S：停止或重新启动自动幻灯片放映。
- E：擦除屏幕上的注释。
- H：到下一张隐藏的幻灯片。
- Esc：退出幻灯片放映。

（3）隐藏幻灯片：在演示文稿的放映过程中，针对不同的观众，可能需要播放不同的幻灯片，可以隐藏不需要播放的幻灯片，即在放映时不显示。选中要设置为隐藏的幻灯片，单击“幻灯片放映”菜单中的“隐藏幻灯片”命令，可将该张幻灯片隐藏。再次单击“隐藏幻灯片”命令可以撤销隐藏。

如果在放映过程中希望放映设置为隐藏的幻灯片，可以在任一张幻灯片上单击鼠标右键，在快捷菜单中选中“定位至幻灯片”命令，在弹出的列表中双击设置了隐藏的幻灯片，即可显示被隐藏的幻灯片。

3．自定义放映

自定义放映方式在介绍动作按钮时已经用到，这里不再重复。

12.5 添加多媒体对象

12.5.1 添加声音和音乐

1．在幻灯片中插入剪辑库中的声音

（1）打开需要加入声音的幻灯片。

（2）单击“插入”菜单中的“影片和声音”命令，选择“剪辑管理器中的声音”，打开如图 12.59 所示的“剪贴画”任务窗格。

（3）单击选择合适的声音图标后，打开如图 12.60 所示的对话框，根据需要选择开始播放声音时的条件。

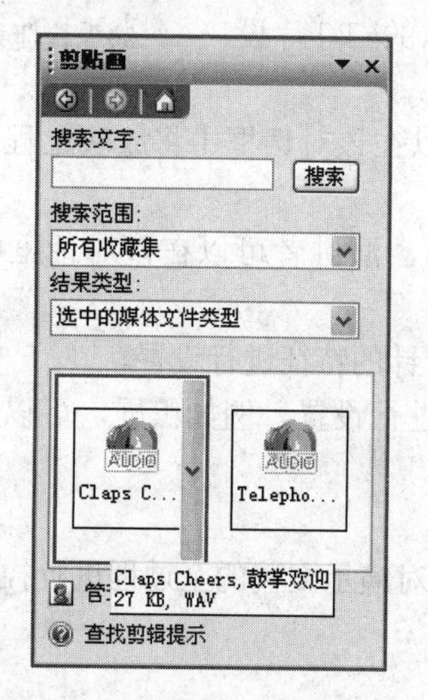

图 12.59 “剪贴画”任务窗格

图 12.60 播放声音时的条件

2．在幻灯片中插入文件中的声音

在整个演示文稿的播放过程中添加淡淡的背景音乐，可以起到很好的烘托氛围。

（1）选择要插入声音文件的幻灯片。

（2）单击“插入”菜单中的“影片和声音”命令，选择“文件中的声音”命令，打开“插入声音”对话框。在对话框中选择声音文件的文件夹和文件名后，单击“确定”按钮，弹出提示对话框，如果单击“是”按钮，则幻灯片放映时自动播放插入的声音，否则将在单击鼠标时播放插入的声音。

（3）在幻灯片中增加了一个声音图标，如图 12.61 所示，该图标可以放大、缩小，还可以根据需要移到幻灯片中的任何位置。调整的方法与图片对象的调整方法相同。

（4）在声音图标上单击右键，在快捷菜单中选择“自定义动画”，打开“自定义动画”任务窗格，如图 12.62 所示。

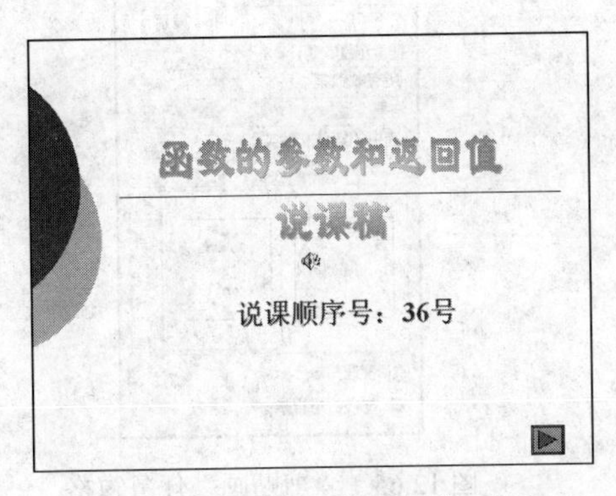

图 12.61　增加了声音图标的幻灯片

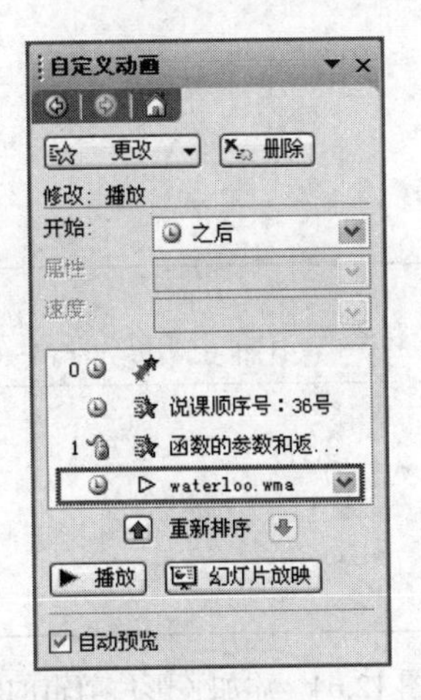

图 12.62　“自定义动画”任务窗格

（5）选择声音对象右侧的下拉箭头，在菜单中选择“效果选项”，打开“播放 声音”对话框，如图 12.63 所示。

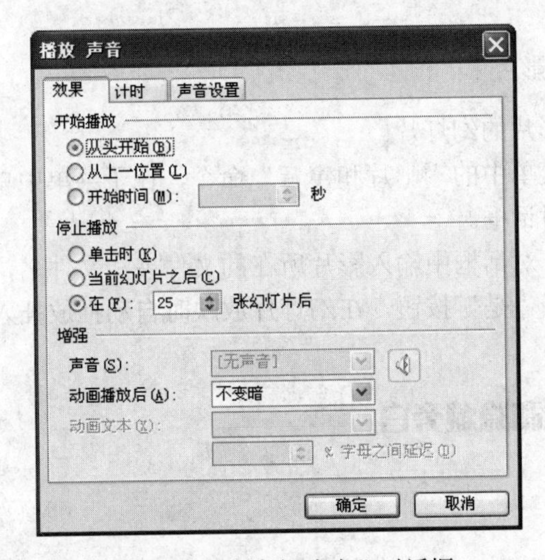

图 12.63　“播放 声音”对话框

（6）在“开始播放”选项组中选择“从头开始”单选按钮，在“停止播放”选项组中设置在“25”张幻灯片后，因为本演示文稿共有 25 张幻灯片。这样才能在播放过程中一直播放背景音乐，否则只能在当前幻灯片中播放插入的音乐，切换到下一张时声音就停止了。

12.5.2　添加影片

1. 插入剪辑库中的影片剪辑

Microsoft 提供了丰富的影片剪辑，可以制作很生动的动画效果，图 12.64 中的项目按钮就是 Microsoft 中的内置影片剪辑，播放时有很好的动画效果。

（1）单击“插入”菜单中的“影片和声音”命令，选择“剪辑管理器中的影片”命令，打开“剪贴画”任务窗格，如图 12.65 所示。

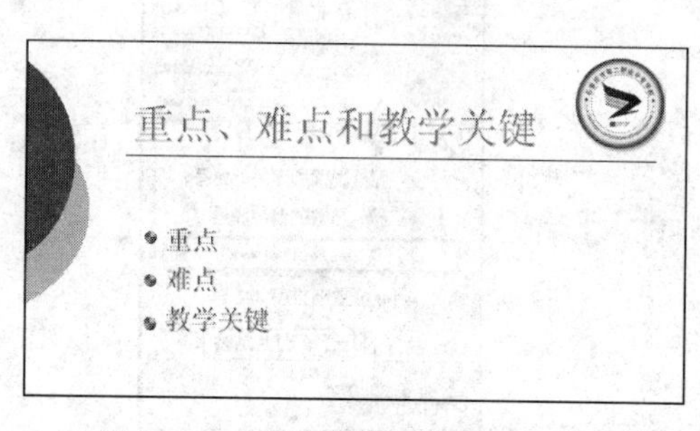

图 12.64　添加了影片剪辑的幻灯片

图 12.65　“剪贴画”任务窗格

（2）在列表框中选择要插入的影片剪辑，并选择是否自动播放，将插入的影片剪辑拖动到合适的位置，复制另外两个。全部选中后，用“绘图”工具栏中的左对齐、纵向分布工具进行适当的调整。

2．在幻灯片中插入影片

（1）打开需要添加影片的幻灯片。

（2）单击“插入”菜单中的“影片和声音”命令，在子菜单中单击“文件中的影片”命令，打开“插入影片”对话框。

（3）在“插入影片”对话框中输入影片所在的文件夹和文件名，单击“确定”按钮，弹出系统提示框，如果选择“是”按钮，在幻灯片放映时自动播放插入的影片，否则将在单击鼠标后播放插入的影片。

12.5.3　录制删除和隐藏旁白

1．录制旁白

如果希望在幻灯片放映时，有演讲者提供的声音解说，可以通过给演示文稿录制旁白的方法，把声音加进幻灯片中。

（1）检查计算机中的声卡和麦克风的安装是否正确。

（2）打开录制旁白的演示文稿。单击“幻灯片放映”菜单中的“录制旁白”命令，打开“录制旁白”对话框，如图 12.66 所示。

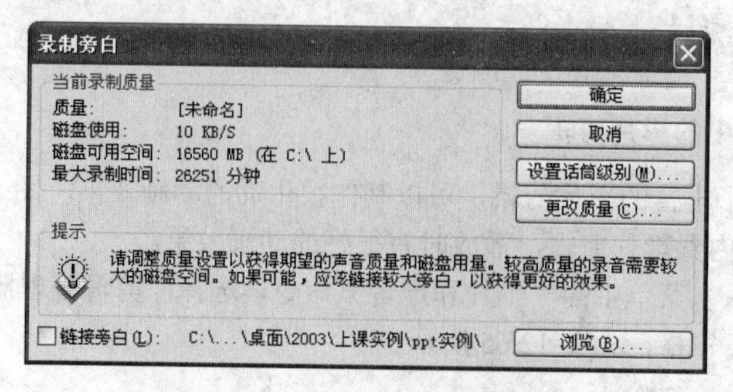

图 12.66　“录制旁白”对话框

（3）如果希望作为嵌入对象在幻灯片中插入旁白，直接单击“确定”按钮；如果希望作为链接对象插入旁白，选中对话框左下角的“链接旁白”复选框，然后单击“确定”按钮，开始幻灯片放映。

（4）在幻灯片放映的过程中，用麦克风给每张幻灯片录制旁白。

（5）放映完最后一张幻灯片后，弹出系统提示框。如果希望保存时间和旁白，单击“是”按钮，返回幻灯片浏览视图。在浏览视图中，幻灯片下方的数字表示该幻灯片的排练时间。如果只希望保存旁白而不保存排练时间，单击“否”按钮。

（6）录制旁白后，在每张幻灯片的右下角会出现一个声音图标。在放映幻灯片时，所录制的旁白会自动播放。

2．删除幻灯片的旁白

当不再需要幻灯片的旁白时，只需在幻灯片视图中，选中幻灯片右下角的声音图标，然后按键盘上的 Delete 键。

3．隐藏旁白

如果希望在幻灯片放映过程中不播放旁白，而又不想删除所录制的旁白，可单击“幻灯片放映”菜单中的“设置放映方式”命令，打开“设置放映方式”对话框，在对话框中选中“放映时不加旁白”复选框。

4．给单张幻灯片录制声音

（1）打开需要录制声音的幻灯片。

（2）单击“插入”菜单中的“影片和声音”命令，在子菜单中选择“录制声音”命令，弹出“录音”对话框，如图 12.67 所示。

（3）检查声卡和麦克风安装正确后，单击“录音”开关●，开始录音，完成后单击“停止”按钮■。

（4）单击“播放”按钮▶，播放所录制的内容，检查声音无误后，在“名称”文本框中输入声音的名称。

（5）单击“确定”按钮，返回幻灯片视图，则在幻灯片中出现一个声音图标。

12.5.4　打包幻灯片

对演示文稿进行打包，可以在没有安装 PowerPoint 的计算机上放映演示文稿。

（1）单击“文件”菜单中的“打包成 CD”命令，打开“打包成 CD”对话框，如图 12.68 所示，在“将 CD 命名为”文本框中输入名称。

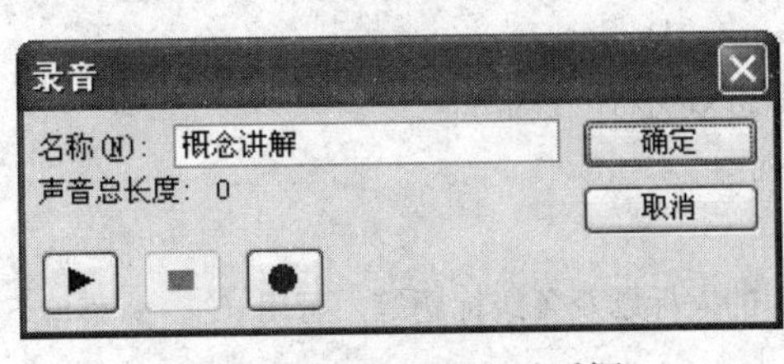

图 12.67　“录音”对话框

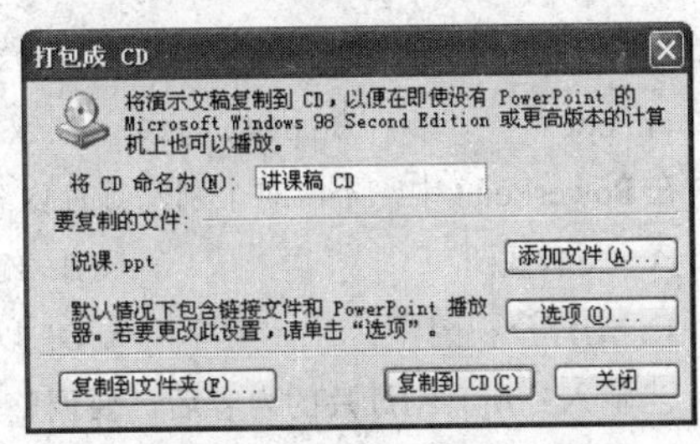

图 12.68　“打包成 CD”对话框

（2）单击“选项”按钮，打开如图 12.69 所示的“选项”对话框，选中打包所包含的“PowerPoint 播放器”，在没有 PowerPoint 的环境中也可以播放演示文稿。可以选择嵌入字体，以避免发生字体失真的现象；还可以设置打开和修改演示文稿的密码。

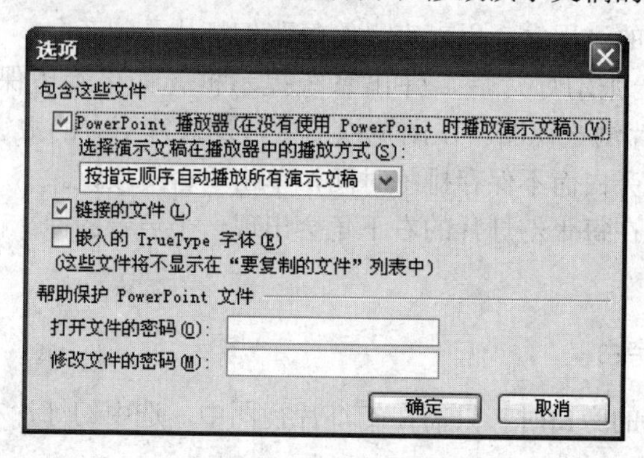

图 12.69 “选项”对话框

（3）在“打包成 CD”对话框中单击“复制到 CD”按钮，可以将文件直接以打包的形式复制到 CD 光盘上。

（4）在“打包成 CD”对话框中单击“复制到文件夹”按钮，打开“复制到文件夹”对话框，如图 12.70 所示，可以将演示文稿和 pptview（PowerPoint 幻灯片的播放器）复制到指定位置的文件夹中。

图 12.70 “复制到文件夹”对话框

（5）在“打包成 CD”对话框中单击“添加文件”按钮，在“添加文件”对话框中可以将多个演示文稿打包在一起。

习题 12

一、多选题

1. PowerPoint 演示文稿的扩展名是（ ）。

A. .ppt B. .pwt C. .xsl D. .doc

2. 在 PowerPoint 中，不能对个别幻灯片内容进行编辑修改的视图方式是（ ）。

A. 大纲视图 B. 幻灯片浏览视图

C. 幻灯片视图 D. 以上三项均是

3. 当输入完所有幻灯片的内容后，要调整每张幻灯片的大标题及各级标题等，可用（ ）菜单下的（ ）子菜单中的（ ）命令进行调整。

A. 母版　B. 视图　C. 幻灯片母版　D. 格式

4. 幻灯片背景在（　）菜单中。

A. 视图　B. 插入　C. 格式　D. 工具

5. 放映幻灯片的快捷键是（　）。

A. F5　B. F6　C. F7　D. Ctrl+M

6. 设置幻灯片内容的动画效果，可用幻灯片放映菜单下的（　）或（　）命令。

A. 动画方案　B. 动画预览

C. 自定义动画　D. 动作设置

7. 在幻灯片中添加组织结构图，可用（　）菜单下（　）命令中的组织结构图命令，或选择带有组织结构图的自动版式。

A. 格式　B. 插入　C. 图片　D. 视图

二、上机练习

1. 新建一个演示文稿“练习一”，完成以下操作：

第一张幻灯片以标题幻灯片自动版式建立，第二张幻灯片以项目清单幻灯片自动版式建立，第三张幻灯片以表格幻灯片自动版式建立，第四张幻灯片以文本与剪贴画自动版式建立，并自拟相关内容输入。

2. 针对样文新建一个议程类演示文稿“练习二”，按要求完成操作：

第一张幻灯片以标题幻灯片标题版式建立，并输入以下文字：“Microsoft Office 功能特点”。将幻灯片中的标题文字字体设置为“黑体”，字号设置为“40”，颜色设置为“红色”。加入 Microsoft 剪辑库中的一段音乐，使它在幻灯片放映过程中自动播放。

第二张幻灯片以空白版式建立，并输入以下文字：“Microsoft Office 家族的所有成员都具有相似的屏幕显示效果和操作方式，比如类似的菜单命令和工具栏等。所以，只要您学会一种软件，也就掌握了其他软件的基本操作。”

在幻灯片的左下角插入一张图片，调整图片的大小和位置，并给图片加边框和增加填充效果。将幻灯片中正文文本中第一级文字的字体设置为“宋体”，字号为“28”，颜色为“蓝色”；将第二级文字的字体设置为“仿宋”，字号为“24”，颜色为“橘黄色”。

第三张幻灯片以项目清单幻灯片自动版式建立，并输入以下文字：

- 一致的用户界面和操作风格
- 应用程序间共享信息
- 不同用户间共享信息
- Office 管理器

在每个项目的后面添加一个自定义动作按钮，可以链接到下列相应的幻灯片，针对下面每一点后面的文字内容新建若干张幻灯片，并在该点文字的最后添加一个自定义按钮，单击可以返回第三张幻灯片。

设置放映方式：给所有幻灯片中的对象设置动画效果，设置幻灯片的切换效果，设置幻灯片的放映方式为自动播放，要求在前一对象出现 3 秒后，自动播放其后的对象，然后观看放映效果。再设置幻灯片的放映方式为单击鼠标后播放下一个对象，观看放映效果。

【样文】

■　一致的用户界面和操作风格

Microsoft Office 家族的所有成员都具有相似的屏幕显示效果和操作方式，比如类似的菜单命令和工具栏等。所以，只要您学会一种软件，也就掌握了其他软件的基本操作。

■ 应用程序间共享信息

Office Links 和 OLE2.0 可以让用户在各应用程序间移动和共享数据，将信息从一个应用程序拖到另一个应用程序中，方便地执行交叉应用程序任务。

■ 不同用户间共享信息

通过 Microsoft Mail 可以将 Word 文档、PowerPoint 演示幻灯片或 Excel 工作表传递给一组人员审阅，并接受或拒绝他们所做的修改。

■ Office 管理器

Microsoft Office 管理器在屏幕上显示一个工具栏，工具栏包含 Office 各主要成员的图标。单击相应的图标，可以迅速启动需要的应用程序或在已启动的应用程序间进行切换；或者启动当前应用程序的第二个实例；或者在屏幕中平铺、排列两个应用程序。

3. 新建一个演示文稿“练习三”，完成以下操作：

第一张幻灯片以空白自动版式建立，并在幻灯片中插入艺术字：“自学式多媒体教材评估机构设置”。改变艺术字的字体、颜色，更改艺术字的形状及改变艺术字的效果。

第二张幻灯片以“组织结构图”自动版式建立。进入组织结构图操作窗口，并执行以下操作：

- 输入标题：“自学式多媒体教材评估机构设置”。
- 在顶部图框中输入文本：“评估机构”。
- 在顶部图框下方增加 4 个部下图框，并在 4 个部下图框中输入下列文本：“课程专家”、“教学法专家”、“媒体专家”和“行政领导”。
- 在“媒体专家”图框下方增加两个部下图框，并在两个图框中输入文本：“硬件专家”和“软件专家”。
- 更改组织结构图中所有的图框填充色为红色。
- 为所有图框增加“右下”阴影。
- 改变所有图框的边框颜色为“绿色”。
- 改变所有图框中的文字为“黄色”，字体为“黑体”。
- 改变所有连接线为“黄色”，并加粗连接线。
- 改变“媒体专家”图框下面的两个部下图框的样式为“竖排”。退出组织结构图操作窗口，返回幻灯片视图中。

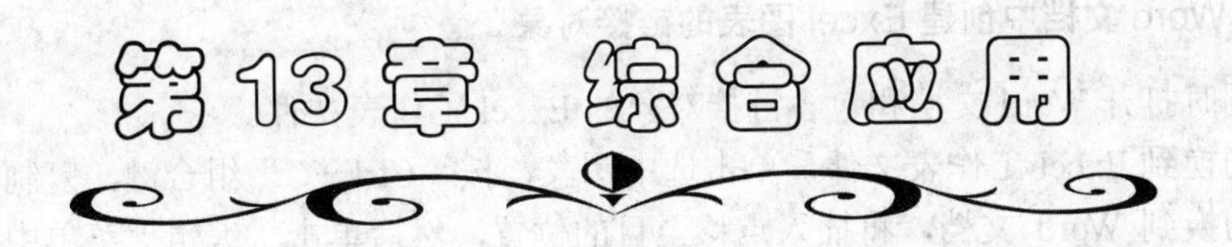

学习目标

- ◆ 能够在 Word 文档中以嵌入、链接的方式插入 Excel 工作表或图表
- ◆ 能够在 Excel 中插入 Word 文档
- ◆ 能够将 Word 文档和演示文稿大纲相互转换
- ◆ 熟练掌握在演示文稿中导入图表或工作表的方法

Microsoft Office 是一个办公自动化软件的大家族，每个 Office 程序都有自己的独到之处，都是用户完成公务的得力助手，其中 Word、Excel 和 PowerPoint 更是被熟悉它们的用户称为办公软件中的“三剑客”。这 3 个软件之间既具有藕断丝连的“亲缘”关系，又各自具有长足的优势和特色，用户通过不同程序间的协作，可使工作效率得到更进一步的提高。

13.1 在 Word 中使用 Excel

Word 的优势在于对文字的处理和修饰以及对文字和图形的编排，虽然 Word 中也有表格的处理，但对于处理那些有关数据统计与分析类的表格，则显得有些力不从心。在 Word 文档中插入 Excel 工作表或图表，是解决这些问题的较为完美的方法。

Word 提供了几种将 Excel 数据插入 Word 文档的方法：

- 复制或粘贴工作表或图表到 Word 文档中；
- 将工作表或图表作为链接对象插入 Word 文档中；
- 将工作表或图表作为嵌入对象插入 Word 文档中。

链接和嵌入这两种方法的主要不同点在于数据的存储位置和数据的更新方式。

以链接方式添加到 Word 文档中的表格或图表，其信息保存于源程序 Excel 文件中，无论何时编辑源文件中的内容，在 Word 目标文件中的这些内容都会自动更新，这称为“动态链接”。链接的优点是可以减小目标文件的大小，并保证数据能自动更新。

以嵌入方式添加到 Word 文档中的表格或图表，不会自动更新，而且数据将存放于目标文件中。需要编辑嵌入对象时，必须双击对象进入源程序进行操作，完成编辑并返回后，目标文件中的数据才能更新。由于使用嵌入方法添加对象时，信息全部被保存在一个 Word 文档中，所以如果要将文档分发给那些没有权限独立维护工作表或图表中信息的用户时，它是一个有效的方法。

13.1.1 利用原有的 Excel 工作表或图表创建链接对象

1. 在 Word 文档中创建 Excel 图表的链接对象

（1）同时打开 Word 文档和包含链接对象的 Excel 工作表文件。

（2）切换到 Excel 工作表文件，单击选中图表，按“Ctrl＋C”组合键，复制所选图表。

（3）切换到 Word 文档，将插入点移至目的位置，然后单击“编辑”菜单中的“选择性粘贴”命令，打开“选择性粘贴”对话框，如图 13.1 所示。

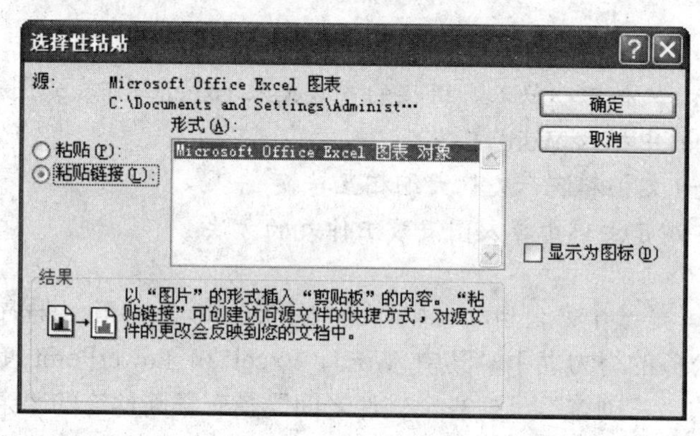

图 13.1 “选择性粘贴”对话框

（4）选中“粘贴链接”单选按钮，在“形式”列表框中选择“Microsoft Office Excel 图表对象”。

（5）单击“确定”按钮。

插入图表后，在 Word 文档中双击该图表可以打开 Excel 直接对该图表进行编辑。

2. 在 Word 文档中创建 Excel 工作表的链接对象

（1）在工作表中，选定需要复制的单元格区域，然后单击“复制”按钮。

（2）切换到 Word 文档中，在需要插入单元格区域的位置单击鼠标左键。

（3）单击“编辑”菜单中的“选择性粘贴”命令，打开“选择性粘贴”对话框，如图 13.2 所示。

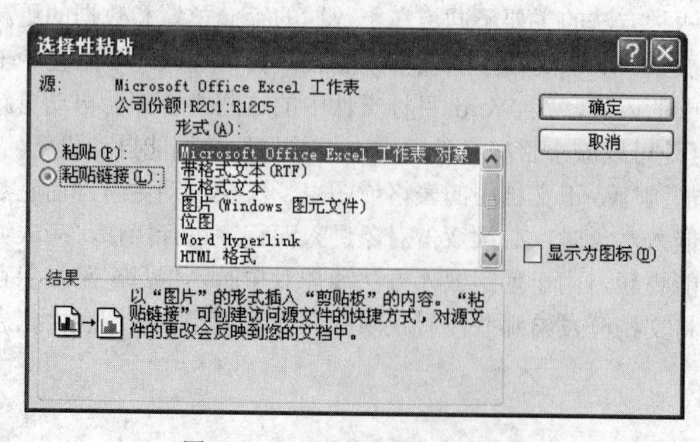

图 13.2 “选择性粘贴”对话框

（4）选中“粘贴链接”单选按钮，在“形式”列表框中选择“Microsoft Office Excel 工作表对象”，和插入图片一样，粘贴后只可以调整其大小和位置。如果选择“带格式文本（RTF）”选项，可在 Word 文档中将单元格粘贴为表格，还可调整其大小并设置格式；如果选择“无格式文本”选项，则只是将单元格粘贴为以制表符分隔的文本。

（5）单击“确定”按钮。

执行上述链接粘贴后，在 Excel 中的原始数据改变，则目标文件（Word）中的相应信息也将被更新。

如果已经对单元格区域进行链接之后又需添加额外的数据行或列，则可采用的方法是在 Excel 中为区域命名，操作步骤如下：

（1）在 Excel 中选定区域。

（2）单击“插入”菜单中的“名称”命令，选择子菜单中的“定义”命令，打开“定义名称”对话框，如图 13.3 所示。

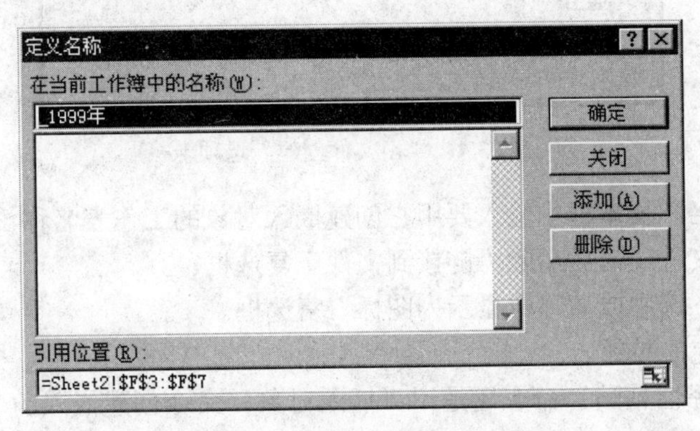

图 13.3　“定义名称”对话框

（3）在编辑框中输入区域名，单击“添加”按钮，然后单击“确定”按钮。

（4）按“Ctrl＋C”组合键，复制所选单元格区域。

（5）在 Word 文档中将单元格区域粘贴为链接对象。

（6）在 Excel 中添加更多的数据，并重新定义区域、将额外的单元格包括进去。新增的数据将在下一次更新链接时添加到 Word 中文版中的链接对象。

13.1.2　利用原有的 Excel 工作表或图表创建嵌入对象

1．在 Word 文档中创建 Excel 图表的嵌入对象

（1）同时打开 Word 文档和包含嵌入对象的 Excel 工作表文件。

（2）切换到 Excel 工作表文件，单击选中图表，然后按“Ctrl+C”组合键，复制所选图表。

（3）切换到 Word 文档，移动插入点至目的位置，然后单击“编辑”菜单中的“选择性粘贴”命令，打开“选择性粘贴”对话框。

（4）单击选中“粘贴”选项，在“形式”列表框中选择“Microsoft Office Excel 图表对象”。

（5）单击“确定”按钮，关闭对话框，完成创建嵌入对象。

2．在 Word 文档中创建 Excel 工作表的嵌入对象

（1）在 Word 文档中，单击插入点。

（2）单击“插入”菜单中的“对象”命令，打开“对象”对话框的“由文件创建”选项卡，如图 13.4 所示。

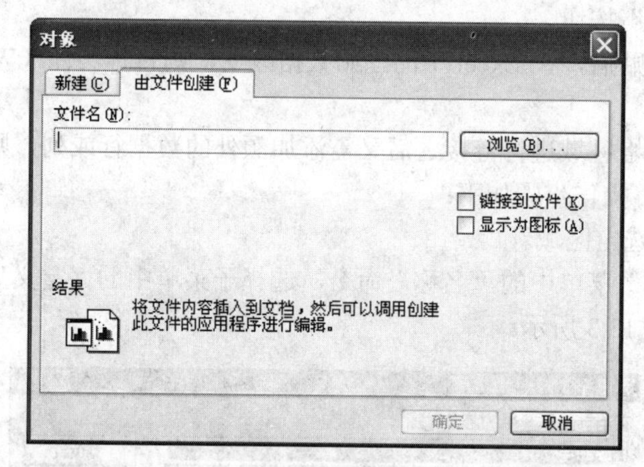

图 13.4 “由文件创建”选项卡

（3）在“文件名”文本框中输入要用它创建嵌入对象的工作表名称，或者单击“浏览”按钮在列表中选择文件，最后清除“链接到文件”复选框。

（4）根据需要，选中或清除“显示为图标”复选框。

（5）单击“确定”按钮。

无论是用“选择性粘贴”命令还是用“插入对象”命令创建嵌入的 Excel 对象，Word 都会自动将整个工作表插入文档中。但是使用“选择性粘贴”命令，嵌入对象只显示所选工作表数据；而使用“插入对象”命令，嵌入对象显示工作表的首页。

13.1.3 新建嵌入的 Excel 工作表或图表

如果在文档制作过程中，需要创建一个含有计算内容的表格，可采用直接嵌入的方法。

（1）在 Word 文档中，单击要插入新工作表或图表的位置。

（2）单击“插入”菜单中的“对象”命令，在打开的“对象”对话框中单击“新建”选项卡，如图 13.5 所示。

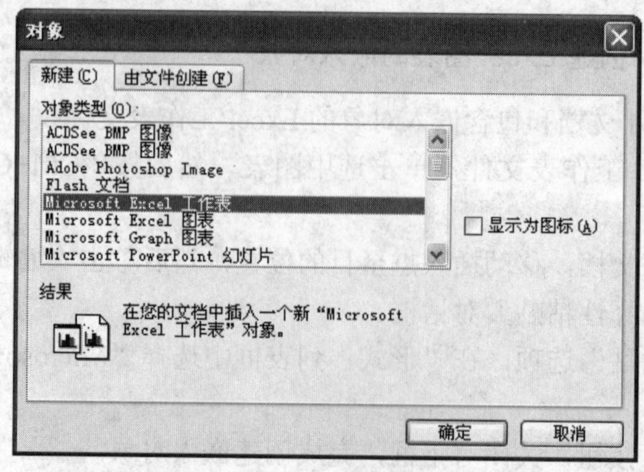

图 13.5 “新建”选项卡

（3）单击“对象类型”框中的“Microsoft Excel 工作表”或“Microsoft Excel 图表”选项。

（4）单击“确定”按钮。

（5）编辑、输入工作表或图表。

在 Word 中创建了嵌入的 Excel 工作表对象后，虽然只显示一个工作表，但实际上是全部工作表都被插入了文档中。双击嵌入对象，然后单击另一个工作表，即可显示不同的工作表。

13.2 在 Excel 工作表中插入 Word 文档

13.2.1 在 Excel 中新建 Word 文档

（1）在 Excel 工作表中，单击要新建文档的单元格。

（2）单击“插入”菜单中的“对象”命令，打开“对象”对话框的“新建”选项卡。

（3）单击“对象类型”列表框中的“Microsoft Word 文档”选项。

（4）单击“确定”按钮，窗口如图 13.6 所示。

文档 在 图表.xls

某地区十公司产品销售统计				
名次	公司	营收（百万）	市场份额	增长率
1	ITL	13,828.00	9%	37%
2	NEC	11,360.00	7%	43%
3	TCB	10,185.00	7%	35%
4	NAL	9,422.00	6%	42%
5	MTA	9,173.00	6%	27%
6	STA	8,344.00	5%	73%
7	BTI	8,000.00	5%	44%
8	FUT	5,511.00	4%	42%
9	MSU	5,154.00	3%	37%
10	PHP	4,040.00	3%	38%

公司份额 / Sheet2 / Sheet3

图 13.6 新建嵌入的 Word 文档

（5）这时窗口的菜单和工具栏已变成熟悉的 Word 窗口样式，在其中编辑和格式化文档，与在 Word 中基本一样。

13.2.2 在 Excel 中直接插入已存在的 Word 文档

（1）在 Excel 工作表中，单击要插入 Word 文档的单元格。

（2）单击“插入”菜单中的“对象”命令，打开“对象”对话框的“由文件创建”选项卡。

（3）单击“浏览”按钮，打开“浏览”对话框，在列表框中选择要插入的 Word 文档，单击“插入”按钮。

（4）清除“链接文件”复选框，将以嵌入方式插入文档，否则是链接的方式。

（5）单击“确定”按钮。

（6）在 Word 文档窗口中单击可以编辑和修改文档。

（7）在 Excel 中单击，在工作表中将显示完整的文档内容。

13.2.3 将 Excel 数据表复制为图片

在 Excel 中选中数据表后，按住“Shift”键的同时单击“编辑”菜单，原来的复制和粘贴就会变成“复制图片”和“粘贴图片”，通过这种功能可以将数据表复制为图片供其他软件共享。

（1）选中要复制成图片的数据表，如图 13.7 所示。

（2）按住“Shift”键的同时单击“编辑”菜单中的“复制图片”命令，打开“复制图片”对话框，如图 13.8 所示。

	A	B	C	D	E
1	某地区十公司产品销售统计				
2	名次	公司	营收（百万）	市场份额	增长率
3	1	ITL	13, 828. 00	9%	37%
4	2	NEC	11, 360. 00	7%	43%
5	3	TCB	10, 185. 00	7%	35%
6	4	NAL	9, 422. 00	6%	42%
7	5	MTA	9, 173. 00	6%	27%
8	6	STA	8, 344. 00	5%	73%
9	7	BTI	8, 000. 00	5%	44%
10	8	FUT	5, 511. 00	4%	42%
11	9	MSU	5, 154. 00	3%	37%
12	10	PHP	4, 040. 00	3%	38%

图 13.7 要转换为图片的数据表

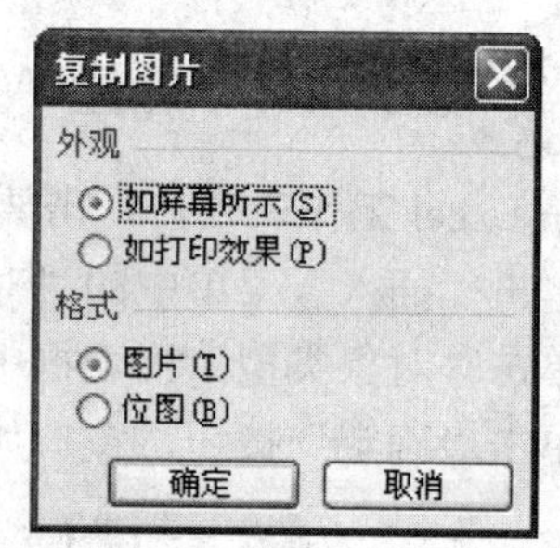

图 13.8 “复制图片”对话框

（3）在“外观”中选择“如屏幕所示”，在“格式”中选择“图片”，单击“确定”按钮。

（4）打开 Office 的其他组件，按“Ctrl+V”组合键即可以数据表的图片粘贴过去。Word 中的数据表图片如图 13.9 所示。

注意

如果在复制图片时选择“如打印效果”（见图 13.8），所复制的图片将不显示 Excel 自有的网格线，如图 13.10 所示。

某地区十公司产品销售统计				
名次	公司	营收（百万）	市场份额	增长率
1	ITL	13, 828. 00	9%	37%
2	NEC	11, 360. 00	7%	43%
3	TCB	10, 185. 00	7%	35%
4	NAL	9, 422. 00	6%	42%
5	MTA	9, 173. 00	6%	27%
6	STA	8, 344. 00	5%	73%
7	BTI	8, 000. 00	5%	44%
8	FUT	5, 511. 00	4%	42%
9	MSU	5, 154. 00	3%	37%
10	PHP	4, 040. 00	3%	38%

图 13.9 Word 中的数据表图片

某地区十公司产品销售统计				
名次	公司	营收（百万）	市场份额	增长率
1	ITL	13, 828. 00	9%	37%
2	NEC	11, 360. 00	7%	43%
3	TCB	10, 185. 00	7%	35%
4	NAL	9, 422. 00	6%	42%
5	MTA	9, 173. 00	6%	27%
6	STA	8, 344. 00	5%	73%
7	BTI	8, 000. 00	5%	44%
8	FUT	5, 511. 00	4%	42%
9	MSU	5, 154. 00	3%	37%
10	PHP	4, 040. 00	3%	38%

图 13.10 选择“如打印效果”的图片

13.3 PowerPoint 与其他 Office 组件的联合使用

在 PowerPoint 中也可以直接使用其他组件中所创建的一些数据文件，例如，使用 Word 中创建的文档、表格，使用 Excel 中制作的各种图表，甚至可以直接将 Excel 创建的工作表中的数据添加到演示文稿中。

13.3.1 Word 文档和演示文稿大纲相互转换

1. 将已有的 Word 文档转换为 PPT

（1）在 Word 窗口中，单击“文件”菜单中的“发送”命令，再选择“Microsoft Office PowerPoint”，将自动打开 PowerPoint 工作窗口。

（2）“标题 1”的段落转换成新幻灯片的题目，“标题 2”的文本转换成第 1 级文本内容，依次类推。

2. 将已有的 PPT 发送为 Word 文档

在 PowerPoint 中也允许把生成的演示文稿发送到 Word 中，以便能够更详细地编辑演示文稿，或者在其中添加更详细的信息或文件资料。

（1）在 PowerPoint 窗口中单击“文件”菜单中的“发送”命令，选择“Microsoft Office Word”命令，打开“发送到 Microsoft Office Word”对话框，如图 13.11 所示。

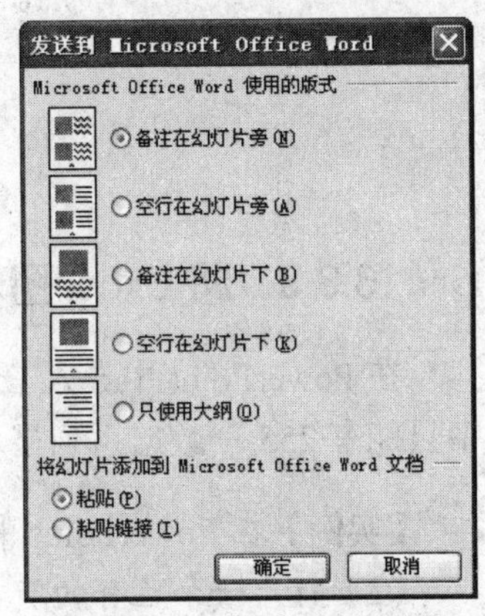

图 13.11 “发送到 Microsoft Office Word”对话框

（2）根据需要设置粘贴幻灯片后 Word 所使用的版式。

- “备注在幻灯片旁”：Word 将创建一个第一列为幻灯片的序列号、第二列为幻灯片、第三列为备注的表格。
- “空行在幻灯片旁”：Word 将创建一个第一列为幻灯片的序列号、第二列为幻灯片、第三列为空行的表格。
- “备注在幻灯片下”：将会在 Word 文件中的每一页都包含一张幻灯片，每一页的第一段为幻灯片的序列号，第二段为幻灯片，第三段为备注。
- “空行在幻灯片下”：将会在 Word 文件中的每一页都包含一张幻灯片，每一页的第一段为幻灯片的序列号，第二段为幻灯片，第三段为空行。
- “只使用大纲”：将会把演示文稿以 Word 文档大纲的形式进行保存，可以在 Word 中进入大纲视图观看它的格式。

（3）选择将幻灯片添加到 Microsoft Word 文档的方式。

- “粘贴”：把演示文稿的幻灯片转化为 Word 文件中的嵌入对象。
- “粘贴链接”：把演示文稿的幻灯片转化为 Word 文件中的链接对象。

（4）单击“确定”按钮，就可以将选定的内容转送到 Word 中。

13.3.2 在演示文稿中嵌入 Word 文档

不仅可以通过“发送”命令将 Word 文档转换成演示文稿，还可以将 Word 文档的内容作为对象插入到幻灯片中。

（1）在 PowerPoint 的演示文稿中选定一张幻灯片。

（2）单击“插入”菜单中的“幻灯片（从大纲）”命令，打开“插入大纲”对话框。

（3）选择要插入的 Word 文档文件名，单击“确定”按钮，效果如图 13.12 所示。

图 13.12 在 PPT 中插入的 Word 文档大纲

13.3.3 将 Excel 图表导入幻灯片中

在 PowerPoint 中导入 Excel 工作表或图表，导入的数据可多达数千行和数千列，但是最多只能有 255 个数据系列显示在图表或工作表中。

【实例】在 PowerPoint 中导入现有的 Excel 图表。

（1）打开一个已有的演示文稿，插入一张空白幻灯片，单击"常用"工具栏中的"插入图表"按钮插入一个默认图表，如图 13.13 所示。

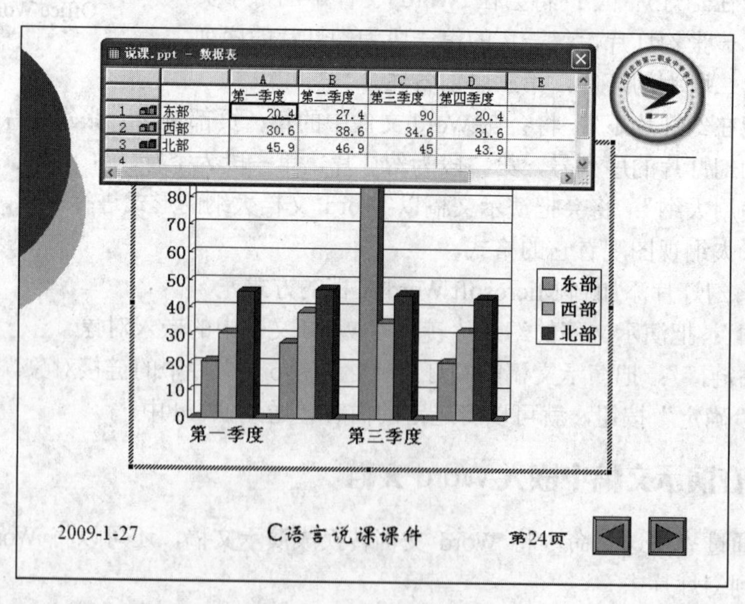

图 13.13 插入的默认图表

(2) 激活图表后将打开它的数据表，选定数据表中的 A1 单元格，单击“编辑”菜单中的“导入文件”命令，打开“导入文件”对话框，选中在前面 Excel 章节中创建的“08 级 7 班成绩单.xls”，打开如图 13.14 所示“导入数据选项”对话框。

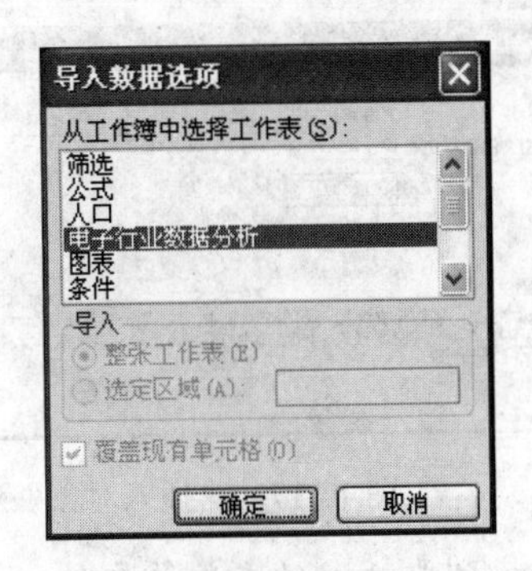

图 13.14 “导入数据选项”对话框

(3) 在“从工作簿中选择工作表”列表框中选择要导入的图表“电子行业数据分析”，单击“确定”按钮，关闭对话框。

(4) 导入的图表及数据序列如图 13.15 所示，根据需要调整工作表的尺寸和其中的数据项。

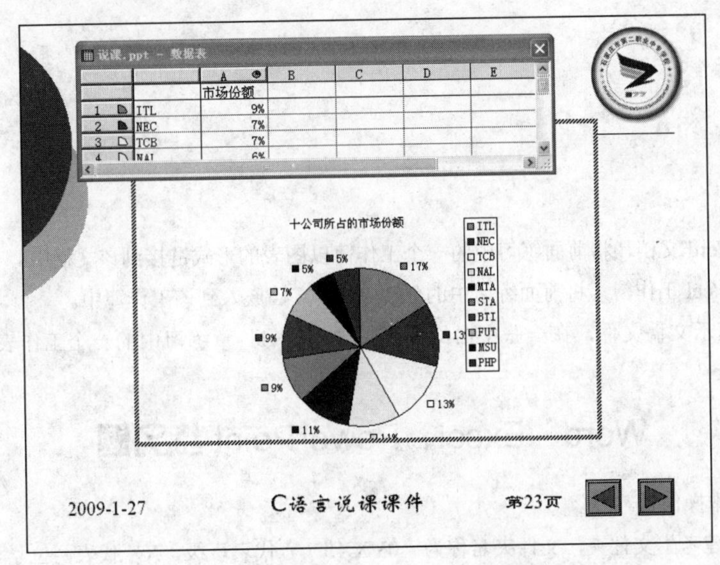

图 13.15 在 PPT 中导入数据图表

【实例】在 PowerPoint 中导入如图 13.16 所示已有的 Microsoft Excel 工作表。

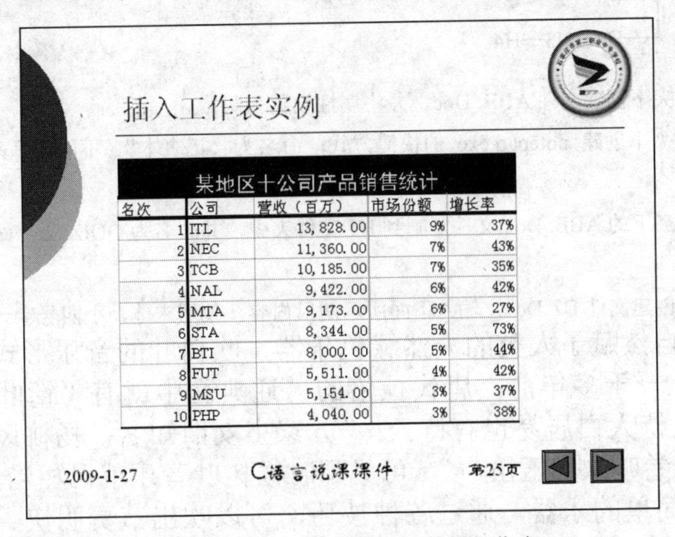

某地区十公司产品销售统计

名次	公司	营收（百万）	市场份额	增长率
1	ITL	13, 828. 00	9%	37%
2	NEC	11, 360. 00	7%	43%
3	TCB	10, 185. 00	7%	35%
4	NAL	9, 422. 00	6%	42%
5	MTA	9, 173. 00	6%	27%
6	STA	8, 344. 00	5%	73%
7	BTI	8, 000. 00	5%	44%
8	FUT	5, 511. 00	4%	42%
9	MSU	5, 154. 00	3%	37%
10	PHP	4, 040. 00	3%	38%

图 13.16 在 PPT 中导入已有的工作表

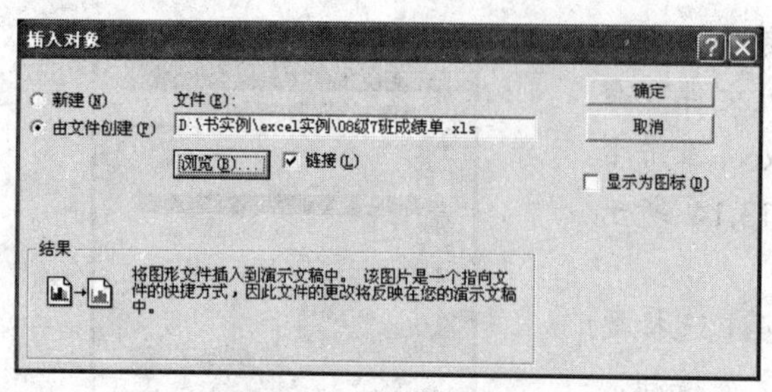

图 13.17 “插入对象”对话框

（1）先在 Excel 中打开要插入到幻灯片中的工作簿文件，将要插入的工作表的数据选中，这样就只插入选中的数据系列。

（2）选中要插入工作表的幻灯片。

（3）单击“插入”菜单中的“对象”命令，打开“插入对象”对话框，选择“由文件创建”单选按钮，单击“浏览”按钮找到要插入的工作簿文件，如图 13.17 所示。

（4）选中“链接”复选框，单击“确定”按钮，插入的工作表如图 13.16 所示。

习题 13

上机练习题

1. 新建一个 Word 文档，将前面练习中的一个工作簿以图表的形式链接到该文档中。

2. 新建一个 Excel 工作簿，将前面练习中的任一 Word 文档嵌入到该工作簿中。

3. 新建一个演示文稿文件，在一张空白幻灯片中导入第 11 章练习中的一个工作表，并建立相应的图表。

Word、Excel、PowerPoint 练习题

1. Windows 基本操作题

（1）在 D 盘创建考生文件夹，文件夹名称为“0YXX”（Y 代表班级，XX 代表两位学号），如 7 班学号为 3 号的学生，建立的考生文件夹为“0703”。本练习中的考生文件夹均指此文件夹。

（2）在考生文件夹下创建下列文件夹：

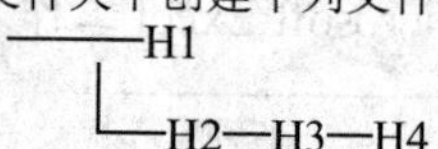

（3）在考生文件夹下创建文件 ABB. Doc，并将属性设置为隐藏。

（4）在考生文件夹下创建 notepad.exe 的快捷方式，命名为“记事本”（不能把“开始”菜单中的记事本直接拖下来）。

（5）将考生文件夹下的 ABB. Doc 文件复制到 H1 文件夹中，并改名为 QUIZ.txt。

2. 汉字输入

在考生文件夹中创建文件 DZ.Doc，输入下面所示两段内容，使用宋体，小四号字。

树叶，是大自然赋予人类的天然绿色乐器，吹树叶的音乐形式，在我国有悠久的历史。早在一千多年前，唐代杜佑的《通典》中就有“衔叶而啸，其声清震”的记载；大诗人白居易也有诗云：“苏家小女旧知名，杨柳风前别有情，剥条盘作银环样，卷叶吹为玉笛声”，可见那时候树叶音乐就已相当流行。

树叶这种最简单的乐器，通过各种技巧，可以吹出节奏明快、情绪欢乐的曲调，也可吹出清亮悠扬、深情婉转的歌曲。它的音乐柔美细腻，好似人声的歌

唱，那变化多端的动听旋律，使人心旷神怡，富有独特情趣。

3. Word 排版操作

（1）在考生文件夹中创建文件 WSZ. Doc，在其中插入 DZ. Doc 文件的内容，再把第二段的内容复制一遍。

（2）设置纸张大小为B5，上、下边距为2cm，左、右边距为3cm。

（3）插入剪贴画“教堂”，设置图片水平居中，垂直距页边距 0，高度为 4.6cm，宽度约为 14cm，环绕方式为上下型。

（4）在图片上面加艺术字作为标题，内容为“激动人心的旋律”；式样为第四行、第四列，线条红色，填充白色，无阴影。

（5）利用文本框在图片上添加副标题，内容为“‘绿色旋律’——树叶音乐”，设置为隶书，四号字，黄色，文本框无填充，无线条色，放在艺术字下方。

（6）对文档的第一段进行分栏操作；文字为红色，给段落加黄色底纹。

（7）在第二段、第三段中插入一副剪贴画“儿童”，高 3cm，宽 2cm，四周型环绕，并对这两段加蓝色双波浪线边框。保存编辑后的文档。

4. 表格操作

在考生文件夹中创建“考试表格.Doc”，完成下列操作。

（1）按要求输入下列文字，注意标点是英文状态。

序号.年.月.日.文件标题.收文文号

1.1992.04.02.关于主办第一期计算机文档班招生的通知.交管字[92]05 号

2.1992.04.05.关于要求成立县公路运输管理所的报告.宿交运字[92]045 号

3.1992.04.03.关于开展文明竞赛活动的情况汇报.宿交办字[92]015 号

（2）将文字转换为表格，根据内容调整表格，自动套用格式“列表型 8”。

5．Excel 电子表格操作

（1）在考生文件夹中创建“EX.xls”，在 Sheet1 工作表中完成如下表格。

4 月份水、电、煤收费单

房号	姓名	单位名称	用水数	用电数	用煤气数	水电煤合计
301	刘珍珍	财务科	12	27	24	
603	张志新	技术科	15	33	37	
401	江　力	二车间	7	45	18	
205	杨明月	劳资科	20	54	24	
420	刘　洪	一车间	5	33	31	
701	王　华	生产科	17	49	17	
402	李晓明	后　勤	4	25	27	
总　计						

（2）对 Sheet1 工作表中的“水电煤合计”、“总计”进行计算，将结果放入相应的单元格中。其中：

水电煤合计＝用水数 *2.0＋ 用电数 *0.6＋ 用煤气数 *2.2（保留 2 位小数，加人民币货币符号）

（3）制作图表。

在 Sheet2 中输入下列内容，使用“花卉名称”和“统计”两列数据建立三维圆饼图。图表标题为“花卉市场三月份销售统计”，图例中是各花卉名称，靠右排列。

花卉市场三月份销售统计

店主姓名 / 花卉名称	李丽	张洪	赵青	陈义	统计
玫　瑰	211	451	500	480	1642
马蹄莲	321	450	390	600	1761
满天星	210	280	500	180	1170
康乃馨	150	480	350	730	1710
菊　花	260	532	570	642	2004
非洲菊	730	520	370	390	2010

6. PowerPoint 操作

按如下要求建立演示文稿“姓名．PPT”

（1）设置页面格式。

文字见样文。为每张幻灯片设置任意不同的背景；每页标题均为隶书 40 号、红色；标题外的文字设为宋体、18 号字、蓝色。

（2）设置幻灯片放映。

① 设置幻灯片切换效果为从全黑中淡出、慢速，换页方式为单击鼠标换页，间隔为 10s。

② 设置第 1 张幻灯片动作按钮的动画效果为盒状展开并链接到第 4 张幻灯片。

③ 为第 2 张幻灯片中的“感觉绿色”设链接至第 1 张幻灯片。

（3）为每张幻灯片加幻灯片编号。

（4）在第 4 张幻灯片中：改变图框的颜色，为其增加阴影，改变外框样式，选择边框颜色；改变边线的线宽、颜色和样式。

（5）为每张幻灯片的内部内容设置自定义动画效果。

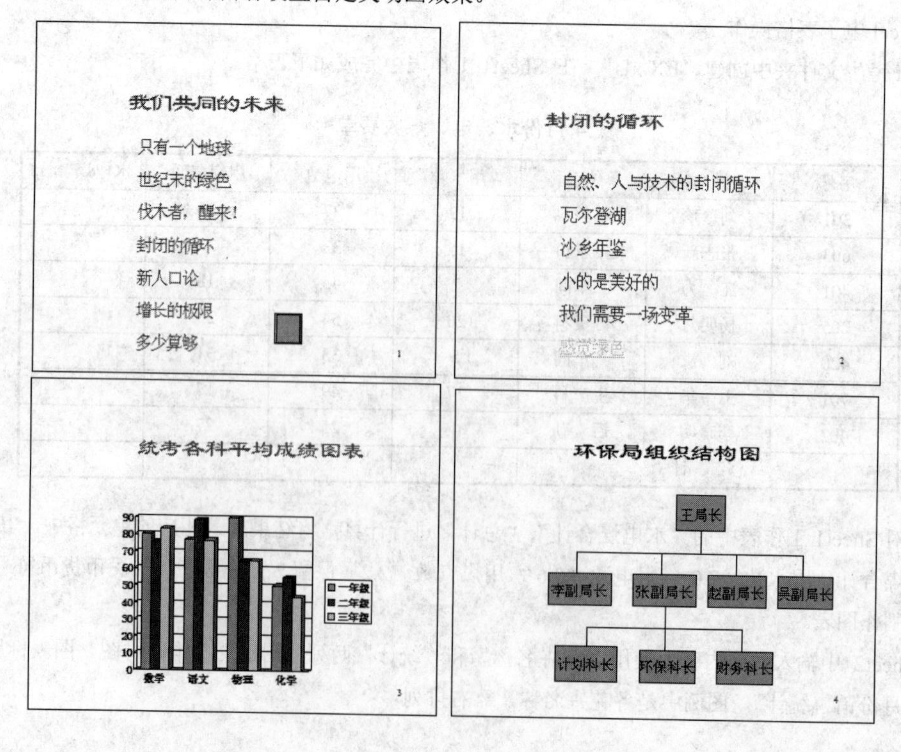

附录A　Word 2003中的常用快捷键

表A.1　常用命令快捷键

按　键	作　用
Ctrl+N	新建一个文档
Ctrl+O	打开文档
Ctrl+S	保存文档
Ctrl+P	打印文档
Ctrl+F	查找文字、格式和特殊项
Ctrl+G	定位到页、书签、脚注、表格、注释、图形或其他位置
Ctrl+H	替换文字、特殊格式或特殊项
Alt+Ctrl+P	切换到页面视图
Alt+Ctrl+O	切换到大纲视图
Alt+Ctrl+N	切换到普通视图
Ctrl+\	在主控文档和子文档之间转换
Alt+F8	打开“宏”对话框，运行宏
F7	拼写和语法检查
F1	打开“帮助”任务窗格
Shift+F1	打开“显示格式”任务窗格
Ctrl+F2或Ctrl+Alt+I	切换到打印预览状态

表A.2　在窗口和菜单中使用的快捷键

按　键	功　能
Ctrl+Esc	显示Windows“开始”菜单
Alt+Tab	切换至下一个Word窗口或其他应用程序
Alt+Shift+Tab	切换至上一个Word窗口或其他应用程序
Shift+F10	打开快捷菜单
Alt+Space（空格键）	打开活动文档窗口控制菜单
Ctrl+W或Ctrl+F4	关闭活动文档窗口
Alt+F4	关闭应用程序
Alt+菜单栏中的大写字母	打开相应的菜单列表
F10	激活菜单栏
上、下箭头键	选择菜单或子菜单上的前一个或下一个命令
左、右箭头键	选择左边或右边的菜单项，或在主菜单和子菜单之间切换
Ctrl+F6	切换至下一个窗口
Ctrl+Shift+F6	切换至上一个文档窗口
Ctrl+F10	使文档窗口最大化

表 A.3　在对话框中使用的快捷键

按　　键	作　　用
Alt+下画线的大写字母	清除或选中对话框中的复选框
箭头键	在所选下拉列表框中的选项间移动，或在选项组中的选项间移动
Space（空格键）	执行分配给指定按钮的操作：选中或清除复选框
Tab	移到下一个选项
Shift+Tab	移到上一个选项
Ctrl+Tab	移到下一个标签
Ctrl+Shift+Tab	移到上一个标签
Esc	取消设置并关闭对话框
Enter	保存设置并关闭对话框

表 A.4　滚动文档的快捷键

按　　键	作　　用	按　　键	作　　用
Home	移动到行首	Ctrl+End	移动到文档末尾
End	移动到行尾	Ctrl+Page Up	移动到上页顶端
Page Up	上移一屏	Ctrl+Page Down	移动到下页顶端
Page Down	下移一屏	Ctrl+上箭头	上移一段
上箭头	上移一行	Ctrl+下箭头	下移一段
下箭头	下移一行	Ctrl+左箭头	左移一个单词
左箭头	左移一个字符	Ctrl+右箭头	右移一个单词
右箭头	右移一个字符	Alt+Ctrl+Page Up	移至文档窗口顶端
Ctrl+Home	移动到文档开头	Alt+Ctrl+Page Down	移至文档窗口结尾

表 A.5　选择文本快捷键

按　　键	作　　用
Shift+上箭头	向上选定一行
Shift+下箭头	向下选定一行
Shift+左箭头	向左选定一个字符
Shift+右箭头	向右选定一个字符
Ctrl+Shift+左箭头	选定内容扩展到单词开头
Ctrl+Shift+右箭头	选定内容扩展到单词结尾
Ctrl+Shift+上箭头	选定内容扩展到段首
Ctrl+Shift+下箭头	选定内容扩展到段尾
Shift+Home	选定内容扩展到行首
Shift+End	选定内容扩展到行尾
Shift+Page Up	选定内容向上扩展一屏
Shift+Page Down	选定内容向下扩展一屏
Alt+Ctrl+Shift+Page Down	选定内容到文档窗口结尾处
Alt+Ctrl+Shift+Page Up	选定内容到文档窗口开始处
Ctrl+Shift+Home	选定内容到文档开始处
Ctrl+Shift+End	选定内容到文档结尾处
先按 F8，再按箭头键	扩展选取文档中具体某个位置
Ctrl+A 或 Ctrl+小键盘数字 5	选定整个文档

表 A.6　用于编辑的快捷键

按　键	作　用	按　键	作　用
Delete	删除光标右侧字符	F4	重复上一次操作
Backspace	删除光标左侧字符	Shift+Enter	插入软回车符
Ctrl+Delete	删除光标右侧单词	Ctrl+Enter	插入分页符
Ctrl+ Backspace	删除光标左侧单词	Ctrl+—	插入可选连字符
Ctrl+X	将对象剪切到剪贴板	Ctrl+Shift+Space	不间断空格符
Ctrl+C	复制文字或图形对象至剪贴板	Alt+Ctrl+C	插入版权符
Ctrl+V	粘贴剪贴板内容	Alt+Ctrl+R	插入注册商标符
Ctrl+Z	撤销上一步操作	Alt+Ctrl+T	插入商标符
Ctrl+Y	恢复或重复操作	Alt+Ctrl+（句点）	插入省略号

表 A.7　用于字符格式的快捷键

按　键	作　用	按　键	作　用
Ctrl+Shift+F	改变字体	Ctrl+B	应用粗体格式
Ctrl+Shift+P	改变字号	Ctrl+U	应用下画线格式
Ctrl+Shift+>	增大字号	Ctrl+Shift+Z	撤销所有字符排版格式
Ctrl+Shift+<	减小字号	Ctrl+Shift+ K	将字母变为小型大写字母
Ctrl+]	逐磅增大字号	Ctrl+ “=”	应用下标格式（自动间距）
Ctrl+[	逐磅减小字号	Ctrl+Shift+ “+”	应用上标格式（自动间距）
Ctrl+D	打开字体对话框	Ctrl+Spaceback	取消人工字符格式
Shift+F3	改变字母大小写	Ctrl+Shift+*	显示排打印字符
Ctrl+Shift+A	将所有字母改为大写	Ctrl+Shift+C	复制格式
Ctrl+I	应用斜体格式	Ctrl+Shift+V	粘贴格式

表 A.8　用于段落格式的快捷键

按　键	作　用	按　键	作　用
Ctrl+E	段落居中对齐	Ctrl+Alt+2	应用标题 2 样式
Ctrl+L	段落居左对齐	Ctrl+Alt+3	应用标题 3 样式
Ctrl+R	段落居右对齐	Ctrl+Shift+L	应用列表样式
Ctrl+J	段落两端对齐	Ctrl+M	段落左缩进
Ctrl+Shift+D	段落分散对齐	Ctrl+Shift+M	减少段落左缩进量
Ctrl+0	在段前添加或删除一行行距	Ctrl+T	段落首行缩进
Ctrl+1	单倍行距	Ctrl+Shift+T	减少段落首行缩进量
Ctrl+2	2 倍行距	Ctrl+Shift+N	应用正文样式
Ctrl+5	1.5 倍行距	Ctrl+Q	取消所有段落格式
Ctrl+Alt+1	应用标题 1 样式		

表 A.9　用于 Word 表格中的快捷键

按　键	作　用	按　键	作　用
Tab	移到行中的下一单元格	Alt+Page Up	移到列首单元格
Shift+Tab	移到行中的前一单元格	Alt+Page Down	移到列尾单元格
上箭头	移到前一行	Alt+5（小键盘）	选定整张表格
下箭头	移到下一行	Alt+单击	选定一列
Alt+Home	移到行首单元格	Shift+箭头键	扩展选取到相邻单元格
Alt+End	移到行尾单元格	Ctrl+Shift+Enter	拆分表格

反侵权盗版声明